U0183245

智能电网技术与装备丛书

分布式发电集群并网消纳专题

可再生能源发电集群控制与优化调度

Renewable Energy Power Generation Cluster Control and Optimal Dispatch

吴文传　李志刚　王中冠　著

科 学 出 版 社

北　京

内 容 简 介

本书系统性地介绍大规模可再生能源发电并网后的电力系统集群控制、随机优化调度、鲁棒优化调度、多区域协调调度、输配协调调度以及供热系统-电力系统联合优化调度的理论和方法。

本书共 8 章。第 1 章介绍可再生能源发电集群动态电压控制。第 2 章介绍可再生能源发电与可控负荷集群频率控制。第 3 章介绍消纳可再生能源发电的随机调度。第 4 章介绍消纳可再生能源发电的鲁棒调度。第 5 章介绍动态经济调度及其高效可靠算法。第 6 章介绍多区域协调的有功调度。第 7 章介绍输配网分解协调调度。第 8 章介绍区域供热系统-电网联合优化调度。

本书可以作为电力系统及其自动化专业研究生教材，也可以供电气工程专业科研人员、高等院校教师和高年级本科生参考。

图书在版编目（CIP）数据

可再生能源发电集群控制与优化调度 = Renewable Energy Power Generation Cluster Control and Optimal Dispatch / 吴文传，李志刚，王中冠著. —北京：科学出版社，2020.7

（智能电网技术与装备丛书）

ISBN 978-7-03-064430-5

Ⅰ. ①可… Ⅱ. ①吴… ②李… ③王… Ⅲ. ①再生能源-发电-研究 Ⅳ. ①TM619

中国版本图书馆CIP数据核字（2020）第025879号

责任编辑：范运年　霍明亮 / 责任校对：王萌萌

责任印制：吴兆东 / 封面设计：蓝正设计

科学出版社 出版

北京东黄城根北街 16 号

邮政编码：100717

http://www.sciencep.com

北京建宏印刷有限公司 印刷

科学出版社发行　各地新华书店经销

*

2020 年 7 月第　一　版　开本：720 × 1000　1/16

2023 年 1 月第三次印刷　印张：22 1/2

字数：430 000

定价：168.00 元

（如有印装质量问题，我社负责调换）

“智能电网技术与装备丛书”编委会

顾问委员：周孝信　余贻鑫　程时杰　陈维江

主任委员：刘建明

编委会委员：（按姓氏拼音排序）

陈海生（中国科学院工程热物理研究所）
崔　翔（华北电力大学）
董旭柱（武汉大学）
何正友（西南交通大学）
江秀臣（上海交通大学）
荆　勇（南方电网科学研究院有限责任公司）
来小康（中国电力科学院有限公司）
李　泓（中国科学院物理研究所）
李崇坚（中国电工技术学会）
李国锋（大连理工大学）
卢志刚（燕山大学）
闵　勇（清华大学）
饶　宏（南方电网科学研究院有限责任公司）
石　岩（国家电网公司经济技术研究院有限公司）
王成山（天津大学）
韦　巍（浙江大学城市学院）
肖立业（中国科学院电工研究所）
袁小明（华中科技大学）
曾　鹏（中国科学院沈阳自动化研究所）
周豪慎（南京大学）

“智能电网技术与装备丛书”序

国家重点研发计划由原来的“国家重点基础研究发展计划”（973 计划）、“国家高技术研究发展计划”（863 计划）、国家科技支撑计划、国际科技合作与交流专项、产业技术研究与开发基金和公益性行业科研专项等整合而成，是针对事关国计民生的重大社会公益性研究的计划。国家重点研发计划事关产业核心竞争力、整体自主创新能力和国家安全的战略性、基础性、前瞻性重大科学问题、重大共性关键技术和产品，为我国国民经济和社会发展主要领域提供持续性的支撑和引领。

“智能电网技术与装备”重点专项是国家重点研发计划第一批启动的重点专项，是国家创新驱动发展战略的重要组成部分。该专项通过各项目的实施和研究，持续推动智能电网领域技术创新，支撑能源结构清洁化转型和能源消费革命。该专项从基础研究、重大共性关键技术研究到典型应用示范，全链条创新设计、一体化组织实施，实现智能电网关键装备国产化。

“十三五”期间，智能电网专项重点研究大规模可再生能源并网消纳、大电网柔性互联、大规模用户供需互动用电、多能源互补的分布式供能与微网等关键技术，并对智能电网涉及的大规模长寿命低成本储能、高压大功率电力电子器件、先进电工材料以及能源互联网理论等基础理论与材料等开展基础研究，专项还部署了部分重大示范工程。“十三五”期间专项任务部署中基础理论研究项目占 24%；共性关键技术项目占 54%；应用示范任务项目占 22%。

“智能电网技术与装备”重点专项实施总体进展顺利，突破了一批事关产业核心竞争力的重大共性关键技术，研发了一批具有整体自主创新能力的装备，形成了一批应用示范带动和世界领先的技术成果。预期通过专项实施，可显著提升我国智能电网技术和装备的水平。

基于加强推广专项成果的良好愿景，工业和信息化部产业发展促进中心与科学出版社联合策划以智能电网专项优秀科技成果为基础，组织出版“智能电网技术与装备丛书”，丛书为承担重点专项的各位专家和工作人员提供一个展示的平台。出版著作是一个非常艰苦的过程，耗人、耗时，通常是几年磨一剑，在此感谢承担“智能电网技术与装备”重点专项的所有参与人员和为丛书出版做出贡献的作者和工作人员。我们期望将这套丛书做成智能电网领域权威的出版物！

我相信这套丛书的出版，将是我国智能电网领域技术发展的重要标志，不仅能使更多的电力行业从业人员学习和借鉴，也能促使更多的读者了解我国智能电网技术的发展和成就，共同推动我国智能电网领域的进步和发展。

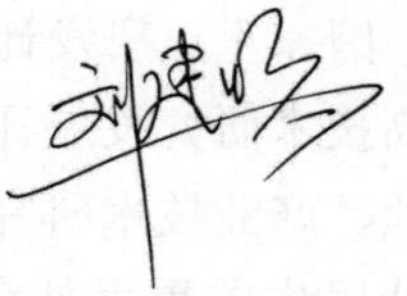

2019-8-30

序

大规模可再生能源并网既是现代电力系统的主要特征之一，也是其安全运行的核心挑战。一方面传统上可再生能源发电不参与系统控制，导致电力系统的惯量降低，以及频率控制和动态调压能力不足；另一方面，可再生能源波动性大、难以准确预测，确定性和局部调度无法适应这种强不确定性。因此，在未来的综合能源系统中，新能源电力的能量管理与运行控制是一个必须解决的关键问题，其核心需求体现在如下两个方面：①如何通过新的控制技术，使可再生能源发电有效地参与电网的一次控制，实现友好并网并按需要提供系统辅助服务；②如何构建多维度、多层级协调调度架构和模型，挖掘各级电网及其耦合系统的灵活性资源，以提升系统接纳可再生能源的能力以及如何通过发展不确定性调度决策模型和方法，实现电网经济效益和安全风险的平衡协调。

该书的内容围绕上述需求展开，介绍了四个部分的创新性研究成果，包括集群自律控制、不确定性优化调度(随机优化调度和鲁棒优化调度)、多区域与多层级电网(输配网)的协调调度，以及区域供热系统与电网的联合优化调度等。其中，在第一部分作者采用多智能体系统架构，创造性地构建引入反馈控制的分布式实时优化理论，实现可再生能源发电和空调负荷的集群自律控制方法，可应用于系统的动态调压和调频，这也是实现虚拟电厂的核心技术。第二部分介绍作者在不确定性优化调度发明方面的研究成果，阐述适用于历史统计数据充分和不充分两种场景下的随机优化调度和鲁棒优化调度方法。随机优化调度模型传统上采用蒙特卡罗仿真或近似多场景法求解，计算效率和精度都无法得到保证，因此难以得到实际应用。作者提出采用牛顿法迭代求解机会约束的分位数，同时采用系列线性化处理期望目标函数，从而实现了随机优化调度的精确、高效求解。进一步地，在鲁棒优化调度中介绍作者提出的区间鲁棒滚动调度和自适应鲁棒实时调度方法，特别适用于针对概率统计数据不足情况下的可再生能源发电调度。第三部分介绍如何挖掘不同电网控制区域和输配两级电网的灵活性资源参与系统协调的分布式优化算法，其中作者及合作者基于多参数规划理论发展出来的分解算法是目前最高效的分布式算法。第四部分介绍区域供热系统和电力系统的联合优化调度方法，利用供热系统的热惯量和储热效益参与电网协调，能提升系统对可再生能源的消纳能力。这一部分系统性地介绍供热系统的建模方法，热-电联合优化调度的机组组合和滚动调度模型，以及热力公司和电网公司的分解协调调度方法，也是能源互联网技术在综合能源系统优化调控中的典型应用。

该书凝聚了吴文传教授团队长期积累的研究成果，内容涵盖了可再生能源的主动控制、随机优化调度、鲁棒优化调度、多区域分解协调调度、输配协调调度以及供热系统-电网联合调度等，在基础理论和核心算法方面具有创新性。该书主题突出、系统性好，紧密结合了前沿理论和实际工程问题。基于该书的理论和方法已开发了一整套可再生能源主动控制与优化调度系统并在现场得到实际应用，该书理论性和实用性并重。

高比例可再生能源电力系统是现代电力系统的基本特征和发展趋势，已成为国内外学术界和工业界的关注热点，如何调控可再生能源发电，使之友好并网和经济消纳，是其核心挑战。该书较全面地介绍再生能源发电集群控制和优化调度理论与技术，是国内在该方向的第一本系统性专著，也是相关科技工作者、高年级本科生和研究生很好的参考书。

中国科学院院士 华中科技大学教授

2019 年 7 月 18 日

前　言

大规模可再生能源的并网给电力系统运行带来重大挑战，主要表现为①新能源取代火电机组等调控资源，导致系统的惯量降低、动态调节能力不足，发生电压失稳、频率失稳的风险提高，迫切需要新能源发电和其他灵活性资源能够主动参与电网运行控制。②可再生能源波动性大、预测困难，电网运行不确定性增加，为保证系统安全导致调度策略保守、运行成本高，需要从系统层面挖掘和协调灵活性资源，从概率统计的角度进行协调调度，实现运行成本与安全风险的平衡。

本书的主要内容分为两个层面，包括可再生能源场站级的主动控制和系统层面的经济协同运行。本书首先介绍基于反馈优化和多代理系统架构的分布式集群控制技术，用于实现可再生能源集群参与系统的惯量支撑、一次调频和动态调压，实现友好并网，提高电网安全水平。其次，本书从确定性调度到随机和鲁棒优化调度、从单控制区域调度到多控制区域协调、从常规电力调度到电力-供热系统的多能协调调度以及输配两级电网协调调度等方面，较完整地介绍可再生能源自律协同调控的技术体系。

第 1 章介绍可再生能源发电集群动态电压控制。传统集中式控制在可靠性、灵活性和可扩展性等方面均存在不足，该章提出分布式集群自律调控方法。该章重点介绍可再生能源发电集群的概念、集群的分布式动态电压控制方法以及单电源和可再生能源集群无模型控制技术，最终目的是实现分布式电源即插即控。

第 2 章介绍可再生能源发电与可控负荷集群频率控制。高渗透率可再生能源的电力系统惯量低，频率波动大，需要挖掘电源侧和负荷侧的灵活性资源参与一次频率控制，可靠、敏捷的集群频率控制是其有效的解决方案。该章介绍源侧和荷侧的两种一次频率控制典型案例：基于分布式控制的风电场一次调频技术和基于分布式预测的空调负荷提供一次调频服务的技术。

第 3 章介绍消纳可再生能源发电的随机调度。如果具备可再生能源发电出力的完整随机分布信息，则随机优化经济调度模型可以最大限度地利用这些统计数据，并实现安全风险可调的统计意义上的最优决策。对于随机机组组合和日前调度计划，该章采用混合高斯模型刻画预测误差，并提出牛顿法求解分位数的解析求解方法。对于随机实时调度，该章则采用具有稳定性的柯西分布刻画预测误差，基于其卷积封闭性、累积分布函数解析可逆性等优良的数学特性，随机实时调度模型可被解析求解。

第 4 章介绍消纳可再生能源发电的鲁棒调度。当可再生能源发电概率模型难以精确获得时，鲁棒优化模型可将可再生能源发电不确定性定义为不确定参数的支撑集。鲁棒优化是随机规划方法的有益补充，应用于不确定性参数的统计信息不完备的场景。该章首先介绍鲁棒优化的基本数学原理，其次分别介绍鲁棒区间滚动调度方法和自适应鲁棒实时调度方法。

第 5 章介绍动态经济调度及其高效可靠算法。动态经济调度是一个时空变量耦合的大规模优化问题且需要实现在线、闭环运行。该章介绍一类高效、可靠的动态经济调度求解算法。首先，该章提出基于牛顿法乘子修正的 Lagrange 松弛对偶算法，以提高动态经济调度算法的计算效率。其次，在 Lagrange 松弛对偶算法框架下，该章提出基于弱对偶定理的不可行传输断面约束辨识方法，可以在计算过程中辨识不可行约束并松弛以保证算法可靠性。

第 6 章介绍多区域协调的有功调度。传统多区域电网的定联络线计划调度方法采用联络线潮流计划，限制了区域之间进行灵活的功率交换。另外，传统联络线计划决策方式没有考虑风电的不确定性，可能导致联络线计划不合理。该章分别介绍同步协调和异步协调的多区域分布式协调调度算法，适用于不同的应用场景，实现不同区域间灵活性资源的互济。

第 7 章介绍输配网分解协调调度。随着分布式资源大量接入配电网，配电网与输电网的耦合性日趋紧密，只有充分地协调输配两级电网的可控资源才能实现整体效率最大化。该章重点介绍在保证输电网与配电网独立调度控制的前提下，实现输配联合的经济调度与无功优化问题的高效可靠分解协调算法，并给出分布式调度的解决方案。

第 8 章介绍区域供热系统-电网联合优化调度。传统以热定电的供热机组运行模式，导致系统向下旋转备用容量不足，难以为消纳风电提供向下调节空间。为了解决该问题，该章通过利用区域供热系统的热惯量松弛热-电强制约关系，提升系统的灵活性。该章主要介绍考虑供热管网储热特性的供热系统完整模型，然后构建区域供热系统-电网联合优化调度和机组组合模型及其求解算法。

本书是作者及其课题组在本领域长期的科研成果总结，关注于可再生能源友好并网与协调运行的基础性和共性问题。除了署名作者之外，参与相关研究的研究生还有蔺晨晖、杨越、许书伟、栗子豪和刘昊天等。

本书的出版要特别感谢课题组的张伯明教授和孙宏斌教授，本书中的成果也凝结了两位教授的智慧。还要感谢清华大学电机工程与应用电子技术系给作者提供了良好的研究和教学环境，使作者能够完成本书相关的课题研究。

本书的工作获得了国家重点研发计划项目(2016YFB0900400)和国家杰出青年科学基金项目(51725703)的资助，在此一并表示感谢。

吴文传

2019 年 7 月于清华园

目　录

第 1 章　可再生能源发电集群动态电压控制

1.1　概　　述

1.1.1　可再生能源发电集群的概念

由于分布式发电数量大、波动性强、脱网风险高的问题，其并网运行和管理调控对电力系统提出了很大的挑战，传统自上而下的运行管理模式无法适应大规模分布式发电的并网运行需求，而普遍存在的分布式电源即插即忘现象，将给电网的安全经济运行带来极大风险[1]。因此，可再生能源发电集群的概念应运而生，并成为可再生能源消纳的一种新思路、新模式。

集群(cluster)的概念最早来自于计算机和互联网技术领域，原指若干或松散或紧密联系在一起的计算机构成的集合，以至于在某些时候它们可以被视作一个独立完整的系统，在这个集合中所有计算机扮演相同的角色，承担同等的任务[2]。文献[3]与[4]是国外电力系统领域的研究中较早明确地应用集群这一概念的文章，并以集群作为独立的整体进行分层管理和调控。

近年来，多代理系统(multi-agent system，MAS)由于其灵活、可靠、可扩展的特性[5]，正在被越来越广泛地应用于电力系统中，其思想与集群在计算机领域中的定义十分契合。智能电网和能源互联网的发展不断助推电力技术与信息技术的融合，使得可再生能源发电集群的概念应运而生。需要注意的是，目前学术界对可再生能源发电集群还没有严格的定义，本章给出如下的初步定义：可再生能源发电集群是指由地理和电气上相互接近或形成互补关系的若干分布式发电单元、储能、负荷及其他控制装置所构成的集合接入电力系统，并可以通过控制使其对电网呈现出类似于同步发电机的良好调控特性，实现分布式发电的友好并网。

图 1-1 给出了可再生能源发电集群结构示意图，从图 1-1 中可以看出，可再生能源发电集群的规模较为灵活，且集群间可以相互包含和嵌套。

1.1.2　可再生能源发电集群与微电网的比较

微电网最早于 21 世纪初由美国威斯康星大学 Lasseter [6,7]提出，随后各国学者不断深入研究并丰富和细化这一概念[8,9]。近十年来，微电网由于其灵活、经济、清洁、高效、易扩展的特点，为电力新技术提供了理想的应用场景，并成为智能电网领域最受关注的研究热点之一。

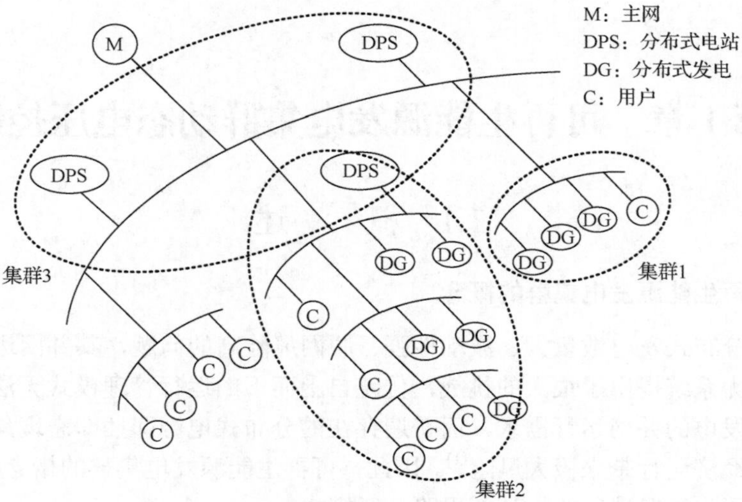

图 1-1 可再生能源发电集群结构示意图

微电网可以看作由分布式发电、负荷、储能装置和其他控制设备所构成，靠近用户侧并能够向用户提供持续可靠电力供应的单一可控集群。不难看出，微电网本质上也可视为一种集群，与可再生能源发电集群相比，微电网同样包含大量分布式发电单元，也对外部电网呈现整体的并网和响应特性。然而，仔细考察这两个概念，可发现二者之间具有明显的差异，本书针对这些差异进行具体分析，从而帮助读者深入理解可再生能源发电集群的概念。

1. *构成元素的差异*

可再生能源发电集群的主要构成元素是分布式发电单元，虽然集群内常常包含该区域中的部分储能、负荷、控制装置，但后者并非集群的必要元素，分布式发电是集群的主体，也是集群调度控制的主要对象。而微电网则是由源-储-荷构成的统一整体，分布式发电与负荷均为构成微电网的必要元素，其核心是通过分布式发电为用户提供持续可靠的电力供应。

2. *划分原则的差异*

微电网通常由地理和电气上距离相对紧凑区域内的全部元素构成，通过公共连接点(point of common coupling，PCC)连接至上级网络，是划分相对固定、元素较为完备的小型电力系统。而可再生能源发电集群的划分则不仅仅局限于分布式发电单元在地理和电气上的位置，还需要考虑其在时间与空间上的互补特性，以期为电网提供平稳可靠的电力供应，因此可再生能源发电集群既可以是物理上真正的集群，也可以是依靠信息技术组织在一起的虚拟集群，且集群的划分可根据运行条件的变化而进行调整，具有动态性和灵活性。

3. 运行模式的差异

可再生能源发电集群有效地整合分布式发电单元，解决分布式发电并网运行和管理调控的难题，由于集群整体对外部电网呈现单体电源的特性，因此集群必须工作在并网运行状态。而微电网的重要特点是其自治性，其目标是维持自身的发用平衡，因此微电网常常可以工作在并网和孤网两种运行模式下，在某些条件下可以与主网解列形成独立系统。

4. 能量流动方向的差异

虽然可再生能源发电集群与微电网均强调本地的功率平衡，尽量实现可再生能源的高比例消纳，可再生能源发电集群侧重于发电，某些情况下分布式发电装机容量要远远超过区域内的最大负荷，必然产生余电外送的问题，因此对上级电网来说，可再生能源发电集群大多数时间扮演着电源的角色。而微电网的核心在于利用本地发电供应用户用电需求，虽然也存在向电网送电的情况，但大多数时候微电网是作为电网负荷出现的。

表 1-1 总结了可再生能源发电集群与微电网的区别，事实上，二者之间还有其他方面的区别，这里不再赘述。

表 1-1　可再生能源发电集群与微电网的区别

区别	可再生能源发电集群	微电网
构成元素	分布式发电为主	源-储-荷构成完整的小型电力系统
划分原则	考虑电源互补特性，可以是虚拟集群	地理和电气上距离接近
运行模式	并网运行为主	并网、孤网两种运行模式
能量流动方向	多数时间向外部电网输出电能	多数时间从外部电网获取电能

1.1.3　可再生能源发电集群的特点

国内外分布式可再生能源发电发展模式差异显著。欧美国家多表现为户用分散建设、逐步接入的发展模式，虽然整体装机容量较大，但目前主要以自发自用的就地消纳为主[10]。而国内在重大利好政策激励下，展现出区域化和园区化的快速发展态势[11]，逐步形成了系列含大规模、高渗透率分布式可再生能源的区域性电网，大规模、集群化分布式发电并网将是未来重点发展方向，可以预见，可再生能源发电集群必将成为可再生能源消纳的全新模式。

总结起来，可再生能源发电集群具有以下几点显著特点，使其在可再生能源并网方式中占据重要位置。

1. 大规模可再生能源发电的并网集成

可再生能源发电集群整合多种类(风/光/生物质)、大规模、高渗透率分布式可再生能源发电，区域内可再生能源渗透率甚至可能超过 100%，消纳大量可再生清洁能源，改变电力系统单一能量流向，形成电力生产新模式。

2. 新型高效的变流与保护装备应用

大量设备并网接入调试和协调控制烦琐复杂，总体效率偏低，可再生能源发电集群应用高功率密度高效率分布式电源与储能变流器设计方案并进行灵活并网控制与保护，为新装备新技术提供了理想的应用场景。

3. 灵活弹性的集群划分与重组技术

可再生能源发电集群打破地理限制的藩篱，从时空分布特性入手进行集群优化规划，且具备集群动态划分和重组功能，可根据系统故障、运行效率调整集群结构，改善并网效果。

4. 友好的并网特性与调控能力

可再生能源发电集群改善电源单体并网导致的波动性强、可控性差问题，对外部电网呈现类似于传统发电机的友好并网特性和调控能力，保障电网安全经济运行。

需要指出的是可再生能源发电集群也可以包括集中式并网的风/光发电场，本书介绍的集群控制技术同样适用于这类场景。实际应用中，集群控制面临两大挑战，一是控制对象数量多、波动性强、投退频繁，如何解决大规模协调与快速控制之间的矛盾；二是集群内部和外部电网精确参数难于获取，设备模型不完备等导致控制效果难以保证。因此，一方面需要基于自治-协同的分布式集群控制技术[12,13]，另一方需要引入无模型自适应控制技术，这两方面的内容将在后面以集群电压控制为主题分别介绍。

1.2 可再生能源发电集群动态电压控制

1.2.1 概述

高渗透率的分布式发电由于其自身的随机性和对电网结构带来的冲击，可能引起电网严重的波动，为电网控制与优化调度提出了新的课题。由于光伏发电常常采用电力电子变换器并网，缺乏惯性支撑，容易引起系统稳定性的下降。

本节特别关注的是，光伏发电频繁的波动容易导致难以预料的电压波动，其波动的时间尺度比现有电压控制装置，例如，有载调压变压器和电容器等快很多[14,15]。传统上，电网的无功和电压控制分为三个层级共同实现。一次电压控制为本地控制，其目的在于维持指定母线电压的稳定。二次电压控制通常为集中式控制，通过调节无功功率使得电压维持在一定的安全域内。一次和二次电压控制通常都不考虑全局的优化，只通过调节无功功率保证电压安全性并改善电压分布。最终，三次电压控制优化全网的无功功率和电压分布[16]。然而，大规模分布式光伏的并网无疑增加了电压控制问题的复杂性，而且要求提出的电压控制方法具有很快的响应速度。幸运的是，光伏逆变器的无功调节能力赋予了光伏发电集群快速电压调节的能力，以保证电压不越限。

事实上，如果通过全局信息能够集中式采集，电压控制问题可以被看作最小化运行成本(即网络损耗与无功调节量)的最优潮流问题[17]。在集中式控制策略中，集中式控制器与所有的光伏通信并发送控制指令至各逆变器。集中控制模式需要复杂的通信网络及强大的集中控制器来收集全局信息和处理大量的数据。庞大复杂的通信网络必然将产生严重的通信时延，这将给集中控制器的数据处理和计算带来巨大的挑战，而集群由于其内部的分布式资源波动性和不确定性较强，一旦出现扰动其状态就可能迅速发生变化，这给系统的稳定带来严重的威胁。除去通信时延问题，复杂通信网络的成本也很高，从而影响建设投资的经济性。更重要的是，随着通信线路数量的增加，通信发生故障的可能性也就大大提高，而一旦某条通信线路发生故障，集中控制器就无法正确采集全局信息或是正常发送控制信号，安全稳定的自律调控也就无从实现[18,19]。换言之，集中式控制对故障的敏感性很高，而可靠性较低。

另一个重要问题是集中式控制将会影响信息-物理系统的鲁棒性。无论是在信息系统还是在物理系统中，集中控制器都容易成为网络攻击的重点对象，而一旦集中控制器出现故障，整个系统将发生崩溃。加之分布式资源的投退使得集群物理结构随时可能发生变化，这就要求控制系统能够做出快速、及时的反应和动作，并且实现分布式资源的即插即用，这显然是集中式控制所无法实现的。综上所述，集中式控制的可靠性、灵活性、可扩展性、经济性均存在一定的不足，这是限制集中式控制应用的重要原因。基于此，分布式自律调控方法逐渐得到了更多的关注。

分布式计算技术的提出减轻了传统集中控制的计算和模型维护压力，能够大大提升响应速度[20]。随着电力线载波通信的发展，基于点对点通信的分布式自律调控方法逐渐成为电力控制领域研究的重点。基于这一概念，多代理系统 MAS 相关的方法被广泛地提出，以期通过相邻代理的信息交互实现分布式优化。特别是在全分布式的控制方法下，系统不再需要集中控制器来进行集中的数据处理、计算和控制，分布式资源集合完全扮演了自我组织自我协调的角色，显著区别于传统电力系统中的控制模式。代理的典型功能架构如图 1-2 所示。

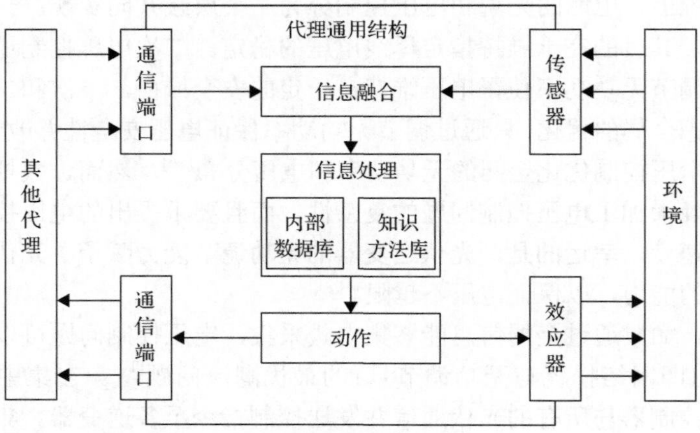

图 1-2　代理的典型功能架构

分布式控制的优势可以总结为以下 5 个方面。

1. 运行可靠

分布式控制的运行可靠性显著提高，一方面，由于分布式调控取代了集中控制器，避免了当集中控制器出现故障或遭受人为攻击时的单点故障导致调控系统崩溃问题。另一方面，分布式控制对通信线路持续工作的可靠性要求降低。事实上，只要保证系统的通信拓扑是连通的，调控效果就可以得到保证，因此某两点之间通信的暂时中断一般不会影响系统的稳定。

2. 响应灵活

基于反馈优化的模式，分布式控制能够快速响应频繁的分布式发电和负荷波动，由于引入了反馈环节，这种模式能在模型参数不精确条件下做出有效的调控决策；另外，分布式控制不需要复杂的模型维护和集中通信，因此能够满足数量庞大的分布式资源的优化计算，并充分考虑通信时延等工程中的实际问题。

3. 结构可扩展

分布式控制能够实现分布式资源的即插即用，即在分布式电源、储能和负荷随时接入和退出运行的情况下保证集群的正常运行且控制方法可以应用于不同规模和组成的发电集群。

4. 成本经济

分布式控制无须用于处理海量数据并进行复杂优化计算的集中控制器，更避免了庞大复杂通信网络的建设，因此能够显著地降低调控系统的建设成本，提高系统的经济性。

5. 保护信息隐私

分布式控制只需要相邻分布式资源间交互少量的外部状态信息，而无须集中式大规模地采集分布式资源的内部模型参数与运行数据，从而有效地提升了用户数据的隐私性，避免大规模的数据泄露。

交替方向乘子法(alternative direction method of multiplier，ADMM)是被广泛采用的分布式控制方法[21,22]，文献[23]给出了基于次梯度迭代的求解方法。在基于 MAS 的分布式优化问题中，一般有两种标准方法：一是利用对偶分解和次梯度迭代的方法[24,25]；二是基于一致性迭代的方法[26]。然而所有这些分布式的策略都只具有天然的一阶收敛性，因此控制效果十分缓慢。而牛顿类方法由于其快速收敛速度，在网络优化问题中被广泛地应用。若牛顿法中的黑塞矩阵也能够通过分布式的方法求得，则可通过黑塞矩阵求得更优的下降方向，因此拟牛顿方法相比一阶分布式算法具有更快的收敛速度。

在本章中，我们将基于分布式拟牛顿法给出光伏集群的动态电压控制策略，考虑单相网络模型和三相网络模型的区别，并通过实际算例讨论采用不同模型对控制效果的影响。此外，由于在工程应用中，通信时延和故障对于算法的实际运行是极大的挑战，本章针对突发通信故障提出只采用本地量测信息的这种方案，从而在故障下快速响应电压变化，保证系统安全的同时使其运行在次优条件下。最后，本章还将给出利用分布式拟牛顿法和广域控制使得光伏集群参与系统动态电压控制的实际应用。

1.2.2　可再生能源发电集群电压控制模型

1. 单相电压控制模型

假设对于含有 $N+1$ 条母线的光伏集群，利用 $\mathcal{N}=\{0,1,\cdots,N\}$ 表示其母线集合，利用 $\mathcal{L}=\{(i,j)\}\subset\mathcal{N}\times\mathcal{N}$ 表示其馈线集合。对于辐射状结构的网络来说，馈线条数为 $|\mathcal{L}|=N$。母线 0 代表公共并网点母线，一般为变电站，其电压作为集群的参考电压。

对于母线 i 来说，令 V_i 表示节点的电压幅值，而 p_i、q_i 分别表示母线注入的有功功率和无功功率。对于每条馈线 (i,j)，r_{ij} 和 x_{ij} 分别代表其电阻和电抗，P_{ij} 和 Q_{ij} 分别代表由母线 i 流向母线 j 的有功功率和无功功率。此外，集合 $\mathcal{N}_j\subset\mathcal{N}$ 代表母线 j 的下游相邻母线集合。

在本节中，我们采用 DistFlow 方程对潮流方程进行建模。假设网损可以被忽略，可得到如下的线性进行DistFlow模型：

$$P_{ij} - \sum_{k \in \mathcal{N}_j} P_{jk} = -p_j \tag{1-1}$$

$$Q_{ij} - \sum_{k \in \mathcal{N}_j} Q_{jk} = -q_j \tag{1-2}$$

$$V_i - V_j = r_{ij}P_{ij} + x_{ij}Q_{ij} \tag{1-3}$$

式中，母线 j 总的注入无功功率 $q_j = q_j^g - q_j^d$，q_j^g 为由光伏逆变器注入的无功功率，而 q_j^d 为母线的总无功负荷。因此，电压控制的目标为在给定有功注入和无功负荷的条件下，求解光伏逆变器最优的无功功率注入，其优化模型可以表示为

$$\begin{cases} \min\limits_{q^g} \dfrac{1}{2}\|\boldsymbol{V} - \boldsymbol{\mu}\|_2^2 \\ \text{s.t. } \underline{q}_j^g \leqslant q_j^g \leqslant \overline{q}_j^g \\ V_0 = 1 \\ \quad P_{ij} - \sum\limits_{k \in \mathcal{N}_j} P_{jk} = -p_j \\ \quad Q_{ij} - \sum\limits_{k \in \mathcal{N}_j} Q_{jk} = -q_j \\ \quad V_i - V_j = r_{ij}P_{ij} + x_{ij}Q_{ij} \end{cases} \tag{1-4}$$

式中，$\boldsymbol{\mu}$ 为理想电压分布向量；无功注入 q_j^g 的上下限取决于逆变器的容量和功率因数等参数。

我们用矩阵 $\boldsymbol{M}^0$ 表示集群的节点-支路关联矩阵，即当 $j \in \mathcal{N}_i$ 时，$M_{il}^0 = 1$ 而 $M_{jl}^0 = -1$。$\boldsymbol{M}^0$ 矩阵的第一行用 $\boldsymbol{m}_0^{\mathrm{T}}$ 表示，对应于母线0，而矩阵其他维数为 $N \times N$ 的部分则用矩阵 $\boldsymbol{M}$ 表示。根据高等电力网络的知识可知，矩阵 $\boldsymbol{M}$ 是可逆矩阵。通过这种方式，式(1-1)～式(1-3)中的线性DistFlow潮流方程可以重新写为

$$\boldsymbol{MP} = \boldsymbol{p} \tag{1-5}$$

$$\boldsymbol{MQ} = \boldsymbol{q} \tag{1-6}$$

$$\boldsymbol{m}_0 + \boldsymbol{M}^{\mathrm{T}}\boldsymbol{V} = \boldsymbol{D}_r\boldsymbol{P} + \boldsymbol{D}_x\boldsymbol{Q} \tag{1-7}$$

式中，$\boldsymbol{D}_r$ 为由 r_{ij} 所构成的对角矩阵；$\boldsymbol{D}_x$ 为由 x_{ij} 所构成的对角矩阵。

将式(1-5)～式(1-6)代入式(1-7)可以得到

$$\boldsymbol{M}^{\mathrm{T}}\boldsymbol{V}=\boldsymbol{D}_r\boldsymbol{M}^{-1}\boldsymbol{p}+\boldsymbol{D}_x\boldsymbol{M}^{-1}\boldsymbol{q}-\boldsymbol{m}_0 \tag{1-8}$$

式(1-8)两边同乘以 $\boldsymbol{M}^{\mathrm{T}}$ 的逆矩阵，得到

$$\begin{aligned}\boldsymbol{V}&=\boldsymbol{R}\boldsymbol{p}+\boldsymbol{X}\boldsymbol{q}-\boldsymbol{M}^{-\mathrm{T}}\boldsymbol{m}_0\\&=\boldsymbol{R}\boldsymbol{p}+\boldsymbol{X}\boldsymbol{q}^g-\boldsymbol{X}\boldsymbol{q}^d-\boldsymbol{M}^{-\mathrm{T}}\boldsymbol{m}_0\\&=\boldsymbol{X}\boldsymbol{q}^g+\bar{\boldsymbol{V}}\end{aligned} \tag{1-9}$$

式中

$$\boldsymbol{R}=\boldsymbol{M}^{-\mathrm{T}}\boldsymbol{D}_r\boldsymbol{M}^{-1} \tag{1-10}$$

$$\boldsymbol{X}=\boldsymbol{M}^{-\mathrm{T}}\boldsymbol{D}_x\boldsymbol{M}^{-1} \tag{1-11}$$

$\bar{\boldsymbol{V}}$ 为不进行控制时的自然电压分布，即

$$\bar{\boldsymbol{V}}=\boldsymbol{R}\boldsymbol{p}-\boldsymbol{X}\boldsymbol{q}^d-\boldsymbol{M}^{-\mathrm{T}}\boldsymbol{m}_0 \tag{1-12}$$

可以证明，矩阵 $\boldsymbol{R}$ 和 $\boldsymbol{X}$ 均为正定矩阵。事实上，矩阵 $\boldsymbol{X}$ 的逆满足

$$\boldsymbol{B}=\boldsymbol{X}^{-1}=\boldsymbol{M}\boldsymbol{D}_x^{-1}\boldsymbol{M}^{\mathrm{T}} \tag{1-13}$$

式(1-13)中的矩阵 $\boldsymbol{B}$ 正是我们熟悉的直流潮流中的网络矩阵。因此，我们可以得到如下的线性化潮流模型：

$$\boldsymbol{q}^g=\boldsymbol{B}(\boldsymbol{V}-\bar{\boldsymbol{V}}) \tag{1-14}$$

令 $\tilde{\boldsymbol{V}}=\boldsymbol{\mu}-\bar{\boldsymbol{V}}$，则原始优化模型式(1-4)可以重新写为

$$\begin{cases}\min\limits_{\boldsymbol{q}^g}\ f(\boldsymbol{q}^g)=\dfrac{1}{2}\left\|\boldsymbol{X}\boldsymbol{q}^g-\tilde{\boldsymbol{V}}\right\|_2^2\\ \text{s.t. } \underline{\boldsymbol{q}}^g\leqslant\boldsymbol{q}^g\leqslant\overline{\boldsymbol{q}}^g\end{cases} \tag{1-15}$$

式(1-15)中的优化模型是典型的上下限约束二次规划问题，若采用集中式方法求解，可以很容易求得其最优解。在本节中，我们希望考虑的是如何针对该模型进行有效的分布式求解，并保证足够的收敛速度。

需要注意的是，尽管潮流方程式(1-9)是基于辐射状网络推导出的，但其依然可以推广至网状网络。由于矩阵 $\boldsymbol{B}$ 与快速分解法中的网络矩阵相照应，模型可适用于一般的电力网络，具体的理论推导这里不再展开。

2. 三相电压控制模型

在中低压光伏集群的电压控制中，一个突出的矛盾是值得关注的，即由于以屋顶光伏为代表的分布式光伏常常单相接入低压配电网，导致光伏集群三相潮流分布的不平衡。在此条件下，若依旧采取单相潮流模型进行分析，很容易造成分析结果与实际控制效果的偏差，从而导致控制后的节点电压越限，引起系统运行风险。

因此，在本节中，我们进一步给出基于 DistFlow 的三相线性化电压模型，作为后续电压控制的基础。

类似于单相模型的情况，建立基础潮流方程。在如图 1-3 所示的三相电路中，可以根据基尔霍夫定律写出支路形式的电压方程和功率方程。图 1-3 中，$\boldsymbol{V}_i$、$\boldsymbol{I}_{ij}$、$\boldsymbol{S}_{ij}$、$\boldsymbol{S}_{jk}$ 等均为三维向量，分别代表节点电压、支路电流、支路复功率和节点注入复功率。而三维矩阵 $\boldsymbol{Z}_{ij}$ 则代表支路 (i, j) 的阻抗矩阵，不仅考虑了各相的自阻抗，也反映了相间互阻抗，能够表示三相间的耦合关系。

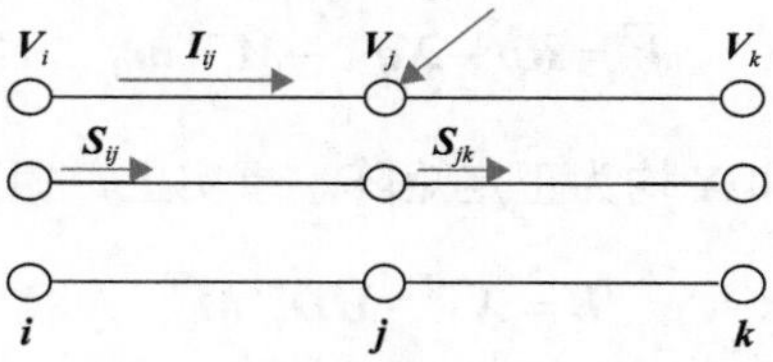

图 1-3　三相潮流支路示意图

因此，我们有节点电压方程：

$$\boldsymbol{V}_j = \boldsymbol{V}_i - \boldsymbol{Z}_{ij}\boldsymbol{I}_{ij} \tag{1-16}$$

和节点功率方程

$$\boldsymbol{S}_{ij} - \mathrm{diag}(\boldsymbol{Z}_{ij}\boldsymbol{I}_{ij})\boldsymbol{I}_{ij}^* - \sum_{k\in N_j^+} \boldsymbol{S}_{jk} = -\boldsymbol{S}_j \tag{1-17}$$

式中，N_j^+ 为节点 j 的下游相邻节点集合。

在本节中，定义节点可控光伏注入的无功功率向量为

$$\boldsymbol{q}_j = \{q_j^{\phi}\}_{\phi\in\Phi} \tag{1-18}$$

式中，ϕ 为第 ϕ 相；Φ 则表示各相的集合。

节点可控光伏注入 $\boldsymbol{q}_j$ 作为优化变量，不可控光伏 $\boldsymbol{q}_{j,c}$ 则认为是负的负荷，将

$\boldsymbol{q}_j$ 和电压向量 $\boldsymbol{V}_j=[\boldsymbol{V}_j^a,\ \boldsymbol{V}_j^b,\ \boldsymbol{V}_j^c]^{\mathrm{T}}$ 纵向拼接，形成光伏无功和节点电压的列向量。很显然，它们需要满足非线性的潮流方程约束，这里将其记为函数向量 $\boldsymbol{g}$，即

$$\boldsymbol{g}(\boldsymbol{V},\boldsymbol{q})=\boldsymbol{0} \tag{1-19}$$

式中

$$\boldsymbol{q}=\{\boldsymbol{q}_j\}_{j\in N} \tag{1-20}$$

$$\boldsymbol{V}=\{\boldsymbol{V}_j\}_{j\in N} \tag{1-21}$$

$\boldsymbol{q}$、$\boldsymbol{V}$ 分别为由节点可控光伏注入和节点电压幅值组成的列向量；N 为集群节点集合。

类似单相的情况，电压控制的目标函数为电压偏差的平方和最小，在此基础上添加光伏无功注入范围的约束，就构成了基本的电压优化模型：

$$\begin{aligned}
&\{\boldsymbol{V}^*,\boldsymbol{q}^*\}=\arg\min_{\boldsymbol{v},\boldsymbol{q}} f(\boldsymbol{V},\boldsymbol{q}):=\frac{1}{2}\|\boldsymbol{V}-\boldsymbol{\mu}\|_2^2\\
&\text{s.t.}\quad \boldsymbol{g}(\boldsymbol{V},\boldsymbol{q})=\boldsymbol{0}\\
&\qquad\ \ \underline{\boldsymbol{q}}\leqslant\boldsymbol{q}\leqslant\overline{\boldsymbol{q}}
\end{aligned} \tag{1-22}$$

很显然，式(1-22)给出的电压优化模型是一个非线性约束的二次规划模型，本质上是一个交流最优潮流(AC optimal power flow，ACOPF)的问题，集中式的求解方法相对成熟。而为了使其能够地利用分布式方法进行求解，需要进行进一步的讨论，以期将非线性潮流约束线性化，并近似表达为能够分布式求解的形式。

为了使各节点能够利用本地信息将潮流方程约束纳入考虑范围，可利用分布式算法中一致性(consensus)的思想，令各节点对其他关联节点的电压状态进行估计，当所有估计均与实际情况一致时，模型求解完成。也就是说，节点 j 的第 ϕ 相，不仅要获取本节点的决策变量，还需要对所有与其相关节点的电压值进行估计，可称为节点估计变量。

对于节点 j 的第 ϕ 相，定义其节点决策变量为

$$\boldsymbol{z}_j^{\phi}=\{V_j^{\phi},q_j^{\phi}\} \tag{1-23}$$

节点估计变量为

$$\boldsymbol{x}_j^{\phi}=\{\{V_{(i,\psi)j}^{\phi}\}_{(i,\psi)\in N_j^{\phi}},\delta_j^{\phi}\} \tag{1-24}$$

式中，$V_{(i,\psi)j}^{\phi}$ 为节点 j 的第 ϕ 相对于节点 i 的第 ψ 相的电压估计；δ_j^{ϕ} 为对本节点光

伏无功注入的估计。因此，原模型(1-22)转化为

$$\begin{cases}\min\limits_{x,z} & \sum_{j=1}^{N}\sum_{\phi\in\Phi} f_j^{\phi}(x_j^{\phi})=\sum_{j=1}^{N}\sum_{\phi\in P}\frac{1}{2}(V_{(j,\phi)j}^{\phi}-\mu_j^{\phi})^2 \\ \text{s.t.} & V_{(i,\psi)j}^{\phi}=V_i^{\psi}, \quad \forall j,\forall\phi,\forall(i,\psi)\in N_j^{\phi} \\ & \delta_j^{\phi}=q_j^{\phi}, \quad \forall j,\forall\phi \\ & g_j^{\phi}(x_j^{\phi})=0, \quad \forall j,\forall\phi \\ & \underline{q}_j^{\phi}\leqslant q_j^{\phi}\leqslant\overline{q}_j^{\phi}, \quad \forall j,\forall\phi\end{cases} \tag{1-25}$$

式(1-25)为带有等式约束的二次规划问题，而原非线性潮流方程仍作为可行域保留在约束中。容易发现，在式(1-25)中，与节点j的第ϕ相相关的是全节点集合，因此分布式求解时需要保证每两点间均存在通信连接，这显然是不合理的。如何降低相关节点的维数是需要考虑的问题，分布式求解要求只包括物理上直接相连的节点。

当三相不对称程度在某一范围时，电压和注入无功之间有如下近似线性的关系[27,28]：

$$\boldsymbol{AV}=\boldsymbol{q}+\boldsymbol{w} \tag{1-26}$$

式中，$\boldsymbol{w}$ 为代表系统当前运行状态的变量；$\boldsymbol{A}$ 为块稀疏矩阵，只有相邻节点对应的块有非零值。因此原非线性潮流约束转化为线性的等式约束：

$$\sum_{i\in N_j}\boldsymbol{A}_{ji}\boldsymbol{V}_i=\boldsymbol{q}_j+\boldsymbol{w}_j \tag{1-27}$$

请注意，由非线性潮流到式(1-26)的线性方程是推导过程中的第一步近似。

由此，原模型(1-25)转变为含线性等式约束的二次规划问题：

$$\begin{cases}\min\limits_{x,z} & \sum_{j=1}^{N}\sum_{\phi\in\Phi} f_j^{\phi}(x_j^{\phi})=\sum_{j=1}^{N}\sum_{\phi\in P}\frac{1}{2}(V_{(j,\phi)j}^{\phi}-\mu_j^{\phi})^2 \\ \text{s.t.} & V_{(i,\psi)j}^{\phi}=v_i^{\psi}, \quad \forall j,\forall\phi,\forall(i,\psi)\in N_j^{\phi} \\ & \delta_j^{\phi}=q_j^{\phi}, \quad \forall j,\forall\phi \\ & \sum_{i\in N_j}\boldsymbol{A}_{ji}\boldsymbol{V}_i=\boldsymbol{q}_j+\boldsymbol{w}_j \\ & \underline{q}_j^{\phi}\leqslant q_j^{\phi}\leqslant\overline{q}_j^{\phi}, \quad \forall j,\forall\phi\end{cases} \tag{1-28}$$

基于其稀疏性，可利用 ADMM 求解。进一步考虑，若电压 $\boldsymbol{V}$ 也可表示为无功注入 $\boldsymbol{q}$ 的线性函数，问题将进一步退化，成为只关于无功注入 $\boldsymbol{q}$ 的一致性问题，从而能够利用次梯度法等方法求解。根据文献[29]推导出的结论，电压 $\boldsymbol{V}$ 和无功注入 $\boldsymbol{q}$ 确实存在如下的近似线性关系：

$$\boldsymbol{V}=\boldsymbol{M}\boldsymbol{q}+\bar{\boldsymbol{V}} \tag{1-29}$$

式中，矩阵系数 $\boldsymbol{M}$ 不同于单相模型的情况，需要通过复杂的推导给出，这里不展开介绍。需要注意的是，矩阵 $\boldsymbol{M}$ 不同于式(1-26)中的块稀疏矩阵 $\boldsymbol{A}$，而是一个满矩阵，但其相邻节点对应的非对角块元素明显大于非直接相邻接点非对角块元素。将式(1-29)中的线性关系代入式(1-28)，并进行简化，得到一个关于 $\boldsymbol{q}$ 的有界约束二次规划问题：

$$\begin{cases}\boldsymbol{q}^{*}=\arg\min\limits_{\boldsymbol{q}} f(\boldsymbol{q}):=\dfrac{1}{2}\left\|\boldsymbol{M}\boldsymbol{q}+\bar{\boldsymbol{V}}-\boldsymbol{\mu}\right\|_2^2\\ \text{s.t.}\quad \underline{\boldsymbol{q}}\leqslant\boldsymbol{q}\leqslant\bar{\boldsymbol{q}}\end{cases} \tag{1-30}$$

观察式(1-30)中的目标函数，若对其求梯度，则可得到

$$\nabla f(\boldsymbol{q}):=\boldsymbol{M}(\boldsymbol{M}\boldsymbol{q}+\bar{\boldsymbol{V}}-\boldsymbol{\mu})\approx\boldsymbol{X}(\boldsymbol{V}-\boldsymbol{\mu}) \tag{1-31}$$

式中，矩阵 $\boldsymbol{X}$ 为矩阵 $\boldsymbol{M}$ 忽略非直接相邻节点非对角块元素后的矩阵。可以发现，由于矩阵 $\boldsymbol{X}$ 的块稀疏性质，节点 i 本地的梯度只与 i 相邻节点的状态变量有关，从而为后续分布式求解提供了可能。事实上，式(1-30)中的模型已可以采用分布式次梯度的方式求解，而在本书中，我们希望介绍一种具有更高收敛速度的分布式拟牛顿法。请读者注意，这里进行了分析中的第二次近似。事实上，若单纯求解数学模型，求得的结果将与原始模型的实际最优解有较大偏差，然而由于采用了电压作为反馈，事实上利用系统的实际潮流结果替代了对潮流方程进行线性近似后的结果，也就修正了由于近似带来的误差，因此不影响最终的收敛结果，这是反馈优化控制模式的优势。

此外，由于实际工程应用中常出现通信不完备甚至完全中断的情况，要求当各节点无法获得相邻节点信息时，仍能最大限度地满足集群稳定运行。因此在上述标准模型下，进一步探讨各节点仅依赖本地信息的控制策略。事实上容易理解，若相邻节点通信暂时中断，对式(1-31)中的矩阵 $\boldsymbol{X}$ 仅保留对角元素处理，即可获得通信不完备的折中形式，从而完全依赖本地电压进行迭代，而此时的控制策略也可以理解为修正的下垂控制。通过这一分析，进一步地证明了下垂控制与分布式迭代控制之间的内在联系，其核心在于通过损失最优性提升鲁棒性，在一定程度上保证集群的稳定运行。在后续控制效果分析中也将对通信不完备的情况进行讨论。

1.2.3 可再生能源发电集群电压控制求解算法

由于采用集群三相电压控制模型时能推导出与采用集群单相电压控制模型类似的形式，因此下面的讨论主要针对单相电压控制模型展开，读者很容易将其推广至三相模型的情况，这里不再赘述。

本节提出基于 BFGS (Broyden-Fletcher-Goldfarb-Shanno) 的分布式拟牛顿法求解式(1-15)中的优化模型。对于式(1-15)，其牛顿迭代方程为

$$\boldsymbol{q}^{g}(k+1)=\boldsymbol{q}^{g}(k)-\varepsilon\cdot\boldsymbol{H}(k)^{-1}\cdot\boldsymbol{g}(k) \tag{1-32}$$

式中，矩阵 $\boldsymbol{H}$ 为黑塞矩阵；ε 为迭代步长；$\boldsymbol{g}$ 为目标函数的梯度；$\cdot(k)$ 代表第 k 步迭代的结果。

然而，黑塞矩阵的逆需要全局信息，因此很难分布式求得。为解决这一问题，利用近似矩阵 $\boldsymbol{C}$ 代替原始的黑塞矩阵，则牛顿迭代方程变为

$$\boldsymbol{q}^{g}(k+1)=\boldsymbol{q}^{g}(k)-\varepsilon\cdot\boldsymbol{C}(k)^{-1}\cdot\boldsymbol{g}(k)=\boldsymbol{q}^{g}(k)-\varepsilon\cdot\boldsymbol{d}(k) \tag{1-33}$$

式中，矩阵 $\boldsymbol{C}$ 应为正定对称矩阵，且满足如下的割线条件：

$$\boldsymbol{C}(k+1)\boldsymbol{u}(k)=\boldsymbol{r}(k) \tag{1-34}$$

式中

$$\boldsymbol{u}(k)=\boldsymbol{q}^{g}(k+1)-\boldsymbol{q}^{g}(k) \tag{1-35}$$

$$\boldsymbol{r}(k)=\boldsymbol{g}(k+1)-\boldsymbol{g}(k) \tag{1-36}$$

即利用差分替代微分的方式，通过矩阵 $\boldsymbol{C}$ 近似替代了原黑塞矩阵。但需要注意的是，方程(1-34)的解并不唯一。

因此，从高斯微分熵的角度出发，从矩阵 $\boldsymbol{C}$ 的解中找出与上一步迭代的矩阵最接近的结果作为新的拟牛顿矩阵，即

$$\begin{cases}\boldsymbol{C}(k+1)=\arg\min\limits_{\boldsymbol{Z}}\ \mathrm{tr}[\boldsymbol{C}(k)^{-1}\boldsymbol{Z}]-\lg\left|\boldsymbol{C}(k)^{-1}\boldsymbol{Z}\right|-N\\ \text{s.t. } \boldsymbol{Z}\boldsymbol{u}(k)=\boldsymbol{r}(k),\ Z\succeq\boldsymbol{0}\end{cases} \tag{1-37}$$

式中，N 为矩阵的维数。通过这样的方式，可以得到拟牛顿矩阵 $\boldsymbol{C}$ 的唯一结果，其迭代关系式为

$$\boldsymbol{C}(k+1)=\boldsymbol{C}(k)+\frac{\boldsymbol{r}(k)\boldsymbol{r}(k)^{\mathrm{T}}}{\boldsymbol{r}(k)^{\mathrm{T}}\boldsymbol{u}(k)}-\frac{\boldsymbol{C}(k)\boldsymbol{u}(k)\boldsymbol{u}(k)^{\mathrm{T}}\boldsymbol{C}(k)}{\boldsymbol{u}(k)^{\mathrm{T}}\boldsymbol{C}(k)\boldsymbol{u}(k)} \tag{1-38}$$

因此，$\boldsymbol{C}(k+1)$ 可以由上一步迭代的拟牛顿矩阵 $\boldsymbol{C}(k)$、变量变化值 $\boldsymbol{u}(k)$ 和梯度变化值 $\boldsymbol{r}(k)$ 得到。

然而，式(1-38)依然难以分布式计算，这是因为无论矩阵 $\boldsymbol{C}(k)$ 还是其逆矩阵都不具有稀疏的特性，也就无法本地求得下降方向，同时内积 $\boldsymbol{r}(k)^{\mathrm{T}}\boldsymbol{u}(k)$ 的计算也需要全局信息。因此，需要合理的方式使得迭代得以分布式进行。

定义 $z_i \in \mathbb{R}$ 表示向量 $\boldsymbol{z} \in \mathbb{R}^N$ 的第 i 个元素，而向量 $\boldsymbol{z}_{n_i} \in \mathbb{R}^{m_i}$ 表示由所有 $z_i \in \mathbb{R}$ 且 $i \in n_i$ 构成的向量，其中 n_i 为节点 i 的相邻节点集合，而 m_i 为 n_i 中元素的个数。类似地，定义矩阵 $\boldsymbol{Z}_{n_i} \in \mathbb{R}^{m_i \times m_i}$ 为矩阵 $\boldsymbol{Z} \in \mathbb{R}^{N \times N}$ 中对应集合 n_i 中相关节点的 m_i 维矩阵子块。

定义对角正则化矩阵 $\boldsymbol{D} \in \mathbb{R}^{N \times N}$，其第 i 个对角元素为 m_i^{-1}，同时定义标准化参数 $\gamma > 0$，重新对修正后的相邻变量变化向量和相邻梯度变化向量定义如下：

$$\tilde{\boldsymbol{u}}_{n_i}(k) = \boldsymbol{D}_{n_i}[\boldsymbol{q}_{n_i}^g(k+1) - \boldsymbol{q}_{n_i}^g(k)] \tag{1-39}$$

$$\tilde{\boldsymbol{r}}_{n_i}(k) = \boldsymbol{g}_{n_i}(k+1) - \boldsymbol{g}_{n_i}(k) - \gamma\tilde{\boldsymbol{u}}_{n_i}(k) \tag{1-40}$$

由于修正后的相邻变量变化向量和相邻梯度变化向量只利用了节点 i 本地及其相邻节点的信息，因此可以计算本地黑塞矩阵近似子块：

$$\boldsymbol{C}^i(k+1) = \boldsymbol{C}^i(k) + \frac{\tilde{\boldsymbol{r}}_{n_i}(k)\tilde{\boldsymbol{r}}_{n_i}(k)^{\mathrm{T}}}{\tilde{\boldsymbol{r}}_{n_i}(k)^{\mathrm{T}}\tilde{\boldsymbol{u}}_{n_i}(k)} - \frac{\boldsymbol{C}^i(k)\tilde{\boldsymbol{u}}_{n_i}(k)\tilde{\boldsymbol{u}}_{n_i}(k)^{\mathrm{T}}\boldsymbol{C}^i(k)}{\tilde{\boldsymbol{u}}_{n_i}(k)^{\mathrm{T}}\boldsymbol{C}^i(k)\tilde{\boldsymbol{u}}_{n_i}(k)} + \gamma\boldsymbol{I}\boldsymbol{C}^i(k) \tag{1-41}$$

利用本地黑塞矩阵近似子块 $d_i(k) = \sum\limits_{j \in n_i} e_i^j(k)$，可计算下降方向分量，定义标准化参数 $\varGamma > 0$，则下降方向分量 $\boldsymbol{e}_{n_i}^i(k) \in \mathbb{R}^{m_i}$ 为

$$\boldsymbol{e}_{n_i}^i(k) = -(\boldsymbol{C}^i(k)^{-1} + \varGamma\boldsymbol{D}_{n_i})\boldsymbol{g}_{n_i}(k) \tag{1-42}$$

式(1-42)的分量中包含了节点 i 及其对所有相邻节点的下降方向的估计。类似地，相邻节点 $j \in n_i$ 也包含了对节点 i 下降方向的估计 $e_i^j(k)$。因此，本地下降方向 $d_i(k)$ 可通过对其所有邻居的估计分量求和得到，即

$$d_i(k) = \sum_{j \in N_i} e_i^j(k) \tag{1-43}$$

将式(1-43)代入式(1-33)，得到

$$q_i^g(k+1) = q_i^g(k) - \varepsilon \cdot d_i(k) \tag{1-44}$$

显然，迭代式(1-44)仅利用本地和相邻节点信息即可分布式计算。因此，式(1-39)～式(1-44)构成了拟牛顿迭代的全部步骤，其相邻节点信息交互关系示意图如图 1-4 所示，迭代流程如表 1-2 所示。

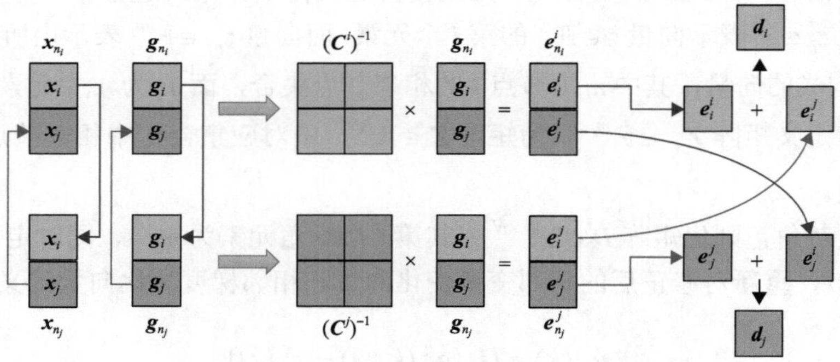

图 1-4　相邻节点信息交互关系示意图

表 1-2　分布式拟牛顿法算法流程

算法：分布式拟牛顿法电压控制
初始化：给定 $\boldsymbol{A}^i(0)$ 、 $\boldsymbol{q}_i^g(0)$ 、 $\boldsymbol{g}_i(0)$ 、 $\boldsymbol{e}_{n_i}^i(0)$ 的初值
1: **for** $k \in K$ 执行
2:　从所有 $j \in n_i$ 的节点读取本地存储中 $e_i^j(k)$ 、 $q_j^g(k)$ 、 $g_j(k)$ 的值
3:　更新计算 $q_i^g(k+1)$ 、 $g_i(k+1)$ 的数值
4:　按照给定计算式计算 $\tilde{\boldsymbol{u}}_{n_i}^i(k)$ 、 $\tilde{\boldsymbol{r}}_{n_i}^i(k)$ 、 $\boldsymbol{C}^i(k+1)$ 的数值
5:　按照给定计算式计算 $\boldsymbol{e}_{n_i}^i(k+1)$ 的值
6:　将 $q_i^g(k+1)$ 、 $g_i(k+1)$ 、 $e_j^i(k+1)$ 发送给对应节点，并接收相应变量数值
7:　按照迭代公式计算 $d_i(k+1)$ 的值
8:　计算新一步本地无功注入 $q_i^g(k+1)$ 的值，执行控制
9: **end for**

1.2.4　可再生能源发电集群电压控制效果

在本节中，通过改进的标准算例系统进行仿真，给出基于分布式拟牛顿法的可再生能源发电集群电压控制效果分析，以验证方法的收敛性和最优性。

用于仿真分析的系统包括改进的 IEEE①33 节点、69 节点和 123 节点系统，在原配网模型的基础上，人工在不同节点添加了光伏注入，且根据三相注入不平衡程度各分为 4 种情况，不平衡程度由弱至强。

为了验证分布式拟牛顿法的效果，本节的结果中以 ADMM 和投影梯度法作为对比，分析其迭代过程和控制效果，二者均为具有一阶收敛性的分布式算法。对比过程中，以三相交流最优潮流的计算结果作为真实最优解进行比照。

在不平衡程度较低的情况下，给出 3 种算例系统下由其实状态经分布式电压控制后目标函数的下降情况。图 1-5 给出了 33 节点系统目标函数值迭代结果，图 1-6 给出了 69 节点系统目标函数值迭代结果，图 1-7 给出了 123 节点系统目标函数值迭代结果。

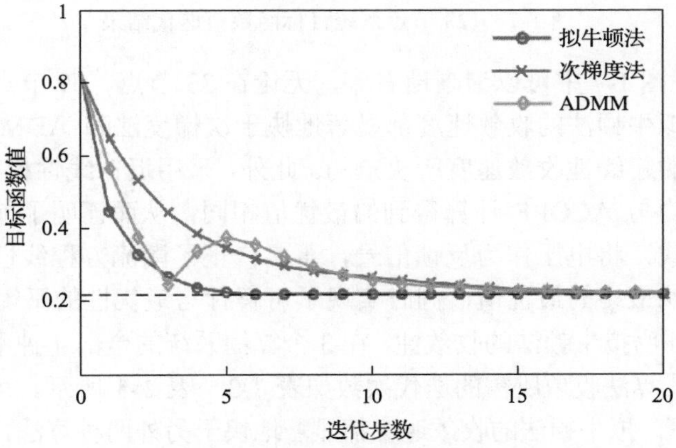

图 1-5　33 节点系统目标函数值迭代结果

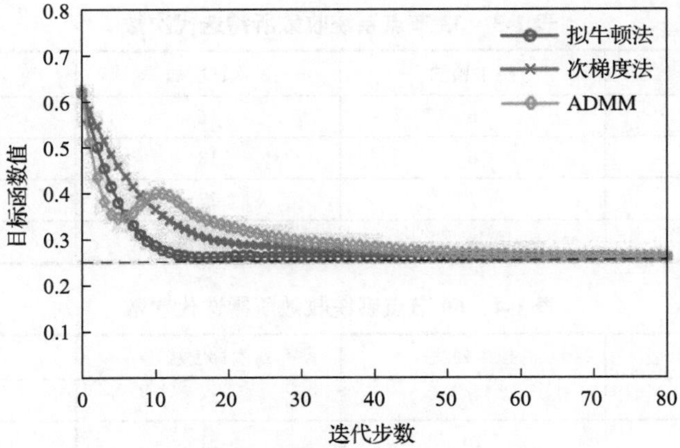

图 1-6　69 节点系统目标函数值迭代结果

① 电气和电子工程师协会(Institute of Electrical and Electronics Engineers)。

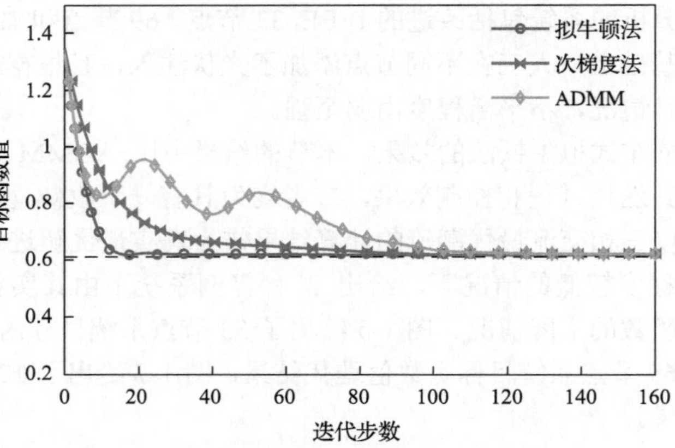

图 1-7　123 节点系统目标函数值迭代结果

从图 1-5～图 1-7 中可以清晰地看到，无论在 33 节点、69 节点还是 123 节点系统中，采用拟牛顿法的收敛速度都显著地快于次梯度法和 ADMM 法，这是由拟牛顿法天然的超线性收敛速度所决定的。此外，采用近似线性模型的三种方法，最终收敛结果均与 ACOPF 计算得到的最优值相同，从而证明了前面讨论的采用反馈优化的模式，将电压作为反馈信号，事实修正了潮流方程线性化所带来的误差，因此不影响最终的最优值，同时实现了可解行与最优性的平衡。

为进一步证明拟牛顿法的收敛性，在 3 个算例系统的全部 4 种不对称注入情况下，三种分布式算法收敛所需的迭代次数如表 1-3～表 1-5 所示。可以看到，在全部 12 种情况下，拟牛顿法的收敛速度都显著地快于另外两种算法，甚至在某些情况下，收敛所需迭代次数相比下降一个数量级，证明了拟牛顿法具有更高的收敛性。

表 1-3　33 节点系统收敛所需迭代次数

情况	拟牛顿法	次梯度法	ADMM
1	6	16	16
2	6	18	17
3	7	22	24
4	8	24	24

表 1-4　69 节点系统收敛所需迭代次数

情况	拟牛顿法	次梯度法	ADMM
1	9	45	41
2	10	51	55
3	12	56	58
4	13	66	66

表 1-5　123 节点系统收敛所需迭代次数

情况	拟牛顿法	次梯度法	ADMM
1	15	98	134
2	17	103	141
3	18	106	139
4	20	112	152

为证明采用三相模型对不对称注入分析的必要性，图 1-8 给出了在 33 节点系统中，分别采用单/三相模型进行分析控制后，A 相各节点的电压分布。可以看到，当采用单相模型时，7 个以上节点的 A 相电压出现了越限的情况，这是由于单相模型默认三相对称，将不平衡注入平均分配到各相上，导致模型优化结果与实际控制结果不符。在不对称较严重的系统中，若采用单相模型分析，容易造成电压越限从而导致脱网事故的发生。反观采用三相模型的控制结果，所有节点电压均在安全范围内，从而证明了在集群电压控制中采用三相电压控制模型的必要意义。

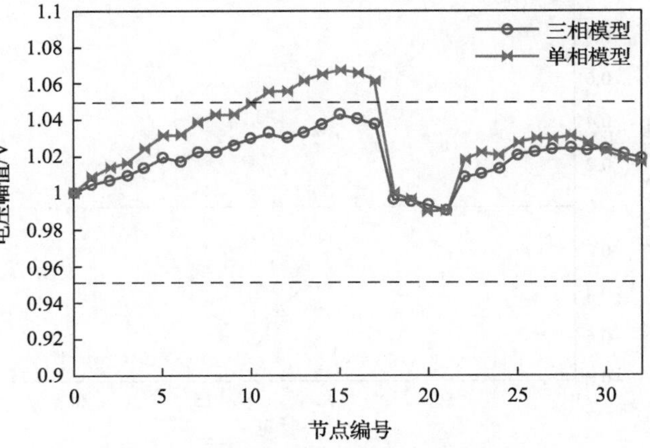

图 1-8　33 节点系统目标函数值迭代结果

进一步对时间尺度进行讨论，给出 33 节点系统在典型日光照和负荷下的电压变化。图 1-9 给出了当日系统光伏总的有功注入，可以看到功率曲线与光照强度相关，在午间功率有波峰，而早晚由于没有光照，光伏有功功率为零，光伏有功功率的波动对集群的电压控制提出了严峻的挑战。图 1-10 给出了优化控制后系统光伏总无功变化曲线，可以看到，为保证电压安全，在午间光伏无功出现波谷，甚至出现吸收无功的情况，以避免功率倒送产生的电压越限，而在早晚由于有功功率为零，光伏逆变器发出无功维持电压。

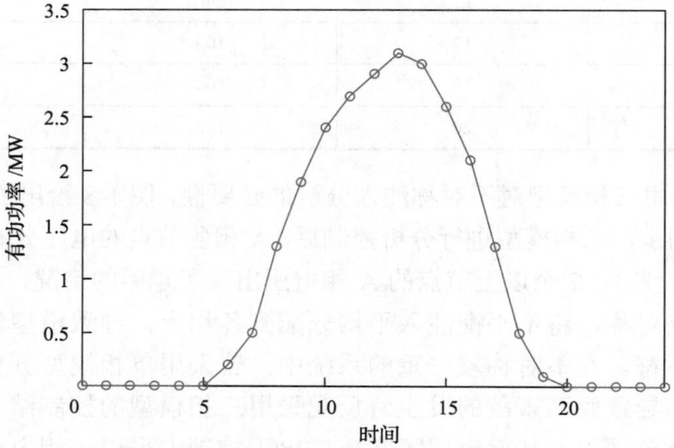

图 1-9　当日系统光伏总的有功注入

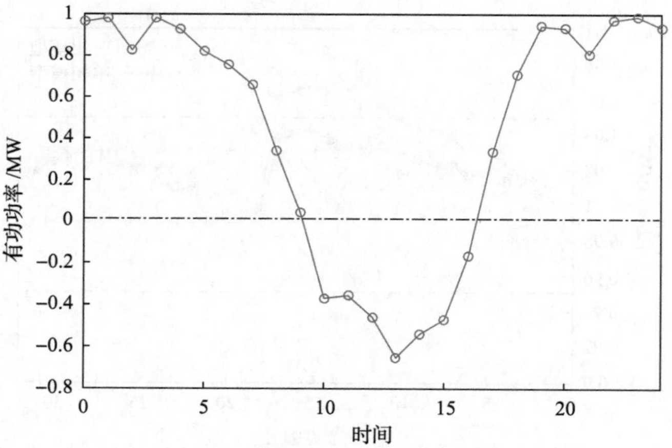

图 1-10　优化控制后系统光伏总无功变化曲线

图 1-11 给出了 33 节点系统中 6 号节点电压变化曲线。作为对比，未经控制的电压曲线也同样给出。此外，前面讨论过的相邻节点通信中断下仅依靠本地电压信息进行控制的折中方案电压效果也同样给出。可以明显看到，若不经控制，6 号节点在光伏发电充沛的午间将出现电压越限情况，而经过电压控制后，电压越限问题得到有效消除。甚至在通信中断的情况下，自适应的本地模式切换也能保证控制取得较好的效果，确保集群的电压安全。

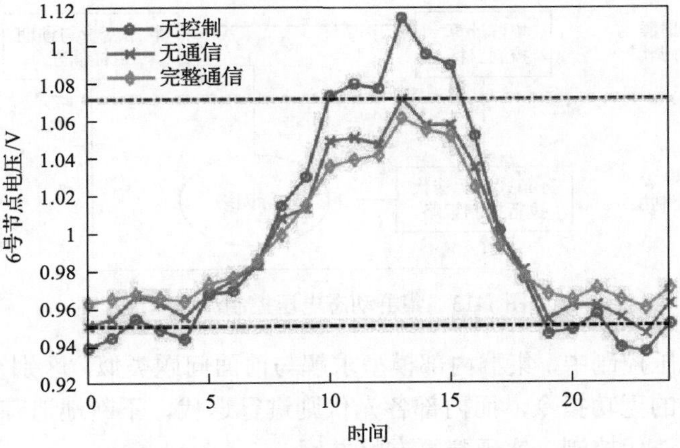

图 1-11　33 节点系统中 6 号节点电压变化曲线

1.2.5　可再生能源发电集群动态电压控制

以上介绍的是光伏发电集群稳态的电压优化结果。实际上，对于光伏高渗透率的区域电网(例如，在安徽省金寨县 2020 年计划光伏装机总量就将达到全县最大负荷的 4 倍)，光伏集群不仅承担着内部的电压优化任务，更应该响应系统的状态变化，必要时对外部系统提供动态电压支撑，实现集群友好并网。

基于前面的稳态电压优化，结合广域 PI(proportional integral)控制，上述目标容易实现。在集群并网点加装 PI 控制器，对外辨识等值参数，基于并网点电压波动，通过 PI 控制器产生并网点无功指令，而后利用前面的群内电压分布式优化策略对无功指令进行追踪。通过这种方式，不但实现了群内电压分布的优化，更能够响应群外电压的波动，为系统提供必要的动态电压支撑。图 1-12 给出了集群动态电压控制示意图，PI 控制器在这里相当于集群协调器的作用，对外协调集群整体特性，对内则发布控制目标，图 1-13 给出了集群动态电压控制流程图。

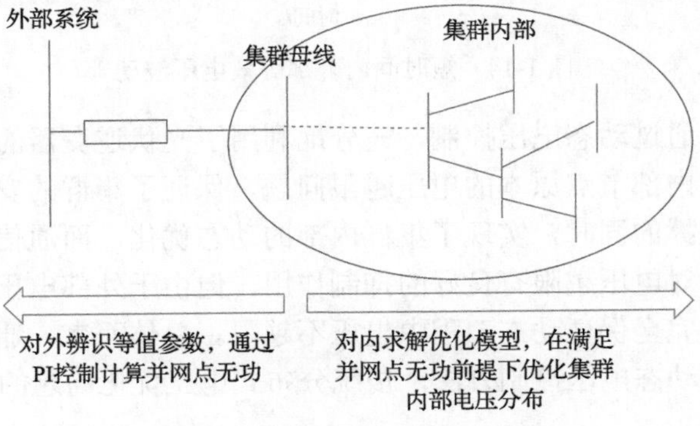

图 1-12　集群动态电压控制示意图

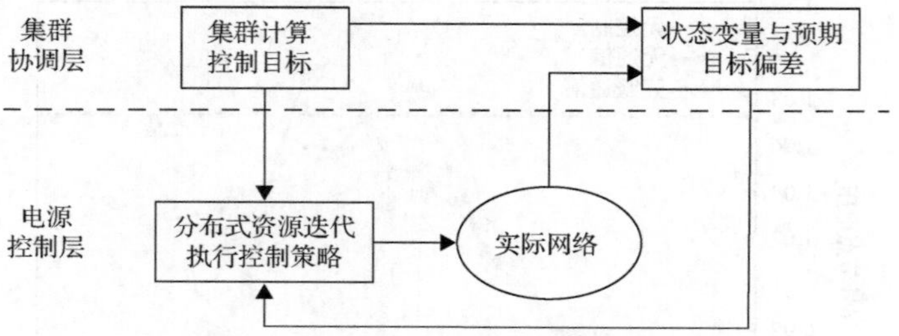

图 1-13　集群动态电压控制流程图

在动态电压控制中，集群内部模型求解与前面问题类似，区别在于 PI 控制器不断地生成新的无功指令，而内部各光伏则进行迭代，不断地追踪无功指令，同时完成内部的迭代控制，实现集群友好并网。

利用某 10kV 馈线的实际模型进行测试，短时间内外部等效电压波动如图 1-14 所示。采用前面给出的控制方法，图 1-15 给出了馈线根节点，即 10kV 母线处控制前后的动态电压曲线对比，图 1-16 则给出了集群内部 6 号节点控制前后的动态电压曲线对比。

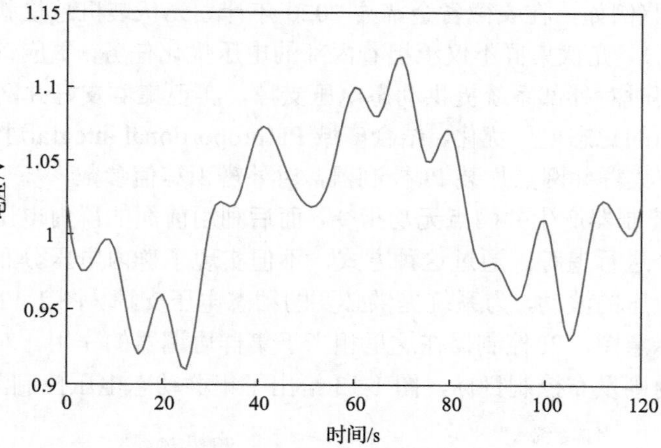

图 1-14　短时间内外部等效电压波动

可以看到，通过动态电压控制，充分地利用了光伏逆变器的无功调节能力，消除了并网点和内部节点原本的电压越限问题，保证了集群的安全运行，对外部系统电压提供支撑的同时，实现了集群内部的动态优化。而通信故障情况下的本地控制策略同样对电压越限有良好的抑制作用，但由于外部电压波动剧烈，通信中断情况下无法完全保证动态工程中电压不越限。总体而言，通过采用具有快速收敛性质的集群动态电压控制方法，传统分布式电压优化问题的收敛所需迭代次

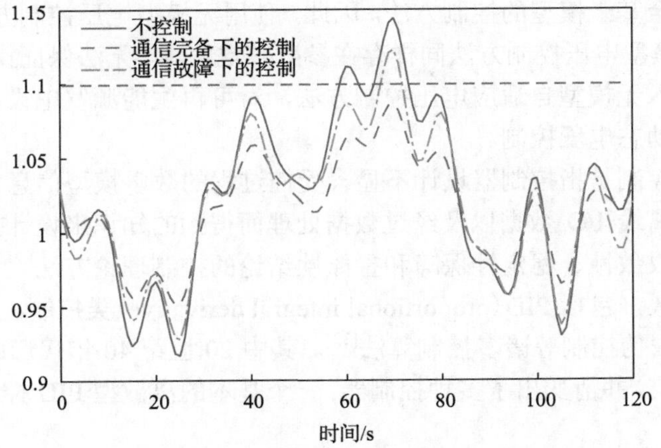

图 1-15　10kV 母线处控制前后的动态电压曲线对比

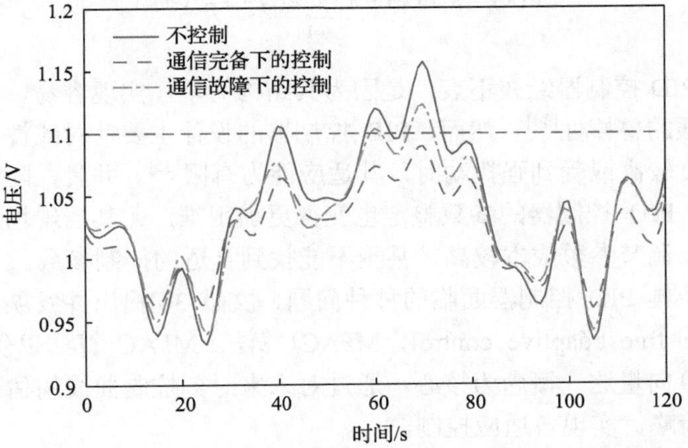

图 1-16　集群内部 6 号节点控制前后的动态电压曲线对比

数由一阶算法的几十次下降到几次，适合在线应用，而应用动态电压控制后集群波动下降达 40%，且方法具有较强的鲁棒性，能够在通信不完备情况下尽可能地维持系统稳定，因此具有良好的应用前景。

1.3　可再生能源发电无模型动态电压控制

1.3.1　概述

对于可再生能源发电设备、可再生能源电站或是高渗透率配电网而言，在其内部各项电气参数变化的同时，并网的电气环境也时刻发生改变。当我们关注动态电压控制时，将面临网侧参数变化多端、模型难以获得的问题，这就导致我们无法采用完全基于模型的控制方法。因此，使用无模型电压控制方法是必然选择。但同时，无模型电压控制方法同样存在参数整定困难、无法保证控制效果等问题，故本节将引入无模型自适应电压控制方法，对可再生能源发电设备并网点或集群并网点进行动态电压控制。

无模型控制是指控制器设计不显含受控过程的数学模型信息，仅利用受控系统的在线或离线 I/O 数据以及经过数据处理而得到的知识来设计控制器，并在一定假设下有收敛性、稳定性保障和鲁棒性结论的控制理论方法[30,31]。无模型控制方法由来已久，包括 PID (proportional integral derivative) 类控制、迭代学习控制、重复控制、去伪控制等诸多控制算法[32]。其中 20 世纪 40 年代形成的经典 PID 控制器应用最广，并衍变出了多种控制器。一个基本的离散型 PID 控制器如式(1-45)所示[33]：

$$u(k)=k_{\mathrm{P}}e(k)+k_{\mathrm{I}}\sum_{i=1}^{k}e(i)+k_{\mathrm{D}}\Delta e(k) \tag{1-45}$$

之所以 PID 控制器经久不衰，是因为其结构简单，实现容易，对于简单的被控对象有较强的鲁棒性[34]。然而，PID 控制器的设计主要针对线性系统，当系统的非线性程度较高或受到强扰动时，其适应能力有限[35]。并且，随着受控对象的不断复杂化，PID 控制器的参数整定也变得更加困难，尤其当现场应用同仿真的差距较大时，调节参数成本较高，甚至不能找到合适的控制参数。

为解决经典 PID 控制器面临的种种问题，文献[36]提出并发展了无模型自适应控制(model-free adaptive control，MFAC)算法。MFAC 算法以伪梯度(pesudo gradient，PG)向量这一概念为核心，通过对未来时刻控制曲线的估计，调整当前时刻的控制策略，实现自适应控制。

本节为实现可再生能源发电参与系统动态电压控制，将电压型逆变器作为受控对象，将其并网点电压作为控制目标，改进传统的并网电压控制策略。由于所并电网的模型复杂参数位置，因此必须采用无模型控制算法。本节将采用 MFAC 算法，针对可再生能源发电单设备并网点电压控制问题进行改进，提升电压控制的动态性能，并进行仿真分析。

同时，由于在实际应用中，可再生能源发电设备数量繁多，对于上级电网来说，将这些设备纳入控制范围将消耗巨大的通信成本、计算成本，且往往无法实现即时、有效的动态控制。因此，必须将本区域内的可再生能源发电设备看作一个整体，统一控制，通过集群并网点与上级电网互联。这本质上是遵循集群控制的概念，通过分级划分集群，降低电网整体的控制成本。本节将根据此思路，研究可再生能源发电集群并网点的动态电压控制策略，并进行仿真分析。

1.3.2　可再生能源发电设备无模型动态电压控制

1. 设备并网无模型自适应电压控制系统结构

1) 逆变器模型

随着电力电子技术的不断发展，逆变器的设计已经日趋成熟，并衍生出了多种设计方式，但也存在几种经典的拓扑结构。如图 1-17 所示，本节采用一种常见的逆变器拓扑结构[31]，其优势在于结构简单且可以抽出中线提高稳定性。

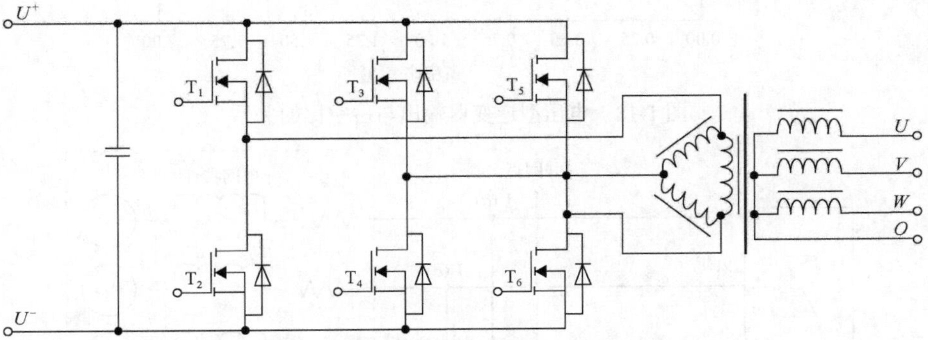

图 1-17　三相桥式逆变电路的三相四线制接法

对于三相逆变器的控制有多种算法，包括 SPWM、THIPWM、SVPWM 等。由于 SPWM 算法构造简洁、使用广泛，本节假设所控逆变器采用 SPWM 算法。若我们定义 $u = 2V_o^p / V_{dc}$，m 为 PWM 型电压型逆变器的占空比，则对于典型的 SPWM 算法，u 与 m 之间的函数关系 $u(m)$ 有式(1-46)的表达，如图 1-18 所示。

$$u(m) = \begin{cases} m, & 0 \leqslant m \leqslant 1 \\ \dfrac{\pi}{2} + m - m\cos(\arcsin(1/m)) - \arcsin(1/m), & m > 1 \end{cases} \tag{1-46}$$

注意到，在 $0 \leqslant m \leqslant 1$ 的区间内，输出与输入调制比服从线性关系，而在 $m > 1$ 区间内，二者为非线性关系。一般而言，可以将调制比控制在 $0 \leqslant m \leqslant 1$ 的区间内以维持系统线性，但同时也消耗了逆变器的输出能力。为了提高逆变器的输出，有时不可避免地需要在非线性区进行控制，这段区间称为过调制。

2) 受控系统结构

在本节中，所采用的受控系统结构如图 1-19 所示。其中为避免构图复杂，省略了升压变压器，其滤波作用同扼流线圈一同化简为图 1-19 中的并网电感。控制的目的是调整逆变器的控制信号，使得并网点电压保持稳定，并能在出现扰动时保持良好的动态特性和稳态特性。

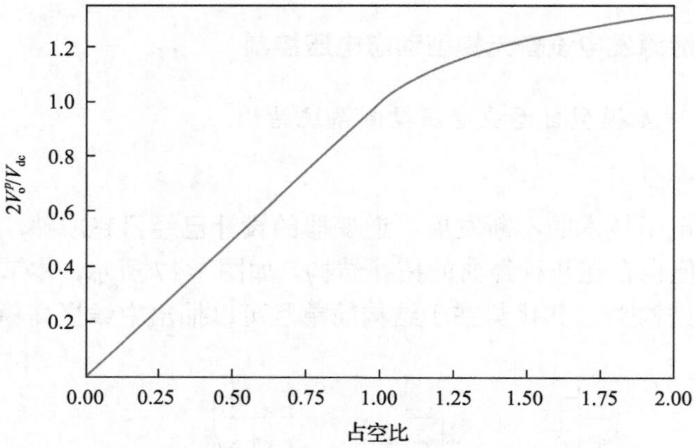

图 1-18　电压型逆变器输出与占空比的关系

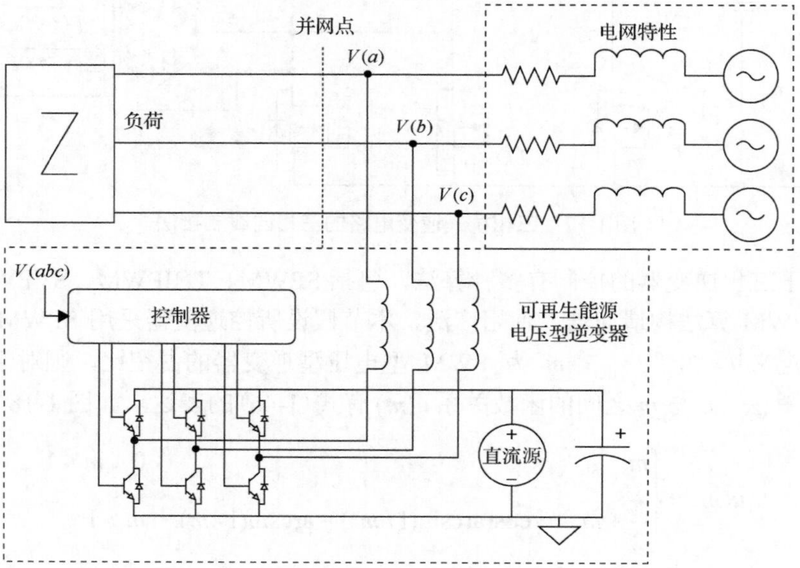

图 1-19　可再生能源单设备并网电压控制系统

该系统中，可再生能源由直流侧的一个直流源及其滤波电容代替。在实际工程中，可再生能源发电设备包含多种类型，如水轮机、光伏板、风机等。由于本节研究的问题重点在并网点电压控制，对于直流侧的不同能源类型并未进行深入考虑，采用一个直流源进行替代。后续实验中，将通过直流侧电压的改变，模拟可再生能源的随机性，从而验证本控制方案的有效性。

同时可以注意到，图 1-19 中三相电网采用电阻、电感模拟大电网特性。此处电阻、电感的参数将发生变化，从而模拟大电网特性的随机改变。同样地，并网点所接的其他部分可以用一个可变负荷代替。

该系统的输入是并网逆变器的调制比 u，输出是并网点电压 y。可见，这是一个单输入单输出(single input single output，SISO)系统。

2. SISO 无模型自适应控制的基本原理

1) 非线性系统动态线性化描述

对于一个 SISO 的离散时间系统，有式(1-47)的系统描述，其中 y 是系统输出信号，u 是系统输入信号，k 为当前时刻，n_k 是系统的阶数。

$$y(k) = f(y(k-1),\cdots,y(k-n_k),u(k-1),\cdots,u(k-n_k)) \tag{1-47}$$

若该系统满足以下假设 1-1、假设 1-2、假设 1-3，则可以使用 PG 向量对该系统进行局部线性化。

假设 1-1　系统具有能控性与能观性。

假设 1-2　系统函数 f 关于输入信号 u 有连续偏导数。

假设 1-3　系统是广义 Lipschitz 的，即满足式(1-48)：

$$|\Delta y(k)| \leqslant b|\Delta u(k-1)|, \forall k, \forall \Delta u(k-1) \neq 0 \tag{1-48}$$

式中，假设 1-1 是一条基本假设，它保证了系统是可以控制的；假设 1-2 对于实际的应用场合，特别对于本节的动态电压控制场景，是容易保证的；假设 1-3 要求系统的输出变化量是有限的，也就意味着对于有限的输入变化将产生有限的输出变化，这在实际系统中不难保证。

当 $\Delta u_k \neq 0$ 时，定义 PG 向量 $\phi(k)$ 如式(1-49)所示，其中 $\Delta y(k+1) = y(k+1) - y(k), \Delta u(k) = u(k) - u(k-1)$。

$$\Delta y(k+1) = \phi(k)\Delta u(k) \tag{1-49}$$

并且存在一个足够大的常数 $\varPhi$，使 $\forall k, |\phi(k)| \leqslant \varPhi$。

从形式上可见此处 PG 向量相当于下一时刻的向前差分。在包括线性时不变系统在内的被控系统中，PG 向量因同输入信号相关，总为一个时变参数。该形式的 PG 向量定义并没有对系统进行实质上的变换，只是以分段线性的方式进行表达，以方便控制方法的设计。需要注意的是，由于 PG 向量定义时采用分段线性化的方式，因此这种估计需要在输入信号改变量 $\Delta u(k)$ 足够小时才有足够好的近似。

2) 伪梯度向量估计

对动态参数进行估计的基本方法，是针对某一指标建立目标函数，将参数估计问题转化为优化问题求解。朴素地，可以写出如式(1-50)所示的目标函数 J_1。该函数将按照上一时刻的控制效果估计本时刻 PG 向量的值，本质上是用上一时刻的向前差分来估计这一时刻的向前差分。

$$J_1(\phi(k)) = |\Delta y(k) - \phi(k)\Delta u(k-1)|^2 \tag{1-50}$$

因为 $\min(J_1)$ 是一个无约束凸优化问题，可以直接计算极值点来确定最值点的位置，经过计算可得到式(1-51)。

$$\hat{\phi}(k) = \frac{\Delta y(k)}{\Delta u(k-1)} \tag{1-51}$$

式中，$\hat{\phi}(k)$ 为对当前时刻 PG 向量的估计。

使用 J_1 估计 PG 向量时，默认了向前差分值是慢变的，但在实际估计中，通过该方法导出的结果显然完全取决于系统当前时刻与上一时刻的状态，在式(1-51)中并不包含积分量，因而无法保证慢变条件。可以在目标函数中引入抑制项 $|\phi(k) - \hat{\phi}(k-1)|^2$，将差分量慢变条件纳入优化中，并赋予一系数 μ 调节抑制程度。由此可导出式(1-52)中的目标函数 J_2。

$$J_2(\phi(k)) = |\Delta y(k) - \phi(k)\Delta u(k-1)|^2 + \mu|\phi(k) - \hat{\phi}(k-1)|^2 \tag{1-52}$$

使用同样的方法求解最值点，可得到如式(1-53)描述的 PG 向量估计。注意到，式(1-53)的形式为积分形式，其中抑制因子 $\mu > 0$。抑制因子 μ 的存在，避免了 $\Delta u(k-1)$ 过小等情况时 $\hat{\phi}(k)$ 的剧烈变化，保证 PG 向量的慢变过程。

$$\hat{\phi}(k) = \hat{\phi}(k-1) + \frac{\Delta u(k-1)}{\mu + |\Delta u(k-1)|^2}[\Delta y(k) - \hat{\phi}(k-1)\Delta u(k-1)] \tag{1-53}$$

3) 系统输入量估计

采用同伪梯度向量估计类似的估计方式，首先构造目标函数，再通过求解优化问题得到系统输入量即控制器输出量的估计。朴素地，要求下一时刻系统输出值同目标值差距最小，可以写出：

$$J_1(u(k)) = |y^*(k+1) - y(k+1)|^2 \tag{1-54}$$

综合式(1-53)和式(1-54)，可以求得控制器输出量有如式(1-55)所示的表达式。可见，此处为积分形式，$\dfrac{1}{\hat{\phi}(k)}$ 相当于积分系数，在 PI 控制中对应系数 K_{I}。

$$u(k) = u(k-1) + \frac{1}{\hat{\phi}(k)}[y^*(k+1) - y(k)] \tag{1-55}$$

注意到，此时相当于直接用 PG 向量作为此刻的控制量，作用在误差上。这种方法最大的问题，是没有考虑到非线性系统动态线性化描述中所提及的分段

线性化的约束条件：需要在输入信号改变量$\Delta u(k)$足够小时才有足够好的近似。因此，我们采用同伪梯度向量估计中类似的手段，在目标函数中引入抑制项$|u(k)-u(k-1)|^2$，并引入一个系数（$\lambda>0$），称为抑制因子，要求$\Delta u(k)$足够小。

$$J_2(u(k))=|y^*(k+1)-y(k+1)|^2+\lambda|u(k)-u(k-1)|^2 \tag{1-56}$$

综合式(1-53)和式(1-56)可以得到控制器输出量为

$$u(k)=u(k-1)+\frac{\hat{\phi}(k)}{\hat{\phi}^2(k)+\lambda}(y^*(k+1)-y(k)) \tag{1-57}$$

由于我们要求$\Delta u(k)=u(k)-u(k-1)\neq 0$，故$\phi(k)\neq 0$。此时，控制器输出量的表达式是积分形式，此处抑制因子λ可调节PG向量的积分作用。

4) 控制算法导出

综合式(1-53)和式(1-57)，可以得到如式(1-58)所示的控制方法。

$$\begin{cases}\hat{\phi}(k)=\hat{\phi}(k-1)+\dfrac{\Delta u(k-1)}{\mu+|\Delta u(k-1)|^2}[\Delta y(k)-\hat{\phi}(k-1)\Delta u(k-1)]\\ u(k)=u(k-1)+\dfrac{\hat{\phi}(k)}{\hat{\phi}^2(k)+\lambda}[y^*(k+1)-y(k)]\end{cases} \tag{1-58}$$

式中，$\hat{\phi}(k)\neq 0$；$\Delta u(k)\neq 0$。

在该控制方法中，式(1-53)和式(1-57)均为离散积分形式。实际应用时，为了将系统步长纳入考虑，在积分项上分别引入一个步长因子，以调控积分的速度，如式(1-59)所示。式(1-59)是一个实用的控制方法，可见其仅使用了受控系统的输入、输出数据，除了假设1-1、假设1-2、假设1-3，未对受控系统提出任何其他要求，与受控系统的数学模型或阶数均无关。因此，该控制方法符合我们对无模型控制的要求。

$$\begin{cases}\hat{\phi}(k)=\hat{\phi}(k-1)+\dfrac{\eta\Delta u(k-1)}{\mu+|\Delta u(k-1)|^2}[\Delta y(k)-\hat{\phi}(k-1)\Delta u(k-1)]\\ u(k)=u(k-1)+\dfrac{\rho\hat{\phi}(k)}{\hat{\phi}^2(k)+\lambda}[y^*(k+1)-y(k)]\\ \hat{\phi}(k)=\hat{\phi}_0,\quad \phi(k)\leqslant\epsilon \quad 或 \quad |\Delta u(k-1)|\leqslant\epsilon\end{cases} \tag{1-59}$$

式中，$\rho>0$；$\eta>0$；$\lambda>0$；$\mu>0$；$\epsilon>0$为一个足够小的常数；$\hat{\phi}_0$为PG向量估计的初始值。

单设备控制器设计框图如图 1-20 所示。此处令 $y^*(k+1)=V^*=\text{const}$ 。

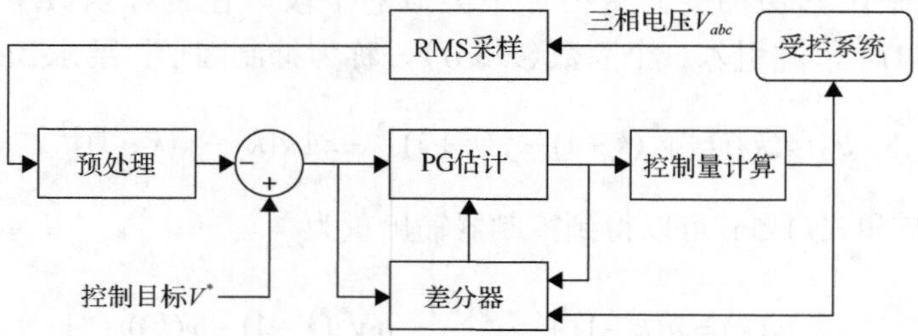

图 1-20 单设备控制器设计框图

5) 稳定性证明

由于在本节中，受控系统已经由受控系统结构确定，因此针对该系统结构，易知其满足假设 1-4、假设 1-5。

假设 1-4 对某一个给定的一致有界的系统期望输出信号 $y^*(k+1)$，对任何的 k 及当前和以前时刻的系统输入与输出信号，总存在一个一致有界的 $u^*(k)$，使得系统在此输入信号的驱动下，其输出等于 $y^*(k+1)$ 。

假设 1-5 存在一足够大的 k_m，使得 $\forall k \geqslant k_m$，若 $\Delta u(k)\neq 0$， $\phi(k)\geqslant 0$ 且只能在有限个 k 时刻上使得等号成立。

由此可以给出稳定性定理，如定理 1-1、定理 1-2 所述。

定理 1-1 在假设 1-5 满足时，图 1-20 所述的控制算法，作用于式(1-47)所述的系统，有 $|y^*(k+1)-y(k+1)|\leqslant M|\Delta u(k)|$，$M$ 为一个常数。

定理 1-2 在假设 1-5 成立时，图 1-20 所述的控制算法，作用于式(1-47)所述的系统，当 $y^*(k+1)=\text{const}$ 时，系统在合理整定参数 η,ρ,μ 后，总存在一个正数 $\lambda_{\min}$，使得当 $\lambda\geqslant\lambda_{\min}$ 时，系统是有界输入有界输出稳定且收敛的。

此处将给出定理 1-1 和定理 1-2 的证明。先给出一个引理 1-1。

引理 1-1 在假设 1-5 满足时，图 1-20 所述的控制算法，作用于式(1-47)所述的系统，对 PG 向量的估计 $\hat{\phi}(k)$ 是有界的。

证明 引理 1-1。

当 $\Delta u(k)\leqslant\epsilon$ 时，由式(1-59)可知，$\hat{\phi}(k)$ 有界。当 $\Delta u(k)\leqslant\epsilon$ 时，可做出以下推导。

$$\bar{\phi}(k)=\hat{\phi}(k)-\phi(k)=\bar{\phi}(k-1)-\Delta\phi(k)+\frac{\eta\Delta u(k-1)}{\mu+|\Delta u(k-1)|^2}(\Delta y(k)-\hat{\phi}(k-1)\Delta u(k-1))$$

$$\bar{\phi}(k)=\left(1-\frac{\eta\Delta u^2(k-1)}{\mu+|\Delta u(k-1)|^2}\right)\bar{\phi}(k-1)-\Delta\phi(k) \tag{1-60}$$

式中，$\Delta\phi(k)=\phi(k)-\phi(k-1)$。由式(1-51)可知，存在一个足够大的常数$\varPhi$，使$\forall k,\ |\phi(k)|\leqslant\varPhi$。由此可得$|\bar{\phi}(k)|\leqslant\left|1-\dfrac{\eta\Delta u^2(k-1)}{\mu+|\Delta u(k-1)|^2}\right||\bar{\phi}(k-1)|+2\varPhi$。

适当地选取η,μ，如$\mu\geqslant 0,\eta\in(0,1]$，可使$0<\left|1-\dfrac{\eta\Delta u^2(k-1)}{\mu+|\Delta u(k-1)|^2}\right|\leqslant b_1<1$成立，其中 $0<b_1<1$ 为一常数。利用该式，式(1-60)可进一步推导如下：

$$
\begin{aligned}
|\bar{\phi}(k)| &\leqslant b_1|\bar{\phi}(k-1)|+2\varPhi \\
&\leqslant b_1^2|\bar{\phi}(k-2)|+2\varPhi(b_1+1) \\
&\leqslant\cdots \\
&\leqslant b_1^{k-1}|\bar{\phi}(1)|+2\varPhi(b_1^{k-2}+\cdots+b_1+1) \\
&=b_1^{k-1}|\bar{\phi}(1)|+2\varPhi\frac{1-b_1^{k-1}}{1-b_1}
\end{aligned}
\tag{1-61}
$$

$$
\because\quad 0<b_1<1
$$

$$
\therefore\quad |\bar{\phi}(k)|\leqslant\frac{2\varPhi}{1-b_1},k\to\infty
$$

故$\bar{\phi}(k)$有界，又因为$\phi(k)$有界，易知$\hat{\phi}(k)$有界。证毕。

证明　定理 1-1。

将式(1-59)整理可得

$$
y^*(k+1)=y(k)+\hat{\phi}(k)\Delta u(k)\frac{\hat{\phi}^2(k)}{\rho\hat{\phi}^2(k)}
$$

联立式(1-53)可知

$$
\begin{aligned}
|y(k+1)-y^*(k+1)|&=\left|\phi(k)\Delta u(k)-\hat{\phi}(k)\Delta u(k)\frac{\lambda\hat{\phi}^2(k)}{\rho\hat{\phi}^2(k)}\right| \\
&\leqslant\left(|\phi(k)|+\left|\hat{\phi}(k)\frac{\lambda\hat{\phi}^2(k)}{\rho\hat{\phi}^2(k)}\right|\right)|\Delta u(k)|
\end{aligned}
\tag{1-62}
$$

由引理 1-1 及$\hat{\phi}(k)\geqslant\epsilon$可知$|y^*(k+1)-y(k+1)|\leqslant M|\Delta u(k)|$，其中$M$是一个足够大的常数，为$|\phi(k)|+\left|\hat{\phi}(k)\dfrac{\lambda\hat{\phi}^2(k)}{\rho\hat{\phi}^2(k)}\right|$的上界。证毕。

证明　定理 1-2。

当$y^*(k+1)=\text{const}$时，令$y^*=y^*(k+1)$。由式(1-59)可知，

$$\Delta u(k) = \frac{\rho \hat{\phi}(k)}{\lambda + \hat{\phi}^2(k)}[y^* - y(k)] \tag{1-63}$$

同式(1-53)联立，可得 $|y(k+1) - y^*| \leqslant \left|1 - \frac{\rho \phi(k)\hat{\phi}(k)}{\lambda + \hat{\phi}^2(k)}\right| |y(k) - y^*|$。定义 $\delta(k+1) = |y(k+1) - y^*|$，$\delta(k+1) \leqslant \left|1 - \frac{\rho \phi(k)\hat{\phi}(k)}{\lambda + \hat{\phi}^2(k)}\right| \delta(k)$。

由假设 1-5 可知 $\phi(k)\hat{\phi}(k) \geqslant 0$，故可以选取适当的 ρ，使得 $\exists \lambda_{\min}, \text{s.t.} \forall \lambda \geqslant \lambda_{\min}$，$0 < \left|1 - \frac{\rho \phi(k)\hat{\phi}(k)}{\lambda + \hat{\phi}^2(k)}\right| \leqslant b_2 < 1$，其中 $0<b_2<1$ 为一个常数。

此时有

$$\begin{aligned} &\delta(k+1) \leqslant b_2 \delta(k) \leqslant \cdots \leqslant b_2^k \delta(1) \\ &\therefore \lim_{k \to \infty} \delta(k+1) = 0 \end{aligned} \tag{1-64}$$

因此系统是收敛的，证毕。

3. 适用于单设备并网电压控制的改进算法

鉴于逆变器模型中所述的调制比与输出之间的关系，我们一方面需要最大化地利用逆变器的输出能力，另一方面又应减少非线性区的输出避免引入过多谐波。因此，应在控制器中考虑逆变器输出的限幅，同时不应引入其他负面效果。

1)计及逆变器输出限幅

为了计及逆变器输出限幅，我们在控制器输出信号的估计中，引入一个抑制项 $|u(k)|^2$，并引入抑制因子 γ，如式(1-65)所示。

$$J_3(u(k)) = |y^*(k+1) - y(k+1)|^2 + \lambda |u(k) - u(k-1)|^2 + \gamma |u(k)|^2 \tag{1-65}$$

式中，$\gamma > 0$。

该函数同样可以直接计算最值点，可得式(1-66)。

$$u(k) = \frac{1}{\alpha}\left[u(k-1) + \frac{\hat{\phi}(k)}{\hat{\phi}^2(k) + \lambda}(y^*(k+1) - y(k))\right] \tag{1-66}$$

式中，$\alpha = \frac{\lambda + \gamma + \hat{\phi}^2(k)}{\lambda + \hat{\phi}^2(k)}$，因为 γ 仅在 α 中出现，可将 α 视为自由变量。因为 $\gamma > 0$，计算可知 α 的范围 $\alpha > 1$。

注意到，此处α的作用相当于在原积分函数上引入了衰减系数。通过衰减，即可保证$u(k)$不会一直处于累加状态，一定程度上增强了系统的稳定性。

2) 无差控制的保障

在计及逆变器输出限幅部分所介绍的改进方法是合理的，但在应用中会出现静态误差问题。注意到，当系统达到稳定时，有$u(k)=u(k-1)$，将该稳定条件代入式(1-66)中，可得

$$(\alpha-1)u(k)=\frac{\hat{\phi}(k)}{\hat{\phi}^2(k)+\lambda}(y^*(k+1)-y(k)) \tag{1-67}$$

根据控制算法可知，当$\Delta u(k)=0$时，满足$\Delta u(k)<\epsilon$条件，此时$\hat{\phi}(k)=\hat{\phi}_0$。故可知静态误差为

$$y^*-y=(\alpha-1)\frac{\hat{\phi}^2(k)+\lambda}{\hat{\phi}(k)}u(k) \tag{1-68}$$

对于式(1-66)所述的方法，可以视为$\gamma=0$，此时$\alpha=1$，静态误差为 0。而对于$\alpha>1$，静态误差不为 0，该控制并非无差控制。

为了在对控制产生抑制效果的同时，保障无差控制，我们注意到，抑制项在稳态时并不应该产生作用，而在控制误差较大时应产生作用。故可以设计一个函数，使得衰减项在达到稳定前持续衰减，在达到稳定时不再衰减。该要求可表达为

$$\alpha^{-1}=\begin{cases}1, & |\mathrm{err}|\to 0\\ a, & |\mathrm{err}|>0\end{cases} \tag{1-69}$$

式中，$\mathrm{err}=y^*(k+1)-y(k)$；$0<a<1$为一常数。

根据该要求，容易设计出如式(1-70)所示的无缓冲式衰减函数设计，其图像如图 1-21 所示。

$$\alpha^{-1}=f_1(\mathrm{err})=\begin{cases}1, & |\mathrm{err}|<e\\ a<1, & |\mathrm{err}|>e\end{cases} \tag{1-70}$$

式中，$0<e<1$为一常数。

图 1-21 函数为一个矩形函数，在临界$\mathrm{err}=e$时跳变。该设计方案可以满足要求，但其主要问题在于没有缓冲过程，在临界值时直接跳变，导致在 err 较小时，抑制作用已经消失，降低了抑制效果。

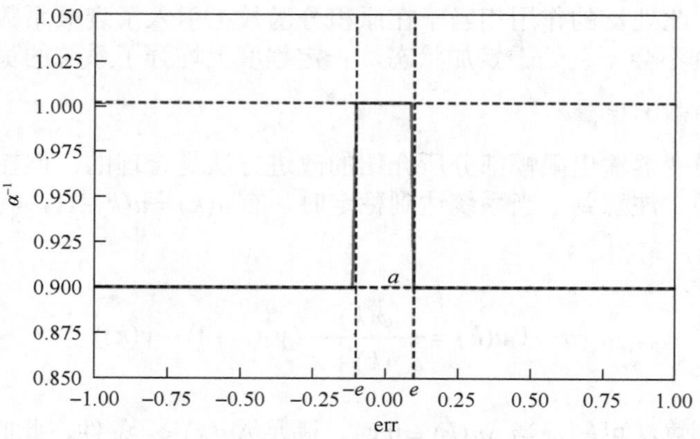

图 1-21　无缓冲式衰减函数设计

针对要求，还可以设计如式(1-71)所示的函数，其图像如图 1-22 所示。

$$\alpha^{-1} = f_2(\text{err}) = (1-a)\exp(-K \cdot \text{err}^2) + a \tag{1-71}$$

式中，$K > 0$ 为一常数。

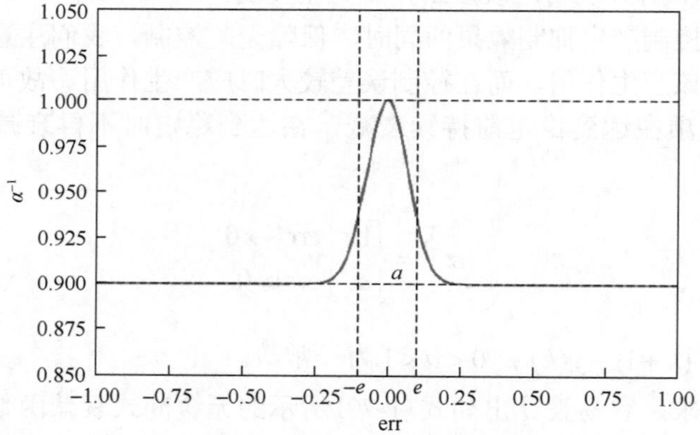

图 1-22　有缓冲式衰减函数设计

图 1-22 采用的函数形式，可以很好地拟合 f_1 矩形函数，且提供了足够的缓冲区间，使得在 err 较小时依然保持一定的衰减效果。但是，此函数应用在控制中，存在稳定点不唯一的问题。当达到稳定时，$\Delta u(k) = 0$，有

$$(1/f_2(\text{err}) - 1)u(k) = \frac{\hat{\phi}(k)}{\hat{\phi}^2(k) + \lambda}\text{err} \tag{1-72}$$

注意到，当 $\Delta u(k) = 0$ 时，$\hat{\phi}(k) = \hat{\phi}_0$。将式(1-72)进行整理，可得

$$1/f_2(\text{err}) = 1 + \frac{\hat{\phi}_0}{(\hat{\phi}_0^2 + \lambda)u(k)}\text{err} \tag{1-73}$$

对于如式(1-73)所示的方程，应有且仅有 $\text{err}=0$ 这一个解。若有更多的解，则可能坍缩到 $\text{err} \neq 0$ 的位置，导致稳定点偏移。该方程等价于 $f_2^{-1}(\text{err})$ 函数同直线 $1+k\cdot\text{err}$ 的交点求解。可见，对于 $|\text{err}|>a$ 的位置，只需合理选择 $\lambda, \hat{\phi}_0$ 即可。由于 $\dfrac{\hat{\phi}_0}{\hat{\phi}_0^2+\lambda}$ 是对号函数，故若固定 λ，调整 $\hat{\phi}_0$ 即可将函数置于任意值，因此这种合理的选取是可以做到的。

但对于式(1-73)，由于 $f_2(0)=1$，并且显然有 $\dfrac{\mathrm{d}\frac{1}{f_2}}{\mathrm{d}(\text{err})}=0$，故在 0 附近，总有另一个解出现。这就使得式(1-73)是不实用的。

为了避免 $\text{err}=0$ 附近的解，同时为了增强衰减效果，使得 err 较小时仍可衰减，可以考虑将两种表达结合，设计出如式(1-74)所示的函数，其中，e_1 为大于 0 小于 e 的常数，其图像如图 1-23 所示。

$$\alpha^{-1} = f_3(\text{err}) = \begin{cases} 1, & |\text{err}| < e_1 \\ (1-a)\exp(-K\cdot\text{err}^2)+a, & |\text{err}| > e_1 \end{cases} \tag{1-74}$$

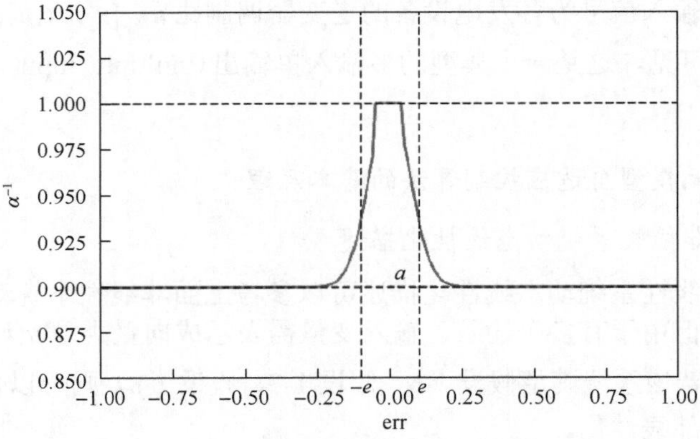

图 1-23　改进的衰减函数设计

1.3.3　可再生能源发电集群无模型动态电压控制

集群并网点电压控制长期以来都是人们关注的话题，目前的研究大多数采用稳态电压控制的策略，通过优化算法改善集群内部的潮流分布，进而调整并网点电压。但在更多的场合下，集群内各设备对其并网点处电压并不敏感，而更需要保证集群对外接口的良好特性。同时，集群外部系统的模型是未知的，这就要求系统在无模型信息的条件下，改善并网点电压的特性。本节所提出的集群并网点电压控制策略，基于无模型自适应控制算法，希望解决并网点动态电压控制的问题，使得集群对外呈现友好特性。

1. 集群并网点无模型自适应电压控制系统结构

在本章中，所使用的集群并网点电压控制系统示例如图 1-24 所示。其中 DER(distributed energy resource)代表一个分布式能源发电设备，在风电站、光伏电站等场景下，也可以代表一个可再生能源发电设备，如上面所涉及的单一设备。系统中，匹配了一些负荷，以模拟实际的负荷变化。并网点在 DER3、DER4 之间，线路参数由电阻、电感模拟，为集中参数电路。大电网参数由电阻、电感模拟。

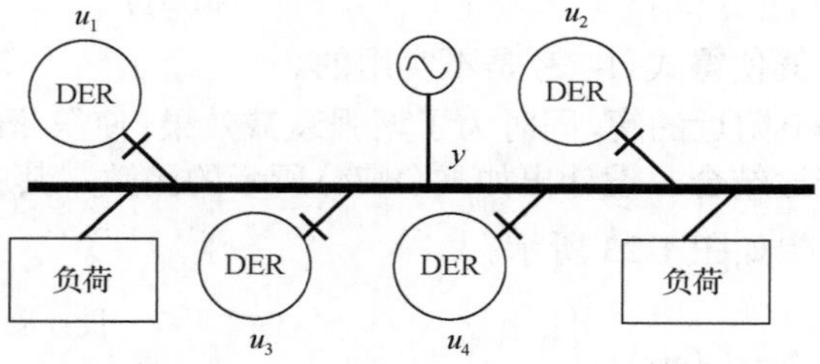

图 1-24　集群并网点电压控制系统示例

该系统的输入信号为各发电设备的逆变器调制比 $\boldsymbol{u}=[u_1,u_2,u_3,u_4]$，输出为并网点电压 y。可见，这是一个典型的多输入单输出(multiple input single output，MISO)系统。

2. MISO 无模型自适应控制算法的基本原理

1) MISO 非线性系统动态线性化描述

MISO 非线性系统动态线性化描述可以参考上面非线性系统动态线性化描述的推导思路，但由于有多个输入，输入变量需表示成向量类型 $\boldsymbol{u}(k)$。

同样地，若该系统满足假设 1-6、假设 1-7、假设 1-8，则可以使用 PG 向量对该系统进行局部线性化。

假设 1-6　系统具有能控性与能观性。

假设 1-7　系统函数 f 关于输入信号 $\boldsymbol{u}(k)$ 有连续偏导数。

假设 1-8　系统是广义 Lipschitz 的，即满足

$$|\Delta y(k)|\leqslant b\|\Delta\boldsymbol{u}(k-1)\|,\forall k,\forall\Delta\boldsymbol{u}(k-1)\neq 0 \tag{1-75}$$

需要注意的是，假设 1-8 中的 $\|\cdot\|$ 运算符是向量的二阶矩。

当 $\Delta \boldsymbol{u}_k \neq 0$ 时，定义 PG 向量 $\boldsymbol{\varphi}(k)$，其中 $\Delta y(k+1) = y(k+1) - y(k), \Delta \boldsymbol{u}(k) = \boldsymbol{u}(k) - \boldsymbol{u}(k-1)$。

$$\Delta y(k+1) = \boldsymbol{\varphi}^{\mathrm{T}}(k) \Delta \boldsymbol{u}(k) \tag{1-76}$$

并且存在一个足够大的常数 $\varPhi$，使 $\forall k, \| \boldsymbol{\varphi}(k) \| \leqslant \varPhi$。

2) 伪梯度向量估计

采用类似上面设备伪梯度向量估计方法，不再赘述分析过程。

$$J_2(\boldsymbol{\varphi}(k)) = | \Delta y(k) - \boldsymbol{\varphi}^{\mathrm{T}}(k) \Delta \boldsymbol{u}(k-1) |^2 + \mu | \boldsymbol{\varphi}(k) - \hat{\boldsymbol{\varphi}}(k-1) |^2 \tag{1-77}$$

$$\hat{\boldsymbol{\varphi}}(k) = \hat{\boldsymbol{\varphi}}(k-1) + \frac{\Delta \boldsymbol{u}(k-1)}{\mu + | \Delta \boldsymbol{u}(k-1) |^2} (\Delta y(k) - \hat{\boldsymbol{\varphi}}^{\mathrm{T}}(k-1) \Delta \boldsymbol{u}(k-1)) \tag{1-78}$$

3) 系统输入量估计

采用类似上面系统输入量估计方法，不再赘述分析过程。

$$J_2(\boldsymbol{u}(k)) = | y^*(k+1) - y(k+1) |^2 + \lambda | \boldsymbol{u}(k) - \boldsymbol{u}(k-1) |^2 \tag{1-79}$$

$$\boldsymbol{u}(k) = \boldsymbol{u}(k-1) + \frac{\hat{\boldsymbol{\varphi}}(k)}{\| \hat{\boldsymbol{\varphi}}(k) \|^2 + \lambda} (y^*(k+1) - y(k)) \tag{1-80}$$

4) 控制算法导出

综合式(1-78)和式(1-80)，可导出 MISO 系统的 MFAC 控制算法。

$$\begin{cases} \hat{\boldsymbol{\varphi}}(k) = \hat{\boldsymbol{\varphi}}(k-1) + \dfrac{\eta \Delta \boldsymbol{u}(k-1)}{\mu + | \Delta \boldsymbol{u}(k-1) |^2} (\Delta y(k) - \hat{\boldsymbol{\varphi}}^{\mathrm{T}}(k-1) \Delta u(k-1)) \\ \hat{\boldsymbol{\varphi}}_i(k) = \hat{\boldsymbol{\varphi}}_{i0}, \quad \operatorname{sign}(\hat{\boldsymbol{\varphi}}_i(k)) \neq \operatorname{sign}(\hat{\boldsymbol{\varphi}}_{i0}) \\ \hat{\boldsymbol{\varphi}}(k) = \hat{\boldsymbol{\varphi}}_0, \quad \| \hat{\boldsymbol{\varphi}}(k) \| \geqslant M \quad \text{或} \quad \| \hat{\boldsymbol{\varphi}}(k) \| \leqslant \epsilon \\ \boldsymbol{u}(k) = \boldsymbol{u}(k-1) + \dfrac{\rho \hat{\boldsymbol{\varphi}}(k)}{\| \hat{\boldsymbol{\varphi}}(k) \|^2 + \lambda} (y^*(k+1) - y(k)) \end{cases} \tag{1-81}$$

式中，M、ϵ 为阈值常数；$\mu > 0$、$\lambda > 0$ 为权重因子；$\hat{\boldsymbol{\varphi}}_0$ 为合理配置的初值。

5) 稳定性证明

假设 1-9　系统的实际 PG 向量的各个分量符号，在 k 充分大后保持不变，且同 $\hat{\boldsymbol{\varphi}}_0$ 的各分量符号一致。

由于本节所涉及的系统是一个实际的电力系统，因此假设 1-9 不难保证。

稳定性定理如定理 1-3 所示。

定理 1-3 当系统满足假设 1-6～假设 1-9 时，由式(1-81)所描述的控制方案，在 $y^*(k+1)=\text{const}$ 时，适当选取 η,ρ,μ，总存在一个 $\lambda_{\min}>0$，使得当 $\lambda\geqslant\lambda_{\min}$ 时，有 $|y(k)|$，$\|\boldsymbol{u}(k)\|$ 有界，且 $\lim\limits_{k\to\infty}|y(k+1)-y^*|=0$。

证明 定理 1-3。

联立式(1-76)和式(1-81)，并进行类似上面证明中的整理，可得

$$|y(k+1)-y^*|\leqslant\left|1-\frac{\rho\boldsymbol{\varphi}^{\mathrm{T}}(k)\hat{\boldsymbol{\varphi}}(k)}{\|\hat{\boldsymbol{\varphi}}(k)\|^2+\lambda}\right||y(k)-y^*| \tag{1-82}$$

令 $\delta(k+1)=|y(k+1)-y^*|$，则有

$$\delta(k+1)\leqslant\left|1-\frac{\rho\boldsymbol{\varphi}^{\mathrm{T}}(k)\hat{\boldsymbol{\varphi}}(k)}{\|\hat{\boldsymbol{\varphi}}(k)\|^2+\lambda}\right|\delta(k) \tag{1-83}$$

只要适当选取 λ,ρ，可有

$$\begin{cases}\exists d,\text{s.t.}\forall k,\\ 0<\left|1-\dfrac{\rho\boldsymbol{\varphi}^{\mathrm{T}}(k)\hat{\boldsymbol{\varphi}}(k)}{\|\hat{\boldsymbol{\varphi}}(k)\|^2+\lambda}\right|\leqslant d<1\\ \delta(k+1)\leqslant d\delta(k)\leqslant d^2\delta(k-1)\leqslant\cdots\leqslant d^k\delta(1)\\ \therefore\lim\limits_{k\to\infty}\delta(k+1)=0\end{cases} \tag{1-84}$$

故系统收敛，且 $|y(k)|$ 有界。类似地，可以导出

$$\|\boldsymbol{u}(k)\|\leqslant N\frac{d(1-d^{k-1})\delta(1)}{1-d}+\|\boldsymbol{u}(1)\|\leqslant N\frac{d\delta(1)}{1-d}+\|\boldsymbol{u}(1)\| \tag{1-85}$$

故 $\|\delta(k)\|$ 也是有界的，证毕。

1.3.4 可再生能源发电无模型动态电压控制效果

针对本节所提出的算法，我们需要设计算例进行验证。目前，主流的电力仿真软件包括 MATLAB/Simulink、SYMPOW、ETMSP、PSPICE 和 PSCAD 等。由于 MATLAB 是通用的科学计算软件，而 Simulink 在仿真的同时还能方便地调用各类数学工具，故在本节中，仿真采用 MATLAB/Simulink 完成。

1. 控制器设计及验证

对于前面所描述的算法，可以使用 MATLAB/Simulink 进行编程实现，如图 1-25

所示。其中，phi_est 模块是 PG 向量的估计模块，mfc 模块是输出信号的估计模块，差分功能由延时器 z^{-1} 及运算器构成。图 1-25 中，bias 代表偏差量，phi 代表 $\hat{\varphi}$，rho 代表 ρ，lambda 代表 λ，eta 代表 η，mu 代表 μ。对于适用于单设备并网电压控制的改进算法，在 mfc 模块的代码中有所体现。

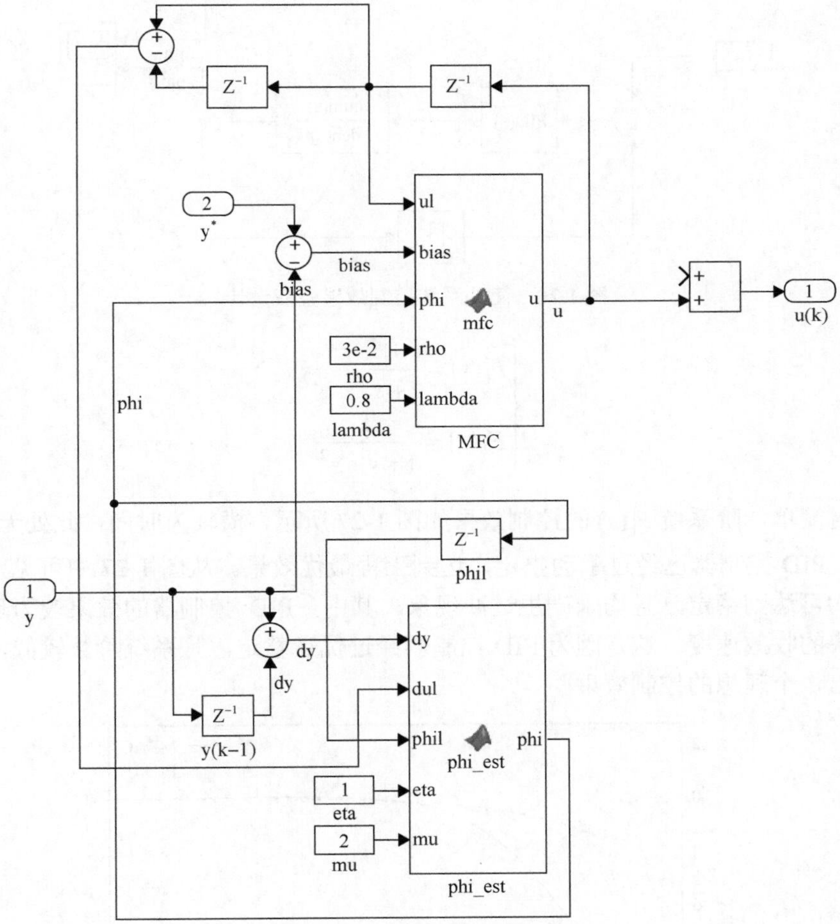

图 1-25　基于 Simulink 的控制器实现

控制器编程实现后，应使用简单的受控系统，对控制器的功能进行验证。在该阶段，可以使用经过手工整定的传统 PID 控制器同本控制器进行对比，体现本控制器的性能优劣。简单系统控制效果验证设计如图 1-26 所示。其中受控系统由系统传递函数而决定，表达式如式(1-86)所示；采样器将连续控制离散化，模拟实际应用中的采样环节。

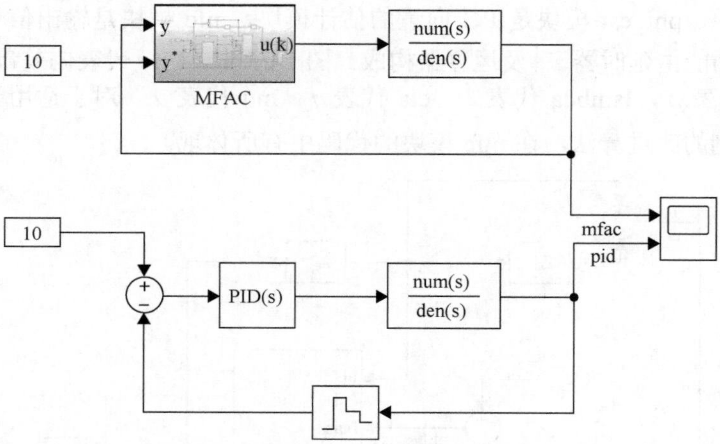

图 1.26　简单系统控制效果验证设计

$$\begin{cases} F_1(s)=\dfrac{1}{1+s} \\ F_2(s)=\dfrac{1}{1+s+s^2} \end{cases} \tag{1-86}$$

对简单一阶系统 $F_1(s)$ 的控制效果如图 1-27 所示，横轴为时间，此处无单位。其中，PID 控制器已经过手动整定，达到工程最优效果。从图 1-27 中可见，两控制器均可达到稳定，且均未产生过冲现象。其中，PID 控制器的效果较为理想，有更快的收敛速度。这是因为 PID 控制器经过优良整定，且系统阶数较低，可以设计出一个理想的控制效果。

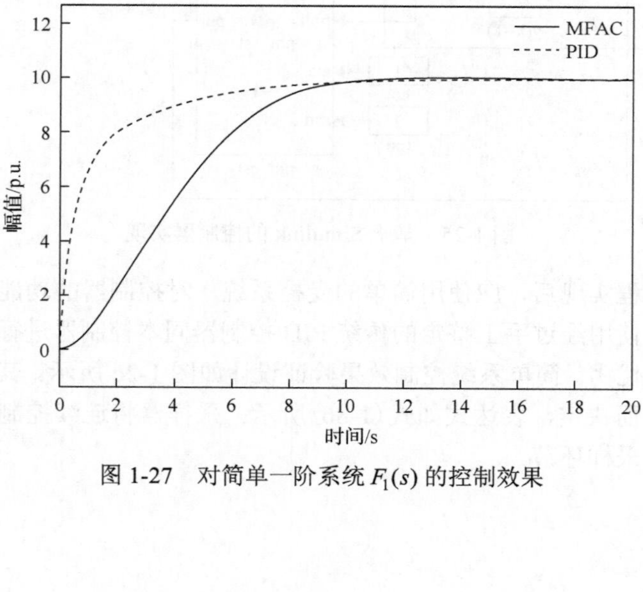

图 1-27　对简单一阶系统 $F_1(s)$ 的控制效果

对简单二阶系统 $F_2(s)$ 的控制效果如图 1-28 所示。其中，PID 控制器已经过手动整定，达到工程最优效果。从图 1-28 中可见，两控制器均可以达到稳定，PID 控制器产生了过冲现象，而 MFAC 控制器则没有产生过冲，仍能达到类似图 1-28 的控制效果。由此可见，在 PID 控制器无法达到理想的控制效果时，自适应方法仍能产生很好的响应。

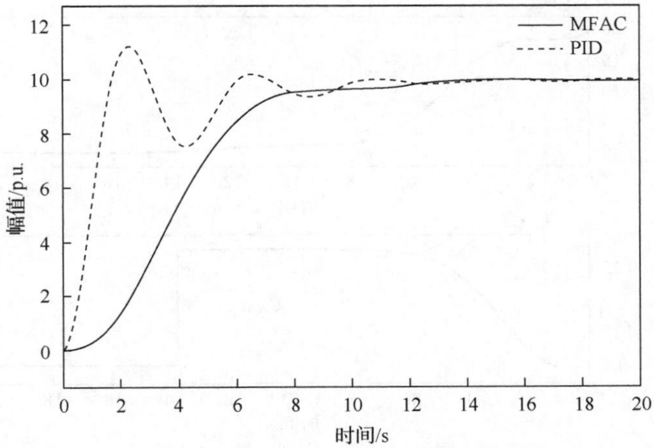

图 1-28　对简单二阶系统 $F_2(s)$ 的控制效果

为了解释 MFAC 控制器产生更好效果的原因，图 1-29 展示了图 1-27 控制中伪梯度向量等参数的变化情况。其中，u 代表系统输入信号 $u(k)$，dul 代表 $\Delta u(k)$，phi 代表 PG 向量估计 $\hat{\phi}(k)$，bias 代表系统误差 $y^* - y(k)$。可以注意到，伪梯度向量估计 $\hat{\phi}(k)$ 随时间调整到一个定值，该定值是此处自适应出的最优值，设其为 $\hat{\phi}_{\text{opt}}$。将其代入设备无模型动态电压控制算法中，可知此时控制策略如式(1-87)所示。易知这是一个简单的 PID 控制，其 $K_{\text{P}} = K_{\text{D}} = 0$，$K_{\text{I}} = K_{\text{I}'}$。这表明，在一定的适应环节后，本质上 MFAC 算法是一种自适应调节参数的 PID 控制算法。

$$\begin{cases} u(k) = u(k-1) + K_{\text{I}'}[y^* - y(k)] \\ K_{\text{I}'} = \dfrac{\rho\hat{\phi}_{\text{opt}}}{\hat{\phi}_{\text{opt}}^2 + \lambda} \end{cases} \tag{1-87}$$

2. 设备无模型动态电压控制算例设计

合理地选择仿真模型，并设置模型参数以拟合真实系统。在本节的算例中，实现了一个基于 SPWM(sinusoidal pulse width modulated)算法的并网逆变器，开关器件选用了一组 IGBT(insulated gate bipolar transistor)，直流侧则使用受控源进

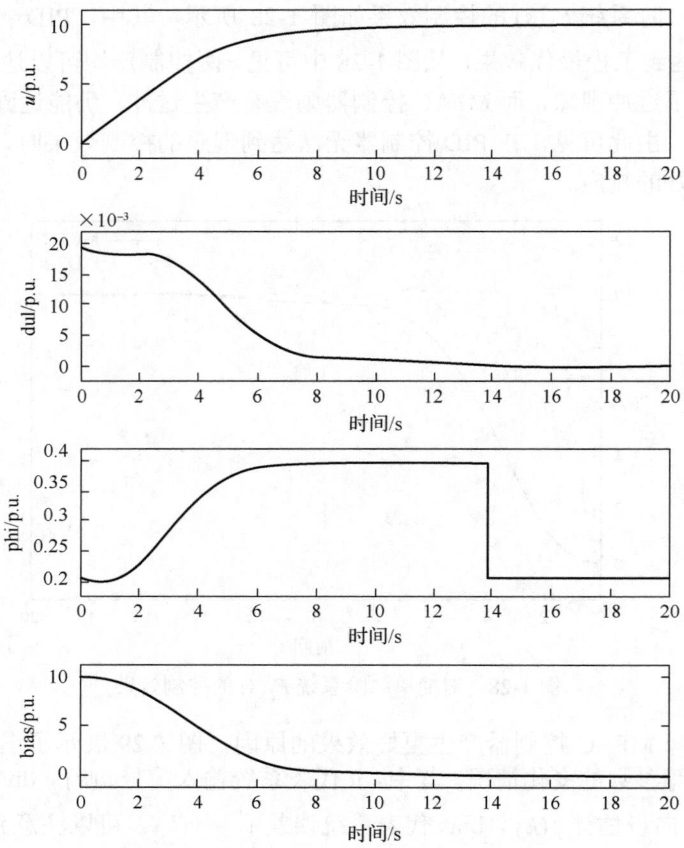

图 1-29　简单系统 MFAC 控制各过程参数的变化情况

行模拟。扼流圈具有电阻与电感，同时大电网特性以电阻和电感体现出来。并网点设置了一个可变负载，模拟系统中负荷变化的情况。量测则采用了默认的量测模块，并选取所需数据求其有效值。

为了模拟电压控制在运行中所经历的各种情况，可对该系统施加如下扰动。由于是仿真实验，为了体现控制效果，各扰动施加较为极端，实际工程中扰动的幅度要更小。

(1) 0s：并网瞬间。

(2) 0.5s：大负荷接入。

(3) 1.0s：直流侧电压抬升。

(4) 1.5s：大负荷切除。

为了体现本电压控制算法在不同参数下的适应情况及控制效果，本节共设计 4 组大电网参数，如表 1-6 所示。

表 1-6　系统参数设置

编号	R/Ω	L/mH
1	2	16
2	0.9	16
3	0.9	10
4	2	10

3. 设备无模型动态电压控制效果解读

为了体现本节所设计的电压控制算法优势，本节将整定后的 PID 控制与本电压控制算法同时仿真，对其效果进行对比分析。

第一组仿真结果如图 1-30 所示。其中，实线为本节所设计的电压控制算法，虚线为整定过的 PID 算法。仿真时长共 2s，从图 1-30 可见，本节所设计的电压控制算法效果更优，体现在控制速度上。相较 PID 算法，本算法可短时间收敛到目标值，且快速达到稳定。同时，本算法的参数整定过程较 PID 算法更容易，节省 PID 算法所需大量的尝试工作。当然，经过整定的 PID 算法在过冲控制方面体现出更好的效果。

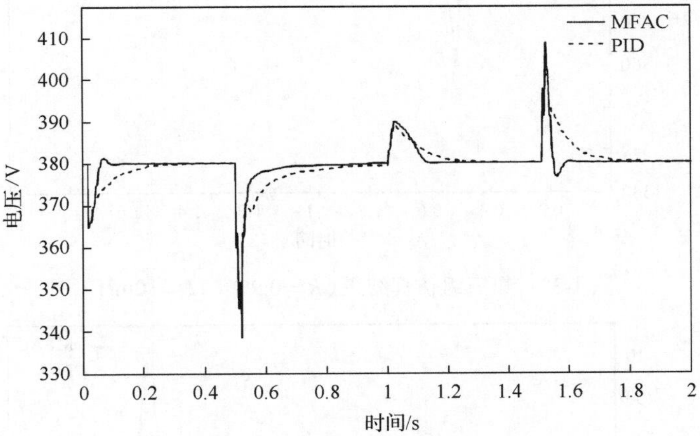

图 1-30　第一组仿真结果（$R=2\Omega$， $L=16\text{mH}$）

第二组、第三组仿真结果如图 1-31 和图 1-32 所示。这两组结果一方面说明了本节算法的有效性和优越性，另一方面证实了本节算法在外电网的不同参数下仍能达到类似的控制效果，具有自适应性。

第四组仿真结果如图 1-33 所示。此处在扰动 2、扰动 3 处出现了异常状况。这是由于在大负荷接入时，直流侧电压不足，逆变器满负载输出，但无法支撑并网点电压。在直流侧电压变化时，情况得到改善。在其他的两次扰动中，本节算法均优于整定 PID 算法。

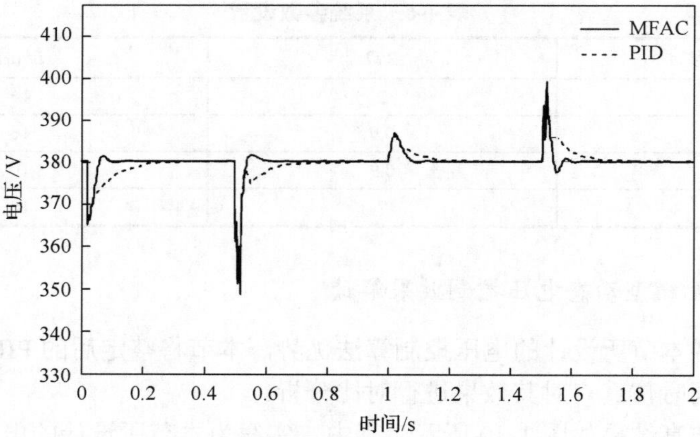

图 1-31　第二组仿真结果（$R=2\Omega$，$L=16\text{mH}$）

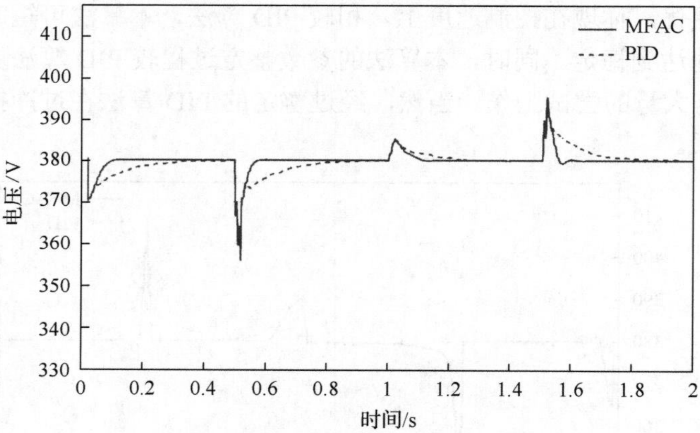

图 1-32　第三组仿真结果（$R=0.9\Omega$，$L=10\text{mH}$）

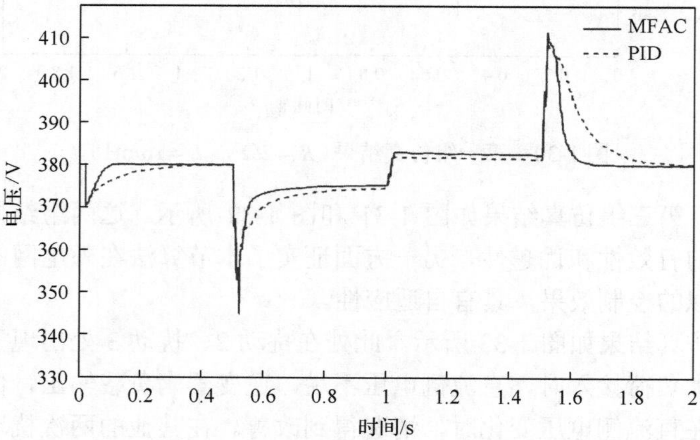

图 1-33　第四组仿真结果（$R=2\Omega$，$L=10\text{mH}$）

为了解读本节算法达到良好控制效果的原因，以第一组仿真为例，图 1-34 展示了控制中各过程分量的变化情况。

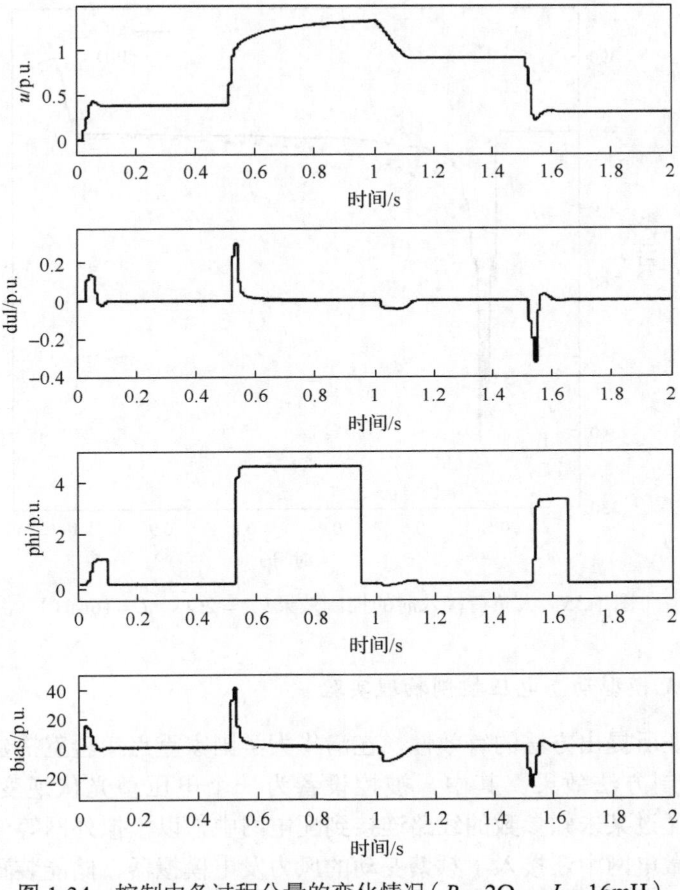

图 1-34　控制中各过程分量的变化情况（$R=2\Omega$，$L=16\text{mH}$）

可见，在扰动发生时，PG 向量估计 $\hat{\phi}(k)$ 快速收敛到一个合适的定值，随后将控制转变为一个 I 控制。注意到，在不同时刻，$\hat{\phi}(k)$ 收敛到的定值 $\hat{\phi}_{\text{opt}}$ 是不同的，这说明本节算法可以根据控制条件，动态地调整控制参数，以达到良好效果。注意到，在稳定时刻，$\hat{\phi}(k)=\hat{\phi}_0$，此时 $\hat{\phi}_0$ 产生的 K_{I0} 负责维持稳态。

另外，关于第一组仿真第二个扰动时刻的波形，还需要进行进一步解释。大负荷接入时的控制效果如图 1-35 所示。在 0.5s 时刻，大负荷接入，此时整定 PID 控制的波形出现了畸变，不再是平滑的指数线，而是在上升期间出现了异常的跌落。该时间区间附近，$u>1$，此时系统处于非线性状态。PID 算法是针对线性系统设计的，当系统的非线性程度增加时，PID 的控制效果将恶化。因此，本节算法的另一个优势，在于设计时并没有对系统进行线性假设，因此对非线性系统有很好的兼容性。

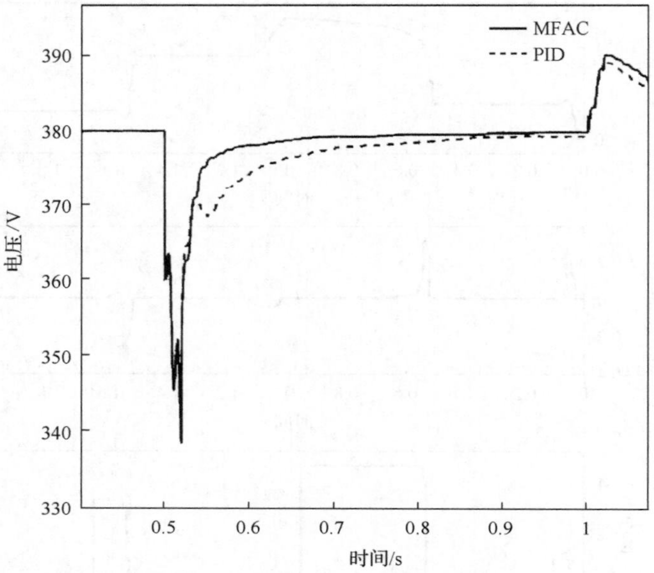

图 1-35　大负荷接入时的控制效果（$R=2\Omega$， $L=16\text{mH}$）

4. 设备无模型动态电压控制物理实验

为了验证所提出方法的有效性，在清华大学国家重点实验室搭建了小型微电网并验证控制方法效果。其中，被控设备为一个电压型光伏逆变器，容量为100kV·A，通过某未知参数的线路连接到配电网中，以模拟外网等值对设备的影响。同时，微电网中还接入了频繁变动的风力发电模拟器、储能装置以及负荷。被控设备的控制器是基于美国德州仪器(TI)公司型号为 F28335 的数字信号处理器，其中的主控制逻辑为光伏有功最大输出，即工作在最大功率点跟踪(maximum power point tracking，MPPT)模式。在 MPPT 模式下，逆变器一方面需要追踪最大功率点，另一方面又需要控制并网点电压。本节控制算法通过将有功无功解耦，以控制无功的方式使得并网点电压稳定在某个设定值附近。

设备无模型自适应动态电压控制物理实验结果如图 1-36 所示。

从图 1-36 中可以看出，在并网瞬间，即人为引入大扰动时，设备无模型动态电压控制方法迅速调整至目标值，而经手工整定的 PID 控制器则需要更多的调整时间，才逐渐趋近目标值。在实验中，调节 PID 控制器使其速度更快则被控设备将失去稳定，因电压越限而停机。因此，本物理实验以实测数据，验证了所提出的设备无模型动态电压控制方法的有效性和优越性，即可以获得更好的动态性能。

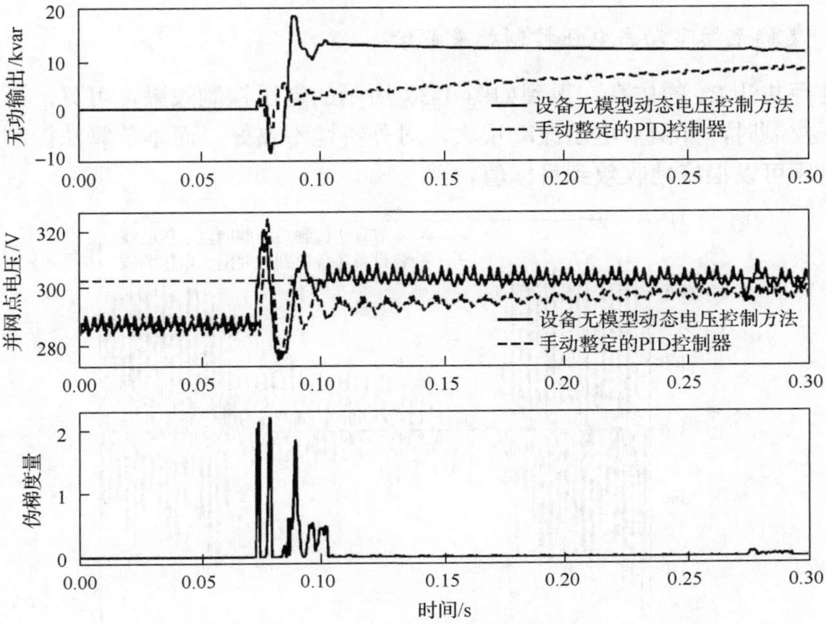

图 1-36　设备无模型自适应动态电压控制物理实验结果

5. 集群无模型动态电压控制算例设计

根据图 1-24 的设计，可以将其在 MATLAB/Simulink 中搭建出来。合理地选择仿真模型，并设置模型参数以拟合真实系统，同时实现系统所需的各种算法。其中，大电网特性采用电阻电感进行模拟；线路采用 π 参数等值线路；两个负荷模拟分散在集群中的各类负荷，其中一个设置并网开关进行扰动；控制器为集中式控制器，与各个 DER 相连，并接收并网点量测。

同时为了体现控制效果，设计一套不对并网点电压进行控制的系统。该系统中各可再生能源发电设备仅控制本地电压，不参与并网点电压调节，其控制器采用整定过的 PID 控制器。

为了模拟电压控制在运行中所经历的各种情况，可对该系统施加如下扰动。由于是仿真实验，为了体现控制效果，各扰动施加较为极端，实际工程中扰动的幅度要更小。

(1) 0s：并网瞬间。

(2) 0.5s：大负荷接入。

(3) 1.0s：直流侧电压变化，具体来讲，DER1 直流侧电压下降，DER2 直流侧电压上升。

(4) 1.5s：大负荷切除。

6. 集群无模型动态电压控制效果解读

进行共计 2s 的仿真，得到如图 1-37 所示的电压控制效果，可见，不对并网点电压控制时，并网点电压波动很大，对外特性不友好。而本节算法控制后，并网点电压可以很好地收敛到目标值。

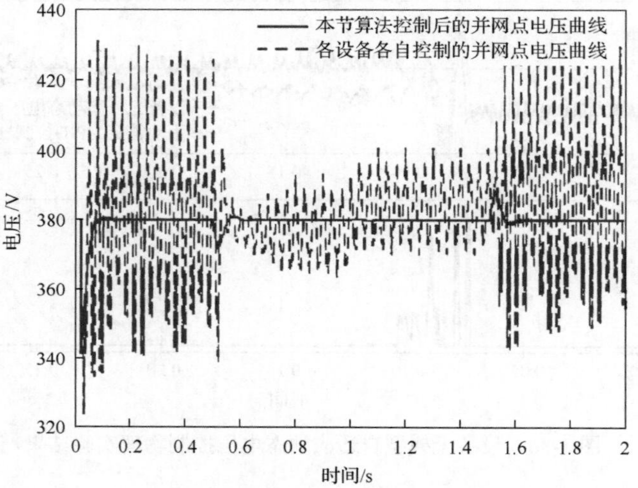

图 1-37　集群并网点电压控制效果

由于并网瞬间所有发电设备刚刚启动，故对电压产生巨大冲击。可见该时刻控制生效，可以将并网点电压从跌落状态迅速拉升至目标电压并收敛。在实际系统中，一般不存在同时并网的情况，故可关注后三次扰动。同时为了更好地看清控制效果，作为对比的不控组可以被隐藏，如图 1-38 所示。

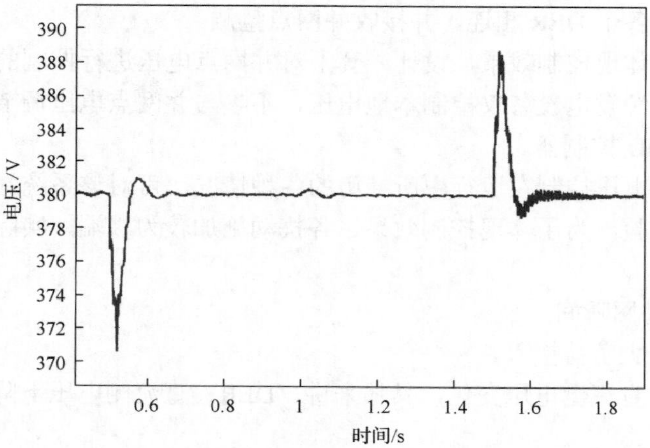

图 1-38　集群并网点电压控制效果细节

从图 1-38 中可见，在大负荷接入时，控制器可以迅速平复并网点电压。在多个设备直流侧电压变化时，控制器可以抑制并网点电压波动。在大负荷切除时，控制器迅速降低并网点电压，并在 10 个周波左右达到稳定。由此可见，本节控制算法有效。

为了解释本控制算法的工作原理，观察控制过程量如图 1-39 所示，可见，当扰动发生时，PG 向量估计 $\hat{\varphi}(k)$ 的不同分量自适应地调整到不同值，从而产生合适的输入信号 $u(k)$，将误差分量控制到 0。

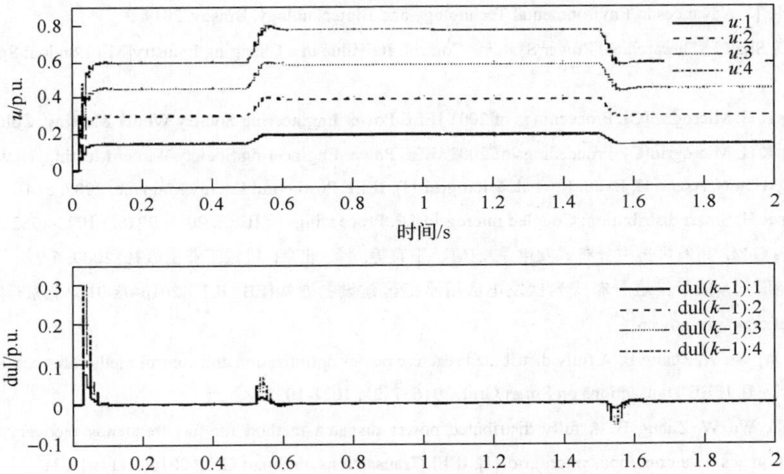

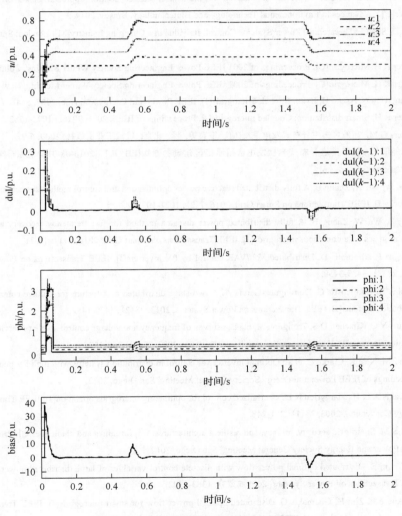

图 1-39　集群并网点电压控制过程量

参 考 文 献

[1] Borren M H J, Hassan F. 分布式发电接入电力系统[M]. 王政译. 北京：机械工业出版社, 2015: 2-4.

[2] Bader D, Robert P. Cluster computing: Applications[J]. The International Journal of High Performance Computing, 2001, 15(2): 181-185.

[3] Maryam B, Mostafa N, Rachid C, et al. Network clustering for voltage control in active distribution network including energy storage systems[C]. Innovative Smart Grid Technologies Conference, Washington, 2015.

[4] Egon O, Daniel H, Jan K, et al. Realization of multi-level cluster control approach based on smart grid inverter[C]. Advances in Environmental Technology and Biotechnology, Brasov, 2014.

[5] Ilic M D, Shell L. Hierarchical Power Systems Control: Its Value in a Changing Industry[M]. London: Springer, 1996, 3-5.

[6] Lasseter R H. Microgrid[C]. Proceedings of 2001 IEEE Power Engineering Society Winter Meeting, Columbus, 2001.

[7] Lasseter R H. Microgrid[C]. Proceedings of 2002 IEEE Power Engineering Society Winter Meeting, New York, 2002.

[8] Hatziargyriou N, Asano H, Irvani R, et al. Microgrids[J]. IEEE Power and Energy Magzine, 2007, 5(4): 78-94.

[9] Lasseter R H. Smart distribution: Coupled microgrids[J]. Proceedings of IEEE, 2011, 99(6): 1074-1082.

[10] Masters G M. 高效可再生分布式发电系统[M]. 王宾等，译. 北京：机械工业出版社, 2009: 6-9.

[11] 国家能源局. 关于推进分布式光伏发电应用示范区建设的通知[EB/OL]. [2016-08-01]. 北京：国家能源局, http://zfxxgk. nea.gov.cn.

[12] Zheng W, Wu W, Zhang B. A fully distributed reactive power optimization and control method for active distribution networks[J]. IEEE Transactions on Smart Grid, 2016, 7(2): 1021-1033.

[13] Wang Z, Wu W, Zhang B. A fully distributed power dispatch method for fast frequency recovery and minimal generation cost in autonomous microgrids[J]. IEEE Transactions on Smart Grid, 2016, 7(1): 19-31.

[14] Jahangiri P, Aliprantis D. Distributed Volt/VAR control by PV inverters[J]. IEEE Transactions on Power Systems, 2013, 28(3): 3429-3439.

[15] Robbins B, Hadjicostis C, Dominguez-Garcia A. A two-stage distributed architecture for voltage control in power distribution systems[J]. IEEE Transactions on Power Systems, 2013, 28(2): 1470-1482.

[16] Rebours Y G, Kirschen D S, Trotignon M, et al. A survey of frequency and voltage control ancillary services-part Ⅰ: Technical features[J]. IEEE Transactions on Power Systems, 2007, 22(1): 350-357.

[17] Farivar M, Neal R, Clarke C, et al. Optimal inverter var control in distribution systems with high PV penetration[C]. Proceedings of IEEE Power and Energy Society General Meeting, San Diego, 2012.

[18] Tsikalakis A G, Hatziargyriou N D. Centralized control for optimizing microgrids operation[J]. IEEE Transactions on Energy Conversion, 2008, 23(1): 241-248.

[19] Amin S M. Smart grid security, privacy, and resilient architectures: Opportunities and challenges[C]. Proceedings of IEEE Power and Energy Society General Meeting, San Diego, 2012.

[20] Lin C, Lin S. Distributed optimal power flow with discrete control variables of large distributed power systems[J]. IEEE Transactions on Power Systems, 2008, 23(3): 1383-1392.

[21] Dall'Anese E, Zhu H, Giannakis G. Distributed optimal power flow for smart microgrids[J]. IEEE Transactions on Smart Grid, 2013, 4(3): 1464-1475.

[22] Sulc P, Backhaus S, Chertkov M. Optimal distributed control of reactive power via the alternating direction method of multipliers[J]. IEEE Transactions on Energy Conversion, 2014, 29(4): 968-977.

[23] Zhang B, Lam A, Dominguez-Garcia A, et al. An optimal and distributed method for voltage regulation in power distribution systems[J]. IEEE Transactions on Power Systems, 2015, 30(4): 1714-1726.

[24] Low S H, Lapsley D E. Optimization flow control. I. basic algorithm and convergence[J]. IEEE/ACM Transactions on Networks, 1999, 7(6): 861-874.

[25] Nedic A, Ozdaglar A. Distributed subgradient methods for multi-agent optimization[J]. IEEE Transactions on Automatic Control, 2009, 54(1): 48-61.

[26] Olfati-Saber R, Murray R M. Consensus problems in networks of agents with switching topology and time-delays[J]. IEEE Transactions on Automatic Control, 2004, 49(9): 1520-1533.

[27] Gan L, Low S. Convex relaxations and linear approximation for optimal power flow in multiphase radial networks[C]. Proceedings of Power Systems Computation Conference, Wroclaw, 2014.

[28] Kekatos V, Zhang L, Giannakis G B, et al. Voltage regulation algorithms for multiphase power distribution grids[J]. IEEE Transactions on Power Systems, 2016, 31(5): 3913-3923.

[29] Liu H J, Macwan R, Alexander N, et al. A methodology to analyze conservation voltage reduction performance using field test data[C]. IEEE International Conference on Smart Grid Communications, Venice, 2014.

[30] 侯忠生, 金尚泰. 无模型自适应控制: 理论与应用[M]. 北京: 科学出版社, 2013.

[31] 窦志军. 基于 dspic 的三相逆变电源的设计与研究[D]. 重庆: 西南大学, 2010.

[32] 赵艺. 基于广域信息的电力系统无模型自适应控制研究[D]. 北京: 清华大学, 2013.

[33] 吴宏鑫, 沈少萍. PID 控制的应用与理论依据[J]. 控制工程, 2003, 10(1): 37-42.

[34] 蒋爱平, 李秀英, 韩志刚. 从 PID 到无模型控制器[J]. 控制工程, 2005, 12(3): 217-220.

[35] 韩志刚. 无模型控制器的应用[J]. 控制工程, 2002, 9(4): 22-25.

[36] 侯忠生. 再论无模型自适应控制[J]. 系统科学与数学, 2014(10): 1182-1191.

第 2 章　可再生能源发电与可控负荷集群频率控制

2.1　概　述

2.1.1　集群频率控制

可再生能源发电集群通常通过公共连接点(point of common coupling，PCC)接入电网以后，公共连接点的功率可以双向流动，集群整体相当于集中式负荷或集中式电源。此时，集群的频率主要由主网决定，因而集群自律控制的主要目标是保证流经公共连接点的功率在主网指令给定的范围内。而一旦主网中出现任何的扰动或故障，集群某些情况下也可以通过主动与电网解列转换到孤立模式运行，独立地向其负荷供电，从而提升了集群内负荷的供电可靠性。在这种模式下，集群的频率完全由其内部的发用平衡关系来决定，因而频率稳定是微网自律控制的主要目标，这种模式类似于微电网。

然而，我国目前的大规模可再生能源并网很难实现就地消纳，更多的情况是从低负荷地区输送到远方负荷较重的发达地区。可再生能源集群可以是一个光伏电站或风电场，也可以是在配网中电气距离相近的含多个分布式发电的局部配电网络及其分布式光伏发电单元。由于可再生能源天然的随机性与波动性，集群并网引起的功率波动日益突出，大规模可再生能源集群必须具备一定的主动调节能力。因而，随着电网中可再生能源渗透率的逐渐提升，并网集群的控制模式不仅仅局限于响应上级的功率指令，而应该主动提供包括频率控制在内的主动服务，必要时参与电力系统的有功频率调节，提供类似于传统同步发电机的同步化输出特性，支撑系统安全运行。

对于可再生能源发电或负荷集群来说，其频率控制存在着以下三方面的难题。

(1)集群中以可再生能源作为一次能源的分布式发电比例通常较大，而可再生能源(例如，太阳能、风能)的随机性和波动性较强，因此集群电源侧具有较强的不确定性且由于有些分布式发电属于热电联产型，需要综合考虑其他形式能量的限制，传统模式对这些电源不要求主动进行功率调节，因此可控性较差。

(2)集群中的负荷一般为住宅、楼宇等居民用电和商业用电，负荷总量较小但变化量较大，因此也具有很强的随机性和波动性。

(3)由于大量可再生能源的接入，集群中存在大量电力电子接口的设备，而旋转设备相对较少，随着大规模高渗透率可再生能源集群接入电网，部分地区火电机组被逐渐替代，因此系统惯量显著降低，形成低惯量的电力系统，功率不平衡会造成很大的频率波动，要求频率控制具有快速敏捷的特性。

综上所述，为满足用户对电能质量的要求，集群频率控制必须具有可靠、快速的特点。与此同时，为保证集群运行的安全性和经济性，通常需要在集群频率控制中考虑优化调度和功率合理分配的问题，并最大限度地应用可再生能源。

2.1.2　集群频率分层控制体系

分层方法是对复杂系统进行完善的管理和控制的有效手段。一般来说，多数分层方式是根据系统的物理结构来进行分层的，对应于集群的控制，即按照集群间-集群-设备的等级来分层。另外，也可以根据控制的复杂程度和控制目的，把控制过程从功能上分层，不同的层级实现不同的控制目标，控制系统是由这些功能所构成的一个整体。

分层控制具有以下鲜明的特点。

(1) 当控制系统发生局部故障时，分层结构可有效地对故障进行隔离，将故障影响限制在局部范围内，这样就提高了系统整体的可靠性。

(2) 对于经常变更和扩大控制对象的大规模系统，如果将其拆分为子系统的集合进行控制，可加快控制速度，在局部系统出现变更和扩大时具有更强的灵活性，因此分层控制能够提高系统的可扩展性。

(3) 通常各子系统按照其自身的目标进行控制，而其物理系统是相互联系难以分割的，因此各子系统之前可能会出现互相排斥或矛盾的竞争控制，因此必须对各子系统的控制目标和过程进行统筹和协调。

(4) 若系统划分层次过多，彼此进行通信协调就会造成大量的时间延迟，从而影响整个系统的运行效率，甚至造成系统崩溃。

在电力系统中分层控制的方法被广泛地采用，之所以采用分层控制，是因为互联电力系统规模庞大，结构复杂，并分散在地理范围较大的区域。如果在范围如此之大、设备如此之多的系统中进行集中的统一决策，则系统各部分与集中控制器之间需要在长距离实时通信的基础上交换大量的信息，无论从技术上还是经济上这都是不可取的，而分层控制则可以有效地解决这一矛盾。

在互联电力系统中，典型的分层是根据管理体制、电网结构以及电压等级进行划分的，各级电力部门按职责和管辖范围对电网进行控制和管理，形成互相联系的统一整体。

除了在大型电力系统中进行的物理上的分层，本节更关注的是从功能上进行分层的结构。功能上的分层有别于物理上的分层：①底层是协调控制系统正常运行不发生故障和系统崩溃的前提，而顶层则是优化管理实现系统的合理经济运行的手段；②层次相同的控制功能及其相应的软硬件在结构上是分离的，独立完成各自的控制目标，减小彼此之间的相互影响；③当高层次控制发生故障时，各低层次控制能按照故障前的指令继续工作，对控制响应速度要求高的功能尽可能地分散到较低的层次，以提高系统效率并增加系统的安全和稳定性。

目前主流的集群容量相对较小，但可再生能源比例较高，因此功能上的分层对集群的稳定和经济运行显得尤为重要。利用分层控制结构在不同的时间尺度上分别实现电气量控制、电能质量调节以及经济运行控制，有助于实现集群的标准化和模块化。目前普遍被大家所接受的集群的分层控制结构也分为三个层次，即一级控制、二级控制和三级控制，这主要是受大规模电力系统的三层控制结构启发的，各层功能也与大规模电力系统中对应的层级类似。

一级控制主要是对分布式发电本地电气量的控制，涉及分布式发电的电流、电压以及功率控制。一级控制一般在分布式发电本地完成而不需要复杂的通信，能够使分布式发电电气量以最快的响应速度跟踪设定值。二级控制的时间尺度比一级控制大，通过调整分布式发电一级控制的设定值，来实现补偿集群内部电压和频率偏移的目的，因此二级控制是系统整体层面的控制。三级控制则一般实现集群的优化调度，时间尺度比较长，主要根据经济运行和节能减排的目标进行功率分配。概括起来，集群的三级控制对应三个物理层次：电网调度层、集群集中控制层和分布式电源就地控制层。

在分层控制架构下，一般需要借助底层分布式发电和上层之间建立通信联系，二级控制和三级控制通常需要利用这种联系来实现其功能。一方面，通信可以将底层分布式发电的本地信息送入上层进行处理。另一方面，上层控制的命令也可由通信传入下层执行。但通信一般仅在上下层之间建立一种弱联系，因此当通信或是上层控制器出现故障时，并不会立刻影响分布式发电底层的本地控制。文献[1]提出的分层控制结构主要通过底层分布式发电的对等控制实现集群内部的功率平衡，而上层的中央控制器仅根据集群内负荷变化和经济运行需要进行辅助性调整。文献[2]提出的整体架构，具体分成了三个层级，集群三层控制结构如图 2-1 所示。底层为设备层，主要包含发电控制器(generation controller，GC)和负荷控制器(load controller，LC)。GC 对分布式发电进行本地控制，维持分布式发电的正常运行；而 LC 对可中断负荷进行控制，能够有效地保证集群内部的功率平衡。中层为集群管理层的控制，集群控制器根据经济因素和安全性对集群内的 GC 和 LC 进行集中控制，使集群形成一种源荷协调的架构。顶层的主网管理系统，包含了调度控制和市场交易的功能，负责主网与集群的互动运行。顶层的设置有助于在一个复杂电网内部实现经济运行、需求侧响应以及辅助服务等。这种概念的提出为未来规模化集群并入电网提供了一条值得借鉴的模式[3]。

集群的分层控制有利于降低单一控制系统的复杂度，节约成本，提高可靠性，也有利于提升集群控制的灵活度，增强集群控制的可扩展性，从而得以应对局部结构频繁的变更。

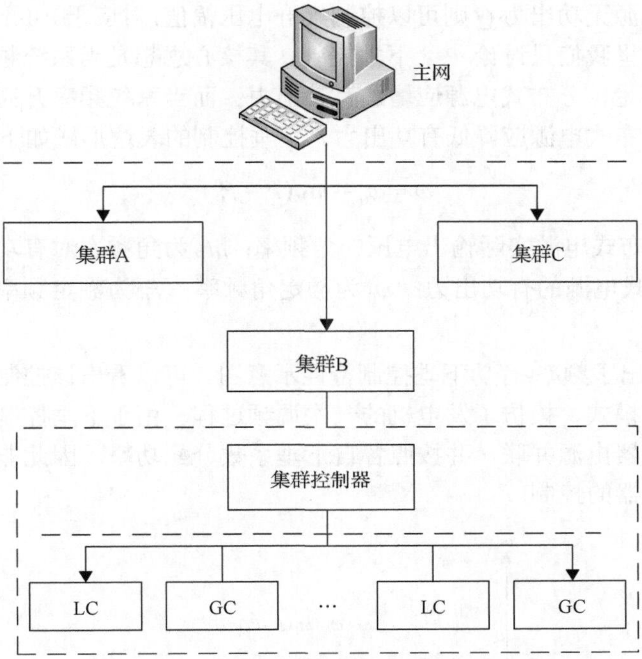

图 2-1　集群三层控制结构

1. 集群频率一次控制

频率一次控制，又称一次调频。其目标是通过分布式发电本地调节有功输出进行功率分配，从而实现系统实时的功率平衡，保证系统的稳定运行，而常常带来的代价是系统频率与额定值之间的偏差。

从系统的角度来说，根据各分布式电源所发挥的作用的不同，频率一次控制可划分为对等控制模式、主从控制模式和协调控制模式等。从电源的角度来说，根据分布式电源自身控制目标的不同，又可划分为 P-f 下垂控制、恒定 PQ 控制，以及恒定 VF 控制等。

为了使逆变器接口的分布式电源具有类似于传统的同步发电机稳定频率的能力，集群中的下垂控制(droop control)被一些学者提出，该策略首先被应用于并联控制不间断供电设备，通过模拟发电机一次调频的下垂特性来调节出力，并能够使所有分布式电源根据下垂系数实现对系统负荷的共同承担。这种控制适用于输出功率可控的微型燃气轮机和各种储能设备。下垂控制策略的优点在于不需要通信联系，控制原理直观，因此在起步阶段一直是集群控制领域的研究热点。

根据经典潮流理论，电压相角主要取决于有功功率 P，而电压幅值则主要取决于无功功率 Q，因此通过调节分布式电源的有功出力 P 可以控制集群频率，而调节分布式电源无功出力 Q 则可以控制集群电压幅值，对应于 P-f 下垂控制和 Q-V 下垂控制，这里我们只讨论 P-f 下垂控制。其核心思想是当系统频率降低时，说明系统发电不足，分布式电源应增加有功出力；而当系统频率升高时，说明系统发电过剩，分布式电源应降低有功出力。下垂控制的表达形式如下所示：

$$\omega = \omega_0 - m_P(P - P_0) \tag{2-1}$$

式中，ω 为分布式电源实际输出电压的角频率；m_P 为角频率对有功出力的下垂系数；P 为分布式电源的有功出力；ω_0 为额定角频率；P_0 为额定频率下对应的有功出力。

图 2-2 给出了频率-有功下垂控制特性示意图。可以看出该控制策略是一种有差调频的控制模式，模仿了发电机的一次调频过程。由于下垂控制可以实现无通信下的多逆变器电源并联，并按照各自下垂系数分配功率，因此非常适合分布式电源并网逆变器的控制。

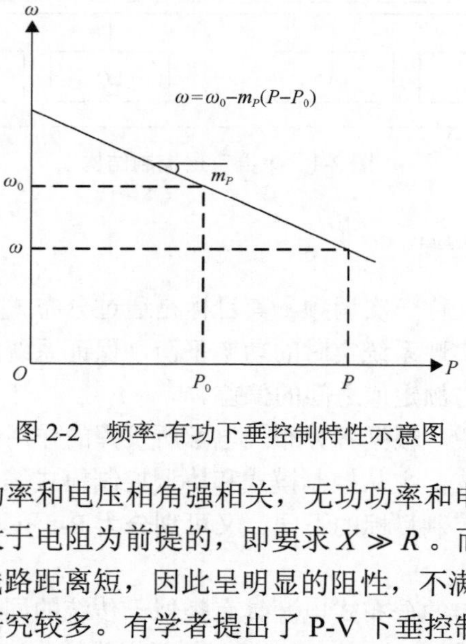

图 2-2　频率-有功下垂控制特性示意图

我们知道，有功功率和电压相角强相关，无功功率和电压幅值强相关这一结论是以网络中电抗远大于电阻为前提的，即要求 $X \gg R$。而在中低压集群中，系统物理规模小，传输线路距离短，因此呈明显的阻性，不满足 $X \gg R$，因此针对传统下垂控制的改进研究较多。有学者提出了 P-V 下垂控制策略来适应低压网络特性。为了更好地实现有功和无功之间的解耦控制，另有学者提出了虚拟阻抗的概念，利用虚拟电抗改善了阻性线路对下垂特性的负面影响，提高了下垂控制的稳定性。有学者引入功率微分项的自适应下垂控制策略，在改善控制器动态性能的基础上，使下垂系数不再直接决定稳定性特征值，提高了系统的稳定性裕度。此外还有学者提出在传统下垂控制的基础上引入多谐振控制器，通过谐振传递函数提取并补偿高次谐波，使下垂控制有效地适应了非线性负荷特性。

在孤立运行的集群中，若所有的分布式电源均采用下垂控制模式进行一次调频，则各分布式电源按照其下垂系数分配功率，维持频率稳定。在这一过程中，每个分布式电源均对支撑频率做出贡献，尽管根据容量的不同设置不同的下垂系数，从而分担的功率彼此不同，但每个分布式电源的控制模式都是相同的，起到的效果也是相同的，因此这种控制模式称为对等控制模式。

恒定 PQ 控制又称定功率控制方式，其控制目标是使分布式电源输出的有功功率和无功功率跟踪预设的参考值，一般用于集群并网运行模式下或对调节能力没有要求的分布式电源。基于 PQ 控制方式的分布式电源可等效为电流源形式。该策略需要利用锁相环跟随集群 PCC 的电压相位，无法提供频率和电压支撑，因此无法单独运行。PQ 控制一般应用于同步旋转坐标系下，因此利用传统的 PI 控制器可实现对给定电流参考值的无差跟踪，即在固定电压下实现定功率控制。近年来，比例谐振控制器的出现使得在控制环节直接跟踪交流量成为现实，因此 PQ 控制也有了新发展。恒定有功控制特性示意图如图 2-3 所示。

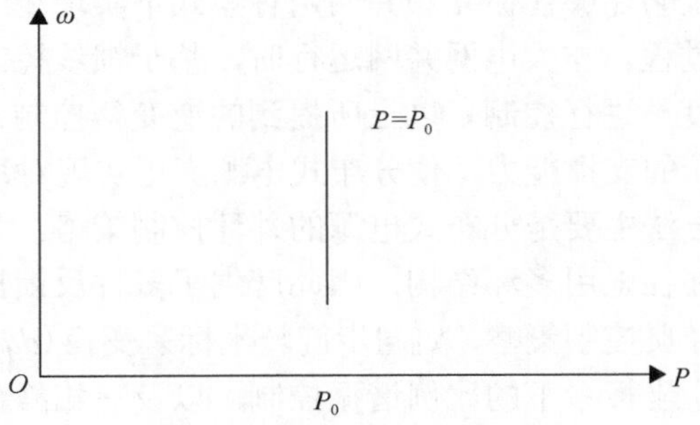

图 2-3　恒定有功控制特性示意图

恒定 VF 控制的基本思想是使分布式电源等效为一个恒压恒频的理想电源。当系统内负荷和其他电源出力发生变化时，基于 VF 控制的分布式电源会迅速地做出反应，调整输出的有功功率和无功功率，使输出电压的幅值和频率保持不变。因此，恒定 VF 控制适用于容量很大，响应速度很快，调节能力很强，对集群的稳定运行起到支撑作用的分布式电源。恒定频率控制特性示意图如图 2-4 所示。

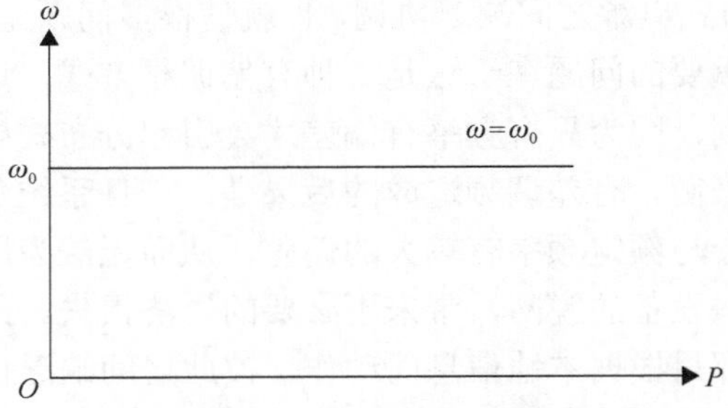

图 2-4　恒定频率控制特性示意图

当集群孤立运行时，若系统中有一台容量较其他分布式电源大得多，且有较快响应速度的电源，而其他电源的调节能力相对较差时，常将该电源设置为恒定 VF 控制模式，称为主电源，而将其他电源设置为恒定 PQ 模式或下垂控制模式，称为从电源。在这种情况下，当负荷波动产生功率失配导致系统频率发生变化时，主电源迅速地做出反应，改变自身有功出力，从而维持系统频率不变。这样一来，主电源几乎承担了全部的缺额，因此必须要求主电源有很强的可调空间。通常来说，微燃机或容量较大的储能装置将成为主电源的选择。这种控制模式称为主从控制模式。

此外，许多学者也提出了一些其他的控制方式。为了达到与传统电力系统无缝连接，有文献提出了虚拟同步发电机策略，使逆变器模拟同步发电机的工作方式。该策略以虚拟的积分环节模拟同步电机的转子惯性，使逆变器达到与同步发电机相近的运行效果，在一定程度上改善了集群系统机械惯性小的问题。馈线控制作为一种新颖的控制方法，以馈线上的潮流作为控制的变量，实现对电网电压和频率的支撑。该策略能够在孤立和并网两种模式下实现无缝切换，简化了分布式电源并网的切换过程。与大电网并网运行时，基于馈线控制的电源可等效为可中断负荷，易于调度员进行控制。以上所提到的逆变器控制方法都是为了提升电源对电网频率和电压的支撑能力，使分布式电源真正实现对系统的即插即用。

以上一次调频方法主要是分布式电源的外环控制策略。为了提高控制性能，分布式电源的控制往往采用多环结构，因此产生了多种反馈控制结构。这些控制方法中包含了一些经典控制策略，如同步旋转坐标系变换（dq 变换）下的比例积分控制，基于两相静止坐标系下的比例谐振控制，以及三相静止坐标系下的标量控制等。随着先进控制理论的发展，重复控制、变结构控制、内模控制等策略逐步地应用于分布式电源的内环控制中，在实现电气量跟踪的基础上，起到抑制谐波，改善控制模型失配的作用。这些内容并不是本书介绍的重点，这里不再赘述，有兴趣的读者可参阅相关文献。

上面对一次调频的基本原理和研究现状进行了简单的介绍，不难看出，一次调频基本局限在分布式电源本地控制的层次，各分布式电源根据自己接口处的信息或系统中某些节点的信息做出迅速的响应。如此一来，分布式电源获得的信息十分有限，不同分布式电源之间缺乏协调，也就使很多问题无法得到充分的考虑。一次调频存在的最重要的问题在于这是一种有差调频方式，这一结论很容易从下垂控制的原理中得到，因为只有频率有偏差才会引起分布式电源输出的变化，从而重新实现系统的平衡。有差调频造成的后果是，一旦系统负荷波动较大，系统稳定后的频率常常会与额定频率有较大的偏差，从而无法为用户提供质量合格的电能，甚至造成一些设备的脱网，带来不必要的经济损失。此外，在对等控制模式下，由于各电源都只根据本地信息而动作，彼此之间缺乏协调，因此在调频过程中无法合理地分配功率，容易产生竞争控制。而在主从控制的模式下，虽然可以实现无差调频，但调频任务完全由一台电源负担，功率分配更加不合理，在电源容量较小的情况下无法适用。

以上这些问题都是集群一次调频切实存在、很难解决的问题。毕竟，一次调频承担的主要任务是快速实现系统稳定，这里强调的是系统的稳定性和响应的快速性，这是集群正常运行的基础。至于频率能否满足用户需求，功率分配是否合理，这些均是在系统层面需要考虑的问题，因此需要引入二次调频。

2. 集群频率二次控制

频率二次控制，又称二次调频，自动发电控制(automatic generation control，AGC)。其目标是通过调节分布式电源预设的参考点来调节其有功功率输出，使系统在重新稳定的条件下将频率恢复到额定值。二次调频属于集群系统级别的控制，需要协调不同分布式电源的出力，因此常常需要将不同分布式电源接口的信息采集到集群控制器，通过集群控制器进行集中计算后将指令下发到各分布式电源再进行控制。

在传统电力系统中的自动电压控制问题中，常常将不同区域之间的功率交换也纳入考虑范围。对于每个控制区域，区域控制偏差(area control error，ACE)定义为

$$\mathrm{ACE} = \Delta P_a + k\Delta f \tag{2-2}$$

式中，ΔP_a 为该区域内部的有功平衡偏差，通常以该区域通过联络线输送到其他区域的功率之和来衡量；k 为频率系数；Δf 为系统频率偏差。根据区域控制偏差，可得到每台发电机组的功率调整量计算式如下所示：

$$\Delta P_c = -\beta_1 \cdot \mathrm{ACE} - \beta_2 \cdot \int \mathrm{ACE}\,\mathrm{d}t \tag{2-3}$$

式中，β_1 和 β_2 为发电机的比例积分控制系数。

由于集群的规模通常较小，因此在集群的二次调频问题中一般不考虑区域内部平衡问题，而只考虑频率偏差。在一次调频的过程中，我们介绍了下垂控制的额定运行点 (P_0,ω_0)。集群二次调频通过调整额定运行点的方式调整分布式电源的输出，实现频率无差控制。类似于传统电力系统中的方法，对额定运行点仍采用比例积分控制器进行调整，我们有如下的表达式：

$$\delta\omega_0 = K_{\mathrm{P}\omega}(\omega_0 - \omega) + K_{\mathrm{I}\omega}\int(\omega_0 - \omega)\,\mathrm{d}t \tag{2-4}$$

式中，$\delta\omega_0$ 为分布式电源一次调频额定运行点的调整量；ω_0 为分布式电源的额定频率；ω 为系统的额定频率；$K_{\mathrm{P}\omega}$ 和 $K_{\mathrm{I}\omega}$ 分别为比例积分控制器的比例系数和积分系数。从式(2-5)中可以看到，由于存在积分项，只有当 $\omega = \omega_0$，即系统频率等

于额定频率时，额定参考点才不会继续变化，系统进入稳定，这就确保了频率的无差调节。与此同时，比例项则保证了二次调频的动态响应速度。二次调频策略示意图如图 2-5 所示。

$$\delta\omega_0 = K_{P\omega}(\omega_0 - \omega) + K_{I\omega}\int(\omega_0 - \omega)\,dt \tag{2-5}$$

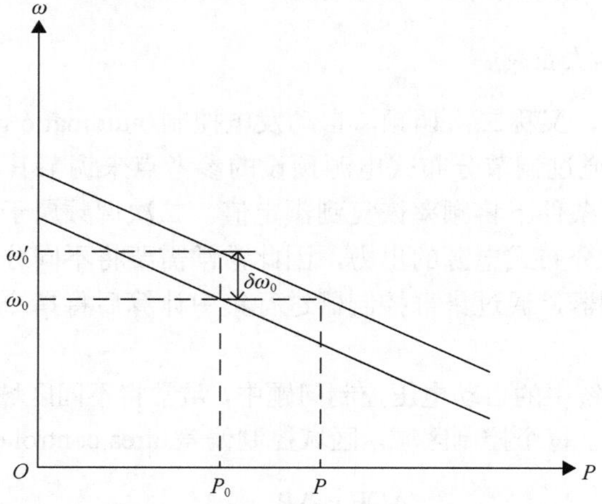

图 2-5　二次调频策略示意图

文献[4]提出的二级控制策略是典型的利用比例积分控制器模拟传统电力系统二次调频的方法。文献[5]则提出了基于负荷频率的二级频率控制，在经济调度的基础上，该策略根据调频能力和耗量特性确定了各电源的调频参与系数，实现了集群的经济调频。频率二级控制还能在一定条件下改善分布式电源本地控制的动态性能。文献[6]利用预测控制对分布式电源电气量的运动轨迹进行了修正，解决了分布式电源动态响应过程出现超调量的问题，并缩短了分布式电源动态过程的过渡时间。上述二次调频策略多数需要双向的通信架构，由上层中央控制器利用上传的测量数据实现集中优化调整，再将结果下发给分布式电源执行。

从严格意义上来说，通过二次调频已可以实现集群频率控制的目标，完成频率的无差调节。然而在很多情况下，系统要求集群频率控制实现更多的功能，在更长的时间尺度上考虑问题，实现优化调频，优化控制，因此需要引入三次调频。

3. 集群频率三次控制

频率三次控制，又称三次调频，严格意义上来说属于优化调度层面。作为最顶层的控制，三次调频对应的时间尺度也最长，主要考虑稳态下的问题，实现系统的经济运行。部分方案基于 ISA95 通信标准，将集群控制分为三个控制层：分布式电源相互独立的功率控制处于最底层；中间层通过对底层分布式电源运行数据进行收集，制定频率和电压的集中调整方案，弥补底层分布式电源频率与电压的偏移；顶层与大电网进行交互，决定功率的交换以及并网与孤岛的模式切换。为了实现向主网定功率传递能量，三次调频根据交换的有功与参考值的偏差来调节集群的频率给定。这样一来，集群在三次调频下可等效为恒功率源或恒定负荷，以满足接入配电网的并网需求。

我们认为，不同于传统电力系统中的优化调度问题，集群中的负荷和分布式电源都具有容量较小但波动性很大的特点，且集群是惯量非常小的系统，因此系统状态变化速度非常快，传统分钟级别的优化调度无法满足集群的实际运行需要。所以在集群中应该采用实时优化调度与二次调频相统一的思路，同时考虑频率的恢复以及系统的经济性，以期实现成本最优的自动发电控制。

2.1.3　集群频率集中式控制与分布式控制

上面我们提到，集群一次调频属于分布式电源逆变器设备级别的调控，完全基于本地信息，进行本地决策，因此这是一种完全分散式的控制方式。然而对于自动发电控制和实时经济调度来说，由于属于系统层面的调控问题，因此必须综合考虑全系统的运行状态，做出合理的优化决策，协调各分布式电源进行出力调整，保证系统的优质经济运行。比较直观的思路是采集各分布式电源的状态信息，通过通信系统传递至集群中央控制器，控制器集中进行优化计算后将控制信号传递回分布式电源，分布式电源再据此进行控制，这种控制方式称为集中式控制。与之相反，分布式控制策略的特点在于不依赖集群中央控制器，而是赋予各分布式电源更高的自治权，分布式电源彼此之间通过通信交换各自的状态信息，并根据这些有限的信息做出决策，最终实现系统的稳定运行。在本节中，我们介绍集群频率的集中式控制和分布式控制，并比较二者的不同特点。

1. 集群频率集中式控制

在介绍集中式控制的基本思路和研究进展前，我们先简单地介绍集中式控制的核心——集群控制器，其目标是实现集群的稳定优化运行，它通常具有多种控功能，如频率控制、电压控制、功率因数控制、原动机转速控制等。它通过向分布式电源的控制器提供参考点数值来对整个系统进行调节。因此，集群控制器在集群中起到的作用类似于大型电力系统中的调度中心，可以说它是整个集群的“大脑”。

对于自治集群来说，它的一些控制问题，例如，功率平衡和频率调节，大体上类似于传统电力系统。由于这种相似性，大多数在传统电力系统中已经较为成熟的方法和策略都可以移植到小规模的自治集群，这其中就包括集中式控制的思想。因此，在最初的集群控制研究中，几乎所有的控制方案全部属于集中式控制的类型。

集中式控制方法需要复杂的通信网络以收集全局信息[7]，以及强大的中央控制器来处理大量的数据。集中式控制结构示意图如图 2-6 所示。

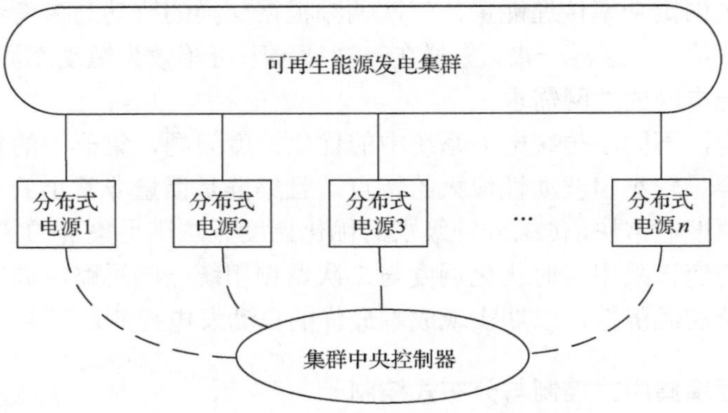

图 2-6　集中式控制结构示意图

如前面所述，集中式控制所需要的庞大复杂的通信网络必然将产生严重的通信时延，这将给中央控制器的数据处理和计算带来巨大的挑战，而集群由于其内部的分布式电源和负荷功率波动频繁且惯性系数小等原因，一旦出现扰动其频率就可能迅速发生变化，这给系统的稳定带来严重的威胁。除去通信时延问题，复杂通信网络的成本也很高，从而影响集群的经济性。更重要的是，随着通信线路数量的增加，通信发生故障的可能性也就大大提高，而一旦某条通信线路发生故障，中央控制器就无法正确采集全局信息或是正常发送控制信号，系统频率的控制也就无从实现。换言之，集中式控制对故障的敏感性很高，而可靠性较低。另一个重要问题是集中式控制将会影响信息-物理系统（cyber-physical system，CPS）的鲁棒性。无论是在信息系统还是在物理系统中，中央控制器都容易成为网络攻击的重点对象，而一旦中央控制器出现故障，整个系统将发生崩溃[8]。加之分布式电源的投退使得集群物理结构随时可能发生变化，这就要求控制系统能够做出快速、及时的反应和动作，并且实现分布式电源的即插即用，这显然是集中式控制所无法实现的。综上所述，集中式控制的可靠性、灵活性、可扩展性、经济性均存在一定的不足，这是限制集中式控制应用的重要原因。基于此，分布式控制方法逐渐得到了更多的关注。

2. 集群频率分布式控制

随着电力线载波（power line carrier，PLC）通信的发展，基于点对点（peer-to-peer，P2P）通信的分布式控制方法逐渐成了集群控制领域研究的重点。分布式控制的特点在于分布式电源可以通过与邻近的其他电源相互通信，交换状态信息，并根据各自收集到的有限的信息进行迭代控制，最终达到全局的稳定。特别是在全分布式的控制方法下，系统不再需要集群中央控制器来进行集中的数据处理、计算和控制，分布式电源集合完全扮演了自我组织自我协调的角色，显著地区别于传统电网中的控制模式。分布式控制结构示意图如图 2-7 所示。

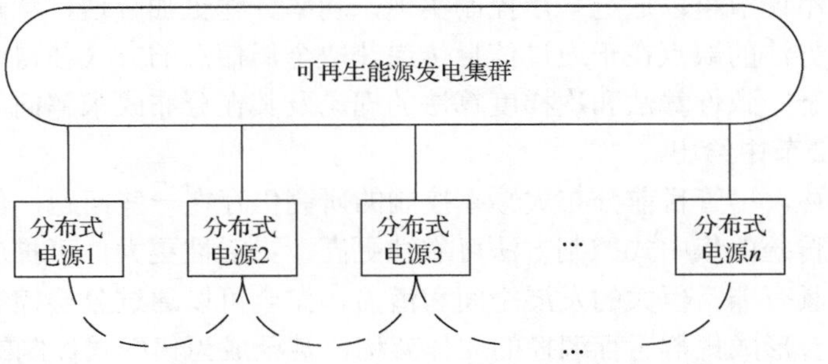

图 2-7　分布式控制结构示意图

近些年来，基于多代理系统的分布式频率控制成了研究热点，新的方法和策略不断出现。文献[9]提出了一种基于多代理系统的全分布式负荷恢复算法，文献[10]则为了使切除负荷的操作更加经济高效，提出了一种基于多代理系统的分布式切负荷算法，通过分布式的方式收集全局信息。文献[11]提出了不存在中央控制器的集群频率无差调节方法，但是提出的算法需要所有代理之间通过通信网络相连接，因此这并不是一种全分布式的控制方法，需要更多的信息交换，可靠性反而更低，我们将这种所有代理之间相互连接的分布式方法称为伪分布式，因为它并没有充分地发挥分布式的优点，反而降低了系统可靠性，增加了通信成本。文献[12]通过分布式控制策略实现了集群的功率平衡和频率调节，并实现了发电成本最优的经济调度，但该方法将频率调节和经济调度划分为两个阶段，二者不能兼顾。上面曾经讨论过，在集群的运行调控中综合考虑频率调节和经济调度问题更加有利。

在多代理系统中，分布式控制问题主要可以分为跟踪同步问题和调节同步问题。在跟踪同步问题中，所有的代理都跟踪一个核心代理或者参考值。很多文献将二次频率控制作为跟踪同步问题来解决。然而，这种方法存在着一些缺点，例如，不经济的功率分配，由于分布式电源不同的动态特性产生的竞争控制等。

一致性算法和次梯度算法是分布式频率控制问题中的重要算法。文献[13]最早通过基于一致性算法的频率跟踪实现了分布式的二次调频，其中每台分布式电源都跟踪上一级分布式电源接口的频率，直到最终实现频率的一致，其特点是所需的通信网络比较简单且动态响应也较快。然而由于属于主从控制方式，因此很难避免出现竞争控制的现象，动态过程中的功率分配也不合理。文献[14]提出的次梯度算法被应用到频率控制中。次梯度算法主要的贡献是提出了根据分布式电源最大可用容量来进行功率分配的方法，而该方法的缺点是没有考虑频率调节的成本且无法应对存在测量误差的情况。文献[15]提出的一致性算法被用来收集全局信息，所有代理都需要通过信息传递获取全系统中的功率缺额、可用容量等信息，因而频率调节可以通过一步控制实现，功率分配更加合理，竞争控制也得以避免。这种方法的缺点在于通过信息传递获取全局信息的方式使得系统的动态响应较慢。关于一致性算法和次梯度算法的理论及其在分布式求解问题中的应用，我们将在 2.2 节中给出。

综上所述，尽管目前分布式频率控制的研究仍存在一些问题，但分布式控制方法相对于传统的集中式控制方法可靠性更高，灵活性更大，可扩展性更强，经济性更优，具有非常巨大的发展空间和潜力，完全可以通过分层控制与传统集中式控制相结合形成集群运行调控的立体架构，甚至成为集中式控制的替代选择。

因此，本章剩余内容将结合分层控制与分布式控制，介绍基于分解协调的集群一次频率控制策略。

2.2 风电场集群一次频率控制

2.2.1 概述

风能作为最具发展前景的可再生能源之一，被广泛地认为是实施能源替代的有效方案。近年来，风力发电经历了快速增长并显著地改变了原有电力系统的运行方式，越来越多的地区正面临着高渗透率风电接入的情况[16]。

然而，由于其自身较强的波动性和不确定性，以及可能对所接入的电网结构带来的影响，风电大规模接入电网可能带来严重的冲击[17]。此外，大多数风电机组均为异步机形式，其转子速度与系统频率完全解耦，因此降低了系统惯性，从而导致频率波动并带来控制挑战[18,19]。通常来说，电力系统采用一次频率控制来维持频率的稳定和系统的安全。对于一次调频来说，传统火力发电机组的下垂和惯性特性对系统的频率变化具有决定性的意义。当系统负荷突然发生波动时，储存在同步发电机转子中的动能则将在几秒内快速支撑系统功率的缺额以实现实时功率平衡，直至调频器响应并产生二次频率控制信号。

为了减少弃风并产生最大的经济价值[20]，当前大多数风电机组主要运行在最大功率点跟踪模式，因此几乎不提供任何频率支撑[21]。这样一来，大规模风电场代替了传统的火力发电厂，实现了风能接入的同时，也严重影响了系统频率响应能力[22]，并造成了频率稳定性问题[23,24]。在美国，最近的研究揭示了在过去数年间，美国电网频率响应能力呈明显下降趋势[25,26]。而一份英国国家电网的报告则指出，周末负荷处于低谷期间，风力发电依然源源不断发出电力，这意味着此时仍在运行的同步发电机数量极少，从而限制了电网控制频率变化率(rate of change of frequency，ROCOF)的能力[27]。

事实上，利用新型智能装置模拟惯性以提高电力系统稳定性已经引起了诸多学者的注意。例如，文献[28]针对两区域 AGC 系统提出了基于导数的惯性模拟方法，利用储能装置有效地改善了系统动态特性。一份 IEEE 工作组的报告研究了相关问题，并得到了结论：风力发电提供频率控制能力对防止未来的频率响应能力下降具有重要意义[29]。

变速风机(variable speed wind turbine，VSWT)，特别是双馈异步风机(doubly-fed induction generator，DFIG)在很宽的风速变化范围内均具有很高的效率，因此被风电场广泛地采用。由于双馈风机拥有出色的调节能力，系统运营商和电网公司已经逐渐出台规定，要求风力发电提供频率支撑服务[30,31]。文献[32]对风电的惯性给出了最新的综述，证明了系统运营商和电网公司逐渐意识到风力发电提供惯性响应的价值。具体而言，西班牙 Red Eléctria de España 电力公司、加拿大 Hydro Quebec 电力公司、美国得克萨斯州电力可靠性协会(Electric Reliability Council of Texas)以及爱尔兰、丹麦等的电力公司和监管机构不同程度上开始要求风力发电在运行中提供惯性支撑[33]。

利用向量控制技术[34]，双馈风机的有功功率和无功功率可以分开进行控制。通过调节双馈风机的有功功率[35,36]，根据系统运营商指令对风力发电进行调控，使其模拟类似于传统火力发电厂的特性成为可能。文献[37]分析并量化了风电场的惯性和下垂响应，从而得到结论：频率偏移及由其带来的发电损失可以通过类似调速器的惯性控制得到显著改善。文献[38]探讨了当考虑模拟惯性和调速器控制后，风电机组对于未来电力系统频率响应的集群贡献。文献[39]讨论了双馈风机的下垂控制并展示了其在微电网频率稳定性中的影响。

因此，通过开发风机转子中存储的动能，双馈风机具有提供一次频率控制的潜力[40]。为了实现频率控制的目的，双馈风机必须进行合理的控制，并从 MPPT 模式切换到频率控制模式。基于保留一定发电裕量的降载控制策略被广泛地采用，且通常根据空气动力学理论，通过桨距角控制改变风机的机械输入功率[41-43]。根据对桨叶中储存能量的估计，在频率下降期间释放动能，调节叶尖速比的控制策略被一些文献采用[44]。文献[45]提出一种同时包含惯性控制和下垂控制的频率控制器，同时文献[45]还研究了不同功率裕度对频率控制效果的影响。然而，降载控制由于降低了所捕获的风能，并不是一种理想的控制方案[46]。此外，缓慢的机械控制无法完全响应快速的频率变化[47]。因此，利用电气控制快速调节能力的一次频率控制方法需要更多研究。

而由于电力电子装置快速的响应速度，风机转子侧控制将风机的机械特性与外部系统完全解耦，对于一次频率控制来说无疑更加高效[48]。与此同时，需要注意的是，在一次频率控制过程结束时，由于储存动能的限制，风机的功率输出很可能出现反向冲击[49,50]。因此，利用转子动能提供频率支撑仅能够维持短暂的时间。文献[51]提供了一种附加控制策略，使得隐藏的惯性能够被系统利用。类似地，文献[52]提出了虚拟惯性方法以模拟同步发电机的动能并提升系统动态响应，此外文献[52]也从特征值分析的角度对提出的方法如何影响系统稳定性进行了讨论。文献[53]通过调节锁相环响应实现惯性控制，并基于改进的运动方程对等效的惯性进行了分析和量化。文献[54]直接提高双馈风机变换器电气功率指定值，以此达到释放存储的动能提供暂时频率支撑的目的，并对商用双馈风机提供频率支撑的能力进行了量化。在文献[55]中，当风能不足时，风机运行在动能存储模式，而当风能充沛时则运行在风能捕获模式。文献[56]提出了一种基于能量状态的附加控制模块以保证风机在频率控制过程中的安全性。然而，这些方法均只聚焦于根据本地量测的频率由风机提供惯性和下垂响应，因此可以称为单机模式，而单机模式由于缺乏风机间的协调，存在着诸多问题。

事实上，风电场提供频率支撑所带来的效益相当显著。文献[57]评估了针对可能的不同风电装机容量对未来英国电力系统的效益进行了评估，证明了通过引导风电场提供频率支撑，能够显著地降低系统运行成本。文献[58]中的结果说明，系统中能够提供惯性的风电场数量越多，系统运行的边际成本则快速下降。在存在经济激励的市场环境下，风电是提供惯性和频率控制最为经济的选择。因此，通过提供惯性和下垂响应并参与辅助服务市场，风电场可以产生可观的经济价值，并能够完全消除弃风带来的经济损失。但是，作为商业实体和市场参与者，在单机控制模式下风电场无法精确控制其输出，从而使得风电场提供辅助服务十分困难。此外，风机间合理的功率分配也是十分棘手的问题。

利用集中式优化控制，风电场能够整体参与频率控制。文献[59]提出风电场频率控制的方法，推导出系统最低频率的解析表达式，并以此作为频率控制的重要指标。文献[60]分析了提供频率控制的风能成本，并提出了最小化风能成本的双层最优调度架构。文献[61]提出了带有卡尔曼滤波的集中模型预测控制（model predictive control，MPC），实现一次频率调节。但是，这些集中式方法严重依赖于风速预测，且由于集中控制器需要实时收集全部的风机数据执行优化，因此易受到复杂的模型维护和时延的影响。

分布式控制也是风电场调频的潜在选择，并能有效地降低计算复杂度，提升控制灵活性。在前面我们曾提到，基于次梯度或一致性的算法收敛速度缓慢。一些非线性优化算法，利用高斯-牛顿法（Gauss-Newton algorithm）和 Levenberg-Marquardt 算法能够提供快速收敛速度，但分布式执行并不容易。为了实现这一目的，一些分布式牛顿类算法提供了可行的方案[62,63]。

本节提出一种风电场参与一次频率控制的分布式协调控制架构，显著地降低计算复杂度，减轻集中协调器的负担，并提升一次频率控制的响应速度。此外，本节采用一种具有超线性收敛速度的分布式牛顿法实现快速功率分配，更加适合快速的频率控制。下面首先介绍本节采用的风机模型并定义能量储存指标，同时给出风电场控制架构，随后阐述所用的分布式牛顿法并给出效果分析。

2.2.2　风电场集群一次频率控制模型

1. 双馈风机模型

双馈风机是一种特殊的异步发电机，其转子绕组通过背靠背功率变换器连接至电网。双馈风机典型的模型组成架构如图 2-8 所示。

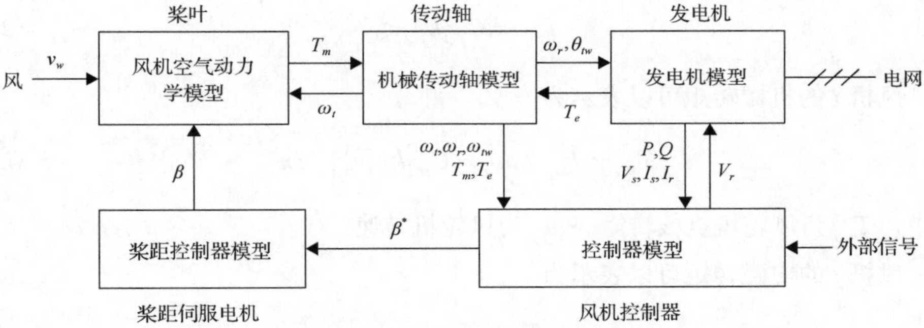

图 2-8　双馈风机典型的模型组成架构

由于电力电子变换器的快速响应速度，转子侧发电呈现快速跟随控制指令的特性。与之形成鲜明对照的是，桨距角控制则响应速度缓慢，而且会因此长期风能损失。因此，本节只关注如何开发转子侧变换器的控制潜力。风机的有功功率输出可以通过调节 d 轴电流 i_{dr} 改变，所以本节针对风机机电暂态过程首先对风机的有功控制模型进行建模。

在不超过额定风速的情况下，根据空气动力学，给定某一风速，风机捕获到的功率取决于风轮机的转速和桨距角。具体而言，捕获的风功率可以表达为

$$P_m = \frac{1}{2} \cdot \rho \cdot S \cdot C_p(\lambda, \beta) \cdot v_w^3 \tag{2-6}$$

式中，P_m 为风机捕获的风功率；ρ 为空气密度；S 为风机桨叶扫过的面积；C_p 为风机的功率系数；λ 为风机叶尖速比，即桨叶末端线速度与风速的比值；β 为桨距角；v_w 为风速。

为了最大化地利用风能，桨距角在 MPPT 模式下一般为零，因此功率系数 C_p 只取决于叶尖速比 λ。

利用标幺值表示，捕获的机械功率可以重新写为

$$P_{m,\text{p.u.}} = \frac{1}{2}\rho S C_p v_w^3 / P_{\text{base}} = \frac{C_p}{C_{p,\max}} \frac{C_{p,\max}\rho S v_{w,\text{base}}^3}{2P_{\text{base}}} v_{w,\text{p.u.}}^3 \tag{2-7}$$

式中，$P_{m,\text{p.u.}}$ 为捕获机械功率的标幺值；P_{base} 为功率基值；$C_{p,\max}$ 为功率系数最大值；$v_{w,\text{base}}$ 为风速基值；$v_{w,\text{p.u.}}$ 为风速标幺值。

式(2-7)等号右侧第二个分式对于固定风机来说为常数，因此可以表示为比例因数 k_p。为了表达渐变，标幺值符号 p.u.在后面的变量符号中省略，若未特别说明，均表示标幺值。因此，对于风机 i，捕获的机械功率为

$$P_{m,i} = C_{p,i} k_{p,i} v_{w,i}^3 \tag{2-8}$$

风机 i 的机械转矩可以表示为

$$T_{m,i} = P_{m,i} / \omega_{t,i} = C_{p,i} k_{p,i} v_{w,i}^3 / \omega_{t,i} \tag{2-9}$$

式中，$T_{m,i}$ 为风轮机机械转矩；$\omega_{t,i}$ 为风轮机转速。

风机 i 的电磁转矩可以表示为

$$T_{e,i} = P_{e,i} / \omega_{r,i} \tag{2-10}$$

式中，$T_{e,i}$ 为风机电磁转矩；$P_{e,i}$ 为风机电磁功率；$\omega_{r,i}$ 为发电机转速。

风轮机和发电机由传动轴系相连接，在本书的频率控制分析中，轴系系统采用双质块模型表示，其模型方程为

$$\frac{\mathrm{d}\omega_{t,i}}{\mathrm{d}t} = \frac{1}{2H_{t,i}}(T_{m,i} - K_{s,i}\theta_{tw,i}) \tag{2-11}$$

$$\frac{\mathrm{d}\omega_{r,i}}{\mathrm{d}t} = \frac{1}{2H_{g,i}}(K_{s,i}\theta_{tw,i} - T_{e,i}) \tag{2-12}$$

$$\frac{\mathrm{d}\theta_{tw,i}}{\mathrm{d}t} = \omega_{\text{base},i}(\omega_{t,i} - \omega_{r,i}) \tag{2-13}$$

式中，t 为时间；$H_{t,i}$ 为风轮机的惯性常数；$K_{s,i}$ 为轴系刚度；$\theta_{tw,i}$ 为轴系扭角；$H_{g,i}$ 为发电机的惯性常数；$\omega_{\text{base},i}$ 为转速基值。

因此，完整的风机动态模型可以表示为式(2-9)～式(2-13)。其中状态变量为 $\omega_{t,i}$、$\omega_{r,i}$、$\theta_{tw,i}$，输入变量为 $v_{w,i}$ 和 $P_{e,i}$，因此模型为非线性动态模型。一次频率

控制通过控制 $P_{e,i}$ 使风电场参与频率响应。

发电机模型由异步电机和背靠背的 PWM 变换器构成。转子侧变换器调节转子电流 i_{dr} 和励磁电压 E_q'' 来控制功率输出。如前面所述，本书只讨论有功控制策略，并忽略发电机模型的电磁暂态过程。风机有功控制模块的结构示意图如图 2-9 所示。

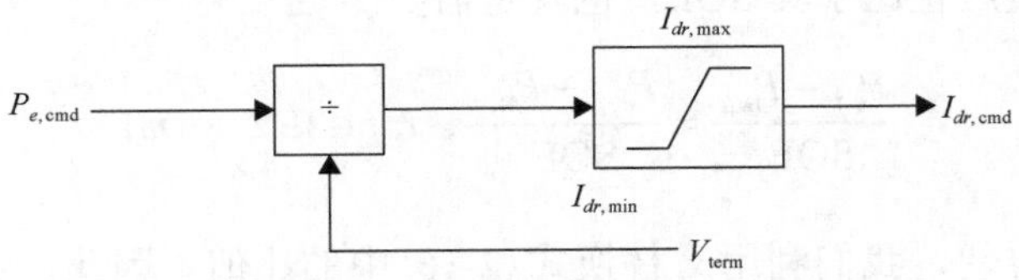

图 2-9　风机有功控制模块的结构示意图

图中，$P_{e,\text{cmd}}$ 为电磁功率控制指令；$I_{dr,\max}$ 为转子电流最大限值；$I_{dr,\min}$ 为转子电流最小限值；$I_{dr,\text{cmd}}$ 为转子电流控制指令；V_{term} 为机端电压。

2. 双馈风机能量状态指标

通过调节功率输出以提供暂时的频率支撑，风机无须运行在降载模式以保留控制裕度。在一次频率控制过程中，对风机的有功功率输出进行调节，必定导致输入机械功率和输出电磁功率的不平衡，引起转速的变化。通过这种方式，释放储存在转子中的动能，提供暂时的频率支撑。

然而，过度使用转子动能可能导致风机超速或低速问题损坏风机。为了保证风机的安全性，需要满足一定的转速约束。然而，风机间不合理的功率分配可能导致某些风机达到其转速约束，而另外一些风机仍还有充足的储存功率尚待开发。因此，当风电场参与频率控制时，风机间的有功功率应该得到合理分配，并充分地考虑转速约束。

为实现这一目的，能量状态(state of energy，SOE)指标被用来量化可开发的动能。存储在旋转桨叶中的动能正比于风轮机转速的平方，即

$$E_i = \frac{1}{2} J_i \omega_{t,i}^2 \tag{2-14}$$

式中，E_i 为存储的动能；J_i 为风机的转动惯量。

考虑到给定的转速上下限约束，SOE 指标可以定义为

$$\text{SOE}_i = \frac{\omega_{t,i}^2 - \omega_{t\min,i}^2}{\omega_{t\max,i}^2 - \omega_{t\min,i}^2} \tag{2-15}$$

式中，$\omega_{t\max,i}$ 为风机转速上限；$\omega_{t\min,i}$ 为风机转速下限。

注意到 SOE 是没有任何单位的比值，当其值接近其边界，即 0 或 1 时，表明风机几乎已用尽可开发的功率，该风机的频率控制应终止。为了合理地应用存储的能量，正常运行时所有风机的 SOE 应处于合理范围内，而不是接近状态边界，以获得更大的频率控制能力。在调频过程中，为实现合理的功率分配，所有风机的功率不平衡量应正比于其 SOE，也就是需要满足

$$\frac{P_{e,i}-P_{m,i}}{\mathrm{SOE}_i}=\frac{P_{e,j}-P_{m,j}}{\mathrm{SOE}_j},\ i,j\in\{1,2,\cdots,m\} \tag{2-16}$$

为了表述方便，我们利用 x_i 替换式(2-16)中的比值。因此，合理的控制方式应调节电磁功率 $P_{e,i}$ 以提供预期的频率支撑，同时所有的 x_i 应彼此相等。也就是说，当某个风机的 SOE 接近 0 或 1 时，整个风电场可开发的能量已几乎用尽，一次频率控制应终止，转速恢复过程应开启，以保证所有风机储存的能量能够得到开发的同时不失安全性。

3. 风电场分布式协调控制架构

风电场可以看作由通信网络在风机间实现数据交互的信息物理系统。传统上，集中式控制严重依赖于风电场控制器采集全风电场的数据并在复杂的计算后对风机下发指令。显然，这样的系统动态响应缓慢。在本节中，我们提出分布式协调架构，允许风电场整体参与频率控制的同时最优分配功率。

风力发电的稳态调度架构一般分为三层：系统级的协调、风电场的控制以及风机侧的控制。首先，系统调度中心在稳态优化计算后发送控制指令至风场协调器。其次，风场协调器根据风场模型传递控制信号至单独的风机。最后，风机控制器确保对应的风机响应控制指令。与稳态调度相比，一次频率控制要求更快的响应速度，因此风场协调器需要根据量测的频率快速地进行本地决策，而不是等待系统调度中心下发控制信号。因此，本节提出的架构主要聚焦于两个层面：上层为风电场协调器，而下层则由风机控制器构成。

风电场协调器的主要功能包括两方面：发布功率目标以及功率偏差反馈。为了提供频率控制，风电场需要量测系统频率，并决定应输出的有功功率值。这是风电场协调器的第一个功能。通过这一个功能，风电场得以像同步发电机一样增加系统惯性以缓解快速频率波动，增加阻尼以降低系统稳态频率偏差，从而改善系统频率响应特性。

具体而言，惯性模拟控制可以表示为

$$P_{\mathrm{in}}^{*}=-K_{\mathrm{in}}\cdot \mathrm{d}f/\mathrm{d}t \tag{2-17}$$

式中，P_{in}^{*} 为惯性模拟控制的功率指令；K_{in} 为模拟的惯性系数；f 为系统频率。

而下垂模拟控制可以表示为

$$P_f^* = K_f(f^* - f) \tag{2-18}$$

式中，P_f^* 为下垂模拟控制的功率指令；K_f 为模拟的下垂系数；f^* 为系统额定频率值。

通过这种方式，风场的理想功率输出则可以通过系统频率简单得到。由于下垂和惯性特性，风电场能够缓解快速的频率波动并提升系统稳定性。实际应用中，风电场调节特性应在额定频率附近设置死区。当频率在死区范围内时，风电场功率应保持不变以避免正常频率变化的影响。

图 2-10 给出了风电场协调器的控制框图，其中额定频率下并网点的功率指令 P_{ref}^* 由系统调度中心的调度信号决定。因此，在每个控制循环开始时，风场协调器测量并网点频率并更新风电场功率指令作为本次控制循环的功率参考值。

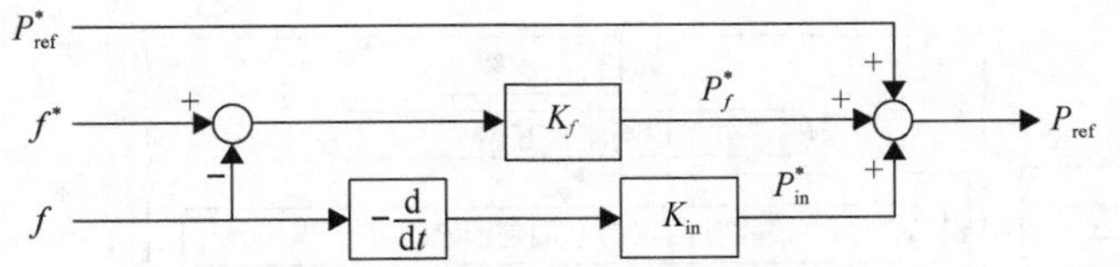

图 2-10　风电场协调器的控制框图

随后，风电场协调器测量实际的并网点功率 P_{PCC}，并将实际功率与功率参考值之间的偏差 $P_{\text{PCC}} - P_{\text{ref}}$ 利用广播通信的方式广播至所有的风机控制器，并不断循环这一过程，以此作为协调全部风机跟踪功率参考值的反馈。这是风电场协调器的第二个功能：功率偏差反馈。广播通信模式只需要风电场协调器按照固定周期发送信息，单向发送无须通信间的握手环节，提升了通信的效率。

图 2-11 给出了风电场协调器的控制流程图。通过采用单向广播模式，快速的全局信息共享得以实现，且由于风电场协调器无须求解集中式的优化问题，风电场协调器的数据处理负担也显著地降低。

在双层控制的下层，在风机间采用基于多代理稀疏通信网络的分布式协调方案。每个风机分配智能代理(控制器)量测本地状态，与相邻风机通信并执行本地控制。风机 i 的相邻风机集合由 N_i 表示。接收到来自风电场协调器的并网点功率偏差广播信号后，风机控制器根据功率偏差、本地状态以及相邻风机信息调节对应风机输出。忽略风电场内部的功率损耗，并网点功率是各台风机单机输出功率之和，因此通过调节风机功率能够使得实际并网点功率追踪参考值。通过采用合适的分布式算法，利用迭代控制，并网点功率偏差得以消除且所有的 x_i 达到一致。图 2-12 给出了风机控制器的控制流程图。

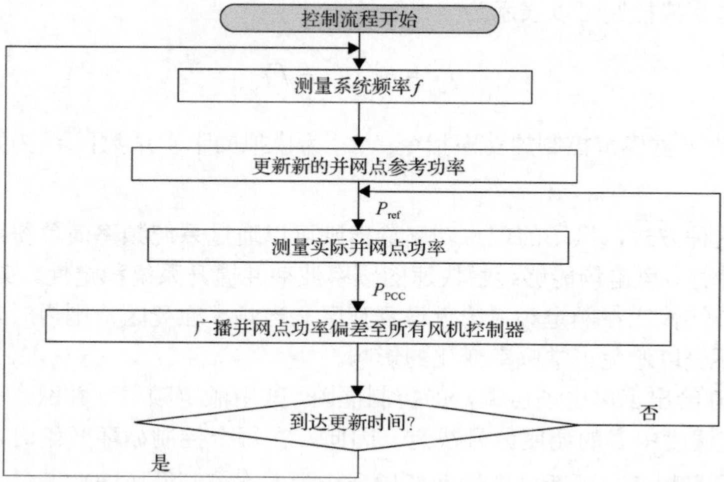

图 2-11　风电场协调器的控制流程图

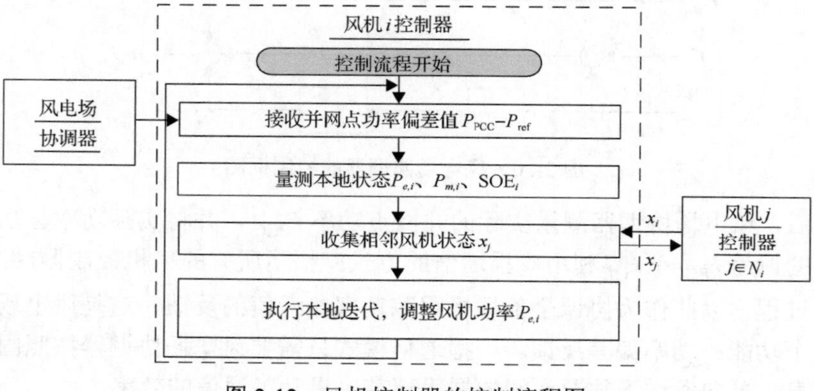

图 2-12　风机控制器的控制流程图

总结起来，在控制循环开始时，风电场协调器根据频率量测产生并网点功率参考值。随后，各风机调节其功率输出以跟踪并网点功率参考值，并与相邻风机交互以执行迭代并实现最优功率分配。风场层与风机层的控制过程并行进行。风电场一次频率控制总体架构如图 2-13 所示，由于采用了分解协调的思路，该架构有效地降低了风电场协调器的通信负担并提升了控制效率。

需要注意的是，尽管上述流程更加有效地利用了转子侧的快速控制，但在频率控制过程结束时可能造成风电场严重的功率反向冲击。这是由于储存在转子中的动能在频率控制过程中接近消耗完毕，因此考虑安全性，转速应进入恢复过程[64]。因此，本节提出的方法只能提供暂时的频率支撑，当一次频率控制过程结束后，功率输出应采取相应的控制策略以保证转速在合理范围内，这一过程可在二次调频中结合降载策略实现，恢复转速的同时最小化功率反向冲击。

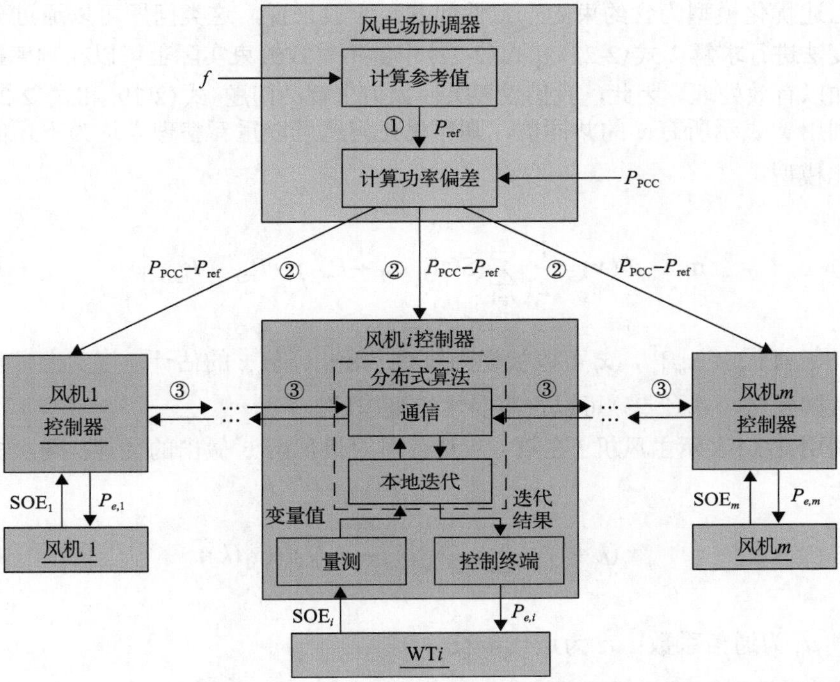

图 2-13　风电场一次频率控制总体架构

4. 一次频率控制优化模型

在每个控制循环中，风电场的目标是根据功率参考值 P_{ref} 调整实际的输出功率，并在所有风机间最优地进行功率分配。因此，有必要建立一次频率控制的优化模型，其目标是最小化风电场实际输出功率与功率参考值之间的偏差。优化模型可以表示为[65]

$$\min \frac{1}{2}\left(\sum_{i=1}^{m} P_{e,i} - P_{\mathrm{ref}} - P_{\mathrm{loss}}\right)^2 \tag{2-19}$$

$$\text{s.t.}\quad x_i = x_j,\ \ i,j \in \{1,2,\cdots,m\} \tag{2-20}$$

$$P_{\mathrm{emin},i} \leqslant P_{e,i} \leqslant P_{\mathrm{emax},i} \tag{2-21}$$

$$\omega_{\mathrm{tmin},i} \leqslant \omega_{t,i} \leqslant \omega_{\mathrm{tmax},i} \tag{2-22}$$

式中，P_{loss} 代表风电场网损之和；$P_{\mathrm{emin},i}$ 代表风机电磁功率的下限；$P_{\mathrm{emax},i}$ 代表风机电磁功率的上限；$\omega_{\mathrm{tmin},i}$ 代表桨叶转速的下限；$\omega_{\mathrm{tmax},i}$ 代表桨叶转速的上限。

上述优化模型为含约束的一致性问题。一般来说，这类问题可以通过分布式次梯度法进行求解。式(2-21)和式(2-22)中的不等式约束实际上可以在频率控制过程中加以有效处理。因此，我们主要关注如何求解凸问题(式(2-19)和式(2-20))。

利用 x 表示所有 x_i 的共同值，则原优化问题可以重新整理表达为下述的无约束优化模型：

$$\min \quad \varPhi(\boldsymbol{x})=\frac{1}{2}\left(\sum_{i=1}^{m}(\mathrm{SOE}_i\cdot x_i+P_{m,i})-P_{\mathrm{ref}}-P_{\mathrm{loss}}\right)^2 \tag{2-23}$$

式中，$\boldsymbol{x}=[x_1,\cdots,x_m]^{\mathrm{T}}$，$x_i$ 可以被视为风机 i 对共同值 x 的估计。事实上，利用分布式次梯度法，式(2-23)可以很容易地得到求解。

利用 $x_i(k)$ 表示由风机 i 在第 k 步迭代时对最优解 x^* 做出的估计。则次梯度迭代式为

$$x_i(k+1)=\sum_{j\in N_i}\mu_{ij}x_j(k)-\alpha\cdot\nabla\varPhi_i(x_i(k)) \tag{2-24}$$

式中，μ_{ij} 为通信系数；α 为迭代步长。

式(2-24)可以重新用矩阵形式改写为

$$\boldsymbol{x}(k+1)=\boldsymbol{x}(k)-[(\boldsymbol{I}-\boldsymbol{A})\boldsymbol{x}(k)+\alpha\boldsymbol{h}(\boldsymbol{x}(k))] \tag{2-25}$$

式中，$\boldsymbol{A}$ 为 μ_{ij} 构成的通信系数矩阵；$\boldsymbol{h}(\boldsymbol{x})$ 为由 $\nabla\varPhi_i(x_i)$ 构成的列向量；$\varPhi_i(x)=\varPhi(x)/m$。

考虑如下的优化模型：

$$\min \quad \boldsymbol{F}(\boldsymbol{x})=\frac{1}{2}\boldsymbol{x}^{\mathrm{T}}(\boldsymbol{I}-\boldsymbol{A})\boldsymbol{x}+\alpha\sum_{i=1}^{m}\varPhi_i(x_i) \tag{2-26}$$

在第 k 步迭代中，计算式(2-26)的梯度 $\boldsymbol{g}_k$，得到

$$\boldsymbol{g}_k=\nabla\boldsymbol{F}(\boldsymbol{x}(k))=(\boldsymbol{I}-\boldsymbol{A})\boldsymbol{x}(k)+\alpha\boldsymbol{h}(\boldsymbol{x}(k)) \tag{2-27}$$

因此，式(2-25)可以写为

$$\boldsymbol{x}(k+1)=\boldsymbol{x}(k)-\boldsymbol{g}_k \tag{2-28}$$

这意味着本质上次梯度算法是沿着 $\boldsymbol{F}(\boldsymbol{x})$ 的负梯度方向下降，求解的是优化问题(2-26)。通过对比式(2-26)和原始优化问题，可以发现式(2-26)等号右边的第一

项，$\boldsymbol{x}^{\mathrm{T}}(\boldsymbol{I}-\boldsymbol{A})\boldsymbol{x}/2$，事实上是由风机间不同估计值带来的惩罚项，而惩罚因子为 $1/\alpha$。如果次梯度法迭代步长 α 足够小，式(2-26)的最优解将与原问题的最优解足够接近。

因此，次梯度法事实上是沿着次梯度方向下降求解问题(2-26)，其收敛速度为一阶，因而收敛速度较缓慢，不适合快速的一次控制。在 2.2.3 节中，我们将介绍更加快速的分布式求解算法。

2.2.3　风电场集群一次频率控制求解算法

牛顿类算法具有局部二阶收敛性，因而是理想的选择。如前面所述，优化问题模型已转化为式(2-26)，下面讨论如何采用分布式牛顿法对该模型进行求解。在第 k 步迭代时，牛顿迭代公式为

$$\boldsymbol{x}(k+1)=\boldsymbol{x}(k)-\varepsilon\boldsymbol{d}_k \tag{2-29}$$

式中，ε 为牛顿迭代步长；牛顿方向 $\boldsymbol{d}_k$ 为

$$\boldsymbol{d}_k=\boldsymbol{H}_k^{-1}\boldsymbol{g}_k \tag{2-30}$$

计算黑塞矩阵 $\boldsymbol{H}_k$ 的值，可以得到

$$\boldsymbol{H}_k=\nabla^2\boldsymbol{F}(\boldsymbol{x}(k))=\boldsymbol{I}-\boldsymbol{A}+\alpha\boldsymbol{G}_k \tag{2-31}$$

式中，$\boldsymbol{G}_k$ 代表 $\boldsymbol{h}(\boldsymbol{x}(k))$ 的梯度，是对角矩阵，其第 i 个对角元素为

$$[\boldsymbol{G}_k]_{ii}=\nabla^2\Phi_i(x_i(k))=\frac{1}{m}\cdot\mathrm{SOE}_i\cdot\sum_{i=1}^{m}\mathrm{SOE}_i \tag{2-32}$$

分布式独立计算风机 i 第 k 步迭代的牛顿方向 $d_{i,k}$ 的主要难点是如何求得黑塞矩阵的逆矩阵 $\boldsymbol{H}_k^{-1}$ 中的元素。因此，我们利用矩阵分裂的方式，充分地开发黑塞矩阵 $\boldsymbol{H}_k$ 的稀疏性，本地迭代。

幸运的是，这里的黑塞矩阵 $\boldsymbol{H}_k$ 与通信系数矩阵 $\boldsymbol{A}$ 具有相同的稀疏结构，这就意味着其具有与风电场通信拓扑相同的稀疏结构。

采用矩阵分裂的思想，可以将黑塞矩阵 $\boldsymbol{H}_k$ 分裂为两个矩阵：

$$\boldsymbol{H}_k=\boldsymbol{D}_k-\boldsymbol{B} \tag{2-33}$$

式中，$\boldsymbol{D}_k$ 为正定对角矩阵：

$$\boldsymbol{D}_k=\alpha\boldsymbol{G}_k+2(\boldsymbol{I}-\mathrm{diag}\boldsymbol{A}) \tag{2-34}$$

而 $\boldsymbol{B}$ 则是与通信系数矩阵 $\boldsymbol{A}$ 具有相同稀疏结构的常数矩阵：

$$\boldsymbol{B} = \boldsymbol{I} - 2\mathrm{diag}\boldsymbol{A} + \boldsymbol{A} \tag{2-35}$$

在矩阵分裂关系式(2-33)的两端同时提取 $\boldsymbol{D}_k^{1/2}$，可以得到

$$\boldsymbol{H}_k = \boldsymbol{D}_k - \boldsymbol{B} = \boldsymbol{D}_k^{1/2}(\boldsymbol{I} - \boldsymbol{D}_k^{-1/2}\boldsymbol{B}\boldsymbol{D}_k^{-1/2})\boldsymbol{D}_k^{1/2} \tag{2-36}$$

因此，其逆矩阵 $\boldsymbol{H}_k^{-1}$ 为

$$\boldsymbol{H}_k^{-1} = \boldsymbol{D}_k^{-1/2}(\boldsymbol{I} - \boldsymbol{D}_k^{-1/2}\boldsymbol{B}\boldsymbol{D}_k^{-1/2})^{-1}\boldsymbol{D}_k^{-1/2} \tag{2-37}$$

对于式(2-37)等号右侧中间项，采用泰勒级数展开，即

$$(\boldsymbol{I} - \boldsymbol{X})^{-1} = \sum_{t=0}^{\infty}\boldsymbol{X}^t \tag{2-38}$$

因此可以将式(2-37)重新写为

$$\boldsymbol{H}_k^{-1} = \boldsymbol{D}_k^{-1/2}\sum_{t=0}^{\infty}(\boldsymbol{D}_k^{-1/2}\boldsymbol{B}\boldsymbol{D}_k^{-1/2})^t\boldsymbol{D}_k^{-1/2} \tag{2-39}$$

将式(2-39)代入式(2-30)，得到牛顿方向 $\boldsymbol{d}_k$ 的表达式为

$$\boldsymbol{d}_k = \boldsymbol{H}_k^{-1}\boldsymbol{g}_k = \boldsymbol{D}_k^{-1/2}\sum_{t=0}^{\infty}(\boldsymbol{D}_k^{-1/2}\boldsymbol{B}\boldsymbol{D}_k^{-1/2})^t\boldsymbol{D}_k^{-1/2}\boldsymbol{g}_k \tag{2-40}$$

为了计算牛顿方向，这里对式(2-40)的无穷级数进行截断近似，即只考虑无穷级数(式(2-40))中的前 T+1 项，从而得到截断牛顿方向：

$$\boldsymbol{d}_k^{(T)} = \boldsymbol{D}_k^{-1/2}\sum_{t=0}^{T}(\boldsymbol{D}_k^{-1/2}\boldsymbol{B}\boldsymbol{D}_k^{-1/2})^t\boldsymbol{D}_k^{-1/2}\boldsymbol{g}_k \tag{2-41}$$

我们发现，截断牛顿方向 $\boldsymbol{d}_k^{(T)}$ 具有如下的递推关系：

$$\begin{aligned}\boldsymbol{d}_k^{(t+1)} &= \boldsymbol{D}_k^{-1}\boldsymbol{g}_k + \boldsymbol{D}_k^{-1/2}\sum_{\tau=1}^{t+1}(\boldsymbol{D}_k^{-1/2}\boldsymbol{B}\boldsymbol{D}_k^{-1/2})^\tau\boldsymbol{D}_k^{-1/2}\boldsymbol{g}_k \\ &= \boldsymbol{D}_k^{-1}\boldsymbol{g}_k + \boldsymbol{D}_k^{-1}\boldsymbol{B}\boldsymbol{d}_k^{(t)} \\ &= \boldsymbol{D}_k^{-1}(\boldsymbol{B}\boldsymbol{d}_k^{(t)} + \boldsymbol{g}_k)\end{aligned} \tag{2-42}$$

如前面所述，$\boldsymbol{D}_k^{-1}$ 为对角矩阵而 $\boldsymbol{B}$ 为与通信系数矩阵 $\boldsymbol{A}$ 具有相同稀疏结构的

常矩阵。因此，上述递推可以分布式地进行。具体来说，对于风机 i，第 k 步迭代时的牛顿方向递推公式为

$$d_{i,k}^{(t+1)} = D_{ii,k}^{-1}\left(\sum_{j\in N_i} B_{ij} d_{j,k}^{(t)} + g_{i,k}\right) \tag{2-43}$$

式中，$D_{ii,k}^{-1}$ 可根据式(2-34)计算得到

$$D_{ii,k}^{-1} = \left(\alpha\cdot\frac{1}{m}\cdot \mathrm{SOE}_i \cdot \sum_{i=1}^{m}\mathrm{SOE}_i + 2 - 2\mu_{ii}\right)^{-1} \tag{2-44}$$

而 $g_{i,k}$ 则可以表示为

$$\begin{aligned} g_{i,k} &= x_i(k) - \sum_{j\in N_i}\mu_{ij}x_j(k) + \frac{\alpha}{m}\cdot\sum_{i=1}^{m}\mathrm{SOE}_i\cdot\left(\sum_{i=1}^{m}P_{e,i}(k) - P_{\mathrm{ref}} - P_{\mathrm{loss}}\right) \\ &= x_i(k) - \sum_{j\in N_i}\mu_{ij}x_j(k) + K\cdot\left(\sum_{i=1}^{m}P_{e,i}(k) - P_{\mathrm{ref}} - P_{\mathrm{loss}}\right) \end{aligned} \tag{2-45}$$

在式(2-45)中，功率偏差项 $\left(\sum_{i=1}^{m}P_{e,i}(k) - P_{\mathrm{ref}} - P_{\mathrm{loss}}\right)$ 可以视作协调变量，事实上等同于 $(P_{\mathrm{PCC}} - P_{\mathrm{ref}})$，风机 i 可以从风电场协调器在每步迭代时获取该值。因此，利用 $(P_{\mathrm{PCC}} - P_{\mathrm{ref}})$ 作为反馈信息，事实上天然考虑了风场内的网损 P_{loss}，也就无须在控制过程中再加以计算。在递推关系(式(2-43))中，${D_{ii,k}}^{-1}$、$g_{i,k}$ 均可以通过本地计算求得，而 $d_{j,k}^{(t)}$ 可以从相邻风机获取。

此外，在递推开始时，起始递推关系为

$$\boldsymbol{d}_k^{(0)} = \boldsymbol{D}_k^{-1}\boldsymbol{g}_k \tag{2-46}$$

因此我们有分布式的形式：

$$d_{i,k}^{(0)} = D_{ii,k}^{-1} g_{i,k} \tag{2-47}$$

通过这样的方式，本地近似牛顿方向 $d_{i,k}^{(T)}$ 可以通过全分布式的方式进行计算，牛顿迭代(式(2-29))可以按照不同风机在本地执行，即

$$x_i(k+1) = x_i(k) - \varepsilon d_{i,k}^{(T)} \tag{2-48}$$

表 2-1 给出了风机在一个迭代步中的控制流程。

表 2-1　风机迭代控制流程

第 1 步：发送 $x_i(k)$ 至所有相邻风机，并从相邻风机 j 获取 $x_j(k)$，并从风电场协调器获取 $\left(\sum_{i=1}^{m} P_{e,i}(k) - P_{\text{ref}} - P_{\text{loss}}\right)$

第 2 步：计算 $D_{ii,k}^{-1} = \left(\alpha \cdot \frac{1}{m} \cdot \text{SOE}_i \cdot \sum_{i=1}^{m} \text{SOE}_i + 2 - 2\mu_{ii}\right)^{-1}$

第 3 步：计算 $g_{i,k} = x_i(k) - \sum_{j \in N_i} \mu_{ij} x_j(k) + K \cdot \left(\sum_{i=1}^{m} P_{e,i}(k) - P_{\text{ref}} - P_{\text{loss}}\right)$

第 4 步：计算 $d_{i,k}^{(0)} = D_{ii,k}^{-1} g_{i,k}$

第 5 步：for　$t = 0$　to T–1

　　发送 $d_{i,k}^{(t)}$ 至所有相邻风机，并从相邻风机 j 获取 $x_j(k)$　$d_{j,k}^{(t)}$

　　执行递推 $d_{i,k}^{(t+1)} = D_{ii,k}^{-1} \left(\sum_{j \in N_i} B_{ij} d_{j,k}^{(t)} + g_{i,k}\right)$

end for

第 6 步：执行本地牛顿迭代 $x_i(k+1) = x_i(k) - \varepsilon d_{i,k}^{(T)}$

第 7 步：计算功率调整量并下发控制信号

各风机执行表 2-1 中的迭代流程直至并网点功率偏差足够小，此时优化问题实现了分布式求解，合理的功率分配得以完成。由于牛顿法的快速收敛性，上述迭代呈现超线性的收敛速度。

前面提出的一次频率控制方法利用了储存在转子中的能量，因此会导致风机输入机械功率与输出电磁功率间的不平衡。如果调频过程一直持续，风机的转速和 SOE 将持续变化并接近其安全约束。正常情况下，系统遭受扰动后火电机组的二次频率控制将在数秒后启动，而此时风机的转速则可进入恢复过程。由于一次频率控制过程时间极短，因此一般无须担心风机转速会超出安全范围。然而，在一些极端场景下上述结论可能并不适用，例如，严重故障造成的系统急剧的功率变化或者二次频率控制阶段意料之外的故障，均有可能影响风机的转速安全。因此，一次频率控制过程必须在任何场景下维持转速的安全稳定。为了在一次频率控制过程中确保转速的安全性，可增加额外的风机附加控制模块。一旦风机转速接近安全约束并越过了预先设定的某一告警值，频率控制过程应终止而附加控制应启动，迅速调节风机功率输出并稳定转速。风机转速附加控制框图如图 2-14 所示。

显然，若转速超出了告警值，附加控制将会自动调节输出功率指令，直至实现功率平衡和转速稳定。参数 K_ω 应该设置为足够大，以实现快速功率平衡和转速稳定。此外，考虑到转子的惯性，转速告警值应该设置得比安全约束更加保守，以确保在一次频率控制中转速不超过安全范围。

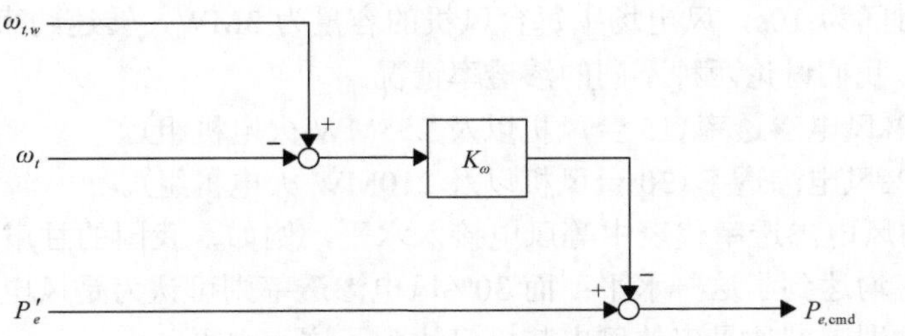

图 2-14　风机转速附加控制框图

2.2.4　风电场集群一次频率控制效果

在本节中，一个含有 15 台火电机组和 1 个风电场的风电高渗透率区域被作为效果分析对象，其总装机容量为 300MW，而初始总负荷为 265MW。测试分析系统的架构示意图如图 2-15 所示。

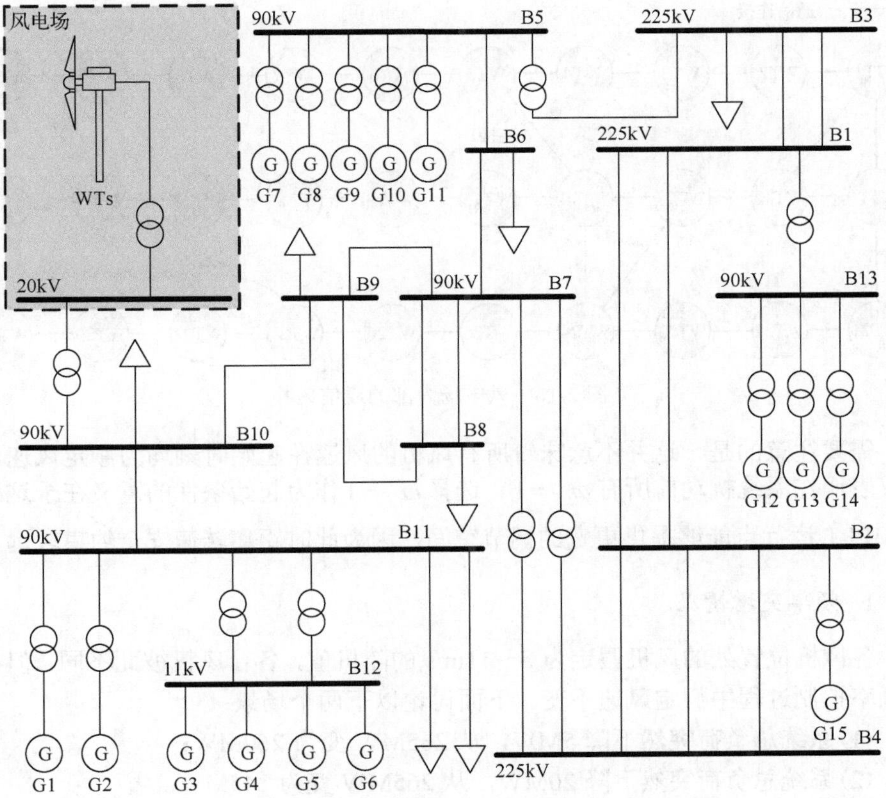

图 2-15　测试分析系统的架构示意图

测试时间为 10s，风电场中每台风机的容量为 3MW，转速约束为 0.7～1.2。在本节中，我们讨论两种不同的渗透率情况：

(1) 15%风电渗透率(15 台风机以及 255MW 火电机组)。

(2) 30%风电渗透率(30 台风机以及 210MW 火电机组)。

15%的风电渗透率代表中等风电接入水平，例如，我国的甘肃省和吉林省，风电渗透率均达到了这一水平；而 30%风电渗透率则可认为是风电高渗透率的标志，一些欧洲国家如丹麦的风电装机已达到了这一水平。

风电场内部的通信拓扑如图 2-16 所示，其中 WT 代表风机。测试中，风电场协调器功率参考值更新频率为 0.5s，首次更新时间假定为 0.08s。在每次功率参考值更新后，风机控制器通过与相邻风机进行信息交互并执行迭代，调节各自功率输出以跟踪功率参考值，交互和迭代周期为 0.08s。此外，频率调节死区设定为±0.02Hz，即在额定频率±0.02Hz 范围内风电场频率控制不动作，以提高系统稳定性。在测试开始时，系统频率设定为额定频率 50Hz，而各风机则运行在额定转速。

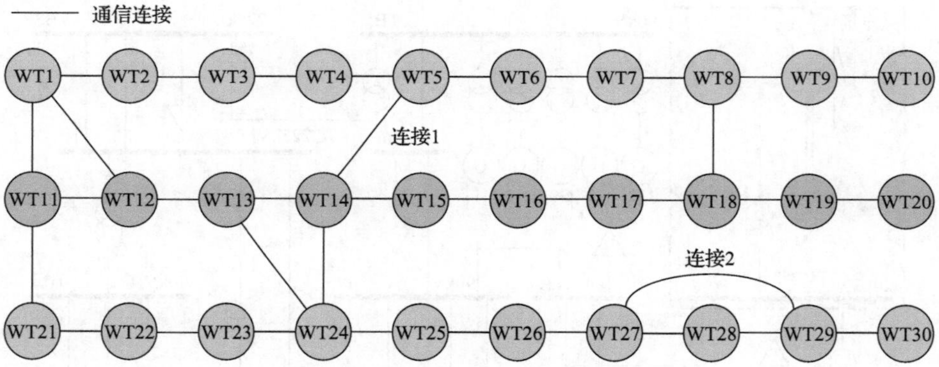

图 2-16　风电场内部的通信拓扑

需要注意的是，这并不意味着所有风机的风速在起始时刻均为额定风速，而仅仅表明在系统扰动前所有 $\omega_{t,i}=1$。选择 $\omega_{t,i}=1$ 作为起始条件的意义在于这样相较 MPPT 运行点能够提供更宽的调节空间，因为此时距离转速安全约束较远。

1. 频率突增情况

各风机位置处的风机假定为 8～11m/s 的随机值，各台风机彼此不同，但在整个频率控制过程中假定风速不变。下面讨论以下两个场景：

(1) 系统总负荷突然下降 5MW，从 265MW 变为 260MW；

(2) 系统总负荷突然下降 20MW，从 265MW 变为 245MW。

图 2-17 和图 2-18 给出了在采用本节方法后，第(1)种情况的系统频率变化曲线，图 2-19 和图 2-20 则给出了在采用本节方法后，第(2)种情况的系统频率变化曲线。

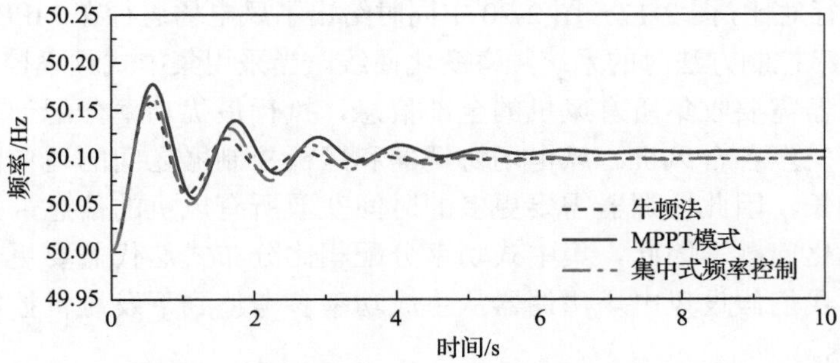

图 2-17　频率突增第(1)种情况下 15%风电渗透率系统频率变化曲线

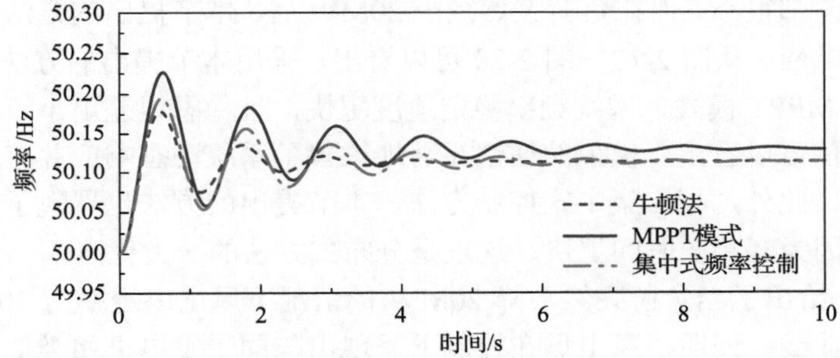

图 2-18　频率突增第(1)种情况下 30%风电渗透率系统频率变化曲线

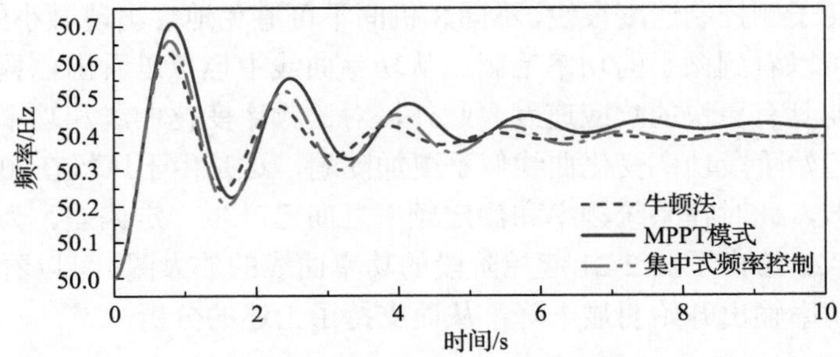

图 2-19　频率突增第(2)种情况下 15%风电渗透率系统频率变化曲线

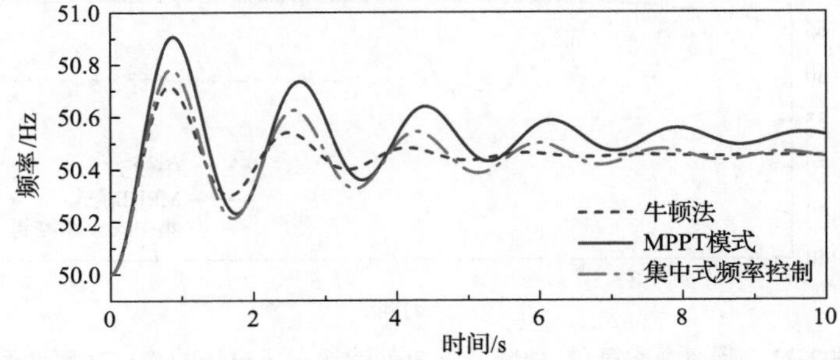

图 2-20　频率突增第(2)种情况下 30%风电渗透率系统频率变化曲线

为了进行对比，图 2-17～图 2-20 中同时给出了风电场运行在 MPPT 模式和采用集中式频率控制方法时的系统频率变化曲线。当采用集中式频率控制方法时，风电场协调器需要收集所有风机的全部信息，执行最优功率分配计算，最终将控制信号下发至各台风机。风电场协调器和风机控制器之间的通信时间相比相邻风机要更长，因此协调器需要更多的时间获取所有风机的信息，并求解复杂的集中式优化问题。因此，集中式功率分配相比分布式迭代需要更长的时间。在测试中，我们假设风电场协调器从生成功率参考值到下发风机控制指令所需时间为 0.25s。

在负荷突然减少 5MW 后，在本节提出的方法下频率很快稳定了下来，其过冲和稳态偏差都很小。而在负荷突然减少 20MW 后，本节提出的方法也能够有效地改善频率响应。从图 2-17～图 2-20 可以看出，采用本节提出的方法后，相比风电场运行在 MPPT 模式，系统频率稳定速度更快，且稳态误差更小。从频率曲线的第一个峰值可以看出，模拟的惯性显著地改善了系统动态响应并有效地限制了频率变化率。此外，相比集中式控制方法，本节提出的方法也展现了更好的动态特性，这是因为其响应时间更快，这正是分布式方法的一大优点。

图 2-21 给出了当负荷突然下降 20MW 的情况下风电渗透率为 30%时风电场的输出功率曲线，证明了风电场在控制下呈现出与同步发电机相类似的频率响应特性。MPPT 模式和集中式频率控制模式下的风电场功率曲线也在图 2-21 中给出。注意到由于转子侧控制速度很快，不同风机间不可避免地会出现微小的异步执行，因此曲线中可以看到微小的功率毛刺。从功率曲线中也可以看出，提出的方法相比集中式控制具有更快的响应速度。此外，对比频率变化曲线和功率变化曲线可以发现，在起始阶段功率变化曲线似乎更加陡峭，这是由于风机在 0.08s 后开始进行功率调节，此时在系统频率和额定频率之间已产生一定偏差。为了更好地放大细节，图 2-22 给出了图 2-21 起始阶段的功率曲线的放大图。可以看到，在 0.08s 后，风电场功率输出开始明显下降，从而支持了上述的分析。

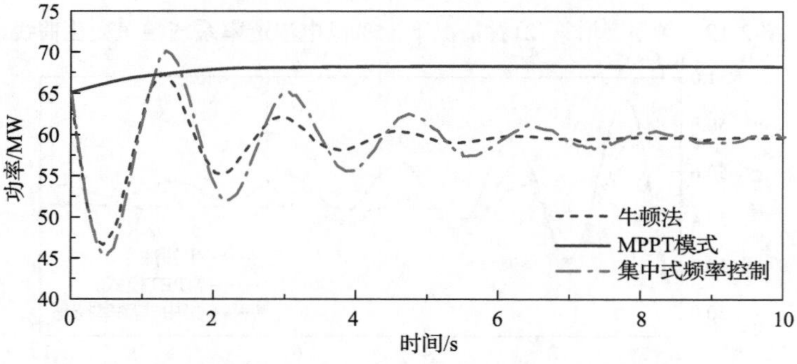

图 2-21　频率突增第(2)种情况下 30%渗透率风电场的输出功率曲线

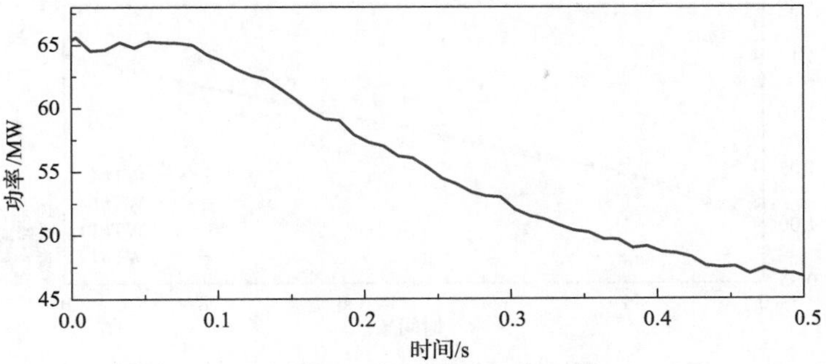

图 2-22　起始阶段功率放大图

表 2-2 比较了本节提出的方法与集中式频率控制相比系统频率稳定所需的时间。可以看出，本节提出的方法下频率稳定时间更短，证明了不仅计算负担下降，而且控制响应速度也得到了有效的加速。

表 2-2　频率突增不同方法下频率稳定时间

场景	风电渗透率/%	本节提出的方法频率稳定时间/s	集中式控制频率稳定时间/s
5MW 负荷下降	15	4.5	7.7
	30	4.8	8.1
20MW 负荷下降	15	7.0	10.4
	30	7.3	11.2

图 2-23～图 2-25 分别给出了在 20MW 负荷下降后，30%风电渗透率下，风电场中 4 台不同风机(1 号、6 号、11 号、17 号)的有功功率输出、风机转速和 SOE 变化曲线。可以看到，由于系统频率上升，风机的输出功率下降，因此对应的风机转速和 SOE 均增加。随着频率控制的进行，转速逐渐接近上限 1.2，而 SOE 逐渐接近 1。因此一次频率控制只能提供短暂的频率支撑，随后二次频率控制应启动以实现转速的恢复。从图 2-25 中可以看出，风机间的功率得到了最优的分配，使得所有风机存储的动能得以公平合理地开发，从而所有风机的 SOE 均处于同一水平。

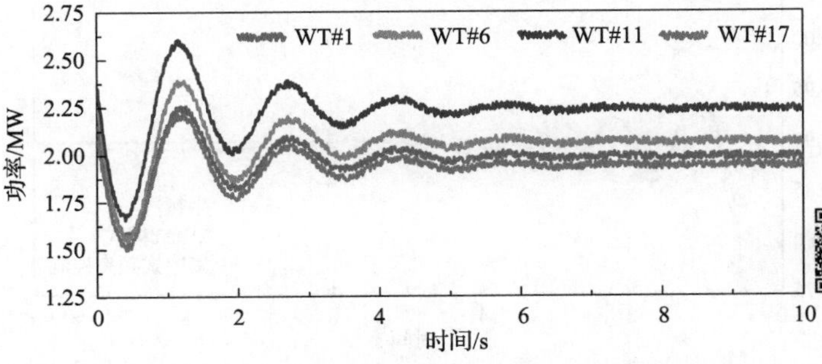

图 2-23　风机有功功率输出变化曲线(一)(彩图请扫二维码)

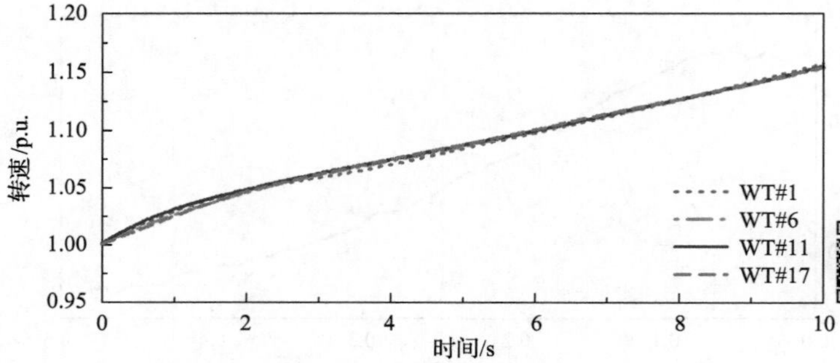

图 2-24　风机转速变化曲线(一)(彩图请扫二维码)

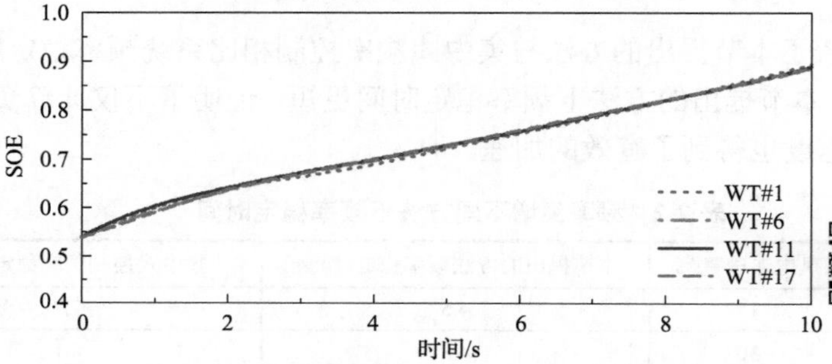

图 2-25　风机 SOE 变化曲线(一)(彩图请扫二维码)

2. 频率突降情况

各风机位置处的风机仍假定为 8～11m/s 的随机值，各台风机彼此不同，但在整个频率控制过程中假定风速不变。下面讨论以下两个场景：

(1) 系统总负荷突然增加 5MW，从 265MW 变为 270MW。

(2) 一台功率为 25MW 的发电机突然脱网。

图 2-26 和图 2-27 给出了在采用本节方法后，第(1)种情况的系统频率变化曲线，图 2-28 和图 2-29 则给出了在采用本节方法后，第(2)种情况的系统频率变化曲线。

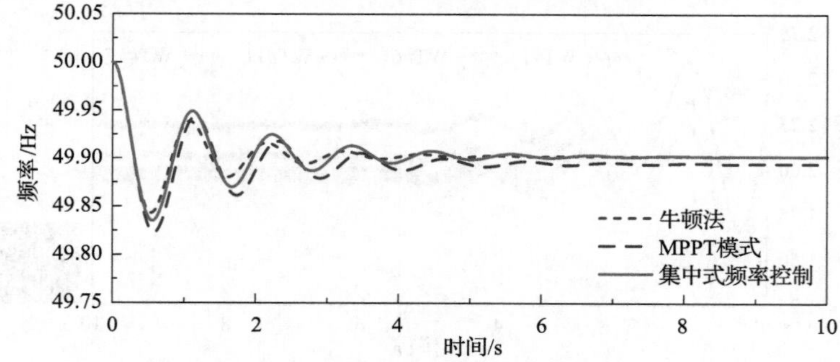

图 2-26　频率突降第(1)种情况下 15%风电渗透率系统频率变化曲线

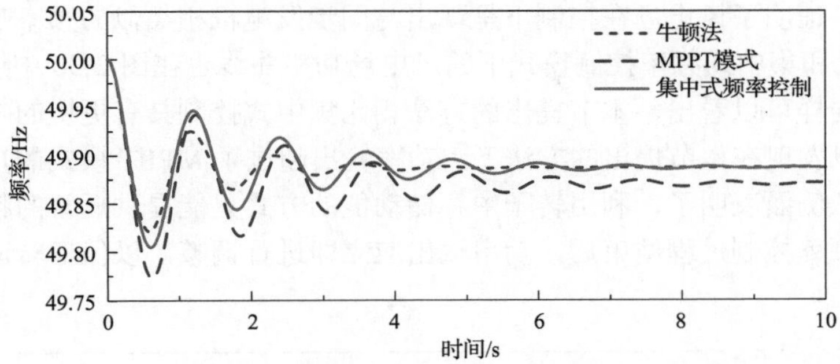

图 2-27　频率突降第(1)种情况下 30%风电渗透率系统频率变化曲线

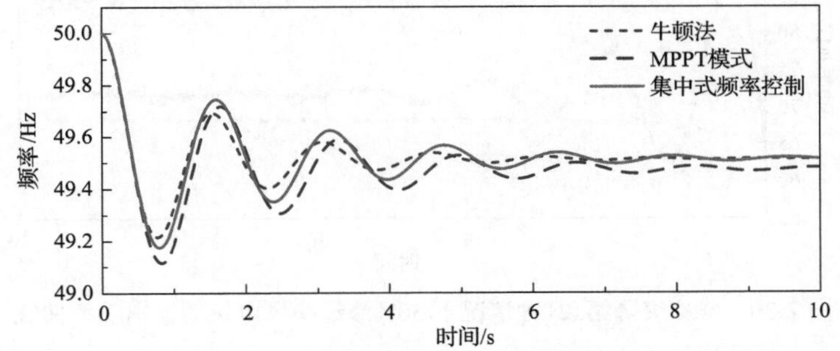

图 2-28　频率突降第(2)种情况下 15%风电渗透率系统频率变化曲线

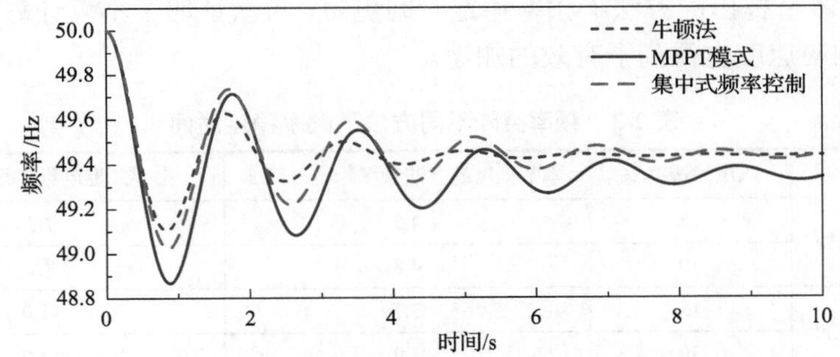

图 2-29　频率突降第(2)种情况下 30%风电渗透率系统频率变化曲线

为了进行对比，图 2-26～图 2-29 同时给出了风电场运行在 MPPT 模式和采用集中式频率控制方法时的系统频率变化曲线。在负荷突然增加 5MW 后，在本节提出的方法下频率很快稳定了下来，其过冲和稳态偏差都很小。而在发电机突然脱网后，本节提出的方法也能够有效地改善频率响应。从图 2-26～图 2-29 可以看出，采用本节提出的方法后，相比风电场运行在 MPPT 模式，系统频率稳定速度更快，且稳态误差更小。从频率曲线的第一个峰值可以看出，模拟的惯性显著地改善了系统动态响应并有效地限制了频率变化率。

图 2-30 给出了当发电机突然脱网的情况下风电渗透率为 30%时风电场的输出

功率曲线，证明了风电场在控制下呈现出与同步发电机相类似的频率响应特性。MPPT 模式和集中式频率控制模式下的风电场功率曲线也在图 2-30 中给出。从功率曲线中同样可以看出，本节提出的方法相比集中式控制具有更快的响应速度。此外，可以发现在本节提出的方法下，功率输出超过了 MPPT 模式的功率输出。因此再次从侧面表明了，利用转子中存储动能的方式只能提供短暂的频率支撑，而当一次频率控制过程结束后，功率输出应立即进行调整，以保证转速维持在正常范围内。

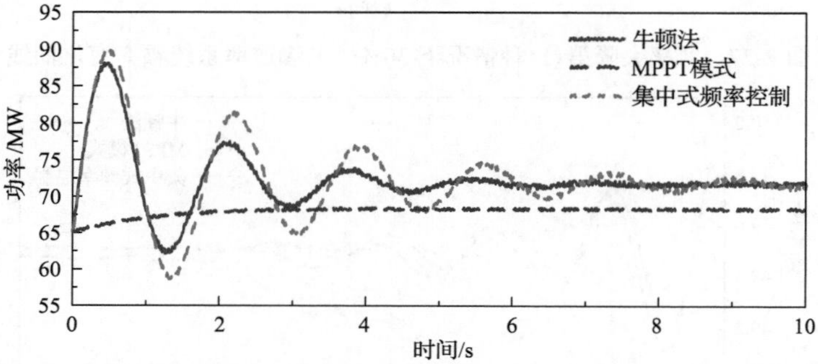

图 2-30　频率突降第(2)种情况下 30%渗透率风电场的输出功率曲线

表 2-3 比较了本节提出的方法与集中式控制相比系统频率稳定所需的时间。可以看出，本节提出的方法下频率稳定时间更短，再次证明了不仅计算负担下降，而且控制响应速度也得到了有效的加速。

表 2-3　频率突降不同方法下频率稳定时间

场景	风电渗透率/%	本节提出的方法频率稳定时间/s	集中式控制频率稳定时间/s
5MW 负荷增加	15	4.5	7.7
	30	4.8	8.1
25MW 机组脱网	15	7.7	11.0
	30	7.9	12.0

图 2-31～图 2-33 分别给出了在发电机脱网后，30%风电渗透率下，风电场中 4 台不同风机(1 号、6 号、11 号、17 号)的有功功率输出、风机转速和 SOE 变化曲线。可以看到，由于系统频率下降，风机的输出功率增加，因此对应的风机转速和 SOE 均下降。随着频率控制的进行，转速逐渐接近下限 0.7，而 SOE 逐渐接近 0。此外，从图 2-33 中可得到与频率上升情况相类似的结论：风机间的功率得到了最优的分配，使得所有风机存储的动能得以公平合理地开发，从而所有风机的 SOE 均处于同一水平。

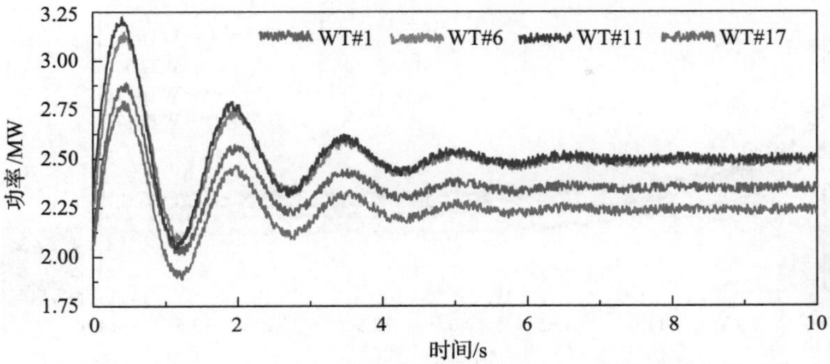

图 2-31　风机有功功率输出变化曲线(二)(彩图请扫二维码)

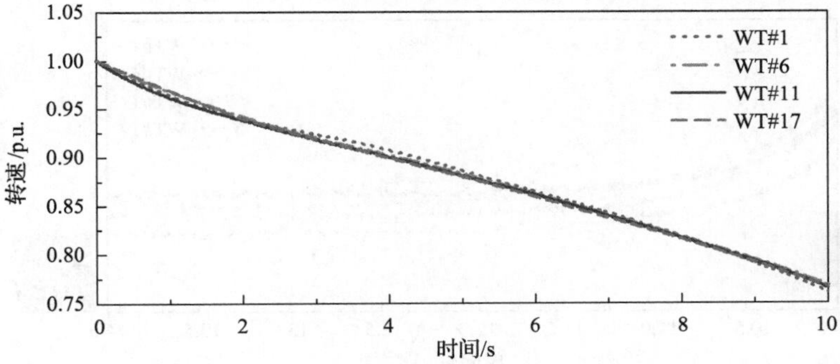

图 2-32　风机转速变化曲线(二)(彩图请扫二维码)

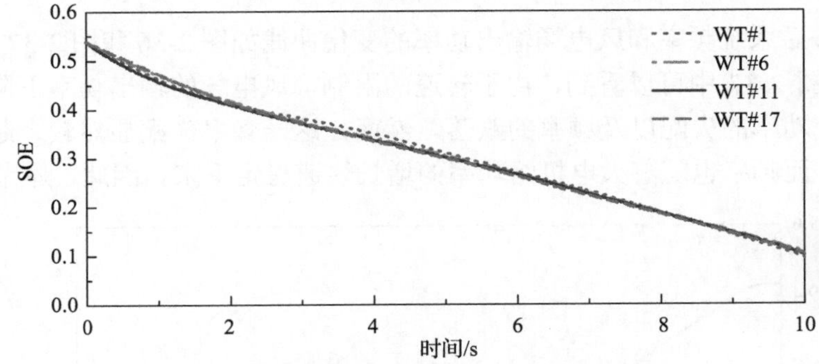

图 2-33　风机 SOE 变化曲线(二)(彩图请扫二维码)

需要注意的是，在上述过程结束时，各风机的 SOE 已接近 0.1 这一告警值。若一次频率控制过程继续，附加控制将会启动，风机则进入转速维持过程。因此，为了验证附加控制的效果，令一次频率控制继续进行，观察系统变化情况。图 2-34 和图 2-35 给出了 10s 后各风机的转速和 SOE 变化曲线。结果表明转速成功维持在安全范围内，从而证明了附加控制的有效性。

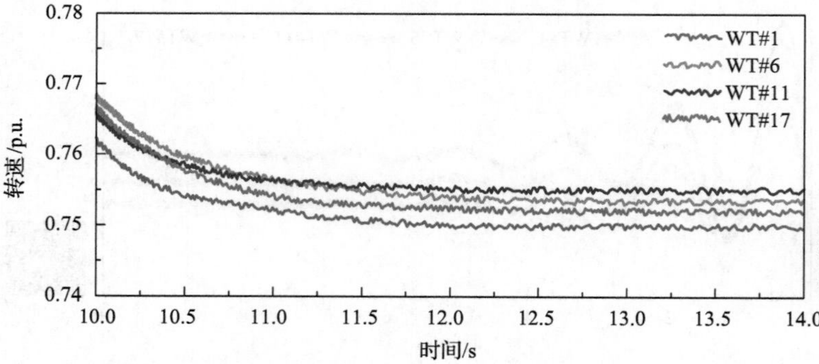

图 2-34　附加控制开始后风机转速变化曲线(彩图请扫二维码)

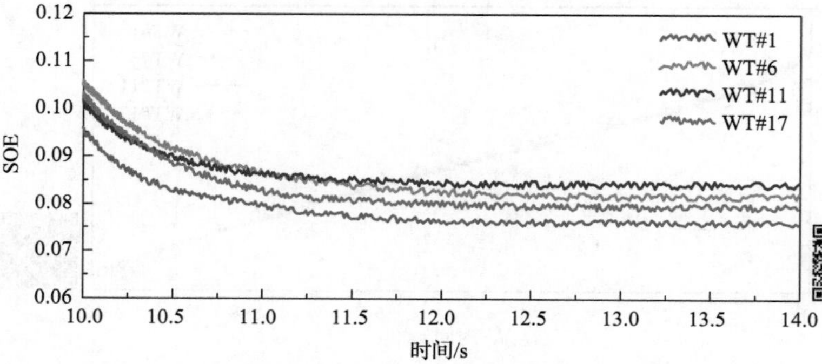

图 2-35　附加控制开始后风机 SOE 变化曲线(彩图请扫二维码)

此外，10s 后系统频率和风电场输出功率的变化曲线如图 2-36 和图 2-37 所示。从图 2-36 和图 2-37 中可以看到，由于转速的限制，风电场的输出功率下降，从而引起了系统功率的失配以及频率的跌落。然而，这一功率失配显然较之起始阶段已小得多，而频率也随着火电机组功率的增长快速稳定下来。因此，本节提出

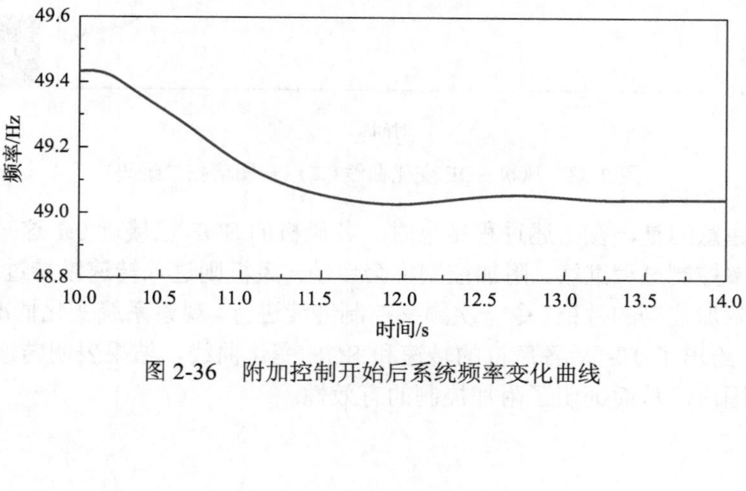

图 2-36　附加控制开始后系统频率变化曲线

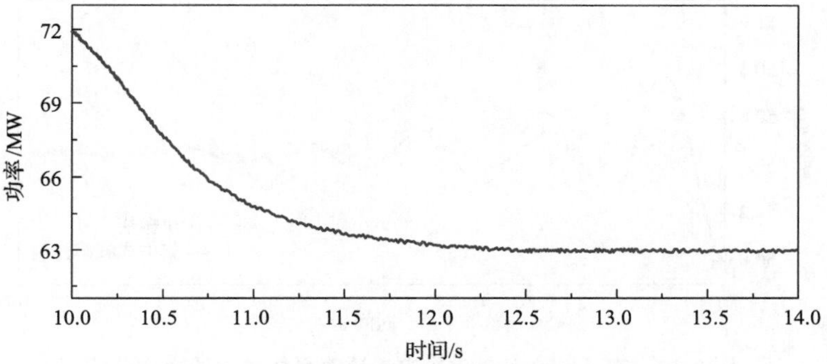

图 2-37　附加控制开始后风电场输出功率变化曲线

的一次频率控制被证明对系统频率支撑十分有效。事实上，风机的频率响应速度往往很快，与之相比火电机组也不具备这样的响应能力，二者能够形成有效互补，这也是风电场参与一次频率控制的重要意义。

3. 实际风速下频率响应情况

讨论本节提出的方法在实测的变化风速下的效果，风速采用了吉林省某风电场 2017 年 3 月 23 日上午 8 时由两个不同测风塔测得的风速数据。不过需要声明的是，由于很少有实际风场具备秒级的风速量测，因此在得到的原始风速数据下，我们通过插值得到了本节所用的毫秒级风速数据。

在测试中，假设 1～10 号风机的风速与 1 号测风塔一致，而 11～30 号风机的风速与 2 号测风塔一致。

图 2-38 和图 2-39 分别给出了在 20MW 负荷突然下降的情况下，15%和 30%风电渗透率下，系统频率的变化曲线。结果表明采用本节提出的方法，在实测风速下，系统频率仍能够在 10s 内达到稳定，显著地快于集中式频率控制的情况，具有更小的频率过冲，验证了本节提出的方法在实际场景下的有效性。

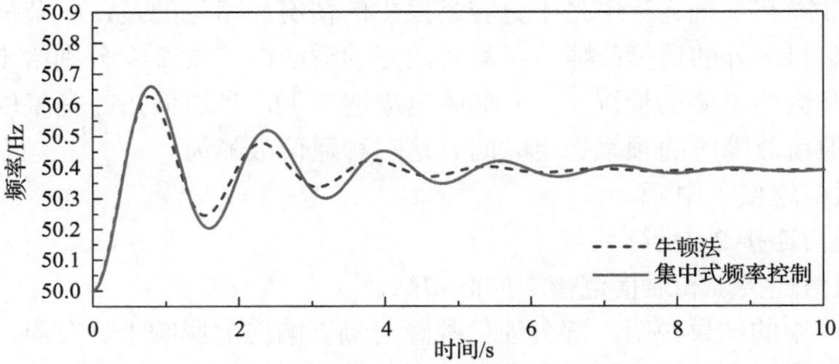

图 2-38　实际风速下 15%风电渗透率系统频率的变化曲线

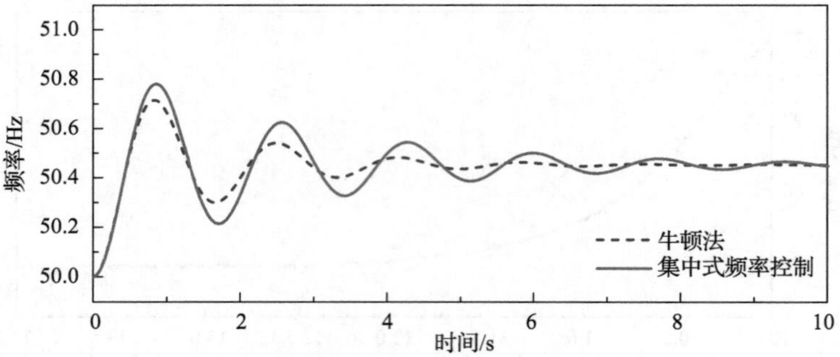

图 2-39 实际风速下 30%风电渗透率系统频率的变化曲线

图 2-40 给出了在 20MW 负荷突然下降的情况下，30%风电渗透率下，风电场有功功率输出的变化曲线。在 MPPT 模式和集中式频率控制下的风电场功率输出曲线也在图 2-40 中给出。在实际风速下，本节提出的方法相比集中式频率控制仍具有更快的响应速度，且风电场能够提供类似于同步发电机的频率支撑。

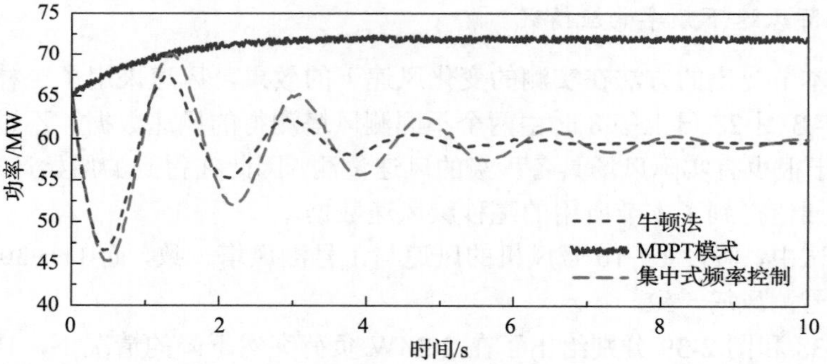

图 2-40 实际风速下 30%风电渗透率风电场功率输出曲线

4. 含有通信故障和时延下的频率响应情况

通信故障在系统运行中是十分容易发生的情况。幸运的是，本节提出的方法在风电场意料之外的通信故障下，具有较好的适应性。表 2-4 分别给出了在频率突然上升和突然下降的情况下，30%风电渗透率下，当通信拓扑完整以及发生三种不同的通信故障时的频率稳定时间。这三种通信故障为

(1) 通信连接 1 中断。

(2) 通信连接 2 中断。

(3) 通信连接 1 和通信连接 2 同时中断。

表 2-4 中的结果说明，部分通信故障对频率响应的影响十分有限。事实上，只要通信拓扑保证为连通图，则本节提出的方法就可以有效适用。由此可见，相比集中式控制，控制可靠性得到有效提升。

表 2-4　不同通信故障下的频率稳定时间

情况	完整通信下的频率稳定时间/s	故障(1)下的频率稳定时间/s	故障(2)下的频率稳定时间/s	故障(3)下的频率稳定时间/s
5MW 负荷下降	4.8	4.8	4.8	4.8
20MW 负荷下降	7.3	7.3	7.3	7.3
5MW 负荷增加	4.8	4.8	4.8	4.8
发电机脱网	7.9	7.9	8.0	8.2

此外，系统在通信时延下的表现也是评价控制方法的重要参考，决定了实际工程应用的可能。表 2-5 对比了在频率突然上升和突然下降的情况下，30%风电渗透率下，当相邻风机间无通信时延、通信时延为 10ms 和通信时延为 20ms 的情况，对应的频率峰(谷)值在表 2-6 中给出。从结果中可以看到，一般的通信时延对系统频率响应很小，从而说明了在存在时延的系统中方法的有效性。事实上，通过更多的测试分析可以发现，为保证满意的调频效果，本节方法允许的最大风机间通信时延约为 40ms，对实际应用来说较容易实现。

表 2-5　不同通信时延故障下的频率稳定时间

情况	无通信时延下的频率稳定时间/s	10ms 通信时延下的频率稳定时间/s	20ms 通信时延下的频率稳定时间/s
5MW 负荷下降	4.8	4.8	5.0
20MW 负荷下降	7.3	7.4	7.8
5MW 负荷增加	4.8	4.8	5.0
发电机脱网	7.9	8.0	8.6

表 2-6　不同通信时延故障下的频率峰(谷)值

情况	峰/谷值	无通信时延下的频率/Hz	10ms 通信时延下的频率/Hz	20ms 通信时延下的频率/Hz
5MW 负荷下降	峰值	50.177	50.179	50.186
	谷值	50.073	50.071	50.067
20MW 负荷下降	峰值	50.716	50.722	50.740
	谷值	50.280	50.275	50.260
5MW 负荷增加	峰值	49.927	49.929	49.933
	谷值	49.823	49.821	49.814
发电机脱网	峰值	49.630	49.636	49.650
	谷值	49.102	49.094	49.071

本节讨论验证了风电场集群一次频率控制的有效性及其对高渗透率电力系统频率稳定的重要意义。

2.3 空调负荷集群一次频率控制

2.3.1 空调负荷调频潜力分析及背景

基于负荷侧响应机制，组织和管理数量众多而单体功率小的可控热负荷参与电力系统一次调频是一种可行的思路[66]。通过信息的收集、处理和一定的控制手段，可以将空调等具备热储能效益的群体负荷参与辅助服务，同时保证末端用户的舒适度不受明显影响[67]。这是因为可控热负荷是能量型负荷，即用户只关心一段时间内用电器向热环境释放的热能，而不关心每时每刻的功率，而一次调频的误差信号为脉冲型，其一段时间内积分趋近于零，故不会导致末端能量输出产生明显变化。与此同时，可控热负荷占总负荷比重逐日上升，潜力巨大。如图 2-41 所示，美国建筑中的可控热负荷占全网用电负荷的 35%[68]，中国的空调负荷增长迅速，夏季空调负荷占电网最大负荷的 20%[69]，作为调频备用潜力巨大。

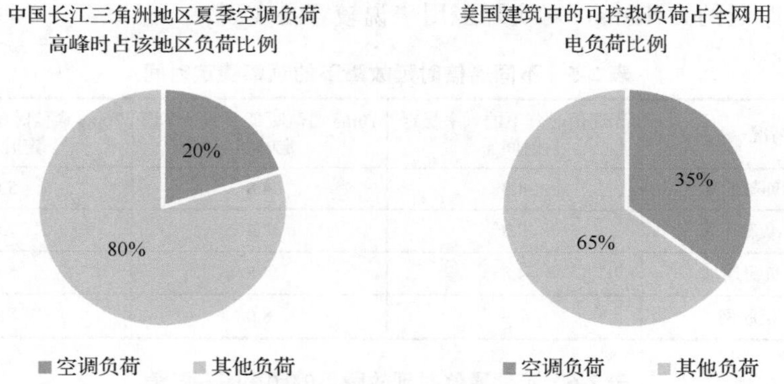

图 2-41 空调或可控热负荷占比

近年来，不少研究已经探究了多种可控热负荷的集群效应和参与辅助服务的控制算法，其对集群负荷建模的关键在于表征群体温度分布密度演化的方式，其控制策略为集中控制。例如，文献[70]和[71]提出了一种对各异参数可控热负荷设备的二维节点状态转移模型(2-orders bin state transition model for heterogeneous TCLs)，在参与负荷侧响应下，用以帮助中央控制器精确地捕捉空调群的状态。文献[72]和[73]提出了一种基于马尔可夫链的可控热负荷群状态转换的线性时不变系统，并利用卡尔曼滤波器对系统参数和状态进行观测。这种方法利用一阶模型，用马尔可夫链的训练和学习方法获得空调在离散温度节点上的分布密度转换概率矩阵并用其估计下一时刻设备运行情况。文献[74]和[75]提出了一种温度非均匀分布的节点状态转换模型(non-uniform bin state transition model)描述集群可控热负荷的状态，并提出了一种基于优先级(priority based)的集中控制算法。在这种控制算法下，文献[76]提出了一种广义电池模型（generalized battery model）来估计可控热负荷的调频能力，认为全美国的商业建筑可以满足美国电网 70%的频率调节容量需求。

国内对于空调群参与电力系统调频服务的研究尚处于起步阶段。文献[77]和[78]采用了基于空调设置温度点移动的控制方法并进行了仿真，其中文献[78]详细讨论了空调群在调控设置点温度后分布密度的动态过程，并提出了设置点温度恢复方法。

在上述基于温度分布密度转换的方法中，若使用同一个概率转移矩阵则要求空调和房间参数相同，若使用不同的转移矩阵则会大幅度地增加模型的复杂程度，无法满足实际情况中参数各异的情况。

此外，上述控制策略皆采用集中的控制方法，当中央控制器下属空调数量较多时，可能无法在一次调频响应时间内完成精确的信息收集和指令下达，故并不适用在一次调频的场合。

另外，为保证用户舒适度而设定的空调原生的温度死区控制可能会导致某一时刻空调群总功率朝着功频响应需求相反的方向变化，即出现反弹效应（rebound effect）[79]。这是由于某次历史控制较大程度地改变了房间群的温度密度分布，使空调群上下调频能力在时间分布失衡。在利用温度设置点移动的调频控制算法中，反弹问题更为明显。如果反弹效应不能得到解决，将无法减轻系统的调频负担或减少系统的调频备用。可见，反弹效应极大地限制了热储能负荷参与负荷侧响应以及向系统提供辅助服务[80]。

上述控制方法皆基于定频空调模型。随着变频空调市场占有率的上升，针对变频空调参与调频服务的研究显得越来越迫切。

总的来说，数量众多而单机功率小的空调负荷参与一次调频的主要挑战在于：①若采用集中控制方式，由于中央控制器需要与众多空调通信导致通信时延过长，无法满足一次调频的快速性需求；②若采用分布式控制方式，本地控制器由于缺乏协调信息响应精度差，并无法实现控制容量在时间上平衡分布而引起严重的反弹问题。

2.3.2 空调负荷参与电力系统一次调频控制方法

1. 控制对象

定频空调群的受控对象为每个空调的开关状态，本地空调控制器的受控对象为本地空调的开关状态。具体来说，若一台空调处于关闭状态，则可以择时将其打开；若其处于打开状态，则可以择时将其关闭。就空调群来说，针对某频率误差，应选择合适数目的空调改变其开关状态。若同时改变全部空调的开关状态会引起严重的反弹效应，同时不能保证舒适度并导致空调劳损。

为了更精确地描述房间温度的动态过程，建立同时考虑室内空气热容和墙体外围热容的二阶房间热模型，如图 2-42 所示。

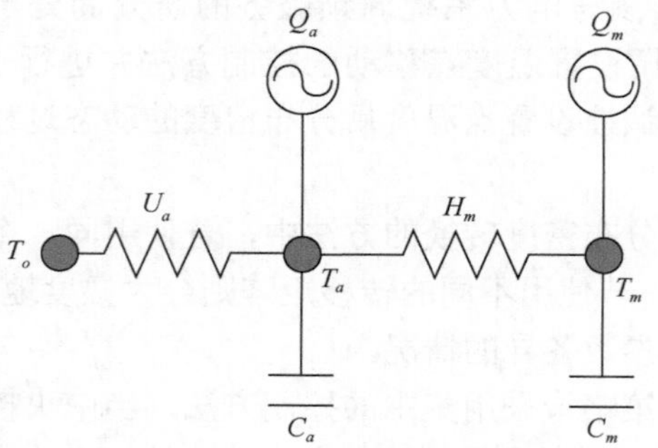

图 2-42　房间等效二阶热模型

其数学模型为

$$\begin{cases}\dot{T}_a = \dfrac{1}{C_a}[T_m H_m - (U_a + H_m)T_a + Q_a + T_o U_a] \\ \dot{T}_m = \dfrac{1}{C_m}[H_m(T_a - T_m) + Q_m]\end{cases} \tag{2-49}$$

式中，T_a 为室内空气温度；T_m 为房间墙体温度；T_o 为室外温度；C_a 表示室内空气热容；C_m 表示墙体热容；U_a 代表墙体内外导热率；H_m 代表墙体内壁和室内空气导热率；Q_a 是室内空气获得的热能，$Q_a = Q_i + Q_s + Q_{AC}$，其中 Q_i、Q_s 和 Q_{AC} 分别表示室内热源、太阳辐射和空调对室内空气的热量输入；Q_m 为墙体获得的热能，$Q_m = Q_i' + Q_s'$，其中，Q_i'、Q_s' 分别表示室内热源和太阳辐射对墙体的热量输入。

单体空调主要由压缩机、冷凝器、蒸发器、风扇、四通阀和毛细管组成，其中压缩机是主要耗能部分。通过压缩机电机做功，空调将电能转换为热能。定频空调的压缩机电机按照恒定的转速运行，其控制器根据用户的设定温度启停空调，将室内温度控制在死区温度范围内。

由于电网频率主要受有功功率的影响，故在建立空调模型时本书将只考虑其有功功率。简单起见，本节中的定频空调模型将忽略其启动和关闭过程中的暂态过程，并忽略其运行过程中的功率波动。

建立工作在制冷工况时定频空调的数学模型如下：

$$\text{state} = \begin{cases}1, & T_a \geqslant \overline{T} \\ 0, & T_a \leqslant \underline{T} \\ \text{state}, & \underline{T} < T_a < \overline{T}\end{cases} \tag{2-50}$$

$$\overline{T} = T_s + \Delta,\ \underline{T} = T_s - \Delta \tag{2-51}$$

$$P_e = \begin{cases} P, & \text{state} = 1 \\ 0, & \text{state} = 0 \end{cases} \tag{2-52}$$

$$P_t = P_e \eta \tag{2-53}$$

式中，state 为空调的开关状态(1 代表开，0 代表关)；$\overline{T}$ 、$\underline{T}$ 分别为温度控制的上限和下限；T_s 为设置温度；Δ 为温度控制死区；P_e 为空调从电网上获得的有功功率；P 为空调运行额定有功功率；P_t 为空调制冷功率；η 为空调的能效系数。

定频空调的工作模式为，当室内空气温度上升超过温度上限 $\overline{T}$ 时，空调打开实现制冷，房间温度下降；当室内空气温度下降超过温度下限 $\underline{T}$ 时，空调关闭，房间温度上升。假设环境条件不变，定频空调将呈周期运行。假设在一个开关周期内空调处于开状态的时间为 t_{on} ，处于关状态的时间为 t_{off} ，定义其一个周期的平均功率或基准功率 P_0 为

$$P_0 = P \frac{t_{\text{on}}}{t_{\text{on}} + t_{\text{off}}} \tag{2-54}$$

若采用房间二阶模型且设定合理的参数，室外温度恒定，死区温度 Δ 为 1℃，定频空调工作下的房间空气温度（T_a - T_s）和墙体温度（T_m - T_s）仿真曲线如图 2-43 所示。

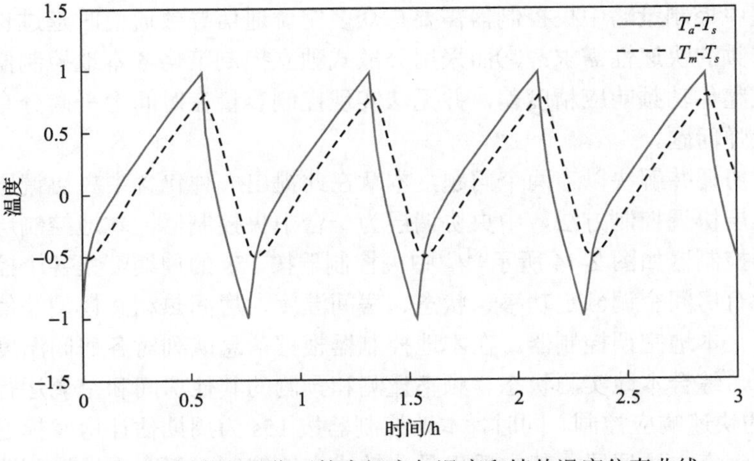

图 2-43　定频空调工作下的房间空气温度和墙体温度仿真曲线

可以看出，当环境参数保持恒定时，定频空调调控下的房间温度呈周期运行，定频空调的开关状态在开和关之间转换。

2. 控制目标

总的来说，空调群参与一次调频响应的控制目标是当电网频率上升时，空调群的用电功率上升；当电网频率下降时，空调群的用电功率下降。简单起见，设定其控制目标为空调群的总有功功率 $P(t)$ 与电网频率 $f(t)$ 呈线性关系，如式(2-55)所示：

$$\Delta P = P(t) - P_0 = K(f(t) - f_0) = K\Delta f \tag{2-55}$$

式中，P_0 为空调群的总基准功率；f_0 为基准频率，中国为 50Hz；K 为功频响应系数，单位为 kW/Hz。假设空调群的空调总数为 N，每台空调用 i 标记，根据式(2-7)计算每台空调的基准功率 P_{0_i}，则有

$$P_0 = \sum_{i=1}^{N} P_{0_i} \tag{2-56}$$

每时每刻的功率偏差 δ 为

$$\delta = \Delta P - K\Delta f \tag{2-57}$$

3. 双层协调控制方法

集群数量众多而单机功率小的空调负荷参与一次调频存在以下两个主要挑战：①集中控制策略中央控制器需要与众多空调通信导致通信时延过长，无法满足一次调频的快速性需求；②而采用分散式独立控制策略各本地控制器缺乏协调信息导致整体功频响应精度差，并无法实现控制容量在时间上平衡分布甚至引起严重的反弹问题。

为了协调并解决以上两个问题，本章在此提出一种包含中央协调层和本地控制层的双层协调控制方法，中央协调层为一台中央控制器，本地控制层包括所有本地空调控制器如图 2-44 所示[81]。中央控制器按 15s 的周期汇集各个控制器信息并形成含有房间空调额定功率、状态、房间温度、房间热动态模型等信息队列，广播到各个本地空调控制器。在本地控制器根据信息队列对各房间温度变化趋势进行预测，综合本地实测状态、频率量测和预测的其他房间和空调运行状态，进行 1s 级的快速响应控制。同时，本地控制器按 15s 为周期估计房间模型参数和状态并上传到集中协调层。其本质仍是分散式本地控制，每个本地控制器只能决策是否转换本地空调的开关状态；其与随机算法区别在于本地控制器接收来自协调层的协调信息，帮助本地控制器做出符合整体功频响应效果的决策。

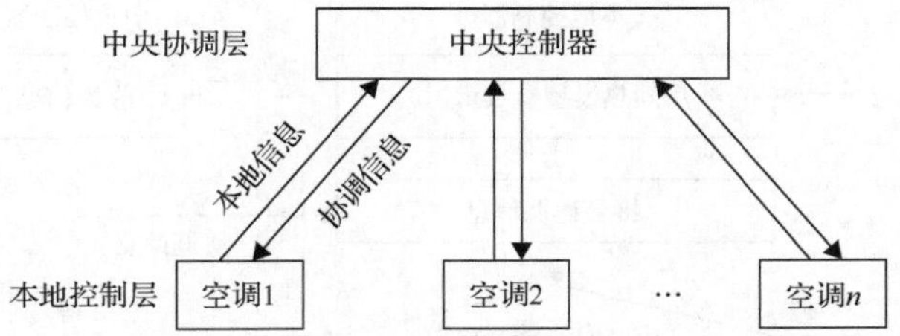

图 2-44　双层协调控制方法的控制架构

下面将从温度优先级控制策略、本地层和协调层的控制算法、空调运行短循环问题三个部分详细描述双层协调控制方法。

1) 温度优先级控制策略

如前面所述定频空调的普通运行模式下(后面简称自主控制逻辑)，房间空气温度按照周期运行并被控制在死区温度范围内。在定频空调参与一次调频的控制操作中，为了将调频控制动作对自主控制逻辑的影响减到最轻，引入了温度优先级控制方法。

定义第 i 个房间的温度优先级 T_{pri_i} 为

$$T_{\mathrm{pri}_i}=\begin{cases}(T_{s_i}-T_{a_i})/\varDelta_i, & \mathrm{state}_i=1\\(T_{a_i}-T_{s_i})/\varDelta_i, & \mathrm{state}_i=0\end{cases} \tag{2-58}$$

对于正常运行情况下的空调，其值在[−1,1]上，故不同参数设定的空调间具有可比性。可以看出，不管空调处于 on 状态还是 off 状态，T_{pri_i} 越大的空调必定越接近本次温度变化相对应的温度边界。故当系统频率波动时，优先对 T_{pri_i} 大的空调进行控制，相当于略微提前了该空调的自主状态转换时间，有助于尽量减小调频动作对室内舒适度的影响并保证调频潜力。

2) 本地层和协调层的控制算法

采用了温度优先级控制策略的双层协调控制算法运行流程如图 2-45 所示，其控制过程主要包括以下两个步骤：

(1) 所有本地控制器进行热模型参数辨识，并将本地信息上传至中央控制器，中央控制器将协调信息广播至每一个本地控制器；

(2) 每隔一个动作周期 t_{act} (1s) 判断功率误差是否超出动作死区(当步骤(1)中通信结束后进行第一次判断)，若超出则进行调频动作，否则不动作，之后预测全体空调下一时刻(与本时刻相隔一个动作周期 t_{act})开关状态和空气温度；若到达通信时刻 t_{gap} 则返回步骤(1)，整个调频周期等于动作周期 t_{act}。

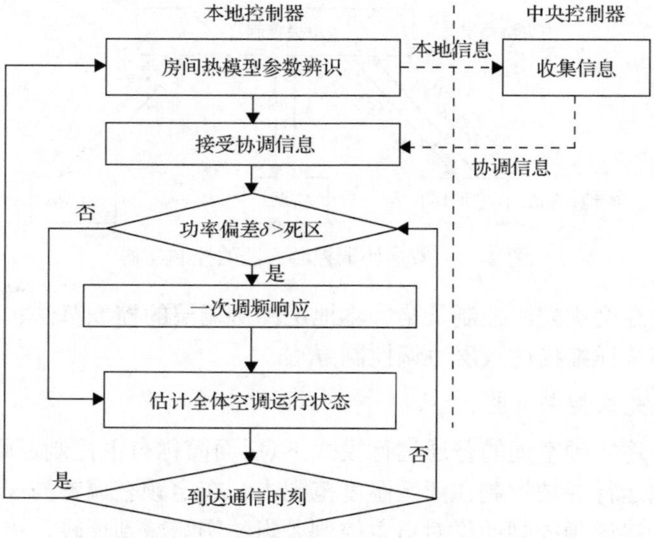

图 2-45　双层协调控制算法运行流程图

上述双层控制所需器件及其通信与连接关系如下设定。中央协调层包括一台中央控制器，本地控制层包括 N 个本地控制器、N 个空调，以及 N 个空调所属房间设置的温度传感器和频率传感器。其中，空调、温度传感器、频率传感器与本地控制器连接。中央控制器和本地控制器每隔一个通信间隔 t_{gap}（15s）进行一次双向通信，本地控制器每隔一个温度采集周期 t_{temp}（1s）采集温度传感器的数据。中央控制器与本地控制器之间采用无线通信的方式，本地控制器与空调、温度传感器、频率传感器之间为有线或无线连接。

下面对每个步骤进行具体描述。

(1) 每台空调的本地控制器每隔一个通信间隔 t_{gap} 与中央控制器通信一次，本地控制器上传本房间空气温度、设置温度、温度控制死区、房间热模型参数和空调开关状况、运行功率至中央控制器，中央控制器广播下发所有本地空调及其对应房间的室内空气温度、设置温度、温度控制死区、热模型参数、空调开关状况和运行功率以及全体空调运行基准功率到每个本地空调控制器。

①在本地控制器与中央控制器未通信的间隔，每台本地控制器分别进行房间热模型参数辨识得到参数；在本地控制器与中央控制器的通信时刻，若以 i 标记第 i 个本地控制器、空调和房间，每台本地控制器将向中央控制器上传实时房间室内空气温度 T_{a_i}、设置温度 T_{s_i}、温控死区 Δ_i、空调开关状态 state_i 和运行功率 P_i 和相应热模型参数。

每台温度传感器实时采集房间内空气温度，本地控制器每隔一个温度采集周

期 t_{temp} 采集温度传感器的温度数据；在通信时刻之前，利用通信周期间隔内采集到的温度和时间数据进行热模型参数辨识。根据实际应用中对热模型辨识曲线与实际温度曲线之间的误差要求和本地控制器硬件存储能力选择不同精度的热模型参数，分别是 0 阶、一阶或二阶热模型，如表 2-7 所示。

表 2-7　本地房间热模型参数辨识的模型和对应参数

阶数	0 阶(线性)	1 阶	2 阶
模型	$\Delta T = \alpha \Delta t$	$\Delta T = \alpha e^{\gamma \Delta t} - \alpha$	$\Delta T = \alpha_1 e^{\gamma_1 \Delta t} + \alpha_2 e^{\gamma_2 \Delta t} - \alpha_1 - \alpha_2$
对应参数	α	α, γ	$\alpha_1, \gamma_1, \alpha_2, \gamma_2$

表 2-7 中 ΔT_i 为当前温度 T_{a_i} 与本地空调最近一次翻转开关状态时室内温度 $T_{a_i^{\mathrm{tog}}}$ 之差，而 Δt_i 对应为当前时间和本地空调最近一次翻转开关状态时间 t_i^{tog} 之差，即

$$\Delta T_i = T_{a_i} - T_{a_i^{\mathrm{tog}}} \tag{2-59}$$

$$\Delta t_i = t_i - t_i^{\mathrm{tog}} \tag{2-60}$$

翻转初始值 $T_{a_i^{\mathrm{tog}}}$ 、t_i^{tog} 也作为热模型参数的一部分。在实际算法中，本地控制器每 1s 采集并记录室内空气温度，用 15s 内存储的温度数据对选定的热模型参数进行最小二乘拟合，得到房间热模型的估计参数。由于在运行状态估计中可能出现开关状态翻转的情况，故需在本地存储其他房间 on 和 off 状态的两组参数。例如，对一阶热模型来说，本地需要储存所有其他空调的 α_i^{on} 、γ_i^{on} 和 α_i^{off} 、γ_i^{off} 。同时，本地空调需要在处于 on 和 off 状态时分别辨识出两组参数。例如，选用一阶模型时，若用 k 标记温度记录次数，其参数辨识模型为

$$\min\left\{\sum_k [(T_{a_i^k} - T_{a_i^{\mathrm{tog}}}) - (\alpha e^{\gamma(t_i^k - t_i^{\mathrm{tog}})} - \alpha)]^2\right\} \tag{2-61}$$

②中央控制器在本地信息收集完成后，将根据每个房间的热模型参数，计算其基准功率 P_{0_i} 并求和获得全体空调运行基准功率 P_0 。紧接着向每个本地控制器广播所有收集到的信息作为协调信息，包括所有空调的 T_{a_i} 、 state_i 、 P_i 、设置温度 T_{s_i} 、温控死区 $\varDelta_i$ 和对应热模型参数，以及空调群运行基准功率 P_0 。

(2) 每隔一个动作周期 t_{act} 判断频率误差是否超出动作死区，若超出则进行调频动作，否则不动作；之后预测全体空调下一时刻(与本时刻相隔一个动作周期 t_{act})运行状况；若到达通信时刻 t_{gap} 则返回(1)。

①在本地和中央控制器通信间隔时间内，每隔一个动作周期t_{act}所有本地控制器将估计全部空调的开关状态state_i和房间空气温度T_{a_i}，并需要在每次有空调参与调频控制后重新估计其他全部空调的开关状态state_i和房间空气温度T_{a_i}；所有本地控制器将采集频率误差信息并根据线性功率频率响应关系判断功率误差是否超出控制死区：若超出死区则在本地估计需要翻转开关状态的设备范围并判断自身是否在被调控之列，若在则翻转本地空调开关状态，否则不动作；若未超出死区则不动作。

A. 假设功率偏差控制死区为ξ，每台本地控制器的一次调频响应将按照如下步骤动作周期t_{act}执行。

a. 调取存储在本地控制器其他所有空调的T_{a_i}和state_i。

b. 计算空调群总功率$P(t)=\sum_i P_i\times\text{state}_i$，计算功率偏差$\delta=P(t)-P_0-K\Delta f$。

c. 判断$\delta>\xi$?如果是则到 d，否则到 e。

d. 计算所有满足$\text{state}_i=1$的T_{pri_i}，并按照T_{pri_i}从大到小排序生成数组qu_{on}，数组内第 1 列为T_{pri_i}，第 2 列为P_i，第 3 列为i，用r标记数组qu_{on}的行；搜索$r^*=\min\left\{r\left|\sum_{j=1}^{r}\text{qu}_{\text{on}}(j,2)\geqslant\delta-\xi\right.\right\}$，取$\text{qu}_{\text{on}}(j,3), j=1,2,\cdots,r^*$为本次被调控空调编号的集合$I_{\text{on}}$；判断如果$i_{\text{local}}\in I_{\text{on}}$，则翻转本地空调状态(关闭本地空调)，否则不动作。返回 a。

e. 判断$\delta<-\xi$?如果是则到 f，否则返回 a。

f. 计算所有满足$\text{state}_i=0$的T_{pri_i}，并按照T_{pri_i}从大到小排序生成数组qu_{off}，数组内第 1 列为T_{pri_i}，第 2 列为P_i，第 3 列为i，用r标记数组qu_{off}的行；搜索$r^*=\min\left\{r\left|\sum_{j=1}^{r}\text{qu}_{\text{off}}(j,2)\geqslant-\delta-\xi\right.\right\}$，取$\text{qu}_{\text{off}}(j,3), j=1,2,\cdots,r^*$为本次被调控空调编号的集合$I_{\text{off}}$；判断如果$i_{\text{local}}\in I_{\text{off}}$，则翻转本地空调状态(打开本地空调)，否则不动作。返回(1)。

B. 若在上述频率响应控制中一部分空调按照控制逻辑改变了开关状态(被控空调)，则本地控制器需要估计并存储新的被控空调的开关状态。由于调频控制完成较快(0.1s 以内)，故不需要重新估计其室内温度。具体估计流程如下。

a. 读取一次调频执行步骤中的集合I_{on}或者I_{off}。

b. 假设i=1；本地控制器将其他所有空调从头至尾循环判断一遍。

c. 如果第i台空调参与了调频动作$i\in I_{\text{on}}$，那么此时空调状态应为$\text{state}_i=0$，记录开关翻转前的空气温度$T_{a_i^{\text{tog}}}$和翻转开关状态时间t_i^{tog}；如果第i台空调参与了

调频动作 $i \in I_{\text{off}}$，那么此时空调状态应为 $\text{state}_i = 1$，记录开关翻转前的空气温度 $T_{a_i^{\text{tog}}}$ 和翻转开关状态时间 t_i^{tog}。

d. i=i+1，如果 i 是本地空调，i=i+1；如果 $i \leqslant N$ 转到步骤 c；否则等待进入下一动作周期。

②本地控制器根据中央控制器传来的每个房间的热模型参数和开关状态估计下一时刻其他全部空调的开关状态 state_i 和房间空气温度 T_{a_i}。假设采用一阶房间热模型进行温度估计，t 时刻第 i 台空调相对于 t_i^{tog} 变化时间为 Δt_i，本地控制器对其他所有空调开关状态和空气温度估计的具体步骤如下所示。

a. i=1；本地控制器将其他所有空调从头至尾循环判断一遍。

b. 如果本地存储的第 i 台空调的开关状态为打开，即 $\text{state}_i = 1$，那么此时本地存储的该房间空气温度为 $T_{a_i}(t) = \alpha_i^{\text{on}} \mathrm{e}^{\gamma_i^{\text{on}} \Delta t_i} - \alpha_i^{\text{on}} + T_{a_i^{\text{tog}}}$；如果本地存储的第 i 台空调的开关状态为关闭，即 $\text{state}_i = 0$，那么此时本地存储的该房间空气温度为 $T_{a_i}(t) = \alpha_i^{\text{off}} \mathrm{e}^{\gamma_i^{\text{off}} \Delta t_i} - \alpha_i^{\text{off}} + T_{a_i^{\text{tog}}}$；如果房间的空气温度 $T_{a_i}(t) \leqslant \underline{T}_i$，那么本地存储的该空调状态 $\text{state}_i = 0$，记录 $T_{a_i^{\text{tog}}}$ 和 t_i^{tog}；如果房间的空气温度 $T_{a_i}(t) \geqslant \overline{T}_i$，那么本地存储的该空调状态 $\text{state}_i = 1$，记录 $T_{a_i^{\text{tog}}}$ 和 t_i^{tog}；否则，将本地存储的该空调状态 state_i 保持。

c. i=i+1，如果 i 是本地空调，i=i+1；如果 $i \leqslant N$ 转到步骤 b；否则等待进入下一动作周期 t_{act}。

3) 空调运行短循环问题

考虑到上述的一次调频算法有可能在短时间内频繁转换本地空调的开关状态，即可能出现短循环效应造成机械损耗和寿命减少。为了避免短循环效应，每当空调开关状态改变后，必须保持此状态一定的时间才能被再次改变状态。本节提出能控门槛（controllable threshold）的概念，如图 2-46 所示。若空调为 off 状态，

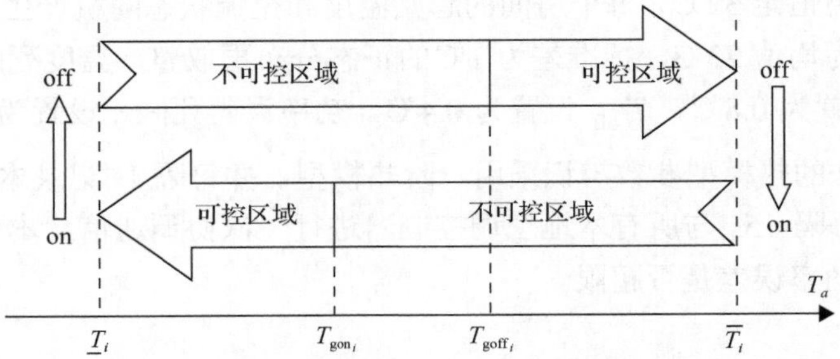

图 2-46　能控门槛防止空调运行短循环

当其温度T_{a_i}上升超过门槛温度T_{goff_i}时，可以参与一次调频动作，否则不能；若空调为 on 状态，当其温度T_{a_i}下降超过门槛温度T_{gon_i}时，可以参与一次调频动作，否则不能。

将能控门槛加入上述算法的具体做法：令$I'_{\mathrm{on}}=\{i\in I_{\mathrm{on}}\mid T_{a_i}<T_{\mathrm{gon}_i}\}$，判断如果本地空调控制器编号$i_{\mathrm{local}}\in I'_{\mathrm{on}}$，则翻转本地空调状态(关闭本地空调)，否则不动作；或者$I'_{\mathrm{off}}=\{i\in I_{\mathrm{off}}\mid T_{a_i}>T_{\mathrm{goff}_i}\}$，判断如果本地空调控制器编号$i_{\mathrm{local}}\in I'_{\mathrm{off}}$，则翻转本地空调状态(打开本地空调)，否则不动作。同时改为读取集合I'_{on}或者I'_{off}。可以看出，能控门槛对于维持本地温度波动范围、避免设备短循环、保证舒适度都有积极作用。

2.3.3 空调负荷参与电力系统一次调频控制仿真

在仿真方面，本章一方面做了在控制算法调控下定频空调群响应正态分布频率误差的数值仿真，另一方面搭建了含火电机组和光伏模型的集群模型，对由于负荷突然变化引起的频率波动进行仿真模拟一次调频过程。仿真结果显示，双层调频控制方法能够实现很好的线性功频响应，并且能够在频率大幅度振荡时抑制频率波动、减小频率误差，并且对室内舒适度和空调寿命影响极小。

1. 频率波动数值仿真

首先，为了验证基于上述控制算法下的空调群对频率误差的线性响应效果，假设空调群负荷占总网负荷很小故其功率波动对电网频率几乎没有影响。按正态分布$N(0,0.01^2)$每隔 24s 随机产生一次持续性的频率偏差。

房间热模型采用二阶热模型，定频空调采用定频空调模型。简单起见，假设太阳辐射和室内热源都为恒定热源，对室内空气为恒定A的热功率，对墙体为恒定B的热功率，即$Q_a=At+Q_{AC}$，$Q_m=Bt$。考虑参数的各异性，我们对每个房间模型参数产生正态分布的随机数，其含义、均值和标准差如表 2-8 所示。室外温度T_o设定为恒定 32℃，每个房间的起始温度和空调状态随机产生。本地控制的设定温度T_s为均值 23℃，标准差为 1℃的正态分布再取整，温度死区Δ都设置为 1℃，T_{gon}设置为 0.8℃，T_{goff}设置为 0.4℃，功率误差死区ξ设置为 10kW。双层协调控制方法的热模型参数辨识采用一阶热模型，并每隔 1s 记录本地温度数据。中央协调层每隔 15s 与所有本地空调控制器进行一次协调通信，本地控制器每隔 1s 判断一次功率误差是否超限。

表 2-8　仿真房间热模型参数

参数	含义	均值	标准差	单位
P	功率	5.6	0.5	kW
η	制冷系数	2.5	0.3	1
U_a	表层传导率	0.332	0.007	kW/℃
H_m	空气传导率	4.491	0.02	kW/℃
C_a	空气热质	2	0.1	kW · h/℃
C_m	内质热质	4.5	0.3	kW · h/℃
A	空气热比	0.05	0.001	kW
B	内质热比	0.05	0.002	kW

本节采用双层协调控制算法调节含 1000 台定频空调的空调群，功频响应系数 K 设置为 0.28MW/0.01Hz，持续进行 3 小时的仿真。给出了当 1000 台空调参与调节时，各房间室内温度的变化曲线。由图 2-47 可以看出温度运行在死区温度范围内时，空调也没有出现快速开关循环动作，满足保证舒适度和空调寿命的要求。

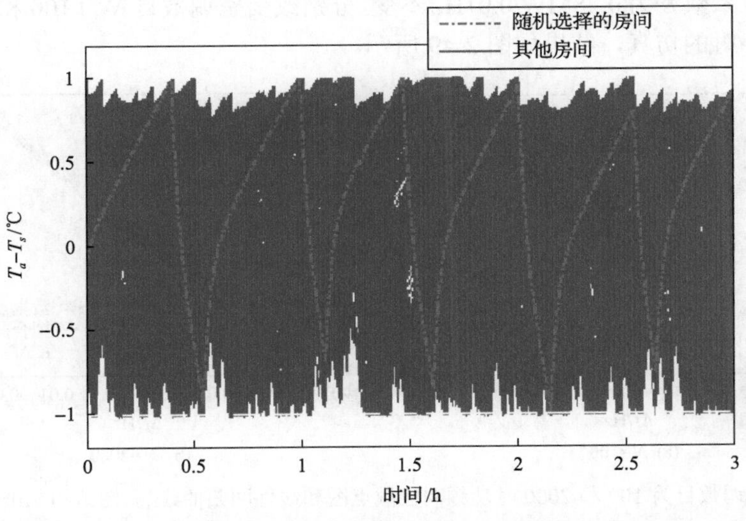

图 2-47　双层协调控制算法下 1000 个房间空气温度 T_a(虚线为一个随机房间)
(彩图请扫二维码)

记录 3 小时内空调群总调节功率 ΔP 和频率偏差 Δf ，绘制成散点图并进行线性回归如图 2-48 所示。图 2-48 中虚线为理想功频直线，实线为散点拟合结果，可见两者相差很小，体现出很好的控制效果。

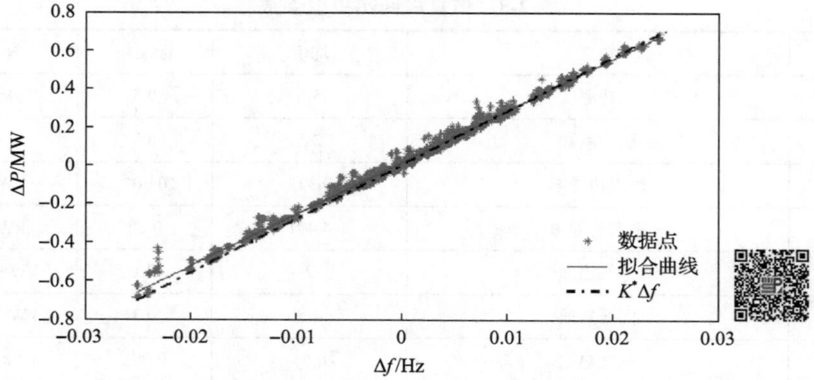

图 2-48　双层协调控制算法下空调群总功率差和频率偏差线性回归曲线(彩图请扫二维码)

可以看出，针对连续产生的随机频率误差，空调群的功频响应线性度优良，且没有反弹效应。

为了研究空调数目 N 和功频响应系数 K 对空调群功频响应的影响，下面分别将 N 和 K 作为单控制变量，观察功频响应散点图的变化。

(1) 不同的空调数量 N。

固定响应系数 K 为 0.28MW/0.01Hz 不变，分别改变空调数目 N 为 100 和 2000，重新进行 3 小时的仿真，结果如图 2-49 所示。

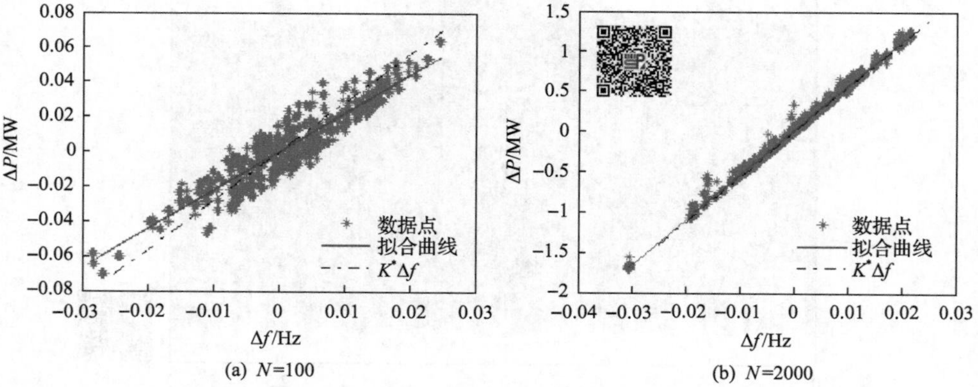

图 2-49　空调数目为 100 和 2000 时功频响应散点图和线性回归曲线(彩图请扫二维码)

可以看出，在一定程度上数量较多的空调群参与控制能提高控制效果，而较少数量的空调群(小于 100 台)不能达到很好的线性响应效果。

(2) 不同的响应系数 K。

固定空调数量 N 为 1000 不变，分别改变响应系数 K 为 0.14MW/0.01Hz 和 0.56MW/0.01Hz，重新进行 3 小时的仿真，结果如图 2-50 所示。

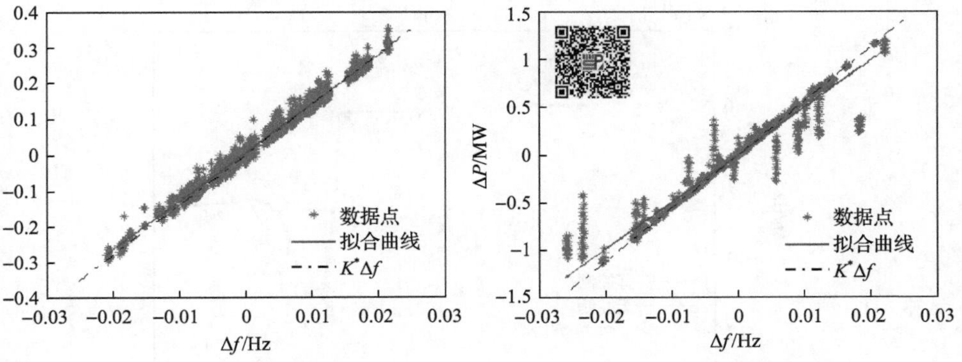

(a) $K/2$　　(b) $2K$

图 2-50　功频响应系数为 $K/2$ 和 $2K$ 时功频响应散点图和线性回归曲线(彩图请扫二维码)

可以看出，较小的 K 值导致功频线性约束下降，散点分布带较宽，而过大的 K 值则导致了反弹效应或者响应不足。在实际中，可以根据本地空调和房间参数、用户签订合约中参与调频的意愿程度和统计频率波动状况综合决定 K 的取值，并根据响应反馈做适当调整。经反复仿真验证，在响应正态分布的测试频率误差时，空调群可以较为准确和稳定地提供约 0.44 P_0 的最大调频能力。

2. 带火电机组和光伏模型的集群一次调频仿真

为了验证本书所提出分布式协调算法控制下的空调群在实际一次调频的辅助作用，我们在 Simulink 环境下搭建了带下垂控制的火电机组和光伏模型的集群，并对在双层协调控制算法和自主运行的空调群进行了由负荷突增引起的一次调频仿真。其中设定空调群规模为 500 台，其总基准功率 P_0 占总负荷功率的 15%。在某一时刻，系统接入占比总负荷 6%的负荷，引起电网频率振荡。其中光伏模型是根据清华大学电机工程与应用电子技术系于 2011 年 7 月 1 日对一组光伏电池板的实测功率曲线构建。

设在第 40s 产生负荷阶跃，仿真的结果如图 2-51 所示。空调群在双层协调控制算法调控下和自主运行下，集群对于负荷突增的频率波动曲线，以及对应的空调群总功率随时间的变化曲线。实线代表双层协调控制算法，虚线表示无控制对比场景。

可以看出，在负荷阶跃时刻(40s)，电网频率迅速下降；在下一时刻即 41s 处，双层协调控制算法调控下的空调群检测到了频率变化并快速做出响应，空调群功率迅速减小，起到了支撑电网频率的作用。从图 2-52 可知，拥有调频控制空调群的集群频率在负荷突增时向下波动幅度较小，且更快到达稳态。从图 2-52 中还可以看出，双层协调控制算法下的空调群在频率稳定时总功率波动很小，有较好的

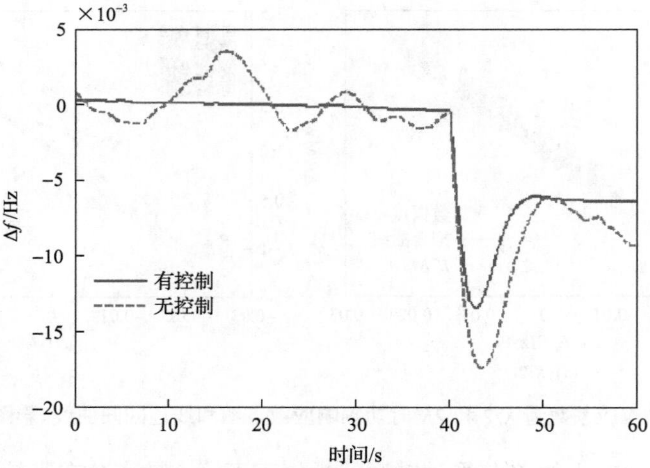

图 2-51　空调群在双层协调控制算法调控下和自主运行下一次调频曲线

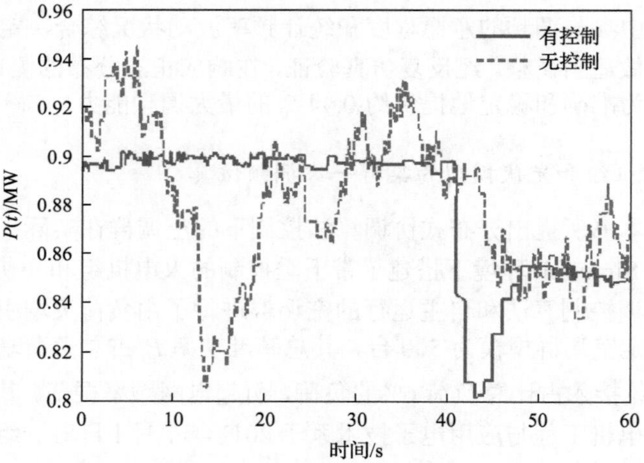

图 2-52　空调群在双层协调控制算法调控下和自主运行下总功率曲线

自律和约束，对电网频率友好，而自由运行的空调群则会有较大的功率波动。可以看出，具备双层协调控制算法的空调群可以在稳态和动态两个过程中保持或支撑系统频率稳定。

参 考 文 献

[1] Wang Z, Wu W, Zhang B. A fully distributed power dispatch method for fast frequency recovery and minimal generation cost in autonomous microgrids[J]. IEEE Transactions on Smart Grid, 2016, 7(1): 19-31.

[2] Rocabert J, Alvaro L, Blaabjerg F, et al. Control of power converters in AC microgrids[J]. IEEE Transactions on Power Electronics, 2012, 27(1): 4734-4749.

[3] Wood A, Wollenberg B. Power Generation, Operation, and Control[M]. New York: Wiley, 1996.

[4] Madureira A, Moreira C, Lopes J A P. Secondary load-frequency control for microgrids in islanded operation[C]. International Conference on International Renewable Energy Power Quality, Madrid, 2005.

[5] Mehrizi S A, Iravani R. Online set point adjustment for trajectory shaping in microgrid applications[J]. IEEE Transactions on Power Systems, 2012, 27(1): 216-223.

[6] Rodriguez-Amenedo J L, Arnalte S, Burgos J C. Automatic generation control of a wind farm with variable speed wind turbines[J]. IEEE Transactions on Energy Conversion, 2002, 17(2): 279-284.

[7] Amin S M. Smart grid security, privacy, and resilient architectures: Opportunities and challenges[C]. Power and Energy Society General Meeting, San Diego, 2012: 1-2.

[8] Xiao X, Zeng X J, Fan S S, et al. Medium-voltage power line carrier communication system[C]. International Conference on Power System Technology, Singapore, 2004: 1536-1539.

[9] Xu Y, Liu W, Gong J. Stable multi-agent based load shedding algorithm for power systems[J]. IEEE Transactions on Power Systems, 2011, 26(4): 2006-2014.

[10] Shafiee Q, Vasquez J C, Guerrero J M. Distributed secondary control for islanded microgrids-a networked control systems approach[C]. 38th Annual Conference on IEEE Industrial Electronics Society, Montreal, 2012.

[11] Cady S T, Domínguez-García A D, Hadjicostis C N. A distributed generation control architecture for islanded AC microgrids[J]. IEEE Transactions on Control Systems Technology, 2015, 23(5): 1717-1735.

[12] Ferrese F, Dong Q, Bradshaw K, et al. Cooperative federated control with application to tracking control[C]. Proceedings of 13th International Conference on High Performance Computing and Communications, Banff, 2011.

[13] Xu Y, Zhang W, Liu W, et al. Distributed subgradient-based coordination of multiple renewable generators in a microgrid[J]. IEEE Transactions on Power Systems, 2014, 29(1): 23-33.

[14] Liu W, Gu W, Sheng W, et al. Decentralized multi-agent system-based cooperative frequency control for autonomous microgrids with communication constraints[J]. IEEE Transactions on Sustainable Energy, 2014, 5(2): 446-456.

[15] Olfati-Saber R, Murray R M. Consensus problems in networks of agents with switching topology and time-delays[J]. IEEE Transactions on Automatic Control, 2004, 49(9): 1520-1533.

[16] Ackermann T, Carlini E M, Ernst B, et al. Integrating variable renewables in Europe: Current status and recent extreme events[J]. IEEE Power and Energy Magazine, 2015, 13(6): 67-77.

[17] Xie L, Carvalho P, Ferreira L. Wind integration in power system: Operational challenges and possible solutions[J]. Proceedings of the IEEE, 2011, 99(1): 214-232.

[18] Ela E. Active power controls from wind power: Bridging the gaps[R]. NREL, Golden, Technical Reports TP-5D00-60574, 2014.

[19] Lin J, Sun Y, Song Y, et al. Wind power fluctuation smoothing controller based on risk assessment of grid frequency deviation in an isolated system[J]. IEEE Transactions on Sustainable Energy, 2013, 4(2): 379-392.

[20] Chang-Chien L R, Lin W T, Yin Y C. Enhancing frequency response control by DFIGs in the high wind penetrated power systems[J]. IEEE Transactions on Power Systems, 2011, 26(2): 710-718.

[21] Kayikci M, Milanovic J V. Dynamic contribution of DFIG-based wind plants to system frequency disturbances[J]. IEEE Transactions on Power Systems, 2009, 24(2): 859-867.

[22] Chang-Chien L R, Hung C M, Yin Y C. Dynamic reserve allocation for system contingency by DFIG wind farms[J]. IEEE Transactions on Power Systems, 2008, 23(2): 729-736.

[23] National Grid frequency response working group. Frequency response report[R]. GC022, 2013.

[24] O'Sullivan J, Rogers A, Flynn D, et al. Studying the maximum instantaneous non-synchronous generation in an island system-frequency stability challenges in Ireland[J]. IEEE Transactions on Power Systems, 2014, 29(6): 2943-2951.

[25] North American Electric Reliability Corporation. Industry advisory: Reliability risk-interconnection frequency response (Revision 1) [R]. NREC, Washington, Technical Reports A-2010-02-25-01, 2010.

[26] Ingleson J, Allen E. Tracking the eastern interconnection frequency governing characteristic[C]. IEEE Power and Energy Society General Meeting, Minneapolis, 2010.

[27] The UK National Grid. System operability framework 2016[EB/OL]. [2016-11-05]. https://www.nationalgrid.com/sof.

[28] Rakhshani E, Rodriguez P. Inertia emulation in AC/DC interconnected power systems using derivative technique considering frequency measurement effects[J]. IEEE Transactions on Power Systems, 2017, 32(5): 3338-3351.

[29] IEEE task force on large interconnected power systems response to generation governing. Interconnected power system response to generation governing: Present practice and outstanding concerns[R]. IEEE Special Publication 07TP180, 2007.

[30] Lalor G, Mullane A, O'Malley M. Frequency control and wind turbine technologies[J]. IEEE Transactions on Power Systems, 2005, 20(4): 1905-1913.

[31] MaxDowell J, Dutta S, Richwine M, et al. Serving the future: Advanced wind generation technology supports ancillary services[J]. IEEE Power and Energy Magazine, 2015, 13(6): 22-30.

[32] Christensen P W, Tarnowski G T. Inertia of wind power plants: State-of-the-art review, year 2011[C]. 10th International Workshop on Large-Scale of Wind Power, Aarhus, 2011.

[33] Sharma S, Huang S H, Sarma N D R. System inertial frequency response estimation and impact of renewable resources in ERCOT interconnection[C]. IEEE Power and Energy Society General Meeting, Detroit, 2011.

[34] Pena R, Clare J C, Asher G M. Doubly fed induction generator using back-to-back PWM converters and its application to variable-speed wind-energy generation[J]. IEE Proceedings Electric Power Applications, 1996, 143(3): 231.

[35] Anaya-Lara O, Hughes F M, Jenkins N, et al. Contribution of DFIG-based wind farms to power system short-term frequency regulation[J]. IEE Proceedings Generation Transmission and Distribution, 2006, 153(2): 164-170.

[36] Chang-Chien L R, Yin Y C. Strategies for operating wind power in a similar manner of conventional power plant[J]. IEEE Transactions on Energy Conversion, 2009, 24(4): 926-934.

[37] Muljadi E, Gevorgian V, Singh M, et al. Understanding inertial and frequency response of wind power plants[C]. IEEE Power Electronics and Machines in Wind Applications, Denver, 2012.

[38] Ruttledge L, Flynn D. System-wide contribution to frequency response from variable speed wind turbines[C]. IEEE Power and Energy Society General Meeting, San Diego, 2012.

[39] Arani M F M, Mohamed Y A R I. Analysis and impacts of implementing droop control in DFIG-based wind turbines on microgrid/weak-grid stability[J]. IEEE Transactions on Power Systems, 2015, 30(1): 385-396.

[40] Ramtharan G, Ekanayake J B, Jenkins N. Frequency support from doubly fed induction generator wind turbines[J]. IET Renewable Power Generation, 2007, 1(1): 3-9.

[41] Ruttledge L, Miller N W, O'Sullivan J, et al. Frequency response of power systems with variable speed wind turbines[J]. IEEE Transactions on Sustainable Energy, 2012, 3(4): 683-691.

[42] Ma H, Chowdhury B. Working towards frequency regulation with wind plants: Combined control approaches[J]. IET Renewable Power Generation, 2010, 4(4): 308-316.

[43] Vidyanandan K V, Senroy N. Primary frequency regulation by deloaded wind turbines using variable droop[J]. IEEE Transactions on Power Systems, 2013, 28(2): 1373-1384.

[44] Attya A B T, Hartkopf T. Control and quantification of kinetic energy released by wind farms during power system frequency drops[J]. IET Renewable Power Generation, 2013, 7(3): 210-224.

[45] Margaris I D, Papathanassiou S A, Hatziargyriou N D, et al. Frequency control in autonomous power systems with high wind power penetration[J]. IEEE Transactions on Sustainable Energy, 2012, 3(2): 189-199.

[46] Gautam D, Goel L, Ayyanar R, et al. Control strategy to mitigate the impact of reduced inertia due to doubly fed induction generators on large power systems[J]. IEEE Transactions on Power Systems, 2011, 26(1): 214-224.

[47] Ghosh S, Kamalasadan S, Senroy N, et al. Doubly fed induction generator (DFIG)-based wind farm control framework for primary frequency and inertial response application[J]. IEEE Transactions on Power Systems, 2016, 31(3): 1861-1871.

[48] Mauricio J M, Marano A, Gomez-Exposito A, et al. Frequency regulation contribution through variable-speed wind energy conversion systems[J]. IEEE Transactions on Power Systems, 2009, 24(1): 173-180.

[49] Conroy J F, Watson R. Frequency response capability of full converter wind turbine generators in comparison to conventional generation[J]. IEEE Transactions on Power Systems, 2008, 23(2): 649-656.

[50] Wu L, Infield D G. Towards an assessment of power system frequency support from wind plant-modeling aggregate inertial response[J]. IEEE Transactions on Power Systems, 2013, 28(3): 2283-2291.

[51] Morren J, de Haan S W H, Ling W L, et al. Wind turbines emulating inertia and supporting primary frequency control[J]. IEEE Transactions on Power Systems, 2006, 21(1): 433-434.

[52] Arani M F M, El-Saadany E F. Implementing virtual inertia in DFIG-based wind power generation[J]. IEEE Transactions on Power Systems, 2013, 28(2): 1373-1384.

[53] He W, Yuan X, Hu J. Inertia provision and estimation of PLL-based DFIG wind turbines[J]. IEEE Transactions on Power Systems, 2017, 31(1): 510-521.

[54] Ullah N R, Thitinger T, Karlsson D. Temporary primary frequency control support by variable speed wind turbines-potential and applications[J]. IEEE Transactions on Power Systems, 2008, 23(2): 601-612.

[55] Keung P K, Li P, Banakar H, et al. Kinetic energy of wind-turbine generators for system frequency support[J]. IEEE Transactions on Power Systems, 2009, 24(1): 279-287.

[56] Chen R, Wu W, Sun H, et al. Supplemental control for enhancing primary frequency response of DFIG-based wind farm considering security of wind turbines[C]. IEEE PES General Meeting, National Harbor, 2014.

[57] Teng F, Strbac G. Assessment of the role and value of frequency response support from wind plants[J]. IEEE Transactions on Sustainable Energy, 2016, 7(2): 586-595.

[58] Teng F, Strbac G. Evaluation of synthetic inertia provision from wind plants[C]. IEEE Power and Energy Society General Meeting, Denver, 2015.

[59] Akbari M, Madani S M. Analytical evaluation of control strategies for participation of doubly fed induction generator-based wind farms in power system short-term frequency regulation[J]. IET Renewable Power Generation, 2014, 8(3): 324-333.

[60] Wang H, Chen Z, Jiang Q. Optimal control method for wind farm to support temporary primary frequency control with minimised wind energy cost[J]. IET Renewable Power Generation, 2015, 9(4): 350-359.

[61] Baccino F, Conte F, Grillo S, et al. An optimal model-based control technique to improve wind farm participation to frequency regulation[J]. IEEE Transactions on Sustainable Energy, 2015, 6(3): 993-1003.

[62] Wei E, Ozdaglar A, Jadbabaie A. A distributed Newton method for network utility maximization-I: Algorithm[J]. IEEE Transactions on Automatic Control, 2013, 58(9): 2162-2175.

[63] Liu J, Sherali H D. A distributed Newton's method for joint multi-hop routing and flow control: Theory and algorithm[C]. Proceedings of IEEE INFOCOM, Orlando, 2012.

[64] Lee J, Muljadi E, Srensen P, et al. Releasable kinetic energy-based inertial control of a DFIG wind power plant [J]. IEEE Transactions on Sustainable Energy, 2016, 7(1): 279-288.

[65] Wangle Z, Wu W. Coordinated control method for DFIG-based wind farm to provide primary frequency regulation service[J]. IEEE Transactions on Power Sysems, 2018, 33(3): 2644-2659.

[66] Molina-Garcia A, Bouffard F, Kirschen D S. Decentralized demand-side contribution to primary frequency control[J]. IEEE Transactions on Power Systems, 2011, 26(1): 411-419.

[67] Koch S, Mathieu J L, Callaway D S. Modeling and control of aggregated heterogeneous thermostatically controlled loads for ancillary services[C]. 17th Power Systems Computation Conference, Stockholm, 2011.

[68] He H, Middelkoop T, Barooah P, et al. How demand response from commercial buildings will provide the regulation needs of the grid[C]. Proceedings of 50th Annual Allerton Conference on Communication, Control, and Computing, Monticello, 2012: 1908-1913.

[69] 宋宏坤，唐国庆，卢毅，等. 江苏省夏季空调负荷分析及需求侧管理措施的削峰效果测算[J]. 电网技术，2006, 30(17): 88-91.

[70] Zhang W, Lian J, Chang C, et al. Aggregated modeling and control of air conditioning loads for demand response[C]. IEEE Power and Energy Society General Meeting, New York, 2014.

[71] Zhang W, Kalsi K, Fuller J, et al. Aggregate model for heterogeneous thermostatically controlled loads with demand response[C]. IEEE Power and Energy Society General Meeting, San Diego, 2012.

[72] Mathieu J L, Koch S, Callaway D S. State estimation and control of electric loads to manage real-time energy imbalance[J]. IEEE Transactions on Power Systems, 2013, 28(1): 430-440.

[73] Mathieu J L, Callaway D S. State estimation and control of heterogeneous thermostatically controlled loads for load following[C]. Proceedings of 45th Hawaii International Conference on System Science, Maui, 2012: 2002-2011.

[74] Sanandaji B M, Hao H, Poolla K. Fast regulation service provision via aggregation of thermostatically controlled loads[C]. Proceedings of the Annual Hawaii International Conference on System Sciences, Waikoloa, 2014.

[75] Hao H, Sanandaji B M, Poolla K, et al. Aggregate flexibility of thermostatically controlled loads[J]. IEEE Transactions on Power Systems, 2015, 30(1): 189-198.

[76] Hao H, Sanandaji B M, Poolla K, et al. A generalized battery model of a collection of thermostatically controlled loads for providing ancillary service[C]. 51st Annual Allerton Conference on Communication, Control, and Computing, Monticello, 2013.

[77] 李娜，王晓亮. 集群空调负荷提供微电网调频备用研究[J]. 电力系统保护与控制, 2015(19): 101-105.

[78] 刘萌. 空调负荷主动参与电力系统有功调度与控制研究[D]. 济南：山东大学, 2015.

[79] Hu X, Wang B, Yang S, et al. A closed-loop control strategy for air conditioning loads to participate in demand response[J]. Energies, 2015, 8(8): 8650-8681.

[80] Sehar F, Pipattanasomporn M, Rahman S. A peak-load reduction computing tool sensitive to commercial building environmental preferences[J]. Applied Energy, 2016, 161: 279-289.

[81] Li Z, Wu W, Zhang B. Coordinated state-estimation based control method for air-conditioning loads to provide primary frequency regulation service[J]. IET Generation, Transmission and Distribution, 2017, 11(13): 3381-3388.

第 3 章　消纳可再生能源发电的随机调度

3.1　概　　述

大规模可再生能源发电的并网给电力系统的运行带来重大技术挑战，由于可再生能源的波动性和随机性，传统确定性调度策略导致备用容量不足、机组爬坡能力不够以及传输线功率越限的风险大。为此，包括鲁棒调度和随机调度等模型的不确定性调度成为可再生能源发电优化调度的解决方案。鲁棒经济调度可以降低系统的运行风险，但是兼顾极端场景会增加额外的运行成本，导致调度策略趋于保守。为了平衡系统的安全性和经济性，机会约束的随机经济调度和机组组合是更好的选择，按照预先设定的可接受的风险水平，避免了调度决策对低概率极端场景的考虑，降低了系统的保守性。但是由于机会约束经济调度模型的目标函数和约束条件中均存在随机变量的函数，所以对随机变量的处理成为求解该模型的关键。一般来说，机会约束的随机经济调度/机组组合中存在以下问题：

(1) 随机变量建模，即对可再生能源发电出力的预测误差采用何种概率密度函数建模才能精确地描述其出力的特点和相关性，并使得问题的求解变得方便。

(2) 如何在机会约束转化为确定性约束时求解累积分布函数的分位数。

(3) 对含随机变量期望值的目标函数如何优化甚至解析表达。

围绕这几个关键问题，本章介绍可再生能源发电出力预测误差的混合高斯模型和高维柯西分布模型，随后以这两类模型为基础，介绍基于混合高斯分布的牛顿法求解分位数及其在随机机组组合和随机滚动经济调度中的应用；基于柯西分布对风电预测误差的精确建模以及其卷积封闭性、累积分布函数解析可逆性等优良的数学特性，最后介绍柯西分布在随机实时调度中的应用及其解析求解方法。

3.2　随机变量的建模

高斯混合分布和柯西分布均能在一定时间尺度上精确地刻画可再生能源发电功率的预测误差，本节将对混合高斯分布和柯西分布的数学性质进行简单的介绍，所涉及的基本的概率知识可以参考文献[1]。

3.2.1　高斯混合分布及其特性

高斯分布(正态分布)作为统计学中的重要分布，常用来描述测量误差等随机变量的概率分布。对于一个最简单的一维正态分布，假设均值为 μ ，方差为 σ^2 ，那么其概率密度函数(probability density function，PDF)为

$$N(x \mid \mu,\sigma)=\frac{1}{\sqrt{2\pi}\sigma}\mathrm{e}^{-\frac{(x-\mu)^2}{2\sigma^2}},x\in\mathbb{R} \tag{3-1}$$

在工程实践中，很多随机变量的概率分布无法或者不适合用单一的已知随机概率分布描述，因此需要引入混合分布的概念，其概率密度函数为若干个已知分布的概率密度函数的加权和，每一个已知分布称作混合分布的一个组分。

高斯混合分布就是一种特殊的混合分布，其每个组分都是高斯分布。以一维高斯混合分布为例，其概率密度函数为

$$\mathrm{PDF}_X(x)=\sum_{i=1}^{n}\omega_i\, N(x \mid \mu_i,\sigma_i) \tag{3-2}$$

式中，n 代表该高斯混合分布中包括的高斯分布的个数； μ_i 代表第 i 个组分的平均值； σ_i^2 代表第 i 个组分的方差； ω_i 代表第 i 个组分的权重系数，满足非负性，同时所有组分的权重系数之和等于 1。

$$\begin{gathered}\sum_{i=1}^{n}\omega_i=1\\ \omega_i\geqslant 0,\forall i=1,\cdots,m\end{gathered} \tag{3-3}$$

一维高斯混合分布的基本性质如表 3-1 所示。

表 3-1 一维高斯混合分布的基本性质

性质名称	具体表达
自变量取值范围	$-\infty<x<\infty$
期望	$\sum_{i=1}^{n}\omega_i\,\mu_i$
方差	$\sum_{i=1}^{n}\omega_i\,(\mu_i^2+\sigma_i^2)-\left(\sum_{i=1}^{n}\omega_i\,\mu_i\right)^2$
PDF	$\sum_{i=1}^{n}\omega_i\,\frac{1}{\sqrt{2\pi}\sigma_i}\mathrm{e}^{-\frac{(x-\mu_i)^2}{2\sigma_i^2}}$

此处需要注意的是，混合分布与随机变量的和是两个不同的概念，以一个双组分的一维高斯混合分布为例，两个独立随机变量遵从高斯分布，分别为

$X_1 \sim N(\mu_1,\sigma_1)$， $X_2 \sim N(\mu_2,\sigma_2)$，而随机变量 Y 满足高斯混合分布：

$$\mathrm{PDF}_Y(y)=\omega_1 N(y\mid \mu_1,\sigma_1)+\omega_2 N(y\mid \mu_2,\sigma_2) \tag{3-4}$$

随机变量 Y 的概率分布和随机变量 $Z=\omega_1 X_1+\omega_2 X_2$ 的概率分布完全不同，前者是将两个随机变量的概率密度函数相加，满足混合高斯分布，后者是随机变量和的概率分布，两个独立的高斯分布之和是它们的概率密度函数的卷积，其分布仍然为高斯分布。

将一维高斯混合分布的概念推广至高维，就得到多维高斯混合分布的概念。对于一个维数 D 的随机变量 $\boldsymbol{X}$，假设其满足高斯混合分布，那么其概率密度函数可以表示为有限个维数 D 的多元高斯分布的概率密度函数的凸组合，用数学形式可以表示如下：

$$\mathrm{PDF}_{\boldsymbol{X}}(\boldsymbol{x})=\sum_{i=1}^{m}\omega_i N(\boldsymbol{x}\mid \boldsymbol{\mu}_i,\boldsymbol{\Sigma}_i) \tag{3-5}$$

式中，m、ω_i 的含义与一维情形相同；$N(\boldsymbol{x}\mid \boldsymbol{\mu}_i,\boldsymbol{\Sigma}_i)$ 代表第 i 个组分的多维高斯分布在向量 $\boldsymbol{x}$ 处的概率密度函数，由式(3-6)给出数值，其中 $\boldsymbol{\mu}_i$ 代表第 i 个组分的平均值向量，$\boldsymbol{\Sigma}_i$ 代表第 i 个组分的协方差矩阵。

$$N(\boldsymbol{x}\mid \boldsymbol{\mu}_i,\boldsymbol{\Sigma}_i)=\frac{1}{(2\pi)^{d/2}\det(\boldsymbol{\Sigma}_i)^{1/2}}\mathrm{e}^{-\frac{1}{2}(\boldsymbol{x}-\boldsymbol{\mu}_i)^{\mathrm{T}}\boldsymbol{\Sigma}_i^{-1}(\boldsymbol{x}-\boldsymbol{\mu}_i)} \tag{3-6}$$

高斯混合分布具有相当优良的数学性质，主要体现在以下两个方面。

一方面，高斯混合分布对于不同形状的概率分布都具有很强的拟合能力。对于任意的概率分布或者离散数据，可以使用最大期望(expectation-maximization，EM)算法进行拟合，进而得到对应的高斯混合分布的参数。

以图 3-1 所示的三组分的高斯混合分布为例，虽然每个组分都是关于其平均值的对称分布，但是整体的混合高斯分布呈现出明显的左偏特性。对于可再生能源出力等概率分布不对称的随机变量，采用高斯混合分布描述是更为合适的选择，如果使用单一的对称分布如高斯分布、t 分布等描述会造成较大的误差。

另一方面，与正态分布类似，高斯混合分布对于线性变换具有不变性，即遵循高斯混合分布的随机变量通过线性变换后，新的随机变量的概率分布仍然可以用高斯混合分布描述，其参数由原高斯混合分布的参数和线性变换的参数给出。

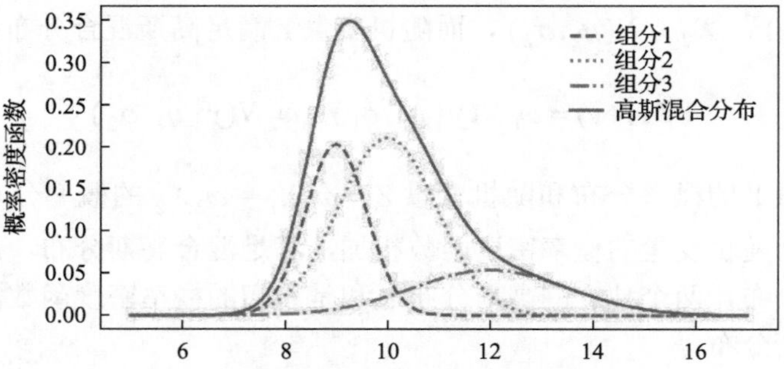

图 3-1　三组分的高斯混合分布

假设维数 D 的随机变量 $\boldsymbol{X}$ 满足高斯混合分布，其概率密度函数由式(3-5)给出，而维数 d 的随机变量 $\boldsymbol{Y}$ 是 $\boldsymbol{X}$ 的一个线性变换，其中 $\boldsymbol{A}$ 是 $d\times D$ 的矩阵，$\boldsymbol{b}$ 是 $d\times 1$ 的向量：

$$\boldsymbol{Y}=\boldsymbol{A}\boldsymbol{X}+\boldsymbol{b} \tag{3-7}$$

那么随机变量 $\boldsymbol{Y}$ 的分布是一个新的高斯混合分布，其概率密度函数由式(3-8)给出：

$$\mathrm{PDF}_{\boldsymbol{Y}}(\boldsymbol{y})=\sum_{i=1}^{n}\omega_i\, N(\boldsymbol{y}\mid \boldsymbol{A}\boldsymbol{\mu}_i+\boldsymbol{b}, \boldsymbol{A}\boldsymbol{\Sigma}_i\boldsymbol{A}^{\mathrm{T}}) \tag{3-8}$$

目前，高斯混合分布已被广泛地应用于机器学习和聚类分析等领域。近年来，已有相关研究将高斯混合分布应用于电力系统中，用来建模负荷以及可再生能源的随机特性。

3.2.2　柯西分布及其特性

柯西分布是一种能够解析表达的 α-稳定分布[2]，由广义中心极限定理，独立同分布随机变量和的极限分布是稳定分布，稳定分布之所以是稳定的，是由于同类型(即 α 参数相同)的稳定分布的卷积积分仍然符合该类型的分布[3]。相比于高斯分布、韦布尔分布、β 分布等常见分布，柯西分布展现出了“峰度高”和“尾巴肥”的特点，从而较好地吻合了超短期风电出力预测误差的概率特性，另外，这两方面的特点也使得柯西分布广泛地应用于金融、保险行业的数据分析中[3]。

1. 一维柯西分布的定义和基本性质

一维柯西分布由式(3-9)定义，如果随机变量 x 服从柯西分布，记作 $x\sim C(x;\mu,\sigma)$，那么

$$f_x(x;\mu,\sigma^2)=\frac{1}{\pi}\left[\frac{\sigma}{(x-\mu)^2+\sigma^2}\right],\qquad x\in\mathbb{R} \tag{3-9}$$

式中，x 为一维随机变量；$f_x(\cdot)$ 表示随机变量 x 的概率密度函数；μ 为一维柯西分布的位置参数；σ 为一维柯西分布的尺度参数。

一维柯西分布的基本性质列于表 3-2[4]，其中 PDF 表示概率密度函数，CDF (cumulative distribution function) 表示累积分布函数，Quantile 为 CDF 的逆函数，即分位数函数，F 为分位数。

表 3-2　一维柯西分布的基本性质

性质名称	具体表达
自变量取值范围	$-\infty < x < \infty$
中位数/位置参数	μ
尺度参数	$\sigma > 0$
期望	不存在
方差	不存在
PDF	$\frac{1}{\pi}\left[\frac{\sigma}{(x-\mu)^2+\sigma^2}\right]$
CDF	$\frac{1}{\pi}\arctan\left(\frac{x-\mu}{\sigma}\right)+\frac{1}{2}$
Quantile	$\mu+\sigma\tan\left[\pi\left(F-\frac{1}{2}\right)\right]$
积分解析性	$\int x\cdot \mathrm{PDF}(x)\mathrm{d}x=\frac{\sigma}{2\pi}\ln\left(1+\left(\frac{x-\mu}{\sigma}\right)^2\right)+\frac{\mu}{\pi}\arctan\left(\frac{x-\mu}{\sigma}\right)+c$

2. 高维柯西分布的定义和基本性质

定义 3-1　如果一个 p 维的随机向量 $\boldsymbol{x}=(x_1,x_2,\cdots,x_p)^{\mathrm{T}}$ 服从联合的高维柯西分布，记作 $\boldsymbol{x}\sim C_p(\boldsymbol{x};M,\Sigma)$，那么其概率密度函数[5]表达为

$$f_{\boldsymbol{x}}(\boldsymbol{x};M,\Sigma)=\frac{\Gamma\left(\frac{1+p}{2}\right)}{\Gamma\left(\frac{1}{2}\right)\pi^{\frac{p}{2}}|\Sigma|^{\frac{1}{2}}[1+(\boldsymbol{x}-M)^{\mathrm{T}}\Sigma^{-1}(\boldsymbol{x}-M)]^{\frac{1+p}{2}}} \tag{3-10}$$

式中，随机向量 $\boldsymbol{x}$ 的每个分量 $x_i\ (i=1,2,\cdots,p)$ 的边缘分布为

$$f_{x_i}(x_i;\mu_i,\sigma_i^2)=\frac{1}{\pi}\left[\frac{\sigma_i}{(x-\mu_i)^2+\sigma_i^2}\right] \tag{3-11}$$

在式(3-10)和式(3-11)中，M 为 p 维位置参数列向量，其第 i 个元素用 μ_i 表示，同时 μ_i 为随机变量 x_i 的边缘分布的位置参数；Σ 为 $p\times p$ 尺度参数矩阵，其第 i 个对角元用 σ_i^2 表示，同时 σ_i^2 为随机变量 x_i 的边缘分布的尺度参数。

基于高维柯西分布的定义，下面给出柯西分布的一个重要性质：柯西分布的卷积封闭性。

定理 3-1　如果随机向量 $\boldsymbol{x}\sim C_p(\boldsymbol{x};M,\Sigma)$，那么 $\boldsymbol{a}^{\mathrm{T}}\boldsymbol{x}\sim C(\boldsymbol{x};\boldsymbol{a}^{\mathrm{T}}M,\boldsymbol{a}^{\mathrm{T}}\Sigma\boldsymbol{a})$，$\forall\boldsymbol{a}\neq 0,\boldsymbol{a}\in\mathbb{R}^p$。

关于该定理的具体证明和解释，可以参考文献[5]。

3. 柯西分布在拟合风电场有功出力预测误差中的应用

文献[6]和[7]通过对实际风电场的预测误差进行分析，发现超短期风电出力的预测误差表现出较高的尖峰特性和明显的拖尾特性，同时对比不同分布对风电预测误差数据的拟合，文献[6]的拟合结果表明柯西分布的精度是最高的。

为了对这两种特性进一步说明，图 3-2 显示了柯西分布的尖峰特性，图 3-2 中，β 分布的参数为 $\alpha=\beta=5$，韦布尔分布的参数为 $\lambda=0.5,k=6$，柯西分布的参数为 $\mu=0.5,\sigma=0.05$，高斯分布的参数为 $\mu=0.5,\sigma=0.1$。观察可知，柯西分布在 $x=0.5$ 附近具有最高的尖峰。

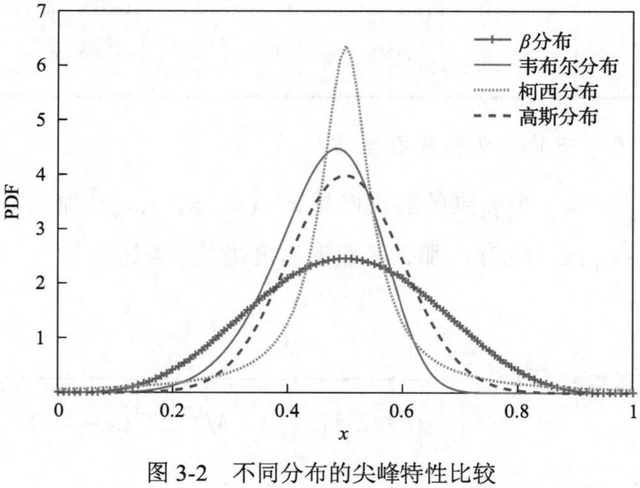

图 3-2　不同分布的尖峰特性比较

图 3-3 比较了柯西分布和高斯分布的拖尾特性，为了方便比较，图 3-3 中柯西

分布和高斯分布在对称轴处的峰度近似相等，设置高斯分布的参数为 $\mu=0$，$\sigma=1$，柯西分布的参数为 $\mu=0$，$\sigma=0.8$，可以发现，从对称轴向两侧延伸，柯西分布的尾巴“肥而长”，也就是柯西分布的拖尾特性。

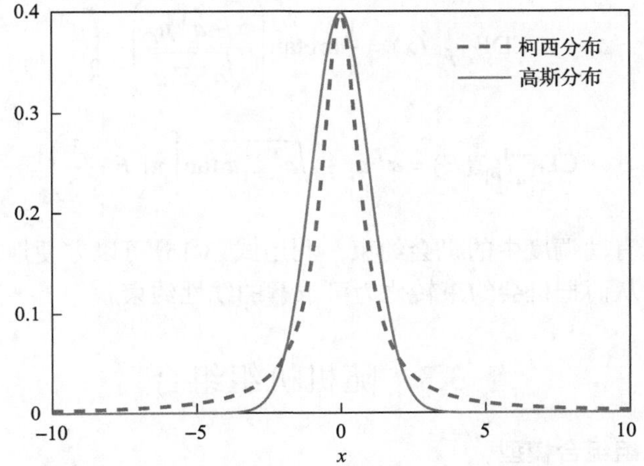

图 3-3　柯西分布与高斯分布的拖尾特性比较

对于含多风电场的电网，对风电预测误差的拟合不仅要考虑单个风电场的出力特性，而且要考虑多个风电场出力的相关性，地理位置上相近的风电场由于处于相似的气象条件下，其预测误差往往表现出相似的变化趋势，反之，地理位置上分散的风电场，其预测误差往往表现出互补的变化趋势，这种相似的或互补的关系同样需要在风电预测模型中表达出来，文献[8]研究表明，忽略多风电场之间出力的相关性会引起调度成本的增加，并且增大了断面功率越限的风险。随机变量之间的相关性可以通过多元分布的参数表达出来，类似于高维高斯分布通过协方差矩阵表达各个一维分布的相关性，高维的柯西分布基于对风电出力历史数据的拟合，得到尺度参数矩阵，从而把多风电场出力的相关性表达出来。

本节利用高维柯西分布对多风电场有功出力的预测误差进行拟合，假定 k 个风电场在 t 时刻服从联合的 k 维柯西分布，即 $\tilde{\boldsymbol{p}}_t^w=(\tilde{p}_{1,t}^w,\tilde{p}_{2,t}^w,\cdots,\tilde{p}_{k,t}^w)^{\mathrm{T}}\sim\mathrm{Cauchy}_k(\boldsymbol{\mu}_t,\Sigma_t)$，其中，$\tilde{\boldsymbol{p}}_t^w$ 表示 t 时刻所有风电场预测出力的随机列向量，$\tilde{p}_{i,t}^w,i=1,2,\cdots,k$ 表示第 i 个风电场 t 时刻预测出力的随机向量，$\boldsymbol{\mu}_t$ 和 Σ_t 分别表示该 k 维柯西分布的位置参数列向量和尺度参数矩阵，那么任意风电场出力的线性组合满足一维柯西分布：

$$\boldsymbol{a}^{\mathrm{T}}(\tilde{p}_{1,t}^w,\tilde{p}_{2,t}^w,\cdots,\tilde{p}_{k,t}^w)=\boldsymbol{a}^{\mathrm{T}}\tilde{\boldsymbol{P}}_t^w\sim\mathrm{Cauchy}(\boldsymbol{a}^{\mathrm{T}}\boldsymbol{\mu}_t,\boldsymbol{a}^{\mathrm{T}}\Sigma_t\boldsymbol{a})\tag{3-12}$$

式中，$\boldsymbol{a}\in\mathbb{R}^k$。该一维柯西分布的概率密度函数、累积分布函数和分位数函数为

$$\mathrm{PDF}_{\boldsymbol{a}^{\mathrm{T}}\tilde{\boldsymbol{P}}_t^w}(x)=\frac{1}{\pi}\left[\frac{\sqrt{\boldsymbol{a}^{\mathrm{T}}\Sigma_t\boldsymbol{a}}}{(x-\boldsymbol{a}^{\mathrm{T}}\boldsymbol{\mu}_t)^2+\boldsymbol{a}^{\mathrm{T}}\Sigma_t\boldsymbol{a}}\right] \tag{3-13}$$

$$\mathrm{CDF}_{\boldsymbol{a}^{\mathrm{T}}\tilde{\boldsymbol{P}}_t^w}(x)=\frac{1}{\pi}\arctan\left(\frac{x-\boldsymbol{a}^{\mathrm{T}}\boldsymbol{\mu}_t}{\sqrt{\boldsymbol{a}^{\mathrm{T}}\Sigma_t\boldsymbol{a}}}\right)+\frac{1}{2} \tag{3-14}$$

$$\mathrm{CDF}_{\boldsymbol{a}^{\mathrm{T}}\tilde{\boldsymbol{P}}_t^w}^{-1}(F)=\boldsymbol{a}^{\mathrm{T}}\boldsymbol{\mu}_t+\sqrt{\boldsymbol{a}^{\mathrm{T}}\Sigma_t\boldsymbol{a}}\tan\left[\pi\left(F-\frac{1}{2}\right)\right] \tag{3-15}$$

对于实时有功调度中的机会约束，利用式(3-15)可以方便地求出某置信水平下的分位数，从而把机会约束转化为可求解的线性约束。

3.3　随机机组组合

3.3.1　随机机组组合模型

1. 优化目标

优化目标为最小化常规火电机组的发电成本和启停成本之和：

$$\min\sum_{t=1}^{T}\left[\sum_{i=1}^{N_G}(\mathrm{CF}_i(P_i^t)+\mathrm{CU}_i^t+\mathrm{CD}_i^t+\mathrm{RC}_i^t)+\sum_{j=1}^{N_W}\mathrm{CP}_j^t\right] \tag{3-16}$$

式中，T 表示优化时段数量；N_G 表示火电机组数量；CF_i 表示第 i 个火电机组的燃料成本函数；P_i^t 表示第 i 个火电机组 t 时刻的发电量；CU_i^t 表示第 i 个火电机组 t 时刻的启动成本；CD_i^t 表示第 i 个火电机组 t 时刻的停机成本；RC_i^t 表示第 i 个火电机组 t 时刻的备用成本；N_W 表示风电机组数量；CP_j^t 表示第 j 个风电机组 t 时刻的弃风惩罚。

1) 火电机组的燃料成本

$$\mathrm{CF}_i\,(P_i^t)=a_i\,(P_i^t)^2+b_i\,P_i^t+c_i \tag{3-17}$$

火电机组的燃料成本表示为机组出力的二次函数，a_i、b_i、c_i 分别表示火电机组燃料成本的二次项系数、一次项系数和常数项。

2) 火电机组的启停成本

火电机组的启动和停止成本与机组的开关机状态有关，引入布尔变量 v_i^t 表示

第 i 个火电机组 t 时刻的开机状态，0 为关机，1 为开机。开机成本当且仅当前一时刻为关机且当前时刻为开机时才存在，因此存在以下约束：

$$\begin{cases} \mathrm{CU}_i^t \geqslant U_i \left(v_i^t - v_i^{t-1}\right) \\ \mathrm{CU}_i^t \geqslant 0 \end{cases} \tag{3-18}$$

式中，U_i 代表第 i 个火电机组启动一次的开机成本，当 $v_i^t = 1, v_i^{t-1} = 0$ 时，最终优化结果 $\mathrm{CU}_i^t = U_i$，其他情况下 $\mathrm{CU}_i^t = 0$，符合对于开机成本的定义。

类似地，对于关机成本可以添加如下约束，其中 D_i 代表第 i 个火电机组关闭一次的关机成本：

$$\begin{cases} \mathrm{CD}_i^t \geqslant D_i \left(v_i^{t-1} - v_i^t\right) \\ \mathrm{CD}_i^t \geqslant 0 \end{cases} \tag{3-19}$$

2. 约束条件

1) 功率平衡约束

火力发电机组，可再生能源出力的总和应当与负荷相平衡：

$$\sum_{i=1}^{N_G} P_i^t + \sum_{i=1}^{N_W} w_i^t = \sum_{i=1}^{N_D} d_i^t \tag{3-20}$$

式中，N_W 表示风电机组数量；w_i^t 表示第 i 个风电机组 t 时刻的发电量预测值，为常数；N_D 表示负荷数量；d_i^t 表示第 i 个负荷 t 时刻的用电功率，为常数。

2) 火电机组出力上下限约束

$$\underline{P}_i v_i^t \leqslant P_i^t \leqslant \overline{P}_i v_i^t \tag{3-21}$$

t 时刻时，如果火电机组开机，那么 $v_i^t = 1$，其出力不能超过其上下限值，如果火电机组关机，那么 $v_i^t = 0$，不等式的上下限都变为 0，其出力为 0。

3) 火电机组的备用约束

$$\begin{cases} P_i^t + r_i^{t+} \leqslant \overline{P}_i v_i^t \\ 0 \leqslant r_i^{t+} \leqslant \overline{r_i}^{+} \\ P_i^t - r_i^{t-} \geqslant \underline{P}_i v_i^t \\ 0 \leqslant r_i^{t-} \leqslant \overline{r_i}^{-} \end{cases} \tag{3-22}$$

式中，r_i^{t+} 和 r_i^{t-} 分别表示表示第 i 个火电机组 t 时刻的上备用和下备用；$\overline{r_i}^{+}$ 和 $\overline{r_i}^{-}$ 分别表示表示第 i 个火电机组的最大上备用和最大下备用。

4) 火电机组的爬坡约束

$$\begin{cases} P_i^t - P_i^{t-1} \geqslant -\mathrm{RD}_i \Delta T - (2 - v_i^t - v_i^{t-1})\overline{P}_i \\ P_i^t - P_i^{t-1} \leqslant \mathrm{RU}_i \Delta T + (2 - v_i^t - v_i^{t-1})\overline{P}_i \end{cases} \tag{3-23}$$

当火电机组连续两个时段都处于开机状态时，功率变化值受到爬坡能力的限制。RD_i 和 RU_i 分别表示第 i 个火电机组的向下、向上爬坡率；ΔT 表示每个调度周期的时间间隔。当 $v_i^t = v_i^{t-1} = 1$ 时，上述约束转化为爬坡约束，否则约束被松弛。

5) 火电机组的最小连续开关机时间约束

火电机组的开关机切换不能频繁操作，存在最小连续开关机时间限制：

$$\begin{cases} \displaystyle\sum_{t=k}^{k+\mathrm{UT}_i-1} v_i^t \geqslant \mathrm{UT}_i\,(v_i^k - v_i^{k-1}), \forall k = 2,\cdots,T - \mathrm{UT}_i + 1 \\ \displaystyle\sum_{t=k}^{T} \{v_i^t - (v_i^k - v_i^{k-1})\} \geqslant 0, \forall k = T - \mathrm{UT}_i + 2,\cdots,T \end{cases} \tag{3-24}$$

$$\begin{cases} \displaystyle\sum_{t=k}^{k+\mathrm{DT}_i-1} (1 - v_i^t) \geqslant \mathrm{DT}_i\,(v_i^{k-1} - v_i^k), \forall k = 2,\cdots,T - \mathrm{DT}_i + 1 \\ \displaystyle\sum_{t=k}^{T} \{1 - v_i^t - (v_i^{k-1} - v_i^k)\} \geqslant 0, \forall k = T - \mathrm{DT}_i + 2,\cdots,T \end{cases} \tag{3-25}$$

式中，UT_i 是最小连续开机时间；DT_i 是最小连续关机时间。

6) 系统备用约束

系统总的备用需要能够应对风电的波动和突发事故带来的发电能力损失：

$$\begin{cases} \Pr\left(\displaystyle\sum_{i=1}^{N_G} r_i^{t+} \geqslant \sum_{i=1}^{N_W} w_i^t - \sum_{i=1}^{N_W} \tilde{w}_i^t + R^+\right) \geqslant 1 - \varepsilon_r^+ \\ \Pr\left(\displaystyle\sum_{i=1}^{N_G} r_i^{t-} \geqslant \sum_{i=1}^{N_W} \tilde{w}_i^t - \sum_{i=1}^{N_W} w_i^t + R^-\right) \geqslant 1 - \varepsilon_r^- \end{cases} \tag{3-26}$$

式中，$\tilde{w}_i^t$ 表示第 i 个风电机组 t 时刻的实际发电量预测值，为随机变量，因此全网的备用约束写成机会约束的形式；R^+ 与 R^- 分别代表系统除去风电波动之外的备用需求；ε_r^+ 和 ε_r^- 分别表示出现上备用和下备用不足风险的最大概率。

7) 支路功率约束

$$\begin{cases}\Pr\left(\sum_{i=1}^{N_G} G_{l,i}P_i^t + \sum_{i=1}^{N_W} G_{l,i}\tilde{w}_i^t - \sum_{i=1}^{N_D} G_{l,i}d_i^t \leqslant L_l\right) \geqslant 1-\varepsilon_l^+ \\ \Pr\left(\sum_{i=1}^{N_G} G_{l,i}P_i^t + \sum_{i=1}^{N_W} G_{l,i}\tilde{w}_i^t - \sum_{i=1}^{N_D} G_{l,i}d_i^t \geqslant -L_l\right) \geqslant 1-\varepsilon_l^-\end{cases} \tag{3-27}$$

式中，$G_{l,i}$ 表示支路 l 的转移分布因子；L_l 表示支路 l 的功率上限；ε_l^+ 和 ε_l^- 分别表示出现正向潮流过载和反向潮流过载风险的最大概率。由于风电的波动，支路功率也是一个随机变量，因此支路的功率约束表现为机会约束的形式。

3.3.2　随机机组组合的求解

对于上面的随机机组组合问题，随机性主要体现在约束中的系统备用约束与支路功率约束，因此关键问题在于如何将机会约束转化为确定性约束。

为了便于进行数学推导，将机会约束写成一般的数学形式：

$$\Pr(\boldsymbol{c}^{\mathrm{T}}\boldsymbol{\xi} + \boldsymbol{d}^{\mathrm{T}}\boldsymbol{x} \leqslant e) \geqslant p \tag{3-28}$$

式中，$\boldsymbol{c}$、$\boldsymbol{d}$ 表示常数向量；e 表示常数；p 表示机会约束的置信概率；$\boldsymbol{\xi}$ 表示不确定变量，即某一时刻的所有风电机组实际出力 $\tilde{w}_i^t$ 组成的 N_W 维随机变量；$\boldsymbol{x}$ 表示优化中的决策变量。

对于一般形式的机会约束，可以利用概率论的分位数概念将其转化为包含分位数的确定性约束：

$$e - \boldsymbol{d}^{\mathrm{T}}\boldsymbol{x} \geqslant \mathrm{CDF}_{\boldsymbol{c}^{\mathrm{T}}\boldsymbol{\xi}}^{-1}(p) \tag{3-29}$$

式中，$\mathrm{CDF}_{\boldsymbol{c}^{\mathrm{T}}\boldsymbol{\xi}}^{-1}(p)$ 表示一维随机变量 $\boldsymbol{c}^{\mathrm{T}}\boldsymbol{\xi}$ 的概率为 p 的分位数。

由于高斯混合分布的优良拟合能力和数学性质，此处用高斯混合分布来描述某一时刻所有风电机组实际出力的联合概率分布，即假设

$$\begin{cases}\mathrm{PDF}_{\boldsymbol{\xi}}(\boldsymbol{Y}) = \sum_{i=1}^{n} \omega_i N(\boldsymbol{Y}, \boldsymbol{\mu}_i, \boldsymbol{\Sigma}_i) \\ \sum_{i=1}^{n} \omega_i = 1 \\ \omega_i > 0\end{cases} \tag{3-30}$$

根据高斯混合分布的线性组合不变性，$\boldsymbol{c}^{\mathrm{T}}\boldsymbol{\xi}$ 是一个符合高斯混合分布的一维随机变量，其概率密度函数表示如下：

$$\mathrm{CDF}_{\boldsymbol{c}^{\mathrm{T}}\boldsymbol{\xi}}(y)=\sum_{i=1}^{n}\omega_i\Phi\left(\frac{y-\boldsymbol{c}^{\mathrm{T}}\boldsymbol{\mu}_i}{\sqrt{\boldsymbol{c}^{\mathrm{T}}\boldsymbol{\Sigma}_i\boldsymbol{c}}}\right) \tag{3-31}$$

$$\mathrm{PDF}_{\boldsymbol{c}^{\mathrm{T}}\boldsymbol{\xi}}(y)=\sum_{i=1}^{n}\omega_i\frac{1}{\sqrt{2\pi\boldsymbol{c}^{\mathrm{T}}\boldsymbol{\Sigma}_i\boldsymbol{c}}}\mathrm{e}^{-\frac{(x-\boldsymbol{c}^{\mathrm{T}}\boldsymbol{\mu}_i)^2}{2\boldsymbol{c}^{\mathrm{T}}\boldsymbol{\Sigma}_i\boldsymbol{c}}} \tag{3-32}$$

式中，$\Phi(x)$ 表示 x 处的标准高斯分布的累计概率密度函数值。

假设式(3-32)中的分位数为 y，那么 y 是以下非线性方程的根：

$$F(y)=\mathrm{CDF}_{\boldsymbol{c}^{\mathrm{T}}\boldsymbol{\xi}}(y)-p=\sum_{i=1}^{n}\omega_i\Phi\left(\frac{y-\boldsymbol{c}^{\mathrm{T}}\boldsymbol{\mu}_i}{\sqrt{\boldsymbol{c}^{\mathrm{T}}\boldsymbol{\Sigma}_i\boldsymbol{c}}}\right)-p=0 \tag{3-33}$$

注意到 $F(y)$ 关于 y 的导数等于 $\mathrm{PDF}_{\boldsymbol{c}^{\mathrm{T}}\boldsymbol{\xi}}(y)$，是初等函数，因此使用牛顿法进行迭代求解这个非线性方程，具体算法步骤如下所示。

(1)初始化。设定 y 的初始值，由于实际问题中的机会约束的置信概率 p 都是接近 1 的数，因此选择初始值为各组分平均值的最大值：

$$y_0=\max(\boldsymbol{c}^{\mathrm{T}}\boldsymbol{\mu}_i,i\in\{1,2,\cdots,n\}) \tag{3-34}$$

(2)迭代。根据式(3-35)更新 y 的值：

$$y_{k+1}=y_k-\frac{\mathrm{CDF}_{\boldsymbol{c}^{\mathrm{T}}\boldsymbol{\xi}}(y_k)-p}{\mathrm{PDF}_{\boldsymbol{c}^{\mathrm{T}}\boldsymbol{\xi}}(y_k)} \tag{3-35}$$

(3)判断收敛。

计算 $|\mathrm{CDF}_{\boldsymbol{c}^{\mathrm{T}}\boldsymbol{\xi}}(y_{k+1})-p|$，如果 $|\mathrm{CDF}_{\boldsymbol{c}^{\mathrm{T}}\boldsymbol{\xi}}(y_{k+1})-p|\leqslant\varepsilon$ 时，迭代收敛，其中 ε 是允许误差，否则回到(2)继续迭代。

使用上面方法即可得到每个机会约束的等价形式中的 $\mathrm{CDF}_{\boldsymbol{c}^{\mathrm{T}}\boldsymbol{\xi}}^{-1}(p)$，从而将所有的机会约束转化为确定性的线性约束，由于其他约束都是有关优化变量的线性约束，目标函数是二次函数，随机机组组合问题转化为等价的混合整数二次规划问题，可以利用现有的 CPLEX 等求解器直接求解。

3.3.3　随机机组组合的算例分析

随机机组组合的算例分析在修正后的 IEEE24 节点系统上进行，对一天 24 个点进行优化，相邻两点间隔 1 小时，转化后的等价混合整数二次规划问题由 CPLEX 12.8 求解。系统参数如下所示。

(1) 系统总负荷曲线如图 3-4 所示。

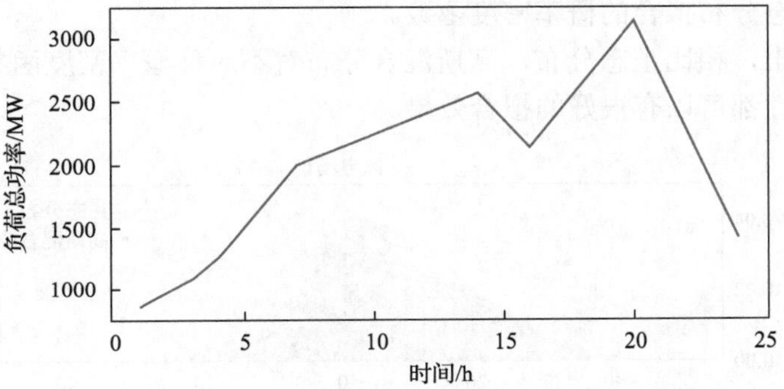

图 3-4　系统总负荷曲线

(2) 设置三个风电场，分别位于节点 15、节点 2 和节点 21，风电总预测功率的曲线如图 3-5 所示。

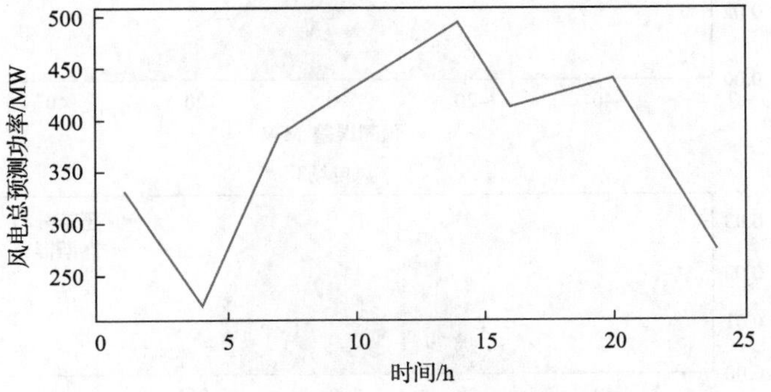

图 3-5　风电总预测功率的曲线

(3) 系统共有 33 台发电机，其爬坡能力设置为最大功率的 10%～20%。

(4) 机会约束中的最大备用不足概率和支路过载概率都设置为 0.02。

1. 高斯混合分布模型的建立

实际工程中，建立多个风电场预测误差的联合概率分布比较困难，比较容易得到的数据是每个单独风电场的预测误差的边缘分布和风电场之间的相关系数，因此对风电场的预测误差建立高斯混合模型分为两个步骤。

首先利用 Nataf 变换根据每个风电场预测误差的边缘分布和相关系数生成多个风电场预测误差联合分布的样本。

其次利用前面生成的多个风电场预测误差联合分布的样本，采用最大期望算法去估计高斯混合分布的参数，此处高斯混合分布的组分数选择为 10。

为了体现高斯混合分布对预测误差的拟合效果，图 3-6 绘制了三个风电场在 0：00～1：00 的预测误差的分布直方图和高斯混合模型拟合的概率密度函数，以及多变量正态分布拟合的概率密度函数。

可以看出，相比正态分布，高斯混合分布对不对称概率密度函数的左偏、右偏和双峰特性都可以有很好的拟合效果。

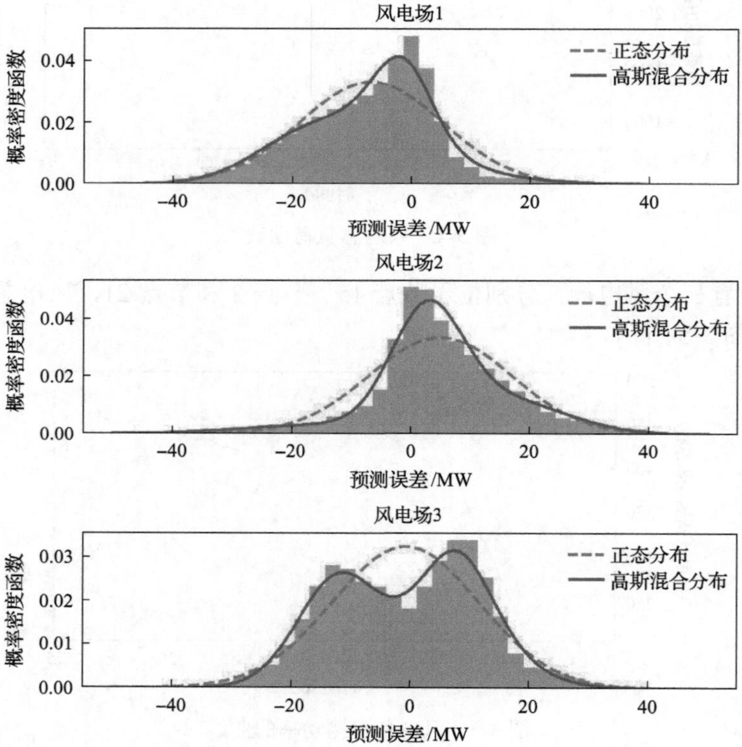

图 3-6　三个风电场的预测误差的概率密度函数以及正态分布和高斯混合模型拟合的概率密度函数

2. 随机机组组合求解的效率以及解的有效性检验

相比确定性的机组组合，随机机组组合的求解因为随机变量和机会约束的引入而变得复杂，根据上面的推导，需要对于每一个机会约束求解一个相应的分位数将其转化为确定性约束。在 24 节点算例中，共包括 1632 个机会约束，求解分位数转化为等价线性约束的总时间为 5.62ms，而求解转化后等价的混合整数二次规划需要超过 30s 才能得到 MIP 间隙小于 1%的可接受的混合整数解。因此，基于高斯混合分布的随机机组组合相比确定性机组组合只引入了很少的额外计算开销，适合应用于具有很多机会约束的大规模系统中。

随机机组组合给出的火电机组开机计划示意图如图 3-7 所示。为了验证解的合理性，我们使用蒙特卡罗仿真的方式，随机生成一系列随机的风电出力场景，统计出机会约束不满足的概率，也就是系统的安全风险，包括系统备用容量不足概率和支路功率越限概率。对于正态分布的概率模型假设下的机组开机计划，也进行了类似的蒙特卡罗仿真以检验其机会约束的满足概率作为对照，结果如图 3-8 和图 3-9 所示。可以看出，高斯混合分布精确地刻画了风电预测误差带来的随机

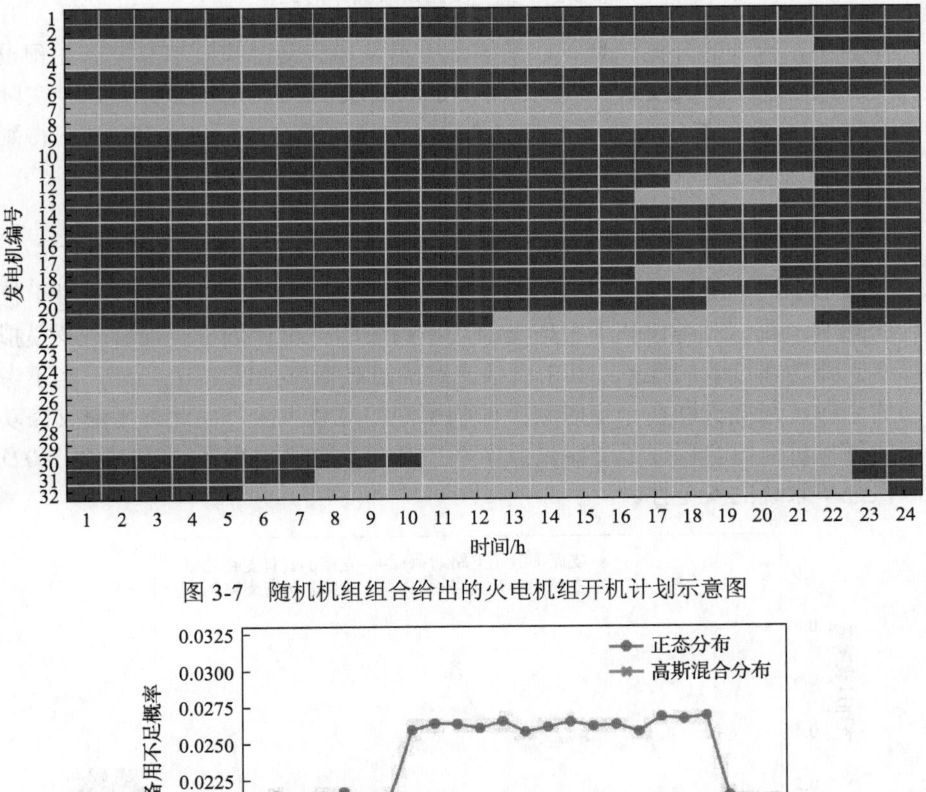

图 3-7　随机机组组合给出的火电机组开机计划示意图

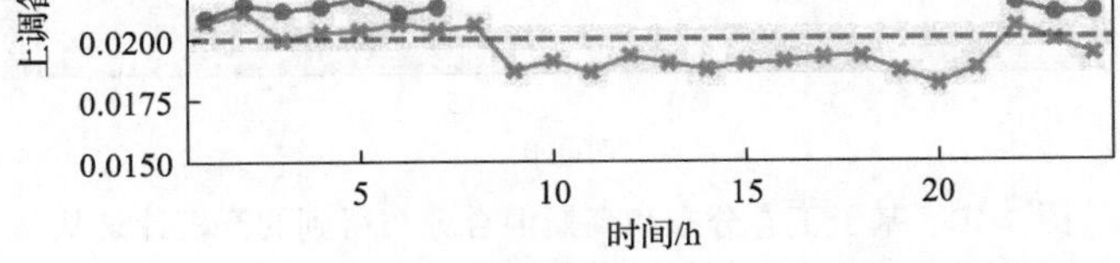

图 3-8　基于正态分布和高斯混合分布得到的开机计划上调备用不足概率对比

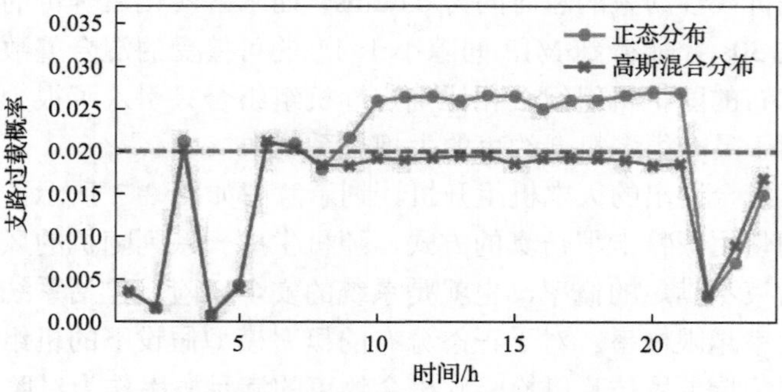

图 3-9　基于正态分布和高斯混合分布得到的开机计划从节点 0 到节点 1 支路过载概率对比

性，保证了在得到的开机计划下，系统备用不足和支路过载概率都控制在预设的最大允许风险水平 0.02 之下(并非严格小于 0.02 是因为高斯混合分布拟合实际分布存在误差)，而正态分布由于不能刻画风电预测误差的非正态分布特性，得到的开机计划导致某些时段存在较高的安全风险。

3. 支路约束对机组组合的影响

支路功率约束是影响风电消纳的关键因素之一。为了体现支路约束对于机组组合的影响，我们对考虑和不考虑支路功率约束的开机计划进行蒙特卡罗模拟，计算其支路功率过载的概率，其中两条支路的过载概率如图 3-10 所示，当不考虑支路约束时，某些支路在一定时刻会面临很高的过载风险，而此处考虑支路功率约束的随机机组组合保证了支路过载概率控制在一定风险水平(本例中为 0.02)以下，保证了系统的安全性。

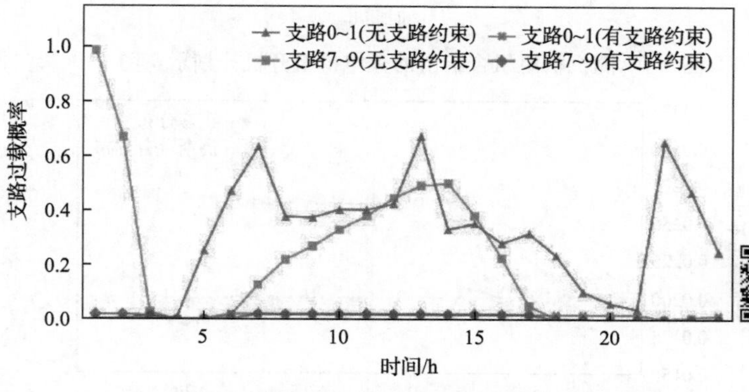

图 3-10　基于正态分布和高斯混合分布得到的开机计划从节点 0 到节点 1 支路过载概率对比(彩图请扫二维码)

4. 风电相关性对系统运行成本的影响

实际中风电场的处理之间存在一定的相关性，并非完全独立的随机变量。假设3个风电场的相关系数矩阵为

$$\begin{pmatrix} 1 & r & r \\ r & 1 & r \\ r & r & 1 \end{pmatrix} \tag{3-36}$$

改变相关系数 r 的取值，计算不同情况下的系统运行总成本，得到图3-11所示曲线。

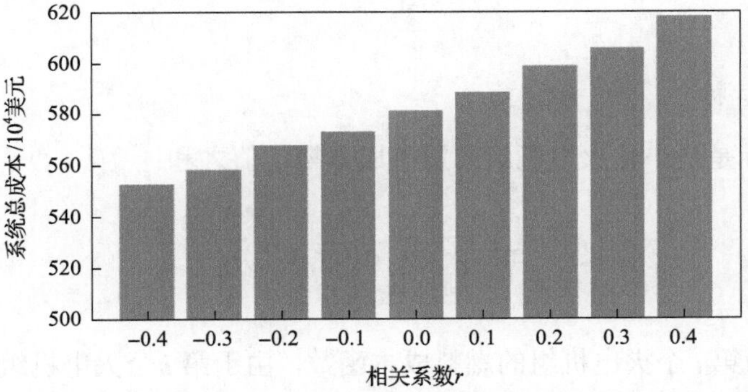

图3-11　风电出力的相关系数 r 从−0.4变化至0.4时系统运行总成本的变化

可以看出，随着相关系数由负数到正数逐渐增大，系统的运行总成本也随之增大。这可以从相关系数的意义解释，当相关系数为负值时，风电场处理之间为负相关，因此其随机性之间存在相互抵消，当相关系数为正值时，风电场处理之间为正相关，因此其随机性之间存在相互增强，因此相关系数增大时，系统总的不确定性增强，运行成本上升。这也说明本节提出的机会约束机组组合可以利用风电机组之间的相关性降低决策的保守性。

3.4　随机滚动经济调度

3.4.1　随机滚动经济调度模型

本章的随机滚动经济调度基于仿射调节发电机出力的假设，各个发电机根据事先制定的系数分配风电实际出力和设定出力之间的失配量。

$$\tilde{P}_i^t = P_i^t - \alpha_i \left(\sum_{i=1}^{N_W} \tilde{w}_i^t - \sum_{i=1}^{N_W} w_i^t \right) \tag{3-37}$$

式中，P_i^t 表示第 i 个火电机组 t 时刻的发电量设定值；$\tilde{P}_i^t$ 表示第 i 个火电机组 t 时刻的实际发电量；α_i 表示第 i 个火电机组的功率分配因子，是常数；w_i^t 表示第 i 个风电机组 t 时刻的发电量设定值，是优化变量；$\tilde{w}_i^t$ 表示第 i 个风电机组 t 时刻的实际发电量预测值，为随机变量；$\sum_{i=1}^{N_W}\tilde{w}_i^t-\sum_{i=1}^{N_W}w_i^t$ 代表所有风电机组的实际出力和设定出力之间的功率差额。

为了时刻满足系统功率平衡，所有火电机组的功率分配因子之和等于 1。

$$\sum_{i=1}^{N_G}\alpha_i=1 \tag{3-38}$$

1. 优化目标

优化目标是最小化火电机组的发电成本期望值之和：

$$\min\sum_{t=1}^{T}\left[\sum_{i=1}^{N_G}E(\mathrm{CF}_i\ (\tilde{P}_i^t))\right] \tag{3-39}$$

式中，CF_i 为第 i 个火电机组的燃料成本函数，由于第 i 个火电机组 t 时刻的实际发电量 $\tilde{P}_i^t$ 是随机变量，因此燃料成本 $\mathrm{CF}_i\ (\tilde{P}_i^t)$ 也是随机变量；$E(\mathrm{CF}_i\ (\tilde{P}_i^t))$ 是燃料成本的数学期望值。其余变量与随机机组组合部分的含义相同。

火电机组的燃料成本表示为机组出力的二次函数，a_i、b_i、c_i 分别表示火电机组燃料成本的二次项系数、一次项系数和常数项。

$$\mathrm{CF}_i\ (\tilde{P}_i^t)=a_i\ (\tilde{P}_i^t)^2+b_i\ \tilde{P}_i^t+c_i \tag{3-40}$$

2. 约束条件

1) 功率平衡约束

火力发电机组可再生能源出力的总和应当时刻与负荷相平衡：

$$\sum_{i=1}^{N_G}\tilde{P}_i^t+\sum_{i=1}^{N_W}\tilde{w}_i^t=\sum_{i=1}^{N_D}d_i^t \tag{3-41}$$

式中，N_W 表示风电机组数量；w_i^t 表示第 i 个风电机组 t 时刻的发电量预测值，为常数；N_D 表示负荷数量；d_i^t 表示第 i 个负荷 t 时刻的用电功率，为常数。

由于所有火电机组的功率分配因子之和等于 1，包含随机变量的等式约束转化为其确定性的等价形式，即火力发电机组，可再生能源出力设定值的总和应当时刻与负荷相平衡。

$$\sum_{i=1}^{N_G} P_i^t + \sum_{i=1}^{N_W} w_i^t = \sum_{i=1}^{N_D} d_i^t \tag{3-42}$$

2) 火电机组出力上下限约束

$$\begin{cases} \Pr\left(P_i^t - \alpha_i \left(\sum_{i=1}^{N_W} \tilde{w}_i^t - \sum_{i=1}^{N_W} w_i^t \right) \leqslant \overline{P}_i \right) \geqslant 1 - \varepsilon_g^+ \\ \Pr\left(P_i^t - \alpha_i \left(\sum_{i=1}^{N_W} \tilde{w}_i^t - \sum_{i=1}^{N_W} w_i^t \right) \geqslant \underline{P}_i \right) \geqslant 1 - \varepsilon_g^- \end{cases} \tag{3-43}$$

火电机组实际出力为随机变量，因此需要保证风电波动时，火电机组出力能够大概率限制在上下界区间内，ε_g^+ 和 ε_g^- 分别表示出现发电机上备用和下备用不足风险的最大概率。

3) 风电出力设定值上下限约束

$$0 \leqslant w_i^t \leqslant \overline{w}_i^t \tag{3-44}$$

风电设定值在 0 到风电最大容量 $\overline{w}_i^t$ 。

4) 火电机组的爬坡约束

$$\begin{cases} P_i^t - P_i^{t-1} \geqslant -\mathrm{RD}_i \Delta T \\ P_i^t - P_i^{t-1} \leqslant \mathrm{RU}_i \Delta T \end{cases} \tag{3-45}$$

火电机组连续两个时段的功率变化值受到爬坡能力的限制。RD_i 和 RU_i 分别表示第 i 个火电机组的向下、向上爬坡率，ΔT 表示每个调度周期的时间间隔。

5) 支路功率约束

$$\begin{cases} \Pr\left(\sum_{i=1}^{N_G} G_{l,i} \tilde{P}_i^t + \sum_{i=1}^{N_W} G_{l,i} \tilde{w}_i^t - \sum_{i=1}^{N_D} G_{l,i} d_i^t \leqslant L_l \right) \geqslant 1 - \varepsilon_l^+ \\ \Pr\left(\sum_{i=1}^{N_G} G_{l,i} \tilde{P}_i^t + \sum_{i=1}^{N_W} G_{l,i} \tilde{w}_i^t - \sum_{i=1}^{N_D} G_{l,i} d_i^t \geqslant -L_l \right) \geqslant 1 - \varepsilon_l^- \end{cases} \tag{3-46}$$

式中，$G_{l,i}$ 表示支路 l 的转移分布因子；L_l 表示支路 l 的功率上限；ε_l^+ 和 ε_l^- 分别表示出现正向潮流过载和反向潮流过载风险的最大概率。由于风电的波动，支路功率也是一个随机变量，因此支路的功率约束表现为机会约束的形式。

3.4.2 随机滚动经济调度的求解

对于上面的随机滚动经济调度问题，随机性主要体现在约束中的火电机组出力上下限约束与支路功率约束，以及目标函数中的发电成本期望。

对目标函数中的发电成本期望，可以将其展开后拆分成以下各项之和：

$$\begin{aligned}
&E(\mathrm{CF}_i\ (\tilde{P}_i^t)) \\
&= E\left\{a_i\left[P_i^t-\alpha_i\left(\sum_{i=1}^{N_W}\tilde{w}_i^t-\sum_{i=1}^{N_W}w_i^t\right)\right]^2+b_i\left[P_i^t-\alpha_i\left(\sum_{i=1}^{N_W}\tilde{w}_i^t-\sum_{i=1}^{N_W}w_i^t\right)\right]+c_i\right\} \\
&= a_i\left(P_i^t+\alpha_i\sum_{i=1}^{N_W}w_i^t\right)^2+\left[b_i-2a_i\alpha_i E\left(\sum_{i=1}^{N_W}\tilde{w}_i^t\right)\right]\left(P_i^t+\alpha_i\sum_{i=1}^{N_W}w_i^t\right) \\
&\quad +a_i\alpha_i^2 E\left[\left(\sum_{i=1}^{N_W}\tilde{w}_i^t\right)^2\right]-b_i\alpha_i E\left(\sum_{i=1}^{N_W}\tilde{w}_i^t\right)+c_i
\end{aligned} \tag{3-47}$$

式中，$E\left(\sum_{i=1}^{N_W}\tilde{w}_i^t\right)$ 和 $E\left[\left(\sum_{i=1}^{N_W}\tilde{w}_i^t\right)^2\right]$ 分别是随机变量 $\sum_{i=1}^{N_W}\tilde{w}_i^t$ 的一阶矩和二阶矩。

假设某一时刻所有风电机组实际出力的联合概率分布满足高斯混合分布，即

$$\begin{aligned}
&\tilde{\boldsymbol{w}}^t=\left\{\tilde{w}_i^t \mid 1\leqslant i\leqslant N_W\right\} \\
&\mathrm{PDF}_{\tilde{\boldsymbol{w}}^t}(\boldsymbol{Y})=\sum_{i=1}^{n}\omega_i N(\boldsymbol{Y},\boldsymbol{\mu}_i,\boldsymbol{\Sigma}_i)
\end{aligned} \tag{3-48}$$

那么随机变量 $\sum_{i=1}^{N_W}\tilde{w}_i^t=\mathbf{1}^{\mathrm{T}}\tilde{\boldsymbol{w}}^t$ 满足一维的高斯混合分布

$$\mathrm{PDF}_{\mathbf{1}^{\mathrm{T}}\tilde{\boldsymbol{w}}^t}(y)=\sum_{i=1}^{n}\omega_i N(y,\mathbf{1}^{\mathrm{T}}\boldsymbol{\mu}_i,\mathbf{1}^{\mathrm{T}}\boldsymbol{\Sigma}_i\mathbf{1}) \tag{3-49}$$

因此其一阶矩和二阶矩等于各组分的一阶矩和二阶矩的加权和。

$$E\left(\sum_{i=1}^{N_W}\tilde{w}_i^t\right)=\sum_{i=1}^{n}\omega_i\,\mathbf{1}^{\mathrm{T}}\boldsymbol{\mu}_i \tag{3-50}$$

$$E\left[\left(\sum_{i=1}^{N_W}\tilde{w}_i^t\right)^2\right]=\sum_{i=1}^{n}\omega_i\left[(\mathbf{1}^{\mathrm{T}}\boldsymbol{\mu}_i)^2+\mathbf{1}^{\mathrm{T}}\Sigma_i\mathbf{1}\right] \tag{3-51}$$

将其代入目标函数，目标函数转化为优化变量的二次函数。

对于机会约束，与前面的方法类似，利用牛顿法求得混合高斯分布的分位数，将机会约束转化为确定性的线性约束。

至此，随机滚动经济调度问题转化为确定性的二次规划问题，可以利用现有的求解器实现高效求解。

3.4.3　随机滚动经济调度算例分析

与随机机组组合类似，随机滚动经济调度在修正后的 IEEE24 节点系统上进行，对一天 24 个点进行优化，相邻两点间隔 1 小时，转化后的二次规划问题由 CPLEX 12.9 求解。

1. 随机经济调度求解的效率以及解的有效性检验

与确定性的经济调度相比，随机经济调度的求解增加了对于每一个机会约束求解一个相应的分位数将其转化为确定性约束的步骤，在 24 节点算例中，共包括 1920 个机会约束，求解分位数转化为等价线性约束的总时间为 15.66ms，而求解转化后等价的二次规划时间为 130ms。因此，基于高斯混合分布的随机滚动经济调度相比确定性滚动经济调度的计算效率并未受到明显影响。当系统规模增大时，机会约束的数目增多，同时随着风电场数目的增多，需要精确地描述其概率模型的高斯混合分布的组分数也在增多，而机会约束的转化时间与机会约束的数目和高斯混合分布的组分数正相关，注意到机会约束的分位数求解之间并不存在依赖关系，所以可以通过并行计算等手段加速机会约束的确定性转化，从而将基于高斯混合分布的随机滚动经济调度应用于具有很多机会约束的大规模系统中。

为了验证随机滚动经济调度给出的机组发电计划的合理性，我们通过蒙特卡罗仿真对系统安全风险进行量化评估，具体方法与随机机组组合类似，随机生成一系列风电出力场景，统计出包括各个发电机备用容量不足的概率和各条支路功率越限概率在内的机会约束不满足的概率。为了体现高斯混合分布的优势，对于正态分布模型下的随机滚动经济调度给出的发电计划也进行了蒙特卡罗仿真并对比。由高斯混合分布概率模型和正态分布概率模型得到的调度计划下的发电机备用不足风险和支路越限风险如图 3-12 和图 3-13 所示(为了清晰起见，只选取了一台发电机和一条支路作为对比）。

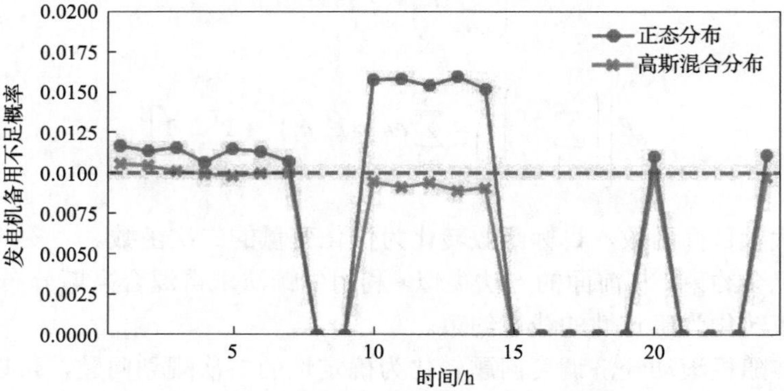

图 3-12　基于正态分布和高斯混合分布得到的调度计划下 32 号发电机备用容量不足概率对比

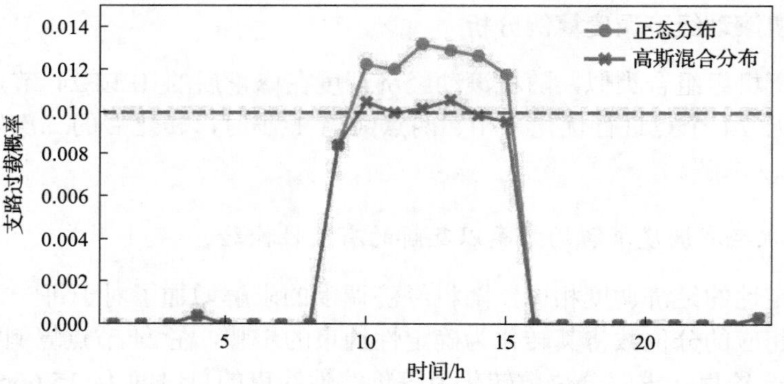

图 3-13　基于正态分布和高斯混合分布得到的调度计划下从节点 7 到节点 9 支路过载概率对比

从结果可以看出，基于高斯混合分布模型得到的调度计划保证了发电机备用不足和支路过载概率都控制在预设的最大允许风险水平 0.01 之下(并非严格小于 0.01 是因为高斯混合分布拟合实际分布存在误差)，相比之下，正态分布对于风电预测误差的随机性刻画比较粗糙，在得到的调度计划下，某些时段的系统风险大大超过了预设的允许风险水平。

2. 机会约束置信概率与风电相关性对系统运行成本的影响

对于考虑风电随机性的随机滚动经济调度，有很多影响系统运行成本的因素。这里主要研究机会约束置信概率与风电相关性对系统运行成本的影响。

机会约束的置信概率意味着在风电实际出力与预测值出现偏差时，机会约束成立的概率。本算例中默认的机会约束置信概率为 0.99，包括发电机备用容量约束和支路功率约束。为了便于展示效果，只改变发电机备用容量约束的置信概率，将其从 0.90 改变到 0.99，计算不同置信概率下的系统运行总成本，结果如图 3-14 所示。

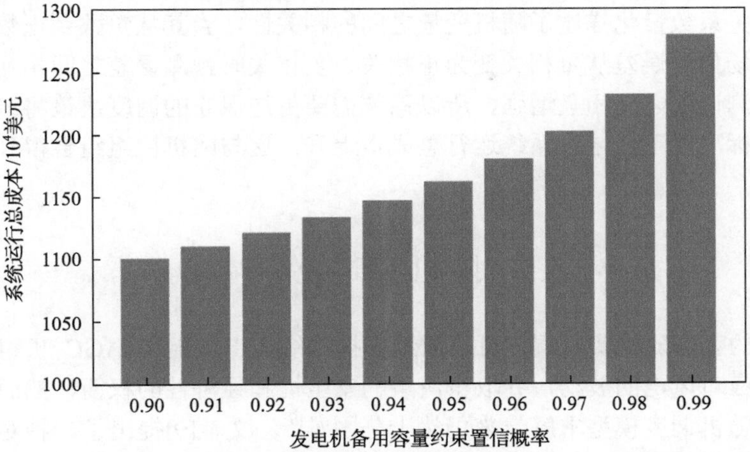

图 3-14　发电机备用容量约束的置信概率从 0.90 变化至 0.99 时系统运行总成本的变化

系统运行总成本随着发电机备用容量约束的置信概率的增大而单调增大，从机会约束置信概率的数学意义上说，置信概率越大，意味着机会约束需要在更多的风电波动场景中保持满足，因此发电机需要预留更多的备用容量，线路需要留出更多的容量裕度，以应对风电波动造成的小概率安全风险，因此得到的调度计划更加保守，导致系统运行总成本随之增大。因此在工程应用中，需要兼顾安全和经济运行的要求，选择合适的机会约束置信概率得到对应的调度计划。

设置与随机机组组合的算例类似的相关系数，改变相关系数 r 的取值，计算不同情况下的系统运行总成本，结果如图 3-15 所示。

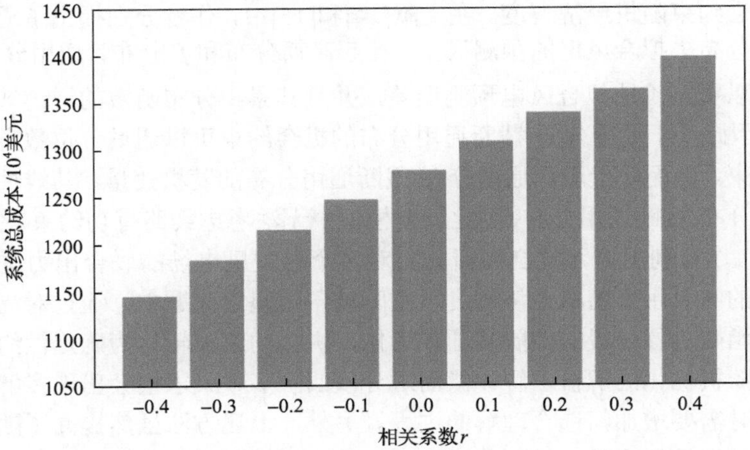

图 3-15　风电出力的相关系数 r 从−0.4 变化至 0.4 时系统运行总成本的变化

可以看出，系统运行总成本随着风电场预测误差之间相关系数的增大而单调增大。相关系数量化描述了随机变量之间的相关性，当其从负数到正数逐渐增大时，风电场预测误差从负相关变为正相关，负相关时预测误差之间相互削弱，正相关时预测误差之间相互增强，所以系统需要更加保守的调度决策将风险水平控制在预设标准以下，导致系统运行总成本上升，这与随机机组组合得到的结论是一致的。

3.5　随机实时经济调度

机会约束的随机实时调度可以通过安排传统火电机组和 AGC 机组的出力计划有效地应对风电的波动，并取得决策的安全性和经济性的权衡，然而即使凸的机会约束随机调度模型求解起来仍然十分困难[9]。文献[9]提出了一种对不确定参数离线采样的方法把机会约束转化为确定性约束，提高了在线实时决策的效率；基于蒙特卡罗随机模拟，文献[10]提出了一种利用 Benders 分解求解机会约束混合整数优化问题的方法；类似地，文献[11]结合可能的风电场出力的场景，提出了一种随机机组组合问题的动态决策方法，通过场景采样近似计算目标函数中的期望值；另外，文献[12]和[13]利用采样滑动平均(sample average approximation，SAA)的方法求解了两阶段的机会约束随机优化问题。上述方法本质上都是利用随机量可能出现的场景把随机优化问题转化为确定性的优化问题，如果采样场景的数目足够大，约束成立的置信水平就可以得到保证[9,11]，然而多场景法计算效率低，在实时决策中的实用性较差。

为了提高决策的效率，不少研究聚焦于对风电预测误差概率模型的选择以解析求解机会约束随机经济调度。在文献[14]和[15]中，作者分别提出了通用分布和截断通用分布去拟合风电的预测误差，比起高斯分布和 β 分布，通用分布/截断通用分布可以更精确地拟合风电预测误差，并且其累积分布函数的逆函数存在显式表达式，因此基于通用分布/截断通用分布的机会约束可以通过分位数直接转化为确定性约束。然而对于服从通用分布/截断通用分布的随机变量，其线性组合不再服从通用分布/截断通用分布，因此调度模型中无法考虑线路有功约束。在文献[16]和[17]中，作者利用多元混合高斯分布对多个相关风电场的联合出力进行拟合，并将拟合的结果用于随机经济调度以及爬坡备用整定问题中，通过对高斯分布的累积分布函数进行分段的四阶多项式近似，机会约束被转化为确定性约束，从而实现了对随机优化的解析求解。然而对分段四阶多项式求根会出现多解，因此求解分位数时需要增加筛选合理解的过程。另外，上述方法虽然提高了随机调度的求解效率，但是忽略了 AGC 机组的实际功率调整量对机组爬坡和线路有功约束的影响，因此增加了调度的风险。

基于高精度的超短期风电预测技术对随机实时调度提出了新的要求：①AGC

机组需要有足够的爬坡备用容量应对可能的实际风电在相邻调度时刻的波动；②机组的发电计划应该使得线路有功功率在安全范围内，引起线路功率波动的原因不仅要考虑风电本身的波动性，还应考虑为了平衡功率失配量而引起的 AGC 机组的出力变化对线路有功功率的影响；③制定发电计划时应考虑到多个风电场出力的相关性；④随机实时调度的求解效率要足够高以保证模型的实用性。基于柯西分布的机会约束随机实时调度不仅精确地刻画了超短期风电功率预测误差的特点，而且较好地满足了上述随机实时调度各方面的要求，为大规模风电接入电网的实时调度提供了理论和技术上的支持。

3.5.1 随机实时调度模型

随机实时调度模型的目标函数包括火电机组和 AGC 机组的发电成本以及 AGC 机组参与调节功率失配量的期望调节成本；模型的确定性约束包括功率平衡约束、火电机组出力上下限约束、火电机组的爬坡约束；机会约束包括 AGC 机组的出力限制约束、AGC 机组的爬坡约束、全网的最小备用约束以及断面有功功率的限制。基于高维联合柯西分布对多风电场出力预测误差的拟合，结合柯西分布的数学性质，目标函数可以转化为解析的凸函数，机会约束可以转化为确定性的线性约束。另外，随机实时调度对 AGC 机组采用仿射控制方法，不仅保证了 AGC 机组有足够的爬坡备用容量应对可能的实际风电波动，而且顾及了由功率失配量引起的 AGC 机组出力的变化对线路潮流的影响，从而将爬坡资源耗尽的风险和线路阻塞的风险限制在了一定的风险水平之下，在保证调度经济性的同时，提高了电网运行的安全性。

1. 优化目标

优化目标为全网期望运行成本的最小化。

$$F=\min\sum_{t=1}^{T}\left\{\sum_{i=1}^{N}\mathrm{CF}_{i,t}(P_{i,t}^{s})+\sum_{j=1}^{J}\mathrm{CF}_{j,t}(P_{j,t}^{a})+\sum_{j=1}^{J}E[\mathrm{CR}_{j,t}^{+}(\tilde{w}_t)]+\sum_{j=1}^{J}E[\mathrm{CR}_{j,t}^{-}(\tilde{w}_t)]\right\} \tag{3-52}$$

式中，F 为目标函数；T、N、J 分别表示调度时段的数量、传统火电机组数以及 AGC 机组的数量；t、i、j 分别为调度时段、传统火电机组、AGC 机组的编号；E 表示随机变量的期望值；对于模型中出现的变量，上标～表示变量为出力的实际值，否则变量为出力的计划值；$P_{i,t}^{s}$ 表示第 i 台火电机组在 t 调度时段的计划出力；$P_{j,t}^{a}$ 表示第 j 个 AGC 机组在 t 调度时段的计划出力；$\tilde{w}_t$ 表示 t 调度时段所有风电场实际出力的总和；$\mathrm{CF}_{i,t}(P_{i,t}^{s})$ 和 $\mathrm{CF}_{j,t}(P_{j,t}^{a})$ 分别表示传统火电机组和 AGC 机组的燃料成本；$\mathrm{CR}_{j,t}^{+}$表示在t时段内，由于风电场实际出力低于计划出力引起的正旋转备用的需求成本；$\mathrm{CR}_{j,t}^{-}$表示在t时段内由于风电场实际出力超过计划出力而引起的负旋转备用的需求成本，上述两项成本可以认为是 AGC 机组对功率的校正控制成本。每一项的具体表达如下所示。

1) 火电机组和 AGC 机组的燃料成本

$$
\begin{cases}
\mathrm{CF}_{i,t}(P_{i,t}^{s}) = a_{i,t}(P_{i,t}^{s})^2 + b_{i,t}P_{i,t}^{s} + c_{i,t} \\
\mathrm{CF}_{j,t}(P_{j,t}^{a}) = a_{j,t}(P_{j,t}^{a})^2 + b_{j,t}P_{j,t}^{a} + c_{j,t}
\end{cases}
\tag{3-53}
$$

式中，$a_{i,t}$、$a_{j,t}$, $b_{i,t}$、$b_{j,t}$, $c_{i,t}$、$c_{j,t}$ 分别为 t 时刻火电机组和 AGC 机组燃料成本的二次项系数、一次项系数和常数项。

2) AGC 机组的调节成本

风电场的实际出力小于或大于计划值时会产生功率的失配，这时候需要调度 AGC 机组的正、负旋转备用以维持功率平衡：

$$
\begin{cases}
\mathrm{CR}_{j,t}^{+}(\tilde{w}_t) = \gamma_{j,t}^{+} \cdot \max\{\alpha_j \cdot (w_t - \tilde{w}_t), 0\} \\
\mathrm{CR}_{j,t}^{-}(\tilde{w}_t) = \gamma_{j,t}^{-} \cdot \max\{\alpha_j \cdot (\tilde{w}_t - w_t), 0\}
\end{cases}
\tag{3-54}
$$

式中，$\gamma_{j,t}^{+}$和$\gamma_{j,t}^{-}$分别为单位正、负旋转备用的成本，可由实时市场的电价得到；w_t 表示 t 时刻所有风电场的计划出力总和；$\tilde{w}_t$ 表示 t 时刻所有风电场的实际出力总和。

期望形式的正、负旋转备用需求成本表达为

$$
\begin{cases}
E[\mathrm{CR}_{j,t}^{+}(\tilde{w}_t)] = \gamma_{j,t}^{+}\alpha_j \int_0^{w_t} (w_t - \tilde{\theta}_t)\varphi_t(\tilde{\theta}_t)\mathrm{d}\tilde{\theta}_t \\
E[\mathrm{CR}_{j,t}^{-}(\tilde{w}_t)] = \gamma_{j,t}^{-}\alpha_j \int_{w_t}^{\overline{w}_t} (\tilde{\theta}_t - w_t)\varphi_t(\tilde{\theta}_t)\mathrm{d}\tilde{\theta}_t
\end{cases}
\tag{3-55}
$$

式中，$\varphi_t(\cdot)$为随机变量$\tilde{w}_t$的概率密度函数；$\tilde{\theta}_t$为随机变量$\tilde{w}_t$的可能取值；$\overline{w}_t$为所有风电场 t 时刻出力的上界之和，满足$\overline{w}_t = \sum_{k=1}^{K} \overline{p}_{k,t}^{w}$；$\overline{p}_{k,t}^{w}$为 t 时刻第 k 个风电场的出力上界。

令式(3-12)中向量 $\boldsymbol{a}$ 的所有元素全为 1，得到 k 维列向量 $a_{\tilde{w}_t}$，再结合式(3-13)便可得到随机变量$\tilde{w}_t$的概率密度函数$\varphi_t(\cdot)$，将其代入式(3-55)的积分中，得的正、

负旋转备用成本的解析表达式为

$$\begin{aligned}&\sum_{j=1}^{J}E[\mathrm{CR}_{j,t}^{+}(\tilde{w}_t)]+\sum_{j=1}^{J}E[\mathrm{CR}_{j,t}^{-}(\tilde{w}_t)]\\&=\sum_{j=1}^{J}\left[A+B\cdot w_t-\frac{C\cdot\Sigma_{\tilde{w}_t}}{2}\cdot\ln\left(1+\left(\frac{w_t-\mu_{\tilde{w}_t}}{\Sigma_{\tilde{w}_t}}\right)^2\right)+C\cdot(w_t-\mu_{\tilde{w}_t})\arctan\frac{w_t-\mu_{\tilde{w}_t}}{\Sigma_{\tilde{w}_t}}\right]\end{aligned}\tag{3-56}$$

式中，$\mu_{\tilde{w}_t}=a_{\tilde{w}_t}{}^{\mathrm{T}}\mu_t$；$\Sigma_{\tilde{w}_t}=\sqrt{a_{\tilde{w}_t}{}^{\mathrm{T}}\Sigma_t a_{\tilde{w}_t}}$；$A,B,C$ 均为常数，具体表达式为

$$\begin{cases}A=\dfrac{\alpha_j\cdot\Sigma_{\tilde{w}_t}}{2\pi}\left(\gamma_{j,t}^{+}\ln\left(1+\left(\dfrac{\mu_{\tilde{w}_t}}{\Sigma_{\tilde{w}_t}}\right)^2\right)+\gamma_{j,t}^{-}\ln\left(1+\left(\dfrac{\overline{w}_t-\mu_{\tilde{w}_t}}{\Sigma_{\tilde{w}_t}}\right)^2\right)\right)\\\qquad+\dfrac{\alpha_j\cdot\Sigma_{\tilde{w}_t}}{\pi}\left(\gamma_{j,t}^{+}\arctan\dfrac{-\mu_{\tilde{w}_t}}{\Sigma_{\tilde{w}_t}}+\gamma_{j,t}^{-}\arctan\dfrac{\overline{w}_t-\mu_{\tilde{w}_t}}{\Sigma_{\tilde{w}_t}}\right)\\B=-\dfrac{\alpha_j}{\pi}\left(\gamma_{j,t}^{+}\arctan\dfrac{-\mu_{\tilde{w}_t}}{\Sigma_{\tilde{w}_t}}+\gamma_{j,t}^{-}\arctan\dfrac{\overline{w}_t-\mu_{\tilde{w}_t}}{\Sigma_{\tilde{w}_t}}\right)\\C=\dfrac{\gamma_{j,t}^{+}\alpha_j}{\pi}+\dfrac{\gamma_{j,t}^{-}\alpha_j}{\pi}\end{cases}\tag{3-57}$$

2. 约束条件

约束条件：约束条件包括确定性约束和机会约束，机会约束需要调度员事先给定系统运行可接受的定风险水平，对于风电实际出力的每个场景，AGC 机组采用仿射控制规则以保证功率的实时平衡，具体仿射规则如式(3-37)和式(3-38)所示，随机实时调度的所有约束如下所示。

1) 功率平衡约束

对 $\forall t=1,2,\cdots,T$，

$$\sum_{i=1}^{N}p_{i,t}^{s}+\sum_{j=1}^{J}\tilde{p}_{j,t}^{a}+\sum_{k=1}^{K}\tilde{p}_{k,t}^{w}=\sum_{d=1}^{D}p_{d,t}^{d}\tag{3-58}$$

式中，$p_{d,t}^{d}$ 为 t 时段第 d 个节点的负荷量；D 既表示负荷的总数，也表示节点的个数。

因为由风电场实际出力偏离计划出力引起的功率不平衡最终被 AGC 机组所平衡，因此式(3-58)可简化为

$$\sum_{i=1}^{N} p_{i,t}^{s} + \sum_{j=1}^{J} p_{j,t}^{a} + \sum_{k=1}^{K} p_{k,t}^{w} = \sum_{d=1}^{D} p_{d,t}^{d} \tag{3-59}$$

2) 机组出力的上下限约束

对 $\forall t=1,\cdots,T; i=1,\cdots,N; j=1,\cdots,J; k=1,\cdots,K$：

$$\underline{P}_{j,t}^{a} \leqslant p_{j,t}^{a} \leqslant \overline{P}_{j,t}^{a},\ \ \underline{P}_{i,t}^{s} \leqslant p_{i,t}^{s} \leqslant \overline{P}_{i,t}^{s},\ \ 0 \leqslant p_{k,t}^{w} \leqslant \overline{p}_{k,t}^{w} \tag{3-60}$$

式中，$\underline{P}_{j,t}^{a}$ 和 $\overline{P}_{j,t}^{a}$ 分别为第 j 个 AGC 机组在 t 时刻出力的上下界；$\underline{P}_{i,t}^{s}$ 和 $\overline{P}_{i,t}^{s}$ 分别为第 i 个传统火电机组在 t 时刻出力的上下界。

同时，AGC 机组 t 时刻的实际出力以一定的置信水平不得超出其出力的上下界，

$$\begin{cases} p\left\{\alpha_j \cdot (w_t - \tilde{w}_t) + p_{j,t}^{a} \leqslant \overline{P}_{j,t}^{a}\right\} \geqslant 1-\delta \\ p\left\{\underline{P}_{j,t}^{a} \leqslant p_{j,t}^{a} + \alpha_j \cdot (\tilde{w}_t - w_t)\right\} \geqslant 1-\delta \end{cases} \tag{3-61}$$

式中，δ 为机会约束的风险水平。

3) 机组的爬坡约束

对 $\forall t=2,3,\cdots,T; i=1,2,\cdots,N; j=1,2,\cdots,J$：

$$-\mathrm{RD}_{i,t}^{s} \cdot \Delta T \leqslant p_{i,t}^{s} - p_{i,t-1}^{s} \leqslant \mathrm{RU}_{i,t}^{s} \cdot \Delta T \tag{3-62}$$

$$\begin{cases} p\left\{-\mathrm{RD}_{j,t}^{a} \cdot \Delta T \leqslant \tilde{p}_{j,t}^{a} - \tilde{p}_{j,t-1}^{a}\right\} \geqslant 1-\beta \\ p\left\{\tilde{p}_{j,t}^{a} - \tilde{p}_{j,t-1}^{a} \leqslant \mathrm{RU}_{j,t}^{a} \cdot \Delta T\right\} \geqslant 1-\beta \end{cases} \tag{3-63}$$

式中，$\mathrm{RU}_{i,t}^{s}$ 和 $\mathrm{RD}_{i,t}^{s}$ 分别为 t 时刻第 i 台火电机组向上、向下的爬坡率；$\mathrm{RU}_{j,t}^{a}$ 和 $\mathrm{RD}_{j,t}^{a}$ 分别表示 t 时刻第 j 台 AGC 机组向上、向下的爬坡率；ΔT 表示每个调度周期的时间间隔；β 为风险水平。

4) 旋转备用约束

为了应对事故及其他可能的突发情况，系统需要留有一定数量的正、负旋转备用容量，该备用容量受 AGC 机组出力上下界的限制，即

对 $\forall t=1,2,\cdots,T; i=1,2,\cdots,N, j=1,2,\cdots,J$，

$$\begin{cases} \Pr\left\{R_t^{+} \leqslant \sum_{j=1}^{J}\left(\overline{P}_{j,t}^{a} - \tilde{p}_{j,t}^{a}\right)\right\} \geqslant 1-\varepsilon \\ \Pr\left\{R_t^{-} \leqslant \sum_{j=1}^{J}\left(\tilde{p}_{j,t}^{a} - \underline{P}_{j,t}^{a}\right)\right\} \geqslant 1-\varepsilon \end{cases} \tag{3-64}$$

式中，R_t^+ 和 R_t^- 分别表示 t 时刻系统所需预留的最小正、负旋转备用的数量；ε 为风险水平。

5) 线路潮流约束

传输线上的有功功率以一定的置信水平不超过其上限，即

对 $\forall t=1,2,\cdots,T; l=1,2,\cdots,L$，

$$p\left\{\left|\sum_{i=1}^{N} G_{l,i} p_{i,t}^{s} + \sum_{j=1}^{J} G_{l,j} \tilde{p}_{j,t}^{a} + \sum_{k=1}^{K} G_{l,k} \tilde{p}_{k,t}^{w} + \sum_{d=1}^{D} G_{l,d} p_{d,t}^{d}\right| \leqslant L_{l,t}\right\} \geqslant 1-\eta \tag{3-65}$$

式中，$G_{l,i}$ 为第 l 条线路对第 i 台火电机组有功出力的转移分布因子；$G_{l,j}$ 为第 l 条线路对第 j 个 AGC 机组有功出力的转移分布因子；$G_{l,k}$ 为第 l 条线路对第 k 个风电场有功出力的转移分布因子；$G_{l,d}$ 为第 l 条线路对第 d 个节点负荷功率的转移分布因子；$L_{l,t}$ 为 t 时刻第 l 条线路上的有功潮流上限；η 为允许线路上的有功功率超过其上界的最大概率。

3.5.2　机会约束的转化

机会约束随机实时调度模型中出现的随机变量均可表示为 $\boldsymbol{a}^{\mathrm{T}} \tilde{\boldsymbol{P}}_t^w \sim \text{Cauchy}(\boldsymbol{a}^{\mathrm{T}} \boldsymbol{\mu}_t, \boldsymbol{a}^{\mathrm{T}} \Sigma_t \boldsymbol{a})$（$\boldsymbol{a} \in \mathbb{R}^k$ 为 k 维列向量）的形式，不失一般性，将所有出现在模型中的机会约束记为以下两种形式之一：

$$p(\boldsymbol{a}^{\mathrm{T}} \tilde{\boldsymbol{P}}_t^w \leqslant u) \geqslant 1-\phi \tag{3-66}$$

$$p(\boldsymbol{a}^{\mathrm{T}} \tilde{\boldsymbol{P}}_t^w \geqslant u) \geqslant 1-\phi \tag{3-67}$$

式中，u 代表约束中不含随机变量的部分；ϕ 表示机会约束不成立的概率，即风险水平。结合式(3-15)对柯西分布分位数函数的表达，根据概率论中的基础知识，机会约束(3-66)和机会约束(3-67)可转化为确定性约束：

$$u \geqslant \mathrm{CDF}_{\boldsymbol{a}^{\mathrm{T}} \tilde{\boldsymbol{P}}_t^w}^{-1}(1-\phi) = \boldsymbol{a}^{\mathrm{T}} \boldsymbol{\mu}_t + \sqrt{\boldsymbol{a}^{\mathrm{T}} \Sigma_t \boldsymbol{a}} \tan\left[\pi\left(1-\phi-\frac{1}{2}\right)\right] \tag{3-68}$$

$$u \leqslant \mathrm{CDF}_{\boldsymbol{a}^{\mathrm{T}} \tilde{\boldsymbol{P}}_t^w}^{-1}(\phi) = \boldsymbol{a}^{\mathrm{T}} \boldsymbol{\mu}_t + \sqrt{\boldsymbol{a}^{\mathrm{T}} \Sigma_t \boldsymbol{a}} \tan\left[\pi\left(\phi-\frac{1}{2}\right)\right] \tag{3-69}$$

对于 AGC 机组实际出力的上下限约束，令式(3-68)和式(3-69)中的 $\boldsymbol{a}$ 为所有元素全为 1 的 k 维列向量 $\boldsymbol{a}_{\tilde{W}_t}$，那么机会约束(3-61)可以转化为确定性的线性约束：

$$\begin{cases}\alpha_j w_t + p_{j,t}^a - \overline{P}_{j,t}^a \leqslant \alpha_j \cdot \mathrm{CDF}_{\tilde{w}_t}^{-1}(\delta) \\ \alpha_j \cdot \mathrm{CDF}_{\tilde{w}_t}^{-1}(1-\delta) \leqslant \alpha_j w_t + p_{j,t}^a - \underline{P}_{j,t}^a\end{cases} \tag{3-70}$$

对于 AGC 机组实际出力的爬坡约束，结合式(3-68)和式(3-69)，式(3-63)可以转化为

$$\begin{cases}\dfrac{p_{j,t}^a - p_{j,t-1}^a + \alpha_j(w_t - w_{t-1}) - \mathrm{RU}_{j,t}^a \cdot \Delta T}{\alpha_j} \leqslant \mathrm{CDF}_{w_{t,t-1}}^{-1}(\beta) \\ \mathrm{CDF}_{w_{t,t-1}}^{-1}(1-\beta) \leqslant \dfrac{p_{j,t}^a - p_{j,t-1}^a + \alpha_j(w_t - w_{t-1}) + \mathrm{RD}_{j,t}^a \cdot \Delta T}{\alpha_j}\end{cases} \tag{3-71}$$

式中，$\mathrm{CDF}_{w_{t,t-1}}^{-1}$ 表示随机变量$(\tilde{w}_t - \tilde{w}_{t-1})$的累积分布函数的逆函数，表达为

$$\begin{cases}\mathrm{CDF}_{w_{t,t-1}}^{-1}(F) = \mu_{w_{t,t-1}^j} + \Sigma_{w_{t,t-1}^j} \tan\left[\pi\left(F - \dfrac{1}{2}\right)\right] \\ \mu_{w_{t,t-1}^j} = a_{\tilde{w}_t}\mu_t - a_{\tilde{w}_{t-1}}\mu_{t-1}, \Sigma_{w_{t,t-1}^j} = \sqrt{\boldsymbol{a}_{\tilde{w}_t}^{\mathrm{T}}\Sigma_t \boldsymbol{a}_{\tilde{w}_t}} + \sqrt{\boldsymbol{a}_{\tilde{w}_t}^{\mathrm{T}}\Sigma_{t-1}\boldsymbol{a}_{\tilde{w}_t}}\end{cases} \tag{3-72}$$

对于旋转备用约束(3-64)，令式(3-68)和式(3-69)中的$\boldsymbol{a}$为所有元素全为 1 的k维列向量$\boldsymbol{a}_{\tilde{w}_t}$，机会约束(3-64)可以转化为确定性的线性约束：

$$\begin{cases}w_t + R_t^+ + \sum\limits_{j=1}^{J}\left(p_{j,t}^a - \overline{P}_{j,t}^a\right) \leqslant \mathrm{CDF}_{\tilde{w}_t}^{-1}(\varepsilon) \\ \mathrm{CDF}_{\tilde{w}_t}^{-1}(1-\varepsilon) \leqslant w_t - R_t^- + \sum\limits_{j=1}^{J}\left(p_{j,t}^a - \underline{P}_{j,t}^a\right)\end{cases} \tag{3-73}$$

对于线路潮流约束，令式(3-68)和式(3-69)中的$\boldsymbol{a}$为k维列向量$\boldsymbol{\alpha}_l$，$\boldsymbol{\alpha}_l$的第k个元素为$G_{l,k} - \left(\sum\limits_{j=1}^{J} G_{l,j}\alpha_j\right)$，那么机会约束(3-65)可以转化为确定性的线性约束：

$$\begin{cases}\mathrm{CDF}_{a_l\tilde{P}_t^w}^{-1}(1-\eta) \leqslant L_l - \left[\sum\limits_{i=1}^{N} G_{l,i}p_{i,t}^s + \sum\limits_{j=1}^{J} G_{l,j}p_{j,t}^a + \left(\sum\limits_{j=1}^{J} G_{l,j}\alpha_j\right)\sum\limits_{k=1}^{K} p_{k,t}^w + \sum\limits_{d=1}^{D} G_{l,\mathrm{d}}p_{d,t}^d\right] \\ -L_l - \left[\sum\limits_{i=1}^{N} G_{l,i}p_{i,t}^s + \sum\limits_{j=1}^{J} G_{l,j}p_{j,t}^a + \left(\sum\limits_{j=1}^{J} G_{l,j}\alpha_j\right)\sum\limits_{k=1}^{K} p_{k,t}^w + \sum\limits_{d=1}^{D} G_{l,\mathrm{d}}p_{d,t}^d\right] \leqslant \mathrm{CDF}_{a_l\tilde{P}_t^w}^{-1}(\eta)\end{cases}$$

(3-74)

至此，基于柯西分布和仿射控制策略的机会约束随机实时经济调度问题转化为线性约束的凸优化问题，模型的目标函数由式(3-52)、式(3-53)和式(3-56)确定，模型的约束条件由式(3-59)、式(3-60)、式(3-62)、式(3-70)、式(3-71)、式(3-73)和式(3-74)确定，利用求解器 IPOPT 可以实现对随机实时调度的高效求解。

3.5.3　算例分析

本节利用中国西南地区某省的 20 个风电场的现场预测数据和实际出力数据来说明柯西分布对风电预测误差的拟合精度，利用修正的 IEEE 24 节点系统，本节对基于仿射控制策略的机会约束实时调度与传统的机会约束调度进行了对比分析，并且讨论了风电场出力的相关性对调度结果的影响，另外，随机实时调度的高效性在修正的 IEEE-118 节点系统上也得到了证明。在算例分析中，实时调度的每个调度周期为 5min，每次完成 12 个点的调度，调度结果发往调度中心后只执行第一个点。优化模型的求解采用 IPOPT 求解器，求解方法为内点法，IEEE 24 节点系统的参数如下所示。

系统的负荷曲线见图 3-16(a)，其中负荷的低谷期为 1:30～7:30，负荷的高峰期为 15:30～21:30；本系统包含 4 个风电场，它们分别位于节点 7(1 号风电场)、14(2 号风电场)、16(3 号风电场)和节点 21(4 号风电场)，这四个风电场的容量分别为 240MW、300MW、80MW 和 180MW，图 3-16(b)为四个风电场预测出力之和(此处预测出力的含义是风电出力的预测值所服从的概率密度函数的尺度参数)的变化曲线，其中夜间风电功率较白天大；本系统有 8 台 AGC 机组，分别连接在节点 5～8、节点 23 以及节点 31～33，每台 AGC 机组的功率分配系数按其容量确定，其他火电机组为非 AGC 机组，为了简化说明，算例中对机组的爬坡率进行标准化，

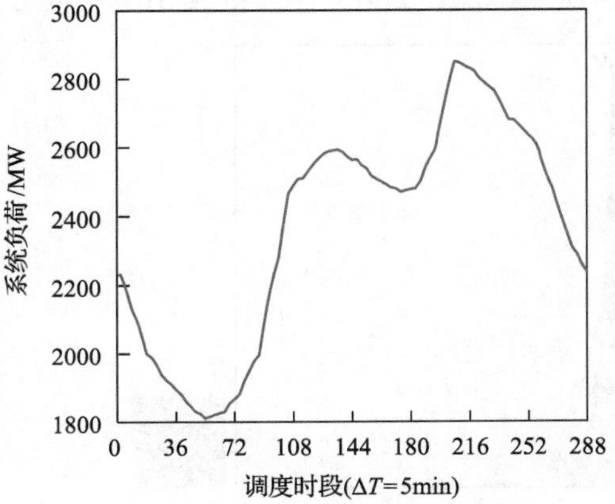

(a)

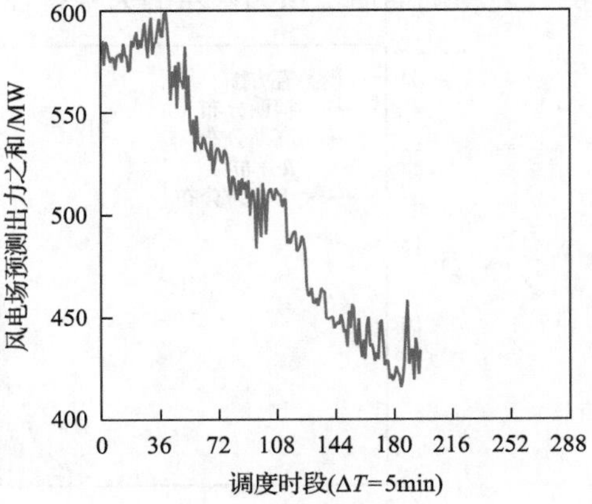

(b)

图 3-16　系统负荷与风电预测出力之和曲线

定义标准化的机组爬坡率为机组在单位时间内的爬坡容量(单位：MW)与机组最大容量(单位：MW)的比值，如果不做特殊说明，非 AGC 机组的标准爬坡率为 0.05，AGC 机组的标准爬坡率为 0.1。另外，假定全网在每个调度周期内的最小正、负旋转备用需求均为 50MW，正旋转备用的成本为 12 美元/MW·h，负旋转备用的成本为 24 美元/MW·h，所有机会约束的置信水平均为 0.98，关于系统具体的参数说明可以参考文献[18]和[19]。

1. 不同分布对风电预测误差拟合精度的对比分析

在本例中，我们选取中国西南地区某省的 20 个风电场为研究对象，采集了 80000 多个数据进行统计分析，所采集的超短期预测出力数据和实际出力数据均来自电网的电力调度和控制中心。对风电预测误差的拟合方法来自文献[15]，具体步骤如下所示。首先，把所有的风电预测数据和实际出力数据标幺化，并将每个时刻的预测值和实际值组成一个数据对；然后，以不同的实际值为参考点对预测误差进行条件概率拟合。本例中所用数据的实际值基本介于 0.0p.u.(标幺值，per unit)和 0.7p.u.之间，在这里，我们选取两组数据做统计分析，对比不同分布对风电预测误差的拟合效果，每组数据包含约 7000 个预测值和实际值的数据对。

(1) 数据组 1：该数据组的预测值介于 0.05p.u.到 0.15p.u.之间，取区间中点，认为此时的预测值为 0.1p.u.。

(2) 数据组 2：该数据组的预测值介于 0.35p.u.到 0.45p.u.之间，取区间中点，认为此时的预测值为 0.4p.u.。

数据的拟合结果如图 3-17 和图 3-18 所示，观察图像可以发现，柯西分布的拟合结果明显优于高斯分布、β 分布和韦布尔分布，在这些分布中只有柯西分布能较为精确地描述预测误差的尖峰特性和拖尾特性。另外，表 3-3 给出了不同分

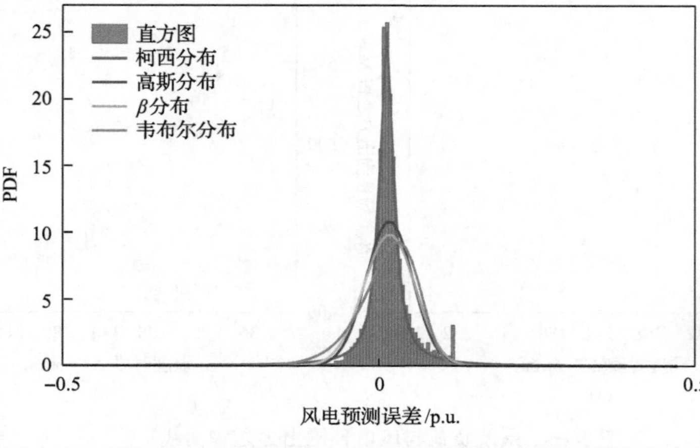

图 3-17 不同分布对数据组 1 风电预测误差的拟合结果(彩图请扫二维码)

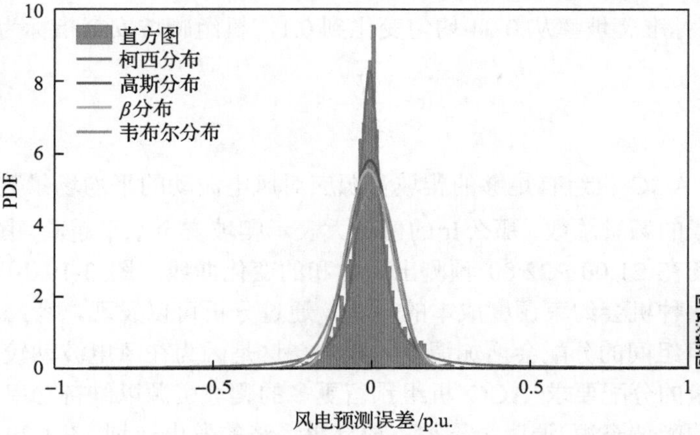

图 3-18　不同分布对数据组 2 风电预测误差的拟合结果(彩图请扫二维码)

表 3-3　不同分布对风电预测误差拟合的 RMSE

数据组	RMSE/p.u.			
	柯西分布	高斯分布	β 分布	韦布尔分布
数据组 1	0.3221	2.1144	2.2739	2.5273
数据组 2	0.3220	0.6365	0.7021	0.8695

布拟合结果的均方根误差(root mean squared error，RMSE)，其中柯西分布对数据拟合的 RMSE 明显小于其他分布的拟合结果，因此，可以说柯西分布对超短期风电出力预测误差的拟合是十分精确的。

2. 基于仿射控制策略的机会约束实时调度与传统的机会约束调度结果对比

本节对比了基于仿射控制策略的机会约束实时调度和传统的机会约束调度的计算结果。传统的机会约束经济调度不考虑由风电波动引起的功率失配量的再分配，因而也无法考虑功率失配量的分配对机组爬坡和线路有功约束的影响，当实际风电波动较大时，可能会造成爬坡资源的耗尽和输电线路的阻塞，进而引发安全事故。而基于仿射控制策略的机会约束实时调度不仅保证了 AGC 机组有足够的爬坡备用容量应对可能的实际风电波动，而且顾及了由功率失配量引起的 AGC 机组出力的变化对线路潮流的影响，从而可以有效地避免风险的发生。本算例考虑 21:00～22:00 的实时调度，调度周期为 5 分钟，调度周期的个数为 12 个，成本费用为所有 12 个调度周期的费用之和。为了对不同调度结果进行安全性和经济性的对比分析，本算例利用蒙特卡罗模拟的方法随机生成 10000 个场景，分析每个场景下电网的运行状态是否安全，相关分析如下所示。

首先是功率失配量在 AGC 机组间的分配对爬坡约束的影响。在本算例中，所

有 AGC 机组的标准爬坡率从 0.04 均匀变化到 0.1，机组爬坡安全指标为

$$\mathrm{Ir}=\frac{N_r}{N_M}$$

式中，N_r 表示 AGC 机组有足够的爬坡资源应对风电波动的平均场景数；N_M 表示所有随机生成的场景总数，那么 Ir 的值越大表示爬坡安全水平越高。图 3-19(a)表示所有风电场在 21:00～22:00 预测出力之和的变化曲线，图 3-19(b)表示在不同爬坡水平下两种机会约束调度成本的对比，通过分析可以发现，考虑功率的失配量在 AGC 机组间的分配会增加调度的成本，这是因为在风电波动较大的场景下，功率失配量的分配要求 AGC 机组预留更多的爬坡资源以维持功率的平衡，为了预留更多的爬坡资源，调度员不得不放弃更经济的发电计划。图 3-20 和图 3-21

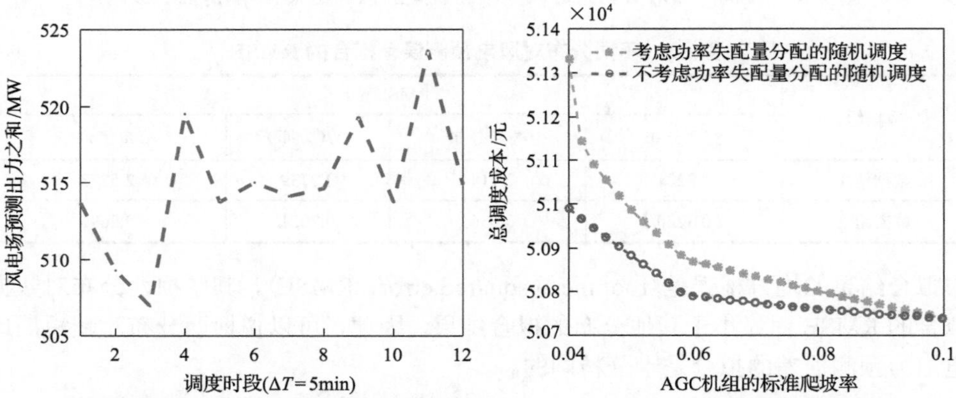

(a) 所有风电场在21:00~22:00预测出力之和变化曲线　　(b) 不同调度模型的总调度成本

图 3-19　调度时段内风电预测曲线和调度成本示意图

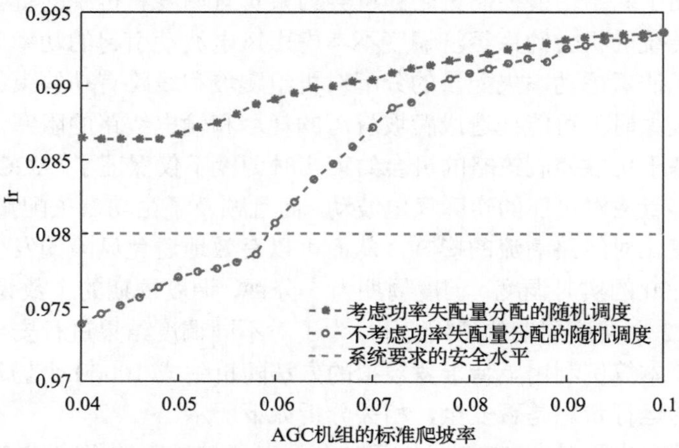

图 3-20　从调度时段 3 到调度时段 4 的机组爬坡安全水平

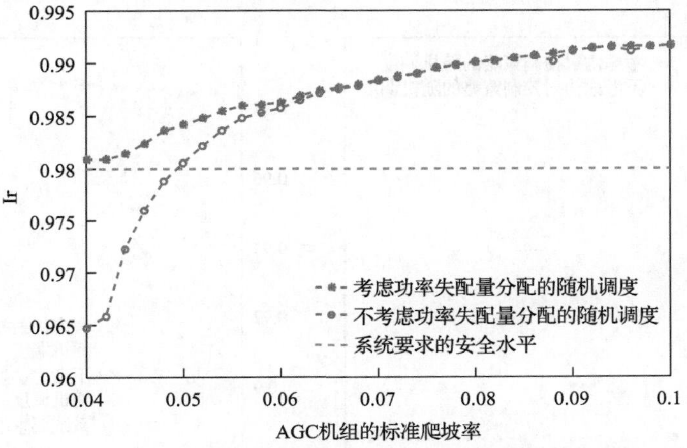

图 3-21　从调度时段 10 到调度时段 11 的机组爬坡安全水平

分别是从第 3 个调度周期到第 4 个调度周期和从第 10 个调度周期到第 11 个调度周期的蒙特卡罗随机模拟的结果。从图 3-22(a) 中可以看出在这两个调度周期内，风电出力发生了剧烈的波动，因此在 AGC 机组的爬坡水平较低时，两种情况下的爬坡安全指标均不能满足系统要求的最低水平，然而当系统的爬坡资源充足时，不考虑功率失配量的分配仍然能够满足系统要求的安全爬坡水平。

其次，本节讨论了功率失配量的分配对传输线有功约束的影响。在本算例中传输线#11 的容量从 155MW 均匀变化到 170MW，线路有功安全指标用 It 表示，其定义为

$$\mathrm{It} = \frac{N_t}{N_M}$$

式中，N_t 表示线路#11 在所有 12 个调度周期内不发生功率越限的平均场景数。图 3-22(b) 是基于仿射控制策略的随机调度与传统机会约束调度结果的对比，该结果表明，不考虑功率失配量在 AGC 机组间的分配后，虽然调度的总成本减少了，但线路功率发生越限的风险变大了，这是因为在调度阶段如果不考虑功率失配量的分配，那么在风电实际出力确定以后，系统为了保证功率平衡而调整 AGC 机组的出力，从而引起部分输电线路的阻塞，因此为了保证线路运行的安全，在调度阶段考虑功率失配量对线路潮流的影响是十分必要的。

3. 多风电场出力相关性对调度结果的影响

多风电场出力的相关性会影响调度的结果，本算例对“多风电场的出力存在相关性”和“多风电场的出力不存在相关性”两种情况进行分析对比。

(1) 考虑多风电场出力的相关性，其尺度参数矩阵与前述算例中的参数一致。

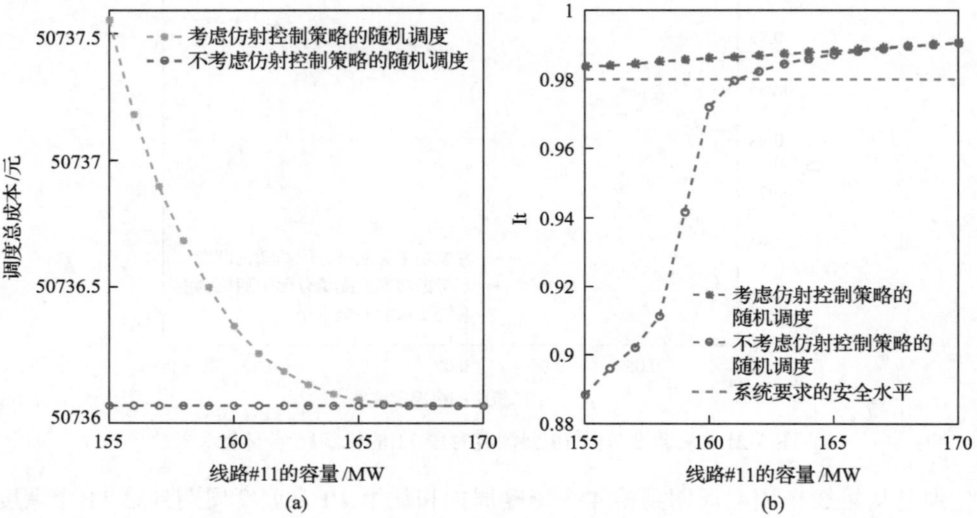

图 3-22　线路#11 不同容量下的总调度成本和安全水平

(2) 不考虑多风电场出力的相关性，各个风电场服从相互独立的柯西分布，各个独立柯西分布的参数与(1)中满足联合分布的各个分量的边缘分布是一致的。

可以认为算例(2)是对算例(1)的简化，即忽略了各个风电场之间出力的相关性，算例(1)更符合实际的风电出力特点。对上述两种情形分别进行随机调度并求解得到各自的调度计划，为了对比分析不同调度计划的安全性，本算例利用蒙特卡罗随机模拟的方法生成 10000 个风电实际出力的场景，模拟每个场景下各种安全运行约束是否得到满足，结果如表 3-4 所示，相关的结论如下：在调度中考虑多风电场出力的相关性会增加调度的成本，但是能够保证所有安全约束被违背的风险低于预先设定的风险，而忽略多风电场的相关性不一定能保证系统运行的风险低于期望的风险，这是由于在本算例中考虑同一时刻多风电场出力的总加时，尺度参数矩阵的设置会放大预测误差，因此系统的安全约束变得更加苛刻，从而增加了调度的成本，这也说明了对多风电场接入的大电网，考虑各个风电场出力的相关性在调度中是十分必要的。

表 3-4　多风电场出力的相关性对调度经济性和安全性的影响

对比项	算例(1)	算例(2)
成本/元	50736.09	50387.62
备用不足的最大风险/%	1.57	2.38
爬坡失败的最大风险/%	0.83	0.78
线路阻塞的最大风险/%	0.73	0.64

4. 基于仿射控制策略的机会约束实时调度的求解效率

本算例验证了基于仿射控制策略的机会约束实时调度求解的高效性。表 3-5 给出了 IEEE-24 节点系统和 IEEE-118 节点系统的规模和求解时间，由于柯西分布累积分布函数的反函数是解析的，因此求解分位数并转化机会约束的时间不需要考虑，计算时间仅仅包括对模型优化求解的时间。尽管由 IEEE-118 节点系统确定的调度模型包含了 1225 个变量和 6275 个约束，优化求解的时间也仅仅需要 7.23s，因此基于柯西分布和仿射控制策略的机会约束实时调度方法可以应用于包含大规模风电的实际电力系统的实时调度中。

表 3-5　随机实时调度的计算效率

系统信息	24 节点系统	118 节点系统
计算时间/s	2.1611	7.2253
节点个数	24	118
支路个数	38	181
机组和风电场的数量	33	79
变量个数	625	1225
约束个数	2387	6275

参 考 文 献

[1] Ross S M. Introduction to Probability Models[M]. 11th ed. San Diego: Elsevier, 2015.

[2] Ferguson T S. A representation of the symmetric bivariate cauchy distribution[J]. Mathematical Statistics, 1962, 33(4): 1256-1266.

[3] Borak S, Härdle W, Weron R. Stable distributions[R]. SFB 649 Discussion Paper, 2005: 21-44.

[4] Forbes C. Statistical Distributions[M]. 4th ed. Melbourne: John Wiley & Sons, Inc, 2011.

[5] Lee H Y, Park H J, Kim H M. A clarification of the cauchy distribution[J]. Communications for Statistical Applications and Methods, 2014, 21(2): 183-191.

[6] Hodge B M, Milligan M. Wind power forecasting error distributions over multiple timescales[C]. IEEE Power and Energy Society General Meeting, New York, 2011.

[7] Bri-Mathias S, Erik G E, Michael M. Characterizing and modeling wind power forecast errors from operational systems for use in wind integration planning studies[J]. Wind Engineering, 2012, 36(5): 509-524.

[8] Zhang Y, Wang X, Wu X, et al. Transmission planning considering spatial correlation of wind power[C]. 2016 IEEE PES 13th International Conference on Transmission and Distribution Construction, Operation and Live-Line Maintenance, Columbus, 2016: 1-5.

[9] Bolognani S, Arcari E, Dorfler F. A fast method for real-time chance-constrained decision with application to power systems[J]. IEEE Control Systems Letters, 2017, 1(1): 152-157.

[10] Zhang Y, Wang J, Zeng B, et al. Chance-constrained two-stage unit commitment under uncertain load and wind power output using bilinear benders decomposition[J]. IEEE Transactions on Power Systems, 2017, 32(5): 3637-3647.

[11] Uçkun C, Botterud A, Birge J R. An improved stochastic unit commitment formulation to accommodate wind uncertainty[J]. IEEE Transactions on Power Systems, 2016, 31(4): 2507-2517.

[12] Wang Q F, Guan Y P, Wang J H. A chance-constrained two stage stochastic program for unit commitment with uncertain wind power output[J]. IEEE Transactions on Power Systems, 2012, 27(1): 206-215.

[13] Zhao C Y, Wang Q F, Wanget J H. Expected value and chance constrained stochastic unit commitment ensuring wind power utilization[J]. IEEE Transactions on Power Systems, 2014, 29(6): 2696-2705.

[14] Zhang Z S, Sun Y Z, Gao D W, et al. A versatile probability distribution model for wind power forecast errors and its application in economic dispatch[J]. IEEE Transactions on Power Systems, 2013, 28(3): 3114-3125.

[15] Tang C. Look-ahead economic dispatch with adjustable confidence interval based on a truncated versatile distribution model for wind power[J]. IEEE Transactions on Power Systems, 2018, 33(2): 1755-1767.

[16] Wang Z, Shen C, Liu F, et al. Chance-constrained economic dispatch with non-Gaussian correlated wind power uncertainty[J]. IEEE Transactions on Power Systems, 2017, 32(6): 4880-4893.

[17] Wang Z, Shen C, Liu F, et al. An adjustable chance constrained approach for flexible ramping capacity allocation[J]. IEEE Transactions on Sustainable Energy, 2018, 9(4): 1798-1811.

[18] Yang Y, Wu W C, Wang B, et al. Analytical reformulation for stochastic unit commitment considering wind power uncertainty with Gaussian mixture model[J]. IEEE Transactions on Power Systems. 2020, 35(4): 2769-2782.

[19] Xu S W, Wu W C, Yang Y, et al. Stochastic real-time power dispatch with large-scale wind power integration and its analytical solution[J]. 2019, arXiv preprint arXiv: 1905.09480.

第4章　消纳可再生能源发电的鲁棒调度

4.1　概　　述

在线滚动调度是应对风电不确定性的一种调度方法，有利于电力系统消纳大规模风电。该方法在本质上属于确定性的有功调度方法。确定性的有功调度方法以点预测数据为依据制定短期的发电调度计划，在高风电渗透率的条件下无法有效地应对风电的随机性，因为该方法没有计及风电预测的不确定信息。如何充分地利用风电不确定信息进行安全而有效的电力调度，是消纳大规模风电的关键技术之一。

鲁棒优化是考虑参数不确定性的一种优化方法。在给定不确定参数变化范围的情况下，该方法寻求一个最优解，使得约束条件在不确定参数的所有可能取值下均得到满足。相对应地，随机规划法依赖于风电概率模型，然而在实际应用中风电概率模型有时是难以精确获得的。鲁棒优化考虑的不确定信息为不确定参数的变化范围，在实际中这类信息比概率分布模型更容易获得。因此，鲁棒优化是随机规划方法的有益补充，应用于不确定性参数的统计信息不完备的场景。由鲁棒优化得到的调度方案可以保证系统在一定风电波动范围内运行的安全性，符合电力系统调度运行的需求。

本章将介绍基于鲁棒优化理论的消纳可再生能源发电调度方法。首先介绍鲁棒优化的基本数学原理。然后，从不同的调度时间尺度出发，分别介绍鲁棒区间滚动调度方法和自适应鲁棒实时调度方法。

4.2　鲁棒优化基本原理

考虑参数取值不确定的传统鲁棒优化模型可以表示为如下的紧凑型形式：

$$\begin{cases} \min\ f(\boldsymbol{x}) \\ \text{s.t.}\ \ \boldsymbol{Ax} \leqslant \boldsymbol{C} & \text{(a)} \\ \underline{\boldsymbol{x}} \leqslant \boldsymbol{x} \leqslant \overline{\boldsymbol{x}} & \text{(b)} \\ \forall A_{ij} \in [\underline{A_{ij}}, \overline{A_{ij}}] & \text{(c)} \end{cases} \tag{4-1}$$

式中，$\boldsymbol{x}$为决策变量；A_{ij}为参数矩阵$\boldsymbol{A}$中取值不确定的参数；$\underline{A_{ij}}$、$\overline{A_{ij}}$分别代表

不确定参数取值区间的下限及上限。约束(a)代表优化过程中需要满足的不等式约束；约束(b)代表决策变量的出力限值约束；约束(c)代表不确定参数变化范围的约束。

考虑风电出力不确定的鲁棒优化调度问题与传统的鲁棒优化问题性质不同，其可以表示为如下的紧凑型表达形式：

$$\begin{cases} \min\ f(\boldsymbol{x}) \\ \text{s.t.}\ [\boldsymbol{A}_1\ \boldsymbol{A}_2]\begin{bmatrix}\boldsymbol{x}\\ \boldsymbol{y}\end{bmatrix} \leqslant \boldsymbol{C} \quad \text{(a)} \\ \underline{\boldsymbol{x}} \leqslant \boldsymbol{x} \leqslant \overline{\boldsymbol{x}} \quad \text{(b)} \\ \forall \boldsymbol{y} \in [\boldsymbol{y}^{\min}, \boldsymbol{y}^{\max}]\ \text{(c)} \end{cases} \tag{4-2}$$

式中，$\boldsymbol{x}$为传统机组的有功输出向量；$\boldsymbol{y}$为风电机组的有功输出向量；$\boldsymbol{y}^{\min}$、$\boldsymbol{y}^{\max}$分别代表风电机组允许出力区间的下限及上限。优化模型以最小化调度成本为优化目标，约束(a)代表系统备用需求、断面安全限值及发电机爬坡率约束等，约束(b)代表传统机组的出力限值约束，约束(c)代表风电机组的不确定出力约束。

可见，考虑风电出力不确定的鲁棒优化问题与一般的鲁棒优化模型性质不同。其不确定参数不是体现在参数矩阵$\boldsymbol{A}$的不确定性上，而是体现在决策变量$\boldsymbol{y}$的不确定性上，且受系统安全约束的影响，$\boldsymbol{y}$的允许出力区间范围$[\boldsymbol{y}^{\min}, \boldsymbol{y}^{\max}]$也是优化问题的决策变量。其鲁棒解是求得$\boldsymbol{y}^{\min} \leqslant \underline{\boldsymbol{y}}$，$\boldsymbol{y}^{\max} \leqslant \overline{\boldsymbol{y}}$，使得$\forall \boldsymbol{y} \in [\boldsymbol{y}^{\min}, \boldsymbol{y}^{\max}]$，模型(4-2)总存在可行解。其中，$\underline{\boldsymbol{y}}$、$\overline{\boldsymbol{y}}$分别代表风电机组预测出力区间的下限及上限。

式(4-2)约束(c)中不确定参数取值的无限可能性，使得上述优化问题无法直接求解。对此，可以将关于不确定参数的约束(a)与约束(c)合并为

$$\boldsymbol{A}_1\boldsymbol{x} + \max_{\boldsymbol{y}\in[\boldsymbol{y}^{\min}, \boldsymbol{y}^{\max}]} (\boldsymbol{A}_2\boldsymbol{y}) \leqslant \boldsymbol{C}$$

由于转化前后优化问题的可行域不变[1]，因此，转化后的问题等价于原问题。

上式可以进一步改写为如下形式：

$$\max_{\boldsymbol{y}\in[\boldsymbol{y}^{\min}, \boldsymbol{y}^{\max}]} (\boldsymbol{A}_1\boldsymbol{x} + \boldsymbol{A}_2\boldsymbol{y}) \leqslant \boldsymbol{C} \tag{4-3}$$

这样，通过式(4-2)的转换，将关于不确定参数的出力约束转化为关于不确定参数的优化问题，考虑不确定性的鲁棒优化模型(4-2)就转化成了确定的两层优化问题：

$$
\begin{cases}
\min f(\boldsymbol{x}) \\
\text{s.t.} \quad 式(4\text{-}3) \\
\quad \underline{\boldsymbol{x}} \leqslant \boldsymbol{x} \leqslant \overline{\boldsymbol{x}} \\
\quad \boldsymbol{y}^{\min} \leqslant \underline{\boldsymbol{y}}, \boldsymbol{y}^{\max} \leqslant \overline{\boldsymbol{y}}
\end{cases} \tag{4-4}
$$

式(4-3)可以理解为不确定参数最恶劣取值情况下的系统安全要求，包括与风电出力相关的系统备用及断面安全约束，具体分析见 3.3.1 节。

对式(4-4)约束中的子优化问题求解关于变量 $\boldsymbol{y}$ 的对偶问题：

$$
\begin{cases}
\min (\boldsymbol{\alpha}_i \boldsymbol{y}^{\max} - \boldsymbol{\beta}_i \boldsymbol{y}^{\min}) + \boldsymbol{A}_{1i}\boldsymbol{x} \\
\text{s.t.} \ \boldsymbol{\alpha}_i - \boldsymbol{\beta}_i \geqslant \boldsymbol{A}_{2i}, \ \forall i \\
\quad \boldsymbol{\alpha}_i \geqslant \boldsymbol{0}, \ \boldsymbol{\beta}_i \geqslant \boldsymbol{0}
\end{cases}
$$

将该对偶问题代入到原问题中，即可得到等值后的单层非线性鲁棒优化模型，方便了问题的求解：

$$
\begin{cases}
\min\limits_{\boldsymbol{x}} f(\boldsymbol{x}) \\
\text{s.t.} (\boldsymbol{\alpha}_i \boldsymbol{y}^{\max} - \boldsymbol{\beta}_i \boldsymbol{y}^{\min}) + \boldsymbol{A}_{1i}\boldsymbol{x} \leqslant \boldsymbol{C}, \ \ \forall i \\
\quad \boldsymbol{\alpha}_i - \boldsymbol{\beta}_i \geqslant \boldsymbol{A}_{2i} \\
\quad \underline{\boldsymbol{x}} \leqslant \boldsymbol{x} \leqslant \overline{\boldsymbol{x}} \\
\quad \boldsymbol{\alpha}_i \geqslant \boldsymbol{0}, \ \boldsymbol{\beta}_i \geqslant \boldsymbol{0} \\
\quad \boldsymbol{y}^{\min} \leqslant \underline{\boldsymbol{y}}, \boldsymbol{y}^{\max} \leqslant \overline{\boldsymbol{y}}
\end{cases}
$$

式中，$\boldsymbol{A}_{1i}$、$\boldsymbol{A}_{2i}$ 分别代表系数矩阵 $\boldsymbol{A}_1$、$\boldsymbol{A}_2$ 的第 i 行元素构成的向量。

4.3　鲁棒区间滚动调度

4.3.1　鲁棒区间滚动调度模型

本书在鲁棒优化过程中，对风电机组采用区间控制模式。风电出力区间的选择一方面应满足最小弃风的要求，另一方面应满足区间内最恶劣风电出力情况下的系统运行安全性。据此建立如下的鲁棒双层区间优化模型。

1) 优化目标

优化目标包括常规机组的煤耗成本及可能弃风的惩罚成本。其中，区间控制模式下风电允许出力区间上限 $p_{jt}^{w,\max}$ 的大小决定了每一时段风电的最高可能出力水平，对风电的消纳有直接影响。因此，在目标函数中以惩罚成本的形式要求 $p_{jt}^{w,\max}$ 尽可能地达到最大风电预测出力区间上限值 $\overline{p_{jt}^{w}}$。

为保证系统的经济性，基点追踪层一般采用基于最优计划层计划 p_{it}^{roll} 基础上的增量控制模式。为叙述方便，令 $p_{it} = p_{it}^{\text{roll}} + \Delta p_{it}$，则上述模型可以进一步地转化为如下的一般表示形式：

$$f(p_{it}) = \min\left(\sum_{t=t_0+1}^{t_0+T}\sum_{i\in G_{\text{con}}}(a_i p_{it}^2 + b_i p_{it} + c_i) + \sum_{j\in G_{\text{wind}}}\sum_{t=t_0+1}^{T}\lambda_j(\overline{p_{jt}^{w}} - p_{jt}^{w,\max})\right) \tag{4-5}$$

2) 约束条件

(1) 风电机组的出力约束。风电机组的经济最优计划出力应不超过允许的最大出力区间范围，同时允许出力区间的上限不应高于预测的出力区间上限，允许的出力区间下限不应高于预测的出力区间下限：

$$p_{jt}^{w,\min} \leqslant p_{jt}^{w} \leqslant p_{jt}^{w,\max} \tag{4-6}$$

$$p_{jt}^{w,\max} \leqslant \overline{p_{jt}^{w}} \tag{4-7}$$

$$p_{jt}^{w,\min} \leqslant \underline{p_{jt}^{w}} \tag{4-8}$$

式中，$\overline{p_{jt}^{w}}$、$\underline{p_{jt}^{w}}$ 分别代表风电预测出力区间的上下限。

(2) 最恶劣场景下的系统可调容量约束。

$$\begin{cases}\text{式(4-5)}\\ u_t \geqslant 0\end{cases} \text{及} \begin{cases}\text{式(4-6)}\\ d_t \geqslant 0\end{cases} \tag{4-9}$$

最恶劣场景下的断面安全约束

$$\begin{cases}\text{式(4-7)}\\ \text{Lu}_{l,t} \leqslant \overline{\text{TL}_l}\end{cases} \text{及} \begin{cases}\text{式(4-8)}\\ \underline{\text{TL}_l} \leqslant \text{Ld}_{l,t}\end{cases} \tag{4-10}$$

(3) 常规机组的连续可上调容量约束。

$$\begin{cases}p_{it} + R_{it}^{u} \leqslant \min(\overline{p_i}, p_{i,t-1} + \Delta\text{pu}_i T)\\ R_{it}^{u} \leqslant \Delta\text{pu}_i T\end{cases} \tag{4-11}$$

(4) 常规机组的连续可下调容量约束。

$$\begin{cases} p_{it} - R_{it}^d \geqslant \max(\underline{p_i}, p_{i,t-1} - \Delta \mathrm{pd}_i T) \\ R_{it}^d \leqslant \Delta \mathrm{pd}_i T \end{cases} \tag{4-12}$$

(5) 最恶劣情况下常规机组出力的连续可行性约束。

$$\begin{cases} 0 \leqslant \Delta R_{it}^u \leqslant R_{it}^u \\ \sum_i \Delta R_{it}^u = \sum_i R_{it}^u - u_t \\ 0 \leqslant \Delta R_{it}^d \leqslant R_{it}^d \\ \sum_i \Delta R_{it}^d = \sum_i R_{it}^d - d_t \\ p_{it} + \Delta R_{it}^u - p_{i,t-1} + \Delta R_{i,t-1}^d \leqslant \Delta \mathrm{pu}_i T \\ p_{i,t-1} + \Delta R_{i,t-1}^u - p_{it} + \Delta R_{it}^d \leqslant \Delta \mathrm{pd}_i T \end{cases} \tag{4-13}$$

式中，ΔR_{it}^u、ΔR_{it}^d 分别为式(4-17)、式(4-18)两种最恶劣情况下发电机 i 在 t 时段的出力调整量。

(6) 发电负荷平衡约束。采用风电机组的经济最优计划出力 p_{jt}^w 而不是最恶劣风电出力：

$$\sum_{i \in G_{\mathrm{con}}} p_{it} + \sum_{j \in G_{\mathrm{wind}}} p_{jt}^w = D_t \tag{4-14}$$

(7) 常规机组的出力限值约束。

$$\underline{p_i} \leqslant p_{it} \leqslant \overline{p_i} \tag{4-15}$$

式中，$\overline{p_i}$、$\underline{p_i}$ 分别为常规机组的出力上下限。

3) 常规机组的爬坡率约束

$$p_{i,t-1} - \Delta \mathrm{pd}_i T \leqslant p_{it} \leqslant p_{i,t-1} + \Delta \mathrm{pu}_i T \tag{4-16}$$

式中，$\Delta \mathrm{pu}_i$、$\Delta \mathrm{pd}_i$ 分别为常规机组向上及向下的爬坡率；T 为采样间隔。

在上述的鲁棒双层区间调度模型中，式(4-17)～式(4-20)构成下层的优化问题，以风电最恶劣情况下的出力值 $p_{jt}^{w,1}$、$p_{jt}^{w,2}$、$p_{jt}^{w,3}$ 和 $p_{jt}^{w,4}$ 为优化变量。此时，风电机组的允许出力区间上下限变量 $p_{jt}^{w,\min}$、$p_{jt}^{w,\max}$ 为上层优化问题的给定值保持不变，通过寻找给定出力区间 $[p_{jt}^{w,\min}, p_{jt}^{w,\max}]$ 中的风电最恶劣出力情况，极小化系统的可调裕度；式(4-5)～式(4-16)构成上层优化问题，以传统机组的鲁棒最优出力 $p_{i,t}$、风电机组的允许出力区间上下限变量 $p_{jt}^{w,\min}$、$p_{jt}^{w,\max}$ 及风电机组的经济最优计划出力 p_{jt}^{w} 为优化变量，根据下层优化问题的可行性，调整相应的风电允许出力区间 $[p_{jt}^{w,\min}, p_{jt}^{w,\max}]$ 的大小，并通过寻找该区间内的风电最优出力计划值确定相应的火电机组最优配合出力计划。上下层的相互关系如图 4-1 所示。

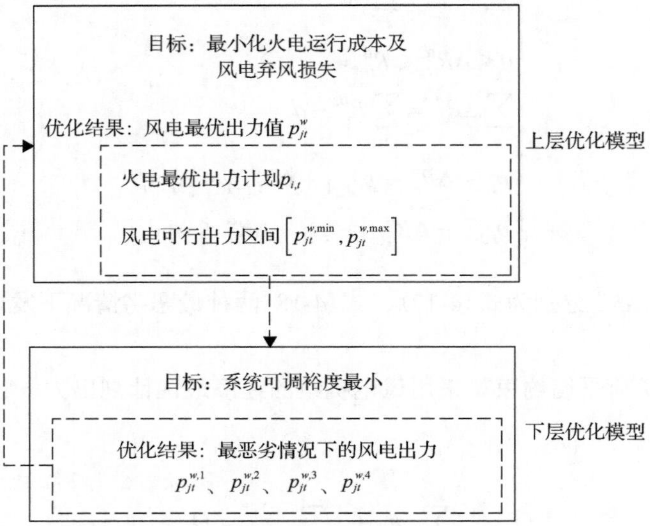

图 4-1　两层鲁棒优化模型

优化结束后对风电场下发的是允许出力区间的上下限及经济最优的风电出力计划，风电场以经济最优的出力计划作为追踪基点，并根据实际风电情况在给定的出力区间中调整。

4.3.2　最恶劣场景分析

鲁棒优化调度问题首先需要获知不确定参数在给定范围内变化的最恶劣场景条件。最恶劣场景指的是这样一种参数取值情况，即如果在此场景下存在可行解，则对于其他场景也存在可行解[2]。

从调度安全的角度考虑，鲁棒优化过程的最恶劣场景应包括两种：①从系统动态响应能力的角度，风电出力突变导致常规机组的可调容量达到最小。显然，系统可调容量越小，其安全水平越低，该种情况也就越恶劣；极端情况下当风电变化量超出常规机组的可调容量范围时，将导致弃风或切负荷等控制措施。②从断面安全的角度，风电出力突然变化导致断面负载率达到最大。断面负载率越高，则系统安全水平越低，该种情况也越恶劣。极端情况下当断面过载时，也将导致临时的弃风或切负荷等控制措施。

第一种最恶劣场景可以进一步地按照上调容量及下调容量约束分为如下两种情况。

(1) 风电实际出力低于计划出力，导致常规机组的上调容量超出限值。据此可建立如下的最恶劣情况判别条件：

$$\begin{cases} u_t = \min\limits_{p_{jt}^{w,1}} \left(\sum\limits_{i \in G_{\text{con}}} p_{it} + \sum\limits_{i \in G_{\text{con}}} R_{it}^u + \sum\limits_{j \in G_{\text{wind}}} p_{jt}^{w,1} - D_t \right) \\ \text{s.t.} \ \ p_{jt}^{w,\min} \leqslant p_{jt}^{w,1} \leqslant p_{jt}^{w,\max}, \quad \forall j \in G_{\text{wind}} \end{cases} \tag{4-17}$$

式中，u_t 为第 t 时段的系统最小上调裕度；p_{it} 及 R_{it}^u 分别为第 i 台常规机组在第 t 时段的出力计划及上调裕度；$p_{jt}^{w,1}$ 为此种最恶劣情况下的风电出力优化变量；D_t 为第 t 时段的系统负荷需求；G_{con} 与 G_{wind} 分别为传统机组和风电机组集合。

需要注意的是，$p_{jt}^{w,\min}$ 及 $p_{jt}^{w,\max}$ 分别为风电允许出力区间的下限及上限，在风电鲁棒优化调度模型中是需要优化的变量。$p_{jt}^{w,\min} \leqslant \underline{p_{jt}^{w}}$，$p_{jt}^{w,\max} \leqslant \overline{p_{jt}^{w}}$，$\underline{p_{jt}^{w}}$ 和 $\overline{p_{jt}^{w}}$ 分别是风电预测出力区间的上下限。

可见，要保证最恶劣情况下的系统运行安全，必须要满足 $u_t \geqslant 0$。

(2) 风电实际出力高于计划出力，导致常规发电机的下调容量超出限值。据此可建立如下的最恶劣情况判别条件：

$$\begin{cases} d_t = \min\limits_{p_{jt}^{w,2}} \left(D_t - \sum\limits_{i \in G_{\text{con}}} p_{it} + \sum\limits_{i \in G_{\text{con}}} R_{it}^d - \sum\limits_{j \in G_{\text{wind}}} p_{jt}^{w,2} \right) \\ \text{s.t.} \ \ p_{jt}^{w,\min} \leqslant p_{jt}^{w,2} \leqslant p_{jt}^{w,\max}, \quad \forall j \in G_{\text{wind}} \end{cases} \tag{4-18}$$

式中，d_t 为第 t 时段的系统最小下调裕度；$p_{jt}^{w,2}$ 为此种最恶劣情况下的风电出力优化变量；R_{it}^d 为第 i 台常规机组在第 t 时段的下调裕度。

同理，要保证最恶劣情况下的系统运行安全，必须要满足：$d_t \geqslant 0$。

第二种最恶劣场景按断面潮流的正反向也可分为如下两种情况。

(1) 风电出力突然变化导致断面正向负载达到最大，据此可建立如下的最恶劣情况判别条件：

$$\begin{cases}\mathrm{Lu}_{l,t}=\max\limits_{p_{jt}^{w,3}}\left(\sum\limits_{i\in G_{\mathrm{con}}}(k_{li}p_{it})+\sum\limits_{j\in G_{\mathrm{wind}}}(k_{lj}p_{jt}^{w,3})\right)\\ \text{s.t. } p_{jt}^{w,\min}\leqslant p_{jt}^{w,3}\leqslant p_{jt}^{w,\max},\ \forall j\in G_{\mathrm{wind}}\end{cases}\tag{4-19}$$

式中，l 为断面编号，$l=1,\cdots,L$，L 为总断面数；k_{li} 为第 i 台机组对第 l 个断面的灵敏度；$p_{jt}^{w,3}$ 为此种最恶劣情况下的风电出力优化变量；$\mathrm{Lu}_{l,t}$ 为第 t 时段断面 l 最大的正向负载水平。

为保证最恶劣情况下的系统运行安全，应有 $\mathrm{Lu}_{l,t}\leqslant\overline{\mathrm{TL}_l}$。

(2) 风电出力突然变化导致断面反向负载达到最大，据此可建立如下的最恶劣情况判别条件：

$$\begin{cases}\mathrm{Ld}_{l,t}=\min\limits_{p_{jt}^{w,4}}\left(\sum\limits_{i\in G_{\mathrm{con}}}(k_{li}p_{it})+\sum\limits_{j\in G_{\mathrm{wind}}}(k_{lj}p_{jt}^{w,4})\right)\\ \text{s.t. } p_{jt}^{w,\min}\leqslant p_{jt}^{w,4}\leqslant p_{jt}^{w,\max},\ \forall j\in G_{\mathrm{wind}}\end{cases}\tag{4-20}$$

式中，$p_{jt}^{w,4}$ 为此种最恶劣情况下的风电出力优化变量；$\mathrm{Ld}_{l,t}$ 为第 t 时段断面 l 最小的正向负载水平(反向的最大负载水平)。

为保证最恶劣情况下的系统运行安全，应有 $\underline{\mathrm{TL}_l}\leqslant\mathrm{Ld}_{l,t}$。

4.3.3 求解算法

由图 4-1 可见，在本书的双层鲁棒区间调度模型中，上下层问题存在耦合关系，无法直接求解。同时，上层模型对下层模型的要求仅仅是最大最小发电能力的约束，因此，根据线性规划的强对偶理论，该约束等价于下层优化模型的对偶问题满足相应的要求。据此可以将原优化问题转化为单层的非线性规划问题来解决。具体转化过程如下所示。

(1) 对每一个优化时段 t，分别将式(4-13)～式(4-14)中的 u_t、d_t、$\mathrm{Lu}_{l,t}$、$\mathrm{Ld}_{l,t}$ 用下层优化模型(式(4-17)～式(4-20))的对偶问题的目标函数替换。

(2) 将下层优化模型(式(4-17)～式(4-20))分别用相应的对偶问题的约束替换。

第(2)步保证了底层优化问题的对偶目标函数是原优化问题的上界或下界。

假设对偶转化前下层优化模型的变量为 $p_{jt}^{w,1}$、$p_{jt}^{w,2}$、$p_{jt}^{w,3}$、$p_{jt}^{w,4}$，对偶转化后对应 $p_{jt}^{w,1}$ 的优化子问题的对偶变量为 x_{it}、y_{it}，对应 $p_{jt}^{w,2}$ 的优化子问题的对偶变量为 α_{it}、β_{it}，对应 $p_{jt}^{w,3}$ 的优化子问题的对偶变量为 z_{jlt}、δ_{jlt}，对应 $p_{jt}^{w,4}$ 的优化子问题的对偶变量为 ς_{jlt}、ξ_{jlt}，则经过转换后的优化问题形式如下：

$$
\begin{cases}
f_0(p_{i,t}) = \min\left(\sum_{t=t_0+1}^{t_0+T} \sum_{i \in G_{\text{con}}} (a_i p_{it}^2 + b_i p_{it} + c_i) + \sum_{j \in G_{\text{wind}}} \sum_{t=t_0+1}^{T} \lambda_j (\overline{p_{jt}^w} - p_{jt}^{w,\max}) \right) \\
\text{s.t.} \quad \sum_{i \in G_{\text{con}}} p_{it} + \sum_{j \in G_{\text{wind}}} p_{jt}^w = D_t & \text{(a)} \\
p_{jt}^{w,\min} \leqslant p_{jt}^w \leqslant p_{jt}^{w,\max} & \text{(b)} \\
p_{jt}^{w,\max} \leqslant \overline{p_{jt}^w} & \text{(c)} \\
p_{jt}^{w,\min} \leqslant \underline{p_{jt}^w} & \text{(d)} \\
\underline{p_i} \leqslant p_{it} \leqslant \overline{p_i} & \text{(e)} \\
p_{i,t-1} - \Delta \text{pd}_i T \leqslant p_{it} \leqslant p_{i,t-1} + \Delta \text{pu}_i T & \text{(f)} \\
R_{it}^u \leqslant \min(\overline{p_i} - p_{it}, p_{i,t-1} + \Delta \text{pu}_i T - p_{it}, \Delta \text{pu}_i T) & \text{(g)} \\
R_{it}^d \leqslant \min(p_{it} - \underline{p_i}, p_{it} - p_{i,t-1} + \Delta \text{pd}_i T, \Delta \text{pd}_i T) & \text{(h)} \\
0 \leqslant \Delta R_{it}^u \leqslant R_{it}^u & \text{(i)} \\
\sum_i \Delta R_{it}^u = \sum_i R_{it}^u - u_t & \text{(j)} \\
0 \leqslant \Delta R_{it}^d \leqslant R_{it}^d & \text{(k)} \\
\sum_i \Delta R_{it}^d = \sum_i R_{it}^d - d_t & \text{(l)} \\
p_{it} + \Delta R_{it}^u - p_{i,t-1} + \Delta R_{i,t-1}^d \leqslant \Delta \text{pu}_i T & \text{(m)} \\
p_{i,t-1} + \Delta R_{i,t-1}^u - p_{it} + \Delta R_{it}^d \leqslant \Delta \text{pd}_i T & \text{(n)} \\
\sum_{i \in G_{\text{con}}} p_{it} + \sum_{i \in G_{\text{con}}} R_{it}^u - \sum_{i \in G_{\text{wind}}} x_{it} p_{jt}^{w,\max} + \sum_{i \in G_{\text{wind}}} y_{it} p_{jt}^{w,\min} \geqslant D_t & \text{(o)} \\
-x_{it} + y_{it} \leqslant 1, \forall i \in G_{\text{wind}} & \text{(p)} \\
\sum_{i \in G_{\text{con}}} p_{it} - \sum_{i \in G_{\text{con}}} R_{it}^d + \sum_{i \in G_{\text{wind}}} \beta_{it} p_{jt}^{w,\max} - \sum_{i \in G_{\text{wind}}} \alpha_{it} p_{jt}^{w,\min} \leqslant D_t & \text{(q)} \\
-\alpha_{it} + \beta_{it} \geqslant 1, \forall i, j \in G_{\text{wind}} & \text{(r)} \\
\sum_{j \in G_{\text{wind}}} z_{jlt} p_{jt}^{w,\max} - \sum_{j \in G_{\text{wind}}} \delta_{jlt} p_{jt}^{w,\min} + \sum_{i \in G_{\text{con}}} (k_{li} p_{it}) \leqslant \overline{\text{TL}_l} & \text{(s)}
\end{cases}
$$

$$
\begin{cases}
z_{jlt}-\delta_{jlt}\geqslant k_{lj},\forall j\in G_{\text{wind}} & \text{(t)}\\
-\sum\limits_{j\in G_{\text{wind}}}\varsigma_{jlt}p_{jt}^{w,\max}+\sum\limits_{j\in G_{\text{wind}}}\xi_{jlt}p_{jt}^{w,\min}+\sum\limits_{i\in G_{\text{con}}}(k_{li}p_{it})\geqslant \underline{\text{TL}_l} & \text{(u)}\\
\varsigma_{jlt}-\xi_{jlt}\geqslant k_{lj},\forall j\in G_{\text{wind}} & \text{(v)}\\
x_{it},y_{it},\alpha_{it},\beta_{it},z_{jlt},\delta_{jlt},\varsigma_{jlt},\xi_{jlt}\geqslant 0 & \text{(w)}
\end{cases}
\tag{4-21}
$$

式中，约束(a)～约束(n)的意义与前面所述相同；约束(o)和约束(p)为子问题(4-17)对应的对偶问题约束；约束(q)和约束(r)为子问题(4-18)对应的对偶问题约束；约束(s)和约束(t)为子问题(4-19)对应的对偶问题约束；约束(u)和约束(v)为子问题(4-20)对应的对偶问题约束；约束(w)为相应的对偶变量取值约束。

4.3.4　保守性降低策略

由上面鲁棒优化模型中最恶劣场景求取约束式可知，从系统动态响应能力的角度，当所有风电场出力均取允许出力区间的边界值时为最恶劣场景，对应该时段的风电最恶劣出力值为 $p_{jt}^{\text{worst}}=p_{jt}^{w,\max}$ 或 $p_{jt}^{w,\min}$。此时，在允许出力区间内，风电最恶劣出力 p_{jt}^{worst} 与鲁棒优化得到的风电经济最优出力 p_{jt}^{w} 的相对偏差 s_{jt} 达到最大。

由于风电出力的随机性，当风电场个数较多时，这种情况出现的概率一般较小，如果按这种情况做决策将使得调度结果过于保守。因此，需要进一步地研究降低鲁棒区间调度结果保守性的措施。

1. 基于置信区间的鲁棒区间调度模型

由上面可知，在最恶劣情况下，所有风电场出力相对偏差 s_{jt} 取值之和的取值决定了鲁棒优化结果的保守性程度。因此，可以通过限制该相对偏差的大小达到限制鲁棒优化结果保守性的目的。

单个风电场 j 在 t 时段出力相对偏差 s_{jt} 的一般表达形式如下：

$$
p_{jt}^{ws}=\begin{cases}
p_{jt}^{w}+(p_{jt}^{w,\max}-p_{jt}^{w})s_{jt}, & p_{jt}^{ws}\in[p_{jt}^{w},p_{jt}^{w,\max}]\\
p_{jt}^{w}-(p_{jt}^{w}-p_{jt}^{w,\min})s_{jt}, & p_{jt}^{ws}\in[p_{jt}^{w,\min},p_{jt}^{w}]
\end{cases}
\tag{4-22}
$$

式中，p_{jt}^{ws} 为风电场实际最大或最小可出力值；p_{jt}^{w} 为鲁棒优化获得的风电场经济最优出力。可见 $s_{jt}\in[0,1]$。由 s_{jt} 的取值范围可知 $\sum\limits_{j=1}^{n}s_{jt}\leqslant n$。为降低结果的保守

程度，一般对 s_{jt} 取一个小于 1 的值，使得

$$\sum_{j=1}^{n} s_{jt} \leqslant \Gamma_t \tag{4-23}$$

式中，$\Gamma_t \in [0,n]$，称为不确定度[3]。Γ_t 的取值大小反映了决策者对运行经济性与安全性的偏好，Γ_t 越大则解越保守，系统安全性越高而经济性越差；反之越乐观。特别地，当 $\Gamma_t = 0$ 时，表明在调度过程中不考虑风电出力的不确定性影响，模型退化为传统的经济调度模型。而 $\Gamma_t = n$ 表明在调度过程中考虑了所有可能的最恶劣情况，此时将得到最保守的调度结果。

在考虑风电出力保守性后，最恶劣情况的判别条件(式(4-17)和式(4-18))可以分别修正为如下形式：

$$\begin{cases} u_t = \min\limits_{p_{jt}^{w,1}} \left(\sum\limits_{i \in G_{\text{con}}} p_{it} + \sum\limits_{i \in G_{\text{con}}} R_{it}^{u} + \sum\limits_{j \in G_{\text{wind}}} p_{jt}^{w,1} - D_t \right) \\ \text{s.t.} \quad p_{jt}^{w} - (p_{jt}^{w} - p_{jt}^{w,\min}) \underline{s}_{jt} \leqslant p_{jt}^{w,1} \leqslant p_{jt}^{w,\max} \\ \qquad \forall t, \underline{s}_{jt} \in [0,1], \sum\limits_{j=1}^{n} \underline{s}_{jt} \leqslant \Gamma_t \end{cases} \tag{4-24}$$

$$\begin{cases} d_t = \min\limits_{p_{jt}^{w,2}} \left(D_t - \sum\limits_{i \in G_{\text{con}}} p_{it} + \sum\limits_{i \in G_{\text{con}}} R_{it}^{d} - \sum\limits_{j \in G_{\text{wind}}} p_{jt}^{w,2} \right) \\ \text{s.t.} \quad p_{jt}^{w,\min} \leqslant p_{jt}^{w,2} \leqslant p_{jt}^{w} + (p_{jt}^{w,\max} - p_{jt}^{w}) \bar{s}_{jt} \\ \qquad \forall t, \bar{s}_{jt} \in [0,1], \sum\limits_{j=1}^{n} \bar{s}_{jt} \leqslant \Gamma_t \end{cases} \tag{4-25}$$

将式(4-24)、式(4-25)分别代替原优化问题的对应约束(式(4-17)和式(4-18))后，即可得到基于一定置信水平的鲁棒区间调度模型。

从断面安全的角度，需要根据风电场的具体分布位置对位于断面同一侧的风电场进行类似分析。

2. 风电出力不确定度 Γ_t 的求取

以优化模型中的 d_t 约束为例，令 $\hat{a}_{jt} = p_{jt}^{w,\max} - p_{jt}^{w}$，由于线性规划的最优解必在顶点处取得，因此，可以假定鲁棒优化模型获得的解为

$$s_{jt}^{*} = 1, \forall j \in S_t^{*}, |S_t^{*}| = \lfloor \Gamma_t \rfloor; s_{mt}^{*} = \Gamma_t - \lfloor \Gamma_t \rfloor \tag{4-26}$$

式中，S_t^* 为 t 时段所有 s_{jt} 取值为 1 的风电场集合。同时，假定 $n=\underset{i\in S_t^*\cup\{m\}}{\arg\min}\,\hat{a}_{it}$，则第 t 时段约束越限的概率可以表示为如下形式：

$$P=\Pr\left(\sum_{i\in G_{\text{con}}}p_{it}-\sum_{i\in G_{\text{con}}}R_{it}^d+\sum_{j\in G_{\text{wind}}}p_{jt}^{w,2}>D_t\right) \tag{4-27}$$

由式(4-26)可知

$$\sum_{i\in G_{\text{con}}}(p_{it}-R_{it}^d)+\sum_{j\in G_{\text{wind}}}p_{jt}^w+\sum_{j\in S_t^*}\hat{a}_{jt}+(\Gamma_t-\lfloor\Gamma_t\rfloor)\hat{a}_{mt}\leqslant D_t \tag{4-28}$$

将式(4-22)、式(4-28)代入式(4-27)可得

$$P\leqslant\Pr\left(\sum_{j\in G_{\text{wind}}}(p_{jt}^w+\hat{a}_{jt}s_{jt})>\left(\sum_{j\in G_{\text{wind}}}p_{jt}^w+\sum_{j\in S_t^*}\hat{a}_{jt}+(\Gamma_t-\lfloor\Gamma_t\rfloor)\hat{a}_{mt}\right)\right) \tag{4-29}$$

对式(4-29)整理得

$$\begin{aligned}
P&\leqslant\Pr\left(\sum_{j\in G_{\text{wind}}}\hat{a}_{jt}s_{jt}>\sum_{j\in S_t^*}\hat{a}_{jt}+(\Gamma_t-\lfloor\Gamma_t\rfloor)\hat{a}_{mt}\right)\\
&=\Pr\left(\sum_{j\in G_{\text{wind}}\setminus S_t^*}\hat{a}_{jt}s_{jt}>\sum_{j\in S_t^*}\hat{a}_{jt}(1-s_{jt})+(\Gamma_t-\lfloor\Gamma_t\rfloor)\hat{a}_{mt}\right)\\
&\leqslant\Pr\left(\sum_{j\in G_{\text{wind}}\setminus S_t^*}\hat{a}_{jt}s_{jt}>\hat{a}_{nt}\left(\sum_{j\in S_t^*}(1-s_{jt})+(\Gamma_t-\lfloor\Gamma_t\rfloor)\right)\right)\\
&=\Pr\left(\sum_{j\in G_{\text{wind}}\setminus S_t^*}\frac{\hat{a}_{jt}}{\hat{a}_{nt}}s_{jt}+\sum_{j\in S_t^*}s_{jt}>\Gamma_t\right)\\
&\leqslant\Pr\left(\sum_{j\in G_{\text{wind}}}\gamma_{jt}s_{jt}\geqslant\Gamma_t\right)
\end{aligned} \tag{4-30}$$

式中，$\gamma_{jt}=\begin{cases}1\ \ , & j\in S_t^*\\ \dfrac{\hat{a}_{jt}}{\hat{a}_{nt}}, & j\in G_{\text{wind}}\setminus S_t^*\end{cases}$

同时，由线性规划模型解的表达式(式(4-26))可知，对 $\forall j\in S_t^*,\forall k\in G_{\text{wind}}\setminus S_t^*$，必有 $p_{jt}^{w,\max}-p_{jt}^w\geqslant p_{kt}^{w,\max}-p_{kt}^w$，可知 $\gamma_{jt}\leqslant 1$。

考虑到控制过程的随机性，可近似假定 s_{jt} 在给定区间内独立随机均匀分布。实际上，风电场出力的相关性主要体现在较长时间范围的出力变化过程，对于较

短时间尺度的在线有功调度过程，风电场之间出力的相关性并不明显。由此，根据马尔可夫不等式，对$\forall\theta>0$有

$$\Pr\left(\sum_{j\in G_{\text{wind}}}\gamma_{jt}s_{jt}\geqslant\Gamma_t\right)\leqslant\frac{E\left(\mathrm{e}^{\theta\sum\limits_{j\in G_{\text{wind}}}\gamma_{jt}s_{jt}}\right)}{\mathrm{e}^{\theta\Gamma_t}}$$

$$=\frac{\prod\limits_{j\in G_{\text{wind}}}E\left(\mathrm{e}^{\theta\gamma_{jt}\frac{\delta_{jt}+1}{2}}\right)}{\mathrm{e}^{\theta\Gamma_t}}$$

$$=\frac{\prod\limits_{j\in G_{\text{wind}}}\mathrm{e}^{\frac{1}{2}\theta\gamma_{jt}}\int_{-1}^{1}\sum\limits_{k=0}^{\infty}\left(\theta\gamma_{jt}\frac{\delta_{jt}}{2}\right)^{k}\Big/(k!)f(\delta_{jt})\mathrm{d}\delta_{jt}}{\mathrm{e}^{\theta\Gamma_t}}$$

$$=\frac{\prod\limits_{j\in G_{\text{wind}}}\mathrm{e}^{\frac{1}{2}\theta\gamma_{jt}}2\int_{0}^{1}\sum\limits_{k=0}^{\infty}\left(\theta\gamma_{jt}\frac{\delta_{jt}}{2}\right)^{2k}\Big/(2k!)f(\delta_{jt})\mathrm{d}\delta_{jt}}{\mathrm{e}^{\theta\Gamma_t}}$$

$$\leqslant\frac{\prod\limits_{j\in G_{\text{wind}}}\mathrm{e}^{\frac{1}{2}\theta\gamma_{jt}}\sum\limits_{k=0}^{\infty}[(\theta\gamma_{jt}/2)^{2k}\big/(2k!)]}{\mathrm{e}^{\theta\Gamma_t}}$$

$$\leqslant\frac{\prod\limits_{j\in G_{\text{wind}}}\mathrm{e}^{\frac{1}{2}\theta\gamma_{jt}}\mathrm{e}^{\theta^2\gamma_{jt}^2/8}}{\mathrm{e}^{\theta\Gamma_t}}\leqslant\mathrm{e}^{(\theta^2/8+\theta/2)N_{\text{wind}}-\theta\Gamma_t}$$

式中，$\delta_{jt}=2s_{jt}-1$；N_{wind}为风电场个数。当$\Gamma_t\geqslant N_{\text{wind}}/2$时，有

$$\Pr\left(\sum_{j\in G_{\text{wind}}}\gamma_{jt}s_{jt}\geqslant\Gamma_t\right)\leqslant\min_{\theta}\mathrm{e}^{(\theta^2/8+\theta/2)N_{\text{wind}}-\theta\Gamma_t}=\mathrm{e}^{\frac{-2(N_{\text{wind}}/2-\Gamma_t)^2}{N_{\text{wind}}}}$$

假设要求不确定约束至少以 $1-\varepsilon$（ε是一个门槛值）的概率得到满足，则由上式可知，Γ_t的取值应满足如下关系：

$$\Gamma_t\geqslant\frac{N_{\text{wind}}}{2}+\sqrt{\frac{-N_{\text{wind}}\ln\varepsilon}{2}}\tag{4-31}$$

在不同的风电场个数下的ε与Γ_t关系如图 4-2 所示。

可见，在相同的越限概率下，随着风电场个数的增多，不确定度的相对取值越来越小，因此，风电场个数越多，不确定度的优势越明显。

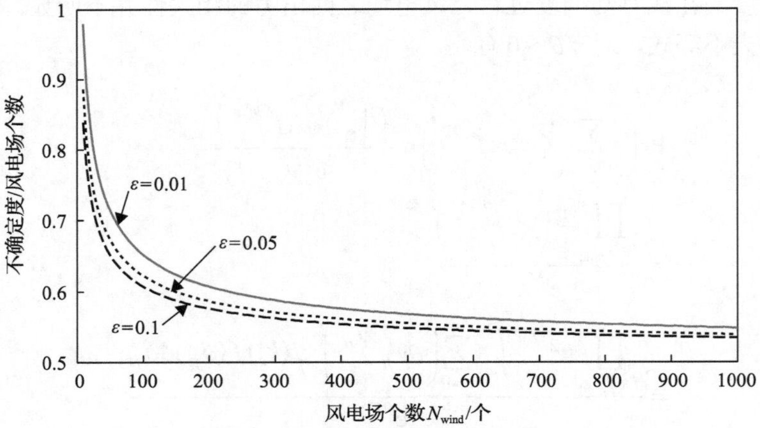

图 4-2　不确定度与越限概率随风电场个数的关系

同时，在相同的风电场个数下，不确定度相对取值越小，则越限概率越大。而在相同的相对不确定度取值下，随着风电场个数的增加，约束越限的概率则越来越小，同样体现了风电场较多时，风电出力的累计平滑效果对调度安全的提升作用。

如果 t 时段约束共有 n 个，则 Γ_t 取值除了要满足约束(4-31)，还需要满足该时段总的约束越限概率 $1-\varepsilon \leqslant \prod_{i=1}^{n}(1-p_i)$，其中，$p_i$ 为第 i 个约束越限的概率。

同理，对某一约束来说，如果所有时段的 Γ_t 取值相同，要使得该约束在整个优化过程中越限概率不超过 ε，则有

$$\Gamma_t \geqslant \frac{N_{\text{wind}}}{2} + \sqrt{\frac{-N_{\text{wind}} \ln[1-(1-\varepsilon)^{1/T}]}{2}}$$

式中，T 为总优化时段数。

3. 优化模型的求解

基于置信水平的风电鲁棒区间调度模型与上面的风电鲁棒区间调度模型形式相同，因此，采用对偶转化的方法求解。假设对偶转化前下层优化模型的变量为 $\underline{s}_{jt}$、$\overline{s}_{jt}$、$p_{jt}^{w,1}$、$p_{jt}^{w,2}$、$p_{jt}^{w,3}$、$p_{jt}^{w,4}$，转化后对应四个子问题的对偶变量分别为①x_{it}、y_{it}、μ_{it}、ν_t；②α_{it}、β_{it}、γ_{it}、φ_t；③z_{jlt}、δ_{jlt}；④ς_{jlt}、ξ_{jlt}，则经过转换后的优化问题形式为

$$
\begin{cases}
f_0(p_{i,t}) = \min\left[\sum_{t=t_0+1}^{t_0+T}\sum_{i\in G_{\text{con}}}(a_i p_{it}^2 + b_i p_{it} + c_i) + \sum_{j\in G_{\text{wind}}}\sum_{t=t_0+1}^{T}\lambda_j(\overline{p_{jt}^w} - p_{jt}^{w,\max})\right] \\
\text{s.t.}\quad \sum_{i\in G_{\text{con}}} p_{it} + \sum_{j\in G_{\text{wind}}} p_{jt}^w = D_t & \text{(a)} \\
p_{jt}^{w,\min} \leqslant p_{jt}^w \leqslant p_{jt}^{w,\max} & \text{(b)} \\
p_{jt}^{w,\max} \leqslant \overline{p_{jt}^w} & \text{(c)} \\
p_{jt}^{w,\min} \leqslant \underline{p_{jt}^w} & \text{(d)} \\
\underline{p_i} \leqslant p_{it} \leqslant \overline{p_i} & \text{(e)} \\
p_{i,t-1} - \Delta \text{pd}_i T \leqslant p_{it} \leqslant p_{i,t-1} + \Delta \text{pu}_i T & \text{(f)} \\
R_{it}^u \leqslant \min(\overline{p_i} - p_{it}, p_{i,t-1} + \Delta \text{pu}_i T - p_{it}, \Delta \text{pu}_i T) & \text{(g)} \\
R_{it}^d \leqslant \min(p_{it} - \underline{p_i}, p_{it} - p_{i,t-1} + \Delta \text{pd}_i T, \Delta \text{pd}_i T) & \text{(h)} \\
0 \leqslant \Delta R_{it}^u \leqslant R_{it}^u & \text{(i)} \\
\sum_i \Delta R_{it}^u = \sum_i R_{it}^u - u_t & \text{(j)} \\
0 \leqslant \Delta R_{it}^d \leqslant R_{it}^d & \text{(k)} \\
\sum_i \Delta R_{it}^d = \sum_i R_{it}^d - d_t & \text{(l)} \\
p_{it} + \Delta R_{it}^u - p_{i,t-1} + \Delta R_{i,t-1}^d \leqslant \Delta \text{pu}_i T & \text{(m)} \\
p_{i,t-1} + \Delta R_{i,t-1}^u - p_{it} + \Delta R_{it}^d \leqslant \Delta \text{pd}_i T & \text{(n)} \\
\sum_{i\in G_{\text{con}}} p_{it} + \sum_{i\in G_{\text{con}}} R_{it}^u - \sum_{i\in G_{\text{wind}}} x_{it} p_{it}^{w,\max} + \sum_{i\in G_{\text{wind}}} y_{it} p_{it}^w - \sum_{i\in G_{\text{wind}}} \mu_{it} - \nu_t \varGamma_t \geqslant D_t & \text{(o)} \\
-x_{it} + y_{it} \leqslant 1, \forall i \in G_{\text{wind}} & \text{(p)} \\
(p_{it}^w - p_{it}^{w,\min}) y_{it} - \mu_{it} - \nu_t \leqslant 0, \forall i \in G_{\text{wind}} & \text{(q)} \\
\sum_{i\in G_{\text{con}}} p_{it} - \sum_{i\in G_{\text{con}}} R_{it}^d + \sum_{i\in G_{\text{wind}}} \beta_{it} p_{it}^w + \sum_{i\in G_{\text{wind}}} \gamma_{it} + \varphi_t \varGamma_t - \sum_{i\in G_{\text{wind}}} \alpha_{it} p_{it}^{w,\min} \leqslant D_t & \text{(r)} \\
-\alpha_{it} + \beta_{it} \geqslant 1, \forall i, j \in G_{\text{wind}} & \text{(s)} \\
(p_{it}^w - p_{it}^{w,\max}) \beta_{it} + \gamma_{it} + \varphi_t \geqslant 0, \forall i \in G_{\text{wind}} & \text{(t)}
\end{cases}
$$

$$
\left\{\begin{array}{ll}
\sum\limits_{j\in G_{\text{wind}}} z_{jlt}p_{jt}^{w,\max} - \sum\limits_{j\in G_{\text{wind}}} \delta_{jlt}p_{jt}^{w,\min} + \sum\limits_{i\in G_{\text{con}}} (k_{li}p_{it}) \leqslant \overline{\mathrm{TL}_l} & \text{(u)} \\
z_{jlt} - \delta_{jlt} \geqslant k_{lj}, \forall j \in G_{\text{wind}} & \text{(v)} \\
-\sum\limits_{j\in G_{\text{wind}}} \varsigma_{jlt}p_{jt}^{w,\max} + \sum\limits_{j\in G_{\text{wind}}} \xi_{jlt}p_{jt}^{w,\min} + \sum\limits_{i\in G_{\text{con}}} (k_{li}p_{it}) \geqslant \underline{\mathrm{TL}_l} & \text{(w)} \\
\varsigma_{jlt} - \xi_{jlt} \geqslant k_{lj}, \forall j \in G_{\text{wind}} & \text{(x)} \\
x_{it}, y_{it}, \mu_{it}, v_t, \alpha_{it}, \beta_{it}, \gamma_{it}, \varphi_t, z_{jlt}, \delta_{jlt}, \varsigma_{jlt}, \xi_{jlt} \geqslant 0 & \text{(y)}
\end{array}\right.
\tag{4-32}
$$

式中，约束(a)～约束(n)的意义与前面所述相同；约束(o)～约束(q)为子问题(4-24)对应的对偶问题约束；约束(r)～约束(t)为子问题(4-25)对应的对偶问题约束；约束(u)和约束(v)为子问题(4-19)对应的对偶问题约束；约束(w)和约束(x)为子问题(4-20)对应的对偶问题约束；约束(y)为相应的对偶变量取值约束。

4.4 自适应鲁棒实时调度

4.4.1 风电消纳对实时调度的新要求

由于小时前风电预测误差的存在，小时级的机组滚动发电计划难免出现功率失配偏差。小时前滚动计划产生的偏差由分钟级的实时调度环节补偿。在传统的风电实时调度模式中，调度中心向风电场下发出力计划值，并要求风电场在发电能力允许的情况下严格追踪该计划值[4]。这种调度模式存在两个问题：①在风电点预测精度不高的情况下，传统的风电有功调度模式不利于风电的消纳，当风电功率剧烈波动时可能会导致极端的运行方式，严重威胁系统安全；②风电机组严格追踪该计划值会导致频繁的桨矩控制，影响风机寿命，产生不必要的弃风，如图 4-3 所示。

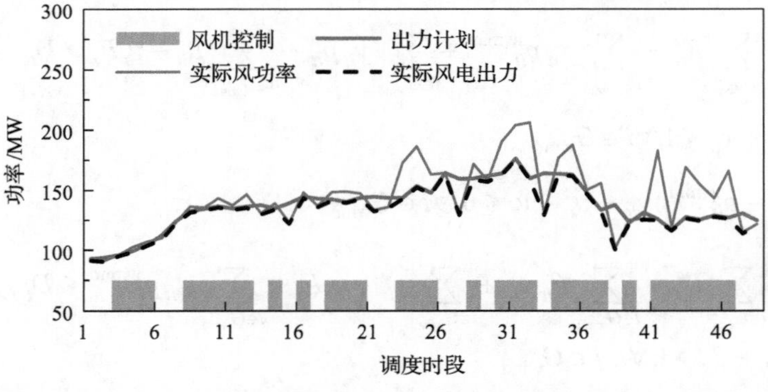

图 4-3 传统风电实时调度模式下的风机控制频率示意图(彩图请扫二维码)

实时调度作为日内有功调度前馈控制中计划颗粒度最小的环节，其相邻执行周期内的系统功率失配量由 AGC 机组承担。AGC 机组在电力系统频率调节中起二次调频的作用，AGC 机组承担系统功率失配量实际上是二次调频响应的结果。在大规模风电并网的条件下，风电功率波动所产生的系统净负荷失配量主要由 AGC 机组承担，在此情况下 AGC 机组出力变化对系统安全运行的影响也变得不可忽视。因此，有必要在实时调度环节中考虑风电随机性对 AGC 机组出力的影响。在我国的电力系统调度运行中，风电场应定期向电网调度控制中心上报本地的风电功率预测值及其波动范围[5]，形成风电预测区间。如何利用风电预测区间进行实时调度，在保证安全的前提下最大限度地消纳风电，也是一个亟待研究和解决的问题。为了满足风电消纳对实时调度提出的安全性要求，需要通过解决以上问题来改进分钟级的实时调度算法，并提高实时调度算法提高风电消纳的效率。

4.4.2 鲁棒区间实时调度模式

由于风电功率点预测值没有反映风电的不确定性，以风电功率点预测为依据的调度计划无法考虑风电波动带来的影响。区间预测是计及风电不确定性的一种风电功率预测方法[4,5]，可以给出风电功率在一定置信概率水平下的置信区间。调度中心根据风电场上报的风电预测区间进行调度决策，并将风电允许出力区间下发至各个风电场，此为鲁棒区间实时调度模式。

图 4-4 为鲁棒区间实时调度模式示意图。首先，风电场将各自的风电预测区间$[\underline{\boldsymbol{P}}^w, \overline{\boldsymbol{P}}^w]$以及其他预测信息上传至调度中心。调度中心根据最新的风电预测区间以及超短期负荷预测信息，以保证系统物理约束和安全约束为前提，计算出各个风电场的风电允许出力区间以及常规电厂中 AGC 机组的基点功率值 $\boldsymbol{p}^a$ 以及非

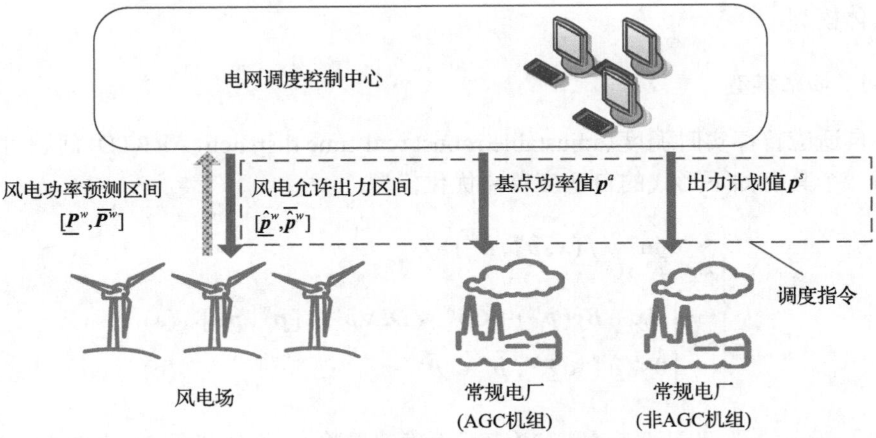

图 4-4 鲁棒区间实时调度模式示意图

AGC 机组的出力计划值 $\boldsymbol{p}^s$。然后，调度中心将计算结果作为调度指令下发，其中风电允许出力区间下发至各个风电场，基点功率值下发至常规电厂由 AGC 机组执行，出力计划值下发至常规电厂由非 AGC 机组执行。各类电厂执行调度指令的方式如下所示。

①风电场：当实际可用风电功率在允许出力区间$[\underline{\hat{\boldsymbol{p}}}^w,\overline{\hat{\boldsymbol{p}}}^w]$内时以 MPPT 模式控制风电场出力；当实际可用风电功率大于 $\overline{\hat{\boldsymbol{p}}}^w$ 时，将风电场出力控制为 $\overline{\hat{\boldsymbol{p}}}^w$。

②常规电厂 AGC 机组：以调度中心下发的 $\boldsymbol{p}^a$ 作为功率基点值，由 AGC 调节实际出力，以平衡风电波动产生的系统功率偏差。

③常规电厂非 AGC 机组：严格追踪调度中心下发的出力计划值 $\boldsymbol{p}^a$。

该调度模式不仅增强了风电场有功控制的灵活性，而且降低了桨距控制频度，从而减少风机的机械磨损。对常规电厂而言，调度指令的执行方式没有改变。对调度中心而言，只需更新实时调度算法，即可实现鲁棒区间实时调度模式。因此，鲁棒区间实时调度在工程实践中是易于实现的。

4.4.3 自适应鲁棒实时调度模型

在鲁棒区间实时调度模式下，电网调度中心的调度决策通过求解自适应鲁棒实时调度模型给出，即对风电允许出力区间$[\underline{\hat{\boldsymbol{p}}}^w,\overline{\hat{\boldsymbol{p}}}^w]$、AGC 机组的基点功率 $\boldsymbol{p}^a$ 以及非 AGC 机组的出力计划 $\boldsymbol{p}^s$ 做出决策，使得当风电场的实际出力为允许出力区间$[\underline{\hat{\boldsymbol{p}}}^w,\overline{\hat{\boldsymbol{p}}}^w]$内的任意取值时，系统的稳态运行仍然满足物理约束和安全约束，同时实现最小化运行总成本的目标。该问题可以描述为一个自适应鲁棒优化模型。本节首先给出自适应鲁棒区间实时调度的抽象模型，并介绍其求解方法，然后描述具体模型。

1. 抽象模型

自适应鲁棒实时调度(adjustable robust real-time dispatch，ARRTD)问题可以表示为一个具有如下形式的自适应鲁棒优化模型：

$$\begin{cases}\min\limits_{\boldsymbol{x},\underline{\hat{\boldsymbol{p}}}^w,\overline{\hat{\boldsymbol{p}}}^w,\boldsymbol{y}(\cdot)} f(\boldsymbol{x},\underline{\hat{\boldsymbol{p}}}^w,\overline{\hat{\boldsymbol{p}}}^w)\\ \text{s.t.}\begin{cases}\boldsymbol{A}\boldsymbol{x}+\boldsymbol{B}\boldsymbol{y}(\tilde{\boldsymbol{p}}^w)+\boldsymbol{C}\tilde{\boldsymbol{p}}^w\leqslant\boldsymbol{D},\forall\tilde{\boldsymbol{p}}^w\in[\underline{\hat{\boldsymbol{p}}}^w,\overline{\hat{\boldsymbol{p}}}^w] & \text{(a)}\\ 0\leqslant\underline{\hat{\boldsymbol{p}}}^w\leqslant\underline{\boldsymbol{P}}^w,\overline{\hat{\boldsymbol{p}}}^w\leqslant\overline{\boldsymbol{P}}^w & \text{(b)}\end{cases}\end{cases} \tag{4-33}$$

式中，$\boldsymbol{x}$、$\underline{\hat{\boldsymbol{p}}}^w$、$\overline{\hat{\boldsymbol{p}}}^w$ 为决策变量；$\tilde{\boldsymbol{p}}^w$ 表示不确定参数；$\boldsymbol{y}$ 为依赖于 $\tilde{\boldsymbol{p}}^w$ 的自适应变量，即 $\boldsymbol{y}$ 的取值只有在 $\tilde{\boldsymbol{p}}^w$ 被观测后才能确定。具体来说，$\boldsymbol{x}$ 包括非 AGC 机组的出力计

划值；$\tilde{\boldsymbol{p}}^w$ 为风电场的实际最大出力；$\underline{\hat{\boldsymbol{p}}}^w$ 和 $\bar{\hat{\boldsymbol{p}}}^w$ 分别表示风电允许出力区间的下界和上界。式(4-33)中，子式(a)表示包括功率平衡、线路潮流限制、旋转备用、常规机组的爬坡速率以及出力限制等相关的等式和不等式约束。这些约束要求在风电允许出力区间$[\underline{\hat{\boldsymbol{p}}}^w, \bar{\hat{\boldsymbol{p}}}^w]$内的所有风电实际最大出力取值 $\tilde{\boldsymbol{p}}^w$ 均能得到满足。子式(b)表示风电允许出力区间的下限和上限不超过风电预测区间的下限和上限。

根据 AGC 系统的响应特点，模型中的自适应变量 $\boldsymbol{y}(\tilde{\boldsymbol{p}}^w)$ 采用了仿射自适应规则，即 AGC 机组的出力调整量与由风电或负荷波动引起的功率失配量之间呈线性关系[6]：

$$\boldsymbol{y}(\tilde{\boldsymbol{p}}^w) = \boldsymbol{y}^0 + \boldsymbol{\alpha} \cdot (\tilde{\boldsymbol{p}}^w - \boldsymbol{p}^w) \tag{4-34}$$

式中，$\boldsymbol{y}^0$ 表示 AGC 机组的基点功率值；$\boldsymbol{p}^w$ 表示风电场的出力参考值；$\boldsymbol{\alpha}$ 为 AGC 出力分配系数矩阵。将式(4-34)代入式(4-33)的子式(a)中并消去自适应变量 $\boldsymbol{y}$，得到模型(4-33)的等价形式：

$$\begin{cases} \min\limits_{\boldsymbol{u},\underline{\hat{\boldsymbol{z}}},\bar{\hat{\boldsymbol{z}}}} f(\boldsymbol{u}, \underline{\hat{\boldsymbol{p}}}^w, \bar{\hat{\boldsymbol{p}}}^w) \\ \text{s.t.} \begin{cases} \boldsymbol{E}\boldsymbol{u} + \boldsymbol{F}\tilde{\boldsymbol{p}}^w \leqslant \boldsymbol{D}, \forall \tilde{\boldsymbol{p}}^w \in [\underline{\hat{\boldsymbol{p}}}^w, \bar{\hat{\boldsymbol{p}}}^w] & \text{(a)} \\ 0 \leqslant \underline{\hat{\boldsymbol{p}}}^w \leqslant \underline{\boldsymbol{P}}^w, \bar{\hat{\boldsymbol{p}}}^w \leqslant \bar{\boldsymbol{P}}^w & \text{(b)} \end{cases} \end{cases} \tag{4-35}$$

式中，$\boldsymbol{u}=[\boldsymbol{x}^{\mathrm{T}}, (\boldsymbol{y}^0)^{\mathrm{T}}, (\boldsymbol{p}^w)^{\mathrm{T}}]^{\mathrm{T}}$ 为扩展的确定性的决策变量向量；$\boldsymbol{E}=[\boldsymbol{A},\boldsymbol{B},-\boldsymbol{B}\boldsymbol{\alpha}]$；$\boldsymbol{F}=\boldsymbol{C}+\boldsymbol{B}$。式(4-35)中的子式(a)等价于以下方程：

$$\boldsymbol{E}_i\boldsymbol{u} + \sum\nolimits_i \max_{\tilde{p}_j^w}\{F_{i,j}\tilde{p}_j^w \,|\, \underline{\hat{p}}_j^w \leqslant \tilde{p}_j^w \leqslant \bar{\hat{p}}_j^w\} \leqslant D_i, \forall i \tag{4-36}$$

式中，$\boldsymbol{E}_i$ 为矩阵 $\boldsymbol{E}$ 的第 i 行；$F_{i,j}$ 为矩阵 $\boldsymbol{F}$ 中的第 i 行第 j 列元素；D_i 为向量 $\boldsymbol{D}$ 中的第 i 个元素。定义下标集 I_i^+ 和 I_i^- 如下：

$$I_i^+ = \{j \,|\, F_{i,j} \geqslant 0\}, I_i^- = \{j \,|\, F_{i,j} < 0\} \tag{4-37}$$

那么可以得到

$$\max_{\tilde{p}_j^w}\{F_{i,j}\tilde{p}_j^w \,|\, \underline{\hat{p}}_j^w \leqslant \tilde{p}_j^w \leqslant \bar{\hat{p}}_j^w\} = \begin{cases} F_{i,j}\bar{\hat{p}}_j^w, & j \in I_i^+ \\ F_{i,j}\underline{\hat{p}}_j^w, & j \in I_i^- \end{cases} \tag{4-38}$$

式(4-36)等价为以下表达式：

$$\boldsymbol{E}_i\boldsymbol{u} + \sum_{j\in I_i^+} F_{i,j}\overline{\hat{p}}_j^w + \sum_{j\in I_i^-} F_{i,j}\underline{\hat{p}}_j^w \leqslant D_i,\ \forall i \tag{4-39}$$

因此，式(4-35)等价于

$$\min_{\boldsymbol{u},\underline{\hat{\boldsymbol{p}}}^w,\overline{\hat{\boldsymbol{p}}}^w} \{f(\boldsymbol{u},\underline{\hat{\boldsymbol{p}}}^w,\overline{\hat{\boldsymbol{p}}}^w)\,|\,\text{s.t. 式(4-35b),式(4-39)}\} \tag{4-40}$$

式中，自适应变量 $\boldsymbol{y}$ 已被消去。式(4-40)所表示的是一个确定性的线性约束优化问题，其目标函数是非线性函数。该模型可以通过较为成熟的非线性规划技术求解，例如，逐次二次规划、序贯线性规划以及内点法等。该模型的求解算法并非本章重点，在此不做详细讨论。由式(4-33)描述的原始 ARRTD 模型的具体形式将在下面给出。

在一般情况下，AGC 出力分配系数矩阵 $\boldsymbol{\alpha}$ 为输入参数。在工程实际中，AGC 机组出力分配系数由电网运行人员离线整定。在参数整定过程中，电网运行人员需要根据电量合同与发电厂进行协商，以兼顾 AGC 的调频性能以及 AGC 机组参与二次调频的公平性。实际上，本章所提出的 ARRTD 模型能够对 AGC 出力分配系数 $\boldsymbol{\alpha}$ 的取值进行优化。若将 $\boldsymbol{\alpha}$ 视为决策变量，那么可以将式(4-35)整理为

$$\begin{cases} \min\limits_{\substack{\boldsymbol{x},\boldsymbol{y}^0,\boldsymbol{\alpha},\\ \boldsymbol{p}^w,\underline{\hat{\boldsymbol{p}}}^w,\overline{\hat{\boldsymbol{p}}}^w}} f(\boldsymbol{x},\boldsymbol{y}^0,\boldsymbol{p}^w,\underline{\hat{\boldsymbol{p}}}^w,\overline{\hat{\boldsymbol{p}}}^w,\boldsymbol{\alpha}) \\ \text{s.t.}\begin{cases} \boldsymbol{A}\boldsymbol{x}+\boldsymbol{B}\boldsymbol{y}^0-\boldsymbol{B}\boldsymbol{\alpha}\boldsymbol{p}^w+(\boldsymbol{B}\boldsymbol{\alpha}+\boldsymbol{C})\tilde{\boldsymbol{p}}^w \leqslant \boldsymbol{D},\forall\tilde{\boldsymbol{p}}^w\in[\underline{\hat{\boldsymbol{p}}}^w,\overline{\hat{\boldsymbol{p}}}^w] & \text{(a)} \\ 0\leqslant\underline{\hat{\boldsymbol{p}}}^w\leqslant\underline{\boldsymbol{P}}^w,\ \overline{\hat{\boldsymbol{p}}}^w\leqslant\overline{\boldsymbol{P}}^w & \text{(b)} \\ \boldsymbol{0}\leqslant\boldsymbol{\alpha}\leqslant\boldsymbol{1} & \text{(c)} \end{cases} \end{cases} \tag{4-41}$$

式(4-41)中子式(a)可以被转换为

$$\begin{cases} \boldsymbol{A}\boldsymbol{x}+\boldsymbol{B}\boldsymbol{y}^0-\boldsymbol{B}\boldsymbol{\alpha}\boldsymbol{p}^w+\boldsymbol{w}\leqslant\boldsymbol{D} & \text{(a)} \\ \boldsymbol{w}\geqslant(\boldsymbol{B}\boldsymbol{a}+\boldsymbol{C})\tilde{\boldsymbol{p}}^w,\ \forall\tilde{\boldsymbol{p}}^w\in[\underline{\hat{\boldsymbol{p}}}^w,\overline{\hat{\boldsymbol{p}}}^w] & \text{(b)} \end{cases} \tag{4-42}$$

式中，$\boldsymbol{w}$ 为辅助决策变量。由于式(4-42)中子式(b)的右手项为 $\tilde{\boldsymbol{p}}^w$ 线性函数，因此可以将式(4-42)等价地转换为

$$\begin{cases} \boldsymbol{w}\geqslant(\boldsymbol{B}\boldsymbol{\alpha}+\boldsymbol{C})\overline{\hat{\boldsymbol{p}}}^w \\ \boldsymbol{w}\geqslant(\boldsymbol{B}\boldsymbol{\alpha}+\boldsymbol{C})\underline{\hat{\boldsymbol{p}}}^w \end{cases} \tag{4-43}$$

因此，式(4-42)与式(4-43)所示的单层非线性规划问题等价为

$$\min_{\substack{\boldsymbol{x},\boldsymbol{y}^0,\boldsymbol{\alpha},\\ \boldsymbol{p}^w,\underline{\hat{\boldsymbol{p}}}^w,\bar{\hat{\boldsymbol{p}}}^w}} f(\boldsymbol{x},\boldsymbol{y}^0,\boldsymbol{p}^w,\underline{\hat{\boldsymbol{p}}}^w,\bar{\hat{\boldsymbol{p}}}^w,\boldsymbol{\alpha})$$

$$\text{s.t.}\begin{cases}\boldsymbol{Ax}+\boldsymbol{By}^0-\boldsymbol{B\alpha p}^w+\boldsymbol{w}\leqslant \boldsymbol{D} & \text{(a)}\\ \boldsymbol{w}\geqslant(\boldsymbol{B\alpha}+\boldsymbol{C})\bar{\hat{\boldsymbol{p}}}^w & \text{(b)}\\ \boldsymbol{w}\geqslant(\boldsymbol{B\alpha}+\boldsymbol{C})\underline{\hat{\boldsymbol{p}}}^w & \text{(c)}\\ 0\leqslant\underline{\hat{\boldsymbol{p}}}^w\leqslant\underline{\boldsymbol{P}}^w,\ \bar{\hat{\boldsymbol{p}}}^w\leqslant\bar{\boldsymbol{P}}^w & \text{(d)}\\ \boldsymbol{0}\leqslant\boldsymbol{\alpha}\leqslant\boldsymbol{1} & \text{(e)}\end{cases} \tag{4-44}$$

与式(4-40)中的优化模型相比，式(4-44)中的模型为一个二次约束的非凸规划问题。该模型可以通过传统的非线性规划方法求解局部最优解，从而得到优化后的 AGC 出力分配系数。

2. 具体模型

ARRTD 模型仅考虑输电系统中的有功出力和潮流分布，因此适合采用直流潮流模型进行描述。该模型可以建立为一个仿射自适应鲁棒优化模型，下面将对该模型的各部分要素进行描述。

1) 决策变量

决策变量将按照风电场、非 AGC 机组和 AGC 机组进行划分，所有变量单位均为 MW。

(1) 风电场。对于在第 t 个调度时段的第 k 个风电场，定义其参考出力为 $p_{k,t}^w$，风电允许出力区间的下界和上界分别为 $\underline{\hat{p}}_{k,t}^w$、$\bar{\hat{p}}_{k,t}^w$，实际出力表示为 $\tilde{p}_{k,t}^w$ (上标～表示该符号为不确定参数)。

为方便下面的目标函数以及约束条件的描述，定义在第 t 个调度时段风电参考出力总加为 w_t，风电实际出力总加为 $\tilde{w}_t=\sum_{k\in\mathcal{W}}\tilde{p}_{k,t}^w$，风电允许出力下界总加和上界总加分别为 $\underline{\hat{w}}_t$、$\bar{\hat{w}}_t$，风电预测出力下界总加和上界总加分别为 $\underline{W}_t=\sum_{k\in\mathcal{W}}\underline{P}_{k,t}^w$ 和 $\bar{W}_t=\sum_{k\in\mathcal{W}}\bar{P}_{k,t}^w$。上述变量之间存在以下关系：

$$w_t=\sum_{k\in\mathcal{W}}p_{k,t}^w,\quad \underline{\hat{w}}_t=\sum_{k\in\mathcal{W}}\underline{\hat{p}}_{k,t}^w,\quad \bar{\hat{w}}_t=\sum_{k\in\mathcal{W}}\bar{\hat{p}}_{k,t}^w \tag{4-45}$$

(2) AGC 机组。对于在第 t 个调度时段的第 j 台 AGC 机组，定义其基点功率值为 $p_{j,t}^a$，向上和向下旋转备用容量分别为 $r_{j,t}^{a+}$ 和 $r_{j,t}^{a-}$。根据 AGC 系统的控制策略，AGC 机组的实际出力 $\tilde{p}_{j,t}^a$ 由以下线性规则决定：

$$\tilde{p}_{j,t}^a = p_{j,t}^a - \alpha_j \cdot (\tilde{w}_t - w_t) \tag{4-46}$$

式中，α_j 为满足以下条件的参与因子：

$$\sum_{j \in \mathcal{G}^a} \alpha_j = 1, \ \alpha_j \geqslant 0 \tag{4-47}$$

式(4-46)描述的是自适应变量 $\tilde{p}_{j,t}^a$ 的仿射自适应策略，表示的是系统功率失配量由 AGC 机组根据参与因子比例调节出力来承担。

(3) 非 AGC 机组。对于在第 t 个调度时段的第 i 台非 AGC 机组，定义其出力计划值为 $p_{i,t}^s$。

2) 目标函数

ARRTD 的优化目标为最小化运行总成本的数学期望值：

$$\begin{aligned}\min_{\substack{p^s, \underline{p}^a, \tilde{p}^a(\cdot) \\ p^w, \hat{p}^w, \hat{\underline{p}}_w}} \sum_{t=1}^{T} \Bigg\{ & \sum_{i \in \mathrm{G}^s} \mathrm{CF}_{i,t}(p_{i,t}^s) + \sum_{j \in \mathrm{G}^s} \mathrm{CF}_{j,t}(p_{j,t}^a) + \sum_{k \in \mathrm{W}} \mathrm{CL}_{k,t}(\hat{\overline{p}}_{k,t}^w) \\ & + E[\mathrm{CW}_t(\tilde{w}_t)] + \sum_{j \in \mathrm{G}^a} E[\mathrm{CR}_{j,t}^+(\tilde{w}_t)] + \sum_{j \in \mathrm{G}^a} E[\mathrm{CR}_{j,t}^-(\tilde{w}_t)] \Bigg\}\end{aligned} \tag{4-48}$$

式中，$\mathrm{CF}_{i,t}(\cdot)$ 表示第 i 台常规机组在第 t 个调度时段的发电成本；$\mathrm{CL}_{k,t}(\cdot)$ 表示第 k 个风电场在第 t 个调度时段的潜在弃风成本；$\mathrm{CW}_t(\cdot)$ 表示系统在第 t 个调度时段的风力发电成本；$\mathrm{CR}_{j,t}^+(\cdot)$ 和 $\mathrm{CR}_{j,t}^-(\cdot)$ 分别表示 AGC 机组的向上和向下调节成本；$E(\cdot)$ 表示数学期望值。运行总成本中的每一项解释如下所示。

(1) AGC 机组或非 AGC 机组的发电成本。AGC 机组和非 AGC 机组的发电成本可以用有功出力的二次函数表示：

$$\mathrm{CF}_{i,t}(p_{i,t}^s) = a_{i,t} \cdot (p_{i,t}^s)^2 + b_{i,t} \cdot p_{i,t}^s + c_{i,t} \tag{4-49}$$

式中，$a_{i,t}$、$b_{i,t}$、$c_{i,t}$ 分别为发电成本的二次系数、一次系数和常数项。一般来说有 $a_{i,t} > 0$，因此 $\mathrm{CF}_{i,t}(\cdot)$ 一般为凸二次函数。

(2) 潜在弃风惩罚成本。本章提出的 ARRTD 模型允许风电场弃风以保证系统运行的安全性以及调度模型的可行性。若风电场被下令弃风，即 $\hat{\overline{p}}_{k,t}^w < \overline{P}_{k,t}^w$，则系

统运行机构需要对风电场进行经济补偿[7]。为了最小化潜在弃风，可以在目标函数中引入弃风惩罚项。此模型中采用是二次函数惩罚项[8]，如下所示：

$$\mathrm{CL}_{k,t}(\bar{\hat{p}}_{k,t}^{w}) = M_{k,t} \cdot (\bar{P}_{k,t}^{w} - \bar{\hat{p}}_{k,t}^{w})^2 \tag{4-50}$$

式中，$M_{k,t}$ 为第 k 个风电场在第 t 个调度时段的限制最大允许出力的惩罚因子。系统运行人员可以根据自身偏好选择其取值。

(3) 风力发电成本。风力发电成本与风电实际出力成正比：

$$\mathrm{CW}_t(\tilde{w}_t) = d_t \cdot \tilde{w}_t \tag{4-51}$$

式中，比例系数为风电价格 d_t。

风力发电的期望成本表达式如下：

$$\begin{aligned} E[\mathrm{CW}_t(\tilde{w}_t)] &= d_t \int_{\underline{W}_t}^{\bar{\hat{w}}_t} \tilde{\theta}_t \cdot \varphi_t(\tilde{\theta}_t) \mathrm{d}\tilde{\theta}_t + d_t \int_{\bar{\hat{w}}_t}^{\bar{W}_t} \bar{\hat{w}}_t \cdot \varphi_t(\tilde{\theta}_t) \mathrm{d}\tilde{\theta}_t \\ &= d_t \int_{\underline{W}_t}^{\bar{\hat{w}}_t} \tilde{\theta}_t \cdot \varphi_t(\tilde{\theta}_t) \mathrm{d}\tilde{\theta}_t + d_t \bar{\hat{w}}_t [\Phi_t(\bar{W}_t) - \Phi_t(\bar{\hat{w}}_t)] \end{aligned} \tag{4-52}$$

式中，$\varphi_t(\cdot)$ 和 $\Phi_t(\cdot)$ 分别为在第 t 个调度时段系统可调度风电总加的概率密度函数和累计分布函数。

(4) AGC 机组调节成本。当 AGC 机组提供调节服务时，其出力调节量可得到系统运行机构的经济补偿[9]。AGC 机组的向上和向下调节成本分别与向上、向下出力调节量成正比：

$$\begin{cases} \mathrm{CR}_{j,t}^{+}(\tilde{w}_t) = \gamma_{j,t}^{+} \cdot \max\{\alpha_j \cdot (w_t - \tilde{w}_t), 0\} \\ \mathrm{CR}_{j,t}^{-}(\tilde{w}_t) = \gamma_{j,t}^{-} \cdot \max\{\alpha_j \cdot (\tilde{w}_t - w_t), 0\} \end{cases} \tag{4-53}$$

向上、向下调节成本的期望值为

$$\begin{cases} E[\mathrm{CR}_{j,t}^{+}(\tilde{w}_t)] = \gamma_{j,t}^{+} \alpha_j \int_{\underline{\hat{w}}_t}^{w_t} (w_t - \tilde{\theta}_t) \varphi_t(\tilde{\theta}_t) \mathrm{d}\tilde{\theta}_t \\ E[\mathrm{CR}_{j,t}^{-}(\tilde{w}_t)] = \gamma_{j,t}^{-} \alpha_j \int_{w_t}^{\bar{\hat{w}}_t} (\tilde{\theta}_t - w_t) \varphi_t(\tilde{\theta}_t) \mathrm{d}\tilde{\theta}_t \\ \qquad + \gamma_{j,t}^{-} \alpha_j (\bar{\hat{w}}_t - w_t) \cdot [\Phi_t(\bar{W}_t) - \Phi_t(\bar{\hat{w}}_t)] \end{cases} \tag{4-54}$$

3) 约束条件

为了保证在风电允许区间内任意风电最大出力取值下的系统安全性，ARRTD模型中的以下约束需要在风电允许出力范围内的任意实现下均得到满足，即需对 $\forall \tilde{p}_{k,t}^{w} \in [\underline{\hat{p}}_{k,t}^{w}, \bar{\hat{p}}_{k,t}^{w}]$ 满足。在下列的约束条件中，下标的取值范围默认为 $i \in \mathcal{G}^{s}$，$j \in \mathcal{G}^{a}$，$k \in \mathcal{W}$，$l \in \mathcal{L}$，$t \in \{1,2,\cdots,T\}$。其中 $\mathcal{G}^{s}$ 为非 AGC 机组下标集合，$\mathcal{G}^{a}$ 为 AGC 机组下标集合，$\mathcal{W}$ 为风电场下标集合，$\mathcal{L}$ 为线路下标集合，T 为调度时段个数。

(1) 功率平衡约束。在每个调度时段，在不计网损的情况下系统的发电出力和负荷需求相等：

$$\sum_{i \in \mathcal{G}^{s}} p_{i,t}^{s} + \sum_{j \in \mathcal{G}^{a}} \tilde{p}_{j,t}^{a} + \sum_{k \in \mathcal{W}} \tilde{p}_{k,t}^{w} = D_{t} \tag{4-55}$$

式中，D_t 为在第 t 个调度时段的系统总负荷。

(2) 出力限制约束。AGC 机组和非 AGC 机组的有功出力需要在技术出力限值以内：

$$\underline{P}_{i,t}^{s} \leqslant p_{i,t}^{s} \leqslant \bar{P}_{i,t}^{s}, \quad \underline{P}_{j,t}^{a} \leqslant \tilde{p}_{j,t}^{a} \leqslant \bar{P}_{j,t}^{a} \tag{4-56}$$

式中，$\underline{P}_{i,t}^{s}$ 和 $\bar{P}_{i,t}^{s}$ 分别为第 i 台非 AGC 机组在第 t 个调度时段的出力下限和上限；$\underline{P}_{j,t}^{a}$ 和 $\bar{P}_{j,t}^{a}$ 分别为第 j 台 AGC 机组在第 t 个调度时段的出力下限和上限。

(3) 爬坡速率约束。AGC 机组和非 AGC 机组在相邻调度时段的出力增量受到爬坡速率限值：

$$\begin{cases} -\mathrm{RD}_{i,t}^{s} \cdot \Delta T \leqslant p_{i,t}^{s} - p_{i,t-1}^{s} \leqslant \mathrm{RU}_{i,t}^{s} \cdot \Delta T \\ -\mathrm{RD}_{j,t}^{a} \cdot \Delta T \leqslant \tilde{p}_{j,t}^{a} - \tilde{p}_{j,t-1}^{a} \leqslant \mathrm{RU}_{j,t}^{a} \cdot \Delta T \end{cases} \tag{4-57}$$

式中，$\mathrm{RD}_{i,t}^{s}$ 和 $\mathrm{RU}_{i,t}^{s}$ 分别为第 i 台非 AGC 机组在第 t 个调度时段的向下爬坡速率和向上爬坡速率；$\mathrm{RD}_{j,t}^{a}$ 和 $\mathrm{RU}_{j,t}^{a}$ 分别为第 j 台 AGC 机组在第 t 个调度时段的向下爬坡速率和向上爬坡速率；ΔT 为调度时段间隔。

(4) 旋转备用约束。AGC 机组提供系统所需的向上和向下调节备用容量：

$$\begin{cases} 0 \leqslant r_{j,t}^{a+} \leqslant \mathrm{RU}_{j,t}^{a} \cdot \Delta T, \quad r_{j,t}^{a+} \leqslant \bar{P}_{j,t}^{a} - \tilde{p}_{j,t}^{a}, \quad \sum\limits_{j \in \mathcal{G}^{a}} r_{j,t}^{a+} \geqslant R_{t}^{+} \\ 0 \leqslant r_{j,t}^{a-} \leqslant \mathrm{RD}_{j,t}^{a} \cdot \Delta T, \quad r_{j,t}^{a-} \leqslant \tilde{p}_{j,t}^{a} - \underline{P}_{j,t}^{a}, \quad \sum\limits_{j \in \mathcal{G}^{a}} r_{j,t}^{a-} \geqslant R_{t}^{-} \end{cases} \tag{4-58}$$

式中，R_t^{+} 和 R_t^{-} 分别为第 t 个调度时段的系统向下、向上旋转备用容量需求。

(5) 传输安全约束。传输断面和线路的潮流需要被控制在限值以内：

$$\underline{L}_{l,t} \leqslant \sum_{i\in\mathcal{G}^s} G_{l,i} p_{i,t}^s + \sum_{j\in\mathcal{G}^a} G_{l,j} \tilde{p}_{j,t}^a + \sum_{k\in\mathcal{W}} G_{l,k} \tilde{p}_{k,t}^w \leqslant \overline{L}_{l,t} \tag{4-59}$$

式中，$\underline{L}_{l,t}$ 和 $\overline{L}_{l,t}$ 分别为第 l 个传输断面或者线路在第 t 个调度时段消去节点负荷影响后的等值潮流下限和上限；$G_{l,i}$ 为第 l 个传输断面或者线路对第 i 个发电单元的转移分布因子。

(6) 允许风电出力约束。风电允许出力区间的下界、上界不超过对应风电预测区间的下界和上界：

$$\begin{cases} \underline{\hat{p}}_{k,t}^w \leqslant \underline{P}_{k,t}^w, \ 0 \leqslant \overline{\hat{p}}_{k,t}^w \leqslant \overline{P}_{k,t}^w \\ \underline{\hat{p}}_{k,t}^w \leqslant p_{k,t}^w \leqslant \overline{\hat{p}}_{k,t}^w \end{cases} \tag{4-60}$$

(7) 由式 (4-45) 和式 (4-46) 定义的其他约束。

3. 模型讨论

讨论 1：关于风电概率模型的选用。

在计算目标函数中的运行总成本的数学期望值时，本章提出的 ARRTD 模型没有采用单个风电场风电出力的概率模型，而是采用了系统风电出力总加的概率模型。这是因为在地理空间上分散的风电场的出力总加具有良好的统计特性。文献[10]和[11]指出，在地理空间上分散的风电场的出力总加预测比单个风电场的出力预测更加准确，并且前者近似服从正态分布[12,13]。这些特点使得系统风电总加概率模型能够方便地被用于实际问题的计算。对于 ARRTD 模型中的约束条件来说，系统风电总加的引入是为了方便表达。实际上，在这些约束条件中，可以通过采用单个风电场的风电出力变量来考虑网络节点注入的影响。

讨论 2：关于仿射自适应规则的实用。

针对自适应变量的仿射自适应规则不仅保证基态下的系统功率平衡，同时可以保证风电允许出力区间内任意风电场景下的系统功率平衡。由式 (4-45)、式 (4-46) 以及式 (4-55) 可以得到以下关系式：

$$\begin{aligned} D_t &= \sum_{i\in\mathcal{G}^s} p_{i,t}^s + \sum_{j\in\mathcal{G}^a} \tilde{p}_{j,t}^a + \sum_{k\in\mathcal{W}} \tilde{p}_{k,t}^w \\ &= \sum_{i\in\mathcal{G}^s} p_{i,t}^s + \sum_{j\in\mathcal{G}^a} p_{j,t}^a + \sum_{k\in\mathcal{W}} p_{k,t}^w \end{aligned} \tag{4-61}$$

从物理角度看，由风电波动引起的系统功率失配应由 AGC 机组调节出力来承担。这反映了所提出的模型与工程现场的 AGC 有功控制方式是相互兼容的。

讨论 3：关于目标函数的简化。

式(4-48)中所示的目标函数是非凸的，这导致由式(4-40)所表示的 ARRTD 模型也是非凸的。现有的非线性规划技术无法保证获得该非凸模型的全局最优解。作为该模型的一种简化方法，可以将模型目标函数(4-48)中涉及期望值计算的三项略去，从而得到如下所示的二次目标函数：

$$\min_{\substack{p^s, \underline{p}^a, \tilde{p}^a(\cdot) \\ p^w, \bar{\hat{p}}^w, \underline{\hat{p}}_w}} \sum_{t=1}^{T} \left\{ \sum_{i \in \mathcal{G}^s} \mathrm{CF}_{i,t}(p_{i,t}^s) + \sum_{j \in \mathcal{G}^s} \mathrm{CF}_{j,t}(p_{j,t}^a) + \sum_{k \in \mathcal{W}} \mathrm{CL}_{k,t}(\bar{\hat{p}}_{k,t}^w) \right\} \tag{4-62}$$

通过这种方式，原来的 ARRTD 模型被近似地简化为一个二次规划模型。由于目标函数是凸二次函数，简化后的二次规划模型可以采用成熟的二次规划算法求得全局最优解。

4.5 算例分析

4.5.1 鲁棒区间滚动调度算例分析

1. 鲁棒区间调度结果分析

1) 鲁棒区间调度结果分析

以 IEEERTS 系统为研究对象，负荷预测需求曲线如图 4-5 所示。选择第 14 号机组为风电机组#1，风电容量为 900MW，风电场预测出力取某省级电网 2012 年某日的风电预测出力曲线，风电预测误差按(0.01t+0.04) p_t^w 取值。常规发电机爬坡率取为额定容量的 1%，采样间隔为 5min。风电鲁棒区间优化结果如图 4-6 所示，系统可调容量大小如图 4-7 所示。

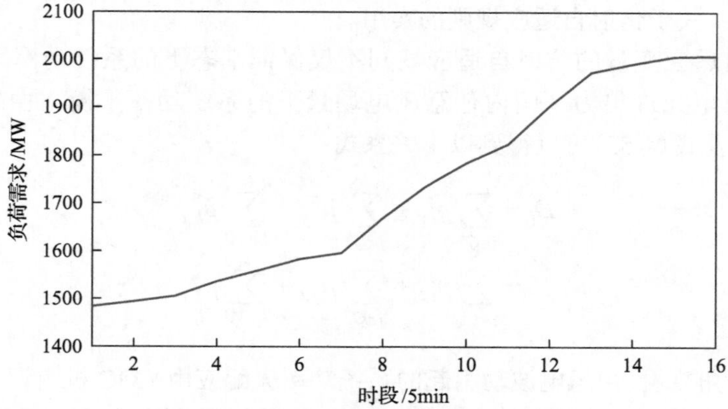

图 4-5　负荷预测需求曲线

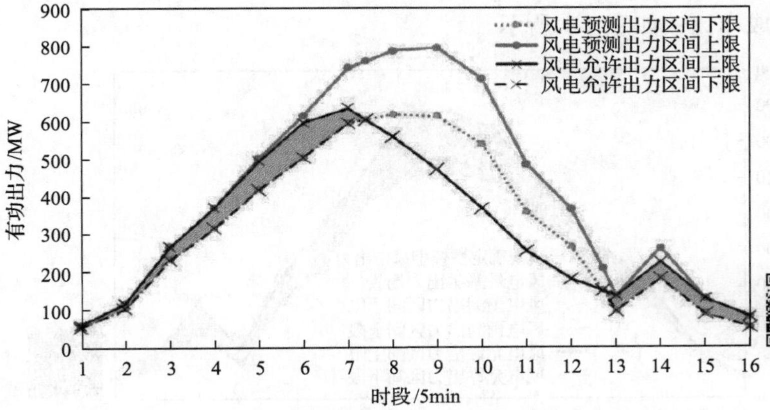

图 4-6　风电鲁棒区间优化结果(彩图请扫二维码)

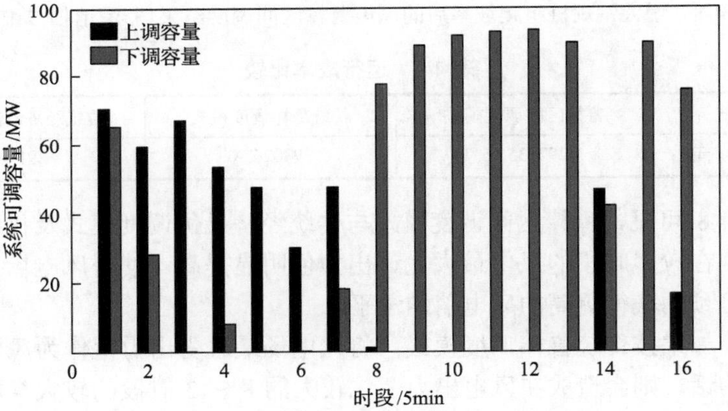

图 4-7　系统可调容量大小

由图 4-6 及图 4-7 可见，在风电快速下坡的 8～12 时段，受传统机组调节能力的限制，风电无法完全消纳。此时间段的风电允许的出力区间变成曲线，处于弃风状态。如果此时按传统鲁棒优化问题要求风电在预测区间内的最恶劣情况得到满足[3]，该问题将无法获得可行解。

同时，如果以风电预测出力区间下限曲线作为分界线，则该曲线以上的部分可以认为是风电出力随机变化部分，曲线以下的部分认为是风电基本可信出力部分，因此，如图 4-6 的 8～12 时段所示，当风电弃风较大，使得允许的风电出力值低于风电预测出力区间下限时，此时的风电最优出力区间将缩减为固定计划值。

同时，由图 4-7 可见，在风电快速上爬坡阶段，常规机组的下调能力是限制风电利用的主要因素；而在风电快速下爬坡阶段，常规机组的上调能力是限制风电利用的主要因素。

进一步地将常规机组爬坡率改为额定容量的 2%，鲁棒区间调度结果如图 4-8

所示，运行成本比较如表 4-1 所示。

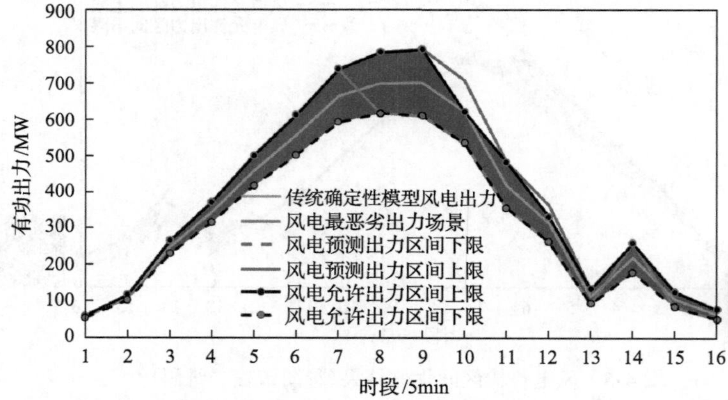

图 4-8　增大常规机组爬坡率后的风电鲁棒区间调度结果(彩图请扫二维码)

表 4-1　运行成本比较

调度模式	鲁棒区间调度模式	传统鲁棒调度模式	传统经济最优调度模式
运行成本/美元	292535.46	293026.30	291441.57

由图 4-8 可见，鲁棒区间调度模式与传统经济最优调度模式及传统鲁棒调度模式相比，在较多时段的风电最大允许出力值明显提高，使得风电场控制的灵活性增强，可预期获得更高的风电消纳水平。

同时，如果按传统鲁棒调度模式，将风电场最恶劣出力值作为风电跟踪计划下发执行的话，则会造成在风电出力变化较大的 8～13 时段的较大弃风损失。由图 4-9 也可以看出，传统鲁棒调度模式结果的经济性最差，而鲁棒区间调度模式结果能够一定程度上提升系统的经济性。

如果以风电出力最恶劣场景下的系统每一时段上下可调裕度的最小值 R_t 作为系统安全性衡量指标：

$$R_t = \min\left(\sum_{i \in G_{\text{con}}} R_{it}^d - p_{jt}^{w,\max} + p_{jt}^w, \sum_{i \in G_{\text{con}}} R_{it}^u - p_{jt}^w + p_{jt}^{w,\min} \right)$$

鲁棒区间调度模式结果与传统经济最优调度模式结果的系统安全裕度对比如图 4-9 所示。

可见，传统模型的优化结果在风电出力较小时，能够保证系统的安全性，但随着风电出力的增加，在较多时段将出现安全裕度不足的问题，特别是在风电大发的 6～10 时段尤其明显，而鲁棒区间调度模式结果能够保证系统的安全裕度始终位于基准线以上，保证了系统的安全性。

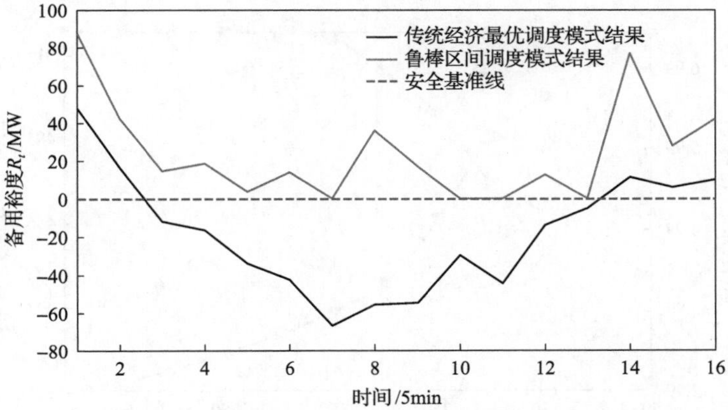

图 4-9　鲁棒区间调度模式结果与传统经济最优调度结果的系统安全裕度对比

2) 风电预测精度的影响

令风电预测误差从 $(0.01t+0.04)\ p_t^w \sim (0.01t+0.20)\ p_t^w$ 依次增大，步长取为 $0.02\ p_t^w$，此时风电在优化时段内的风电最大允许发电量结果如图 4-10 所示。

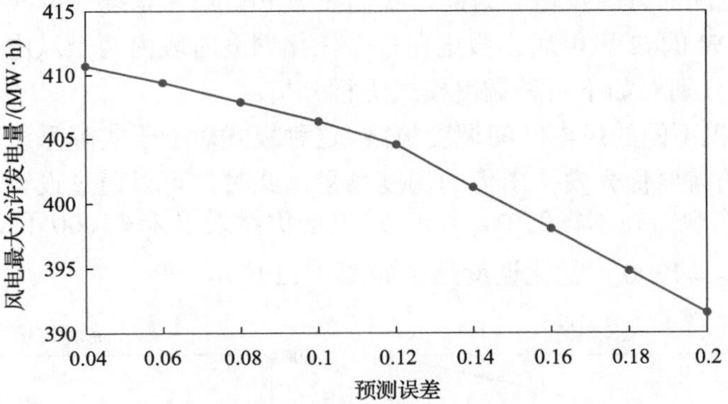

图 4-10　不同预测误差下的风电最大允许发电量

可见，风电出力预测误差的大小对风电消纳结果有直接影响。预测误差的增大导致风电出力的不确定度增大，对系统安全的威胁也越大，使得风电允许出力区间下移，风电利用率下降。

3) 断面传输容量的影响分析

将系统分为上下两个分区，常规机组爬坡率取为容量的 2%，在不同分区传输极限下的风电最大允许发电量结果如图 4-11 所示。

可见，断面传输容量对于系统的运行有较大影响，随着断面极限的下降，系统最大允许的风电消纳量也随之下降，同时运行成本随之上升。同时也说明了系统互联而形成的分区备用支援对于消纳风电、改善运行经济性的优点。

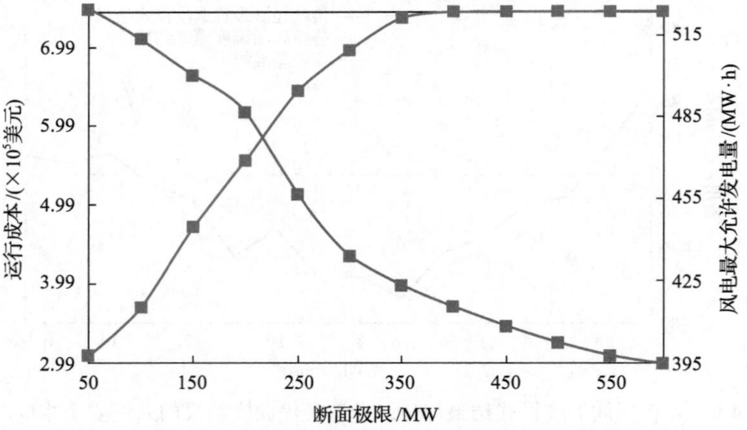

图 4-11　不同断面极限下的风电最大允许发电量

4) 多风电场调度结果分析

当系统中存在多个风电场时，在有功调度过程中，需要考虑风电出力计划在多个风电场之间的分配策略。为此，我们在 IEEE RTS 系统的母线 7 处添加一个容量为 600MW 的#2 风电场。假定在整个优化调度时段内两个风电场预测出力均为 500MW，分别对如下两种调度模式进行分析。

(1) 优先权不同的风电区间调度策略。这种模式对应于实际系统中因特殊原因对个别风电场需要优先安排出力的调度场景，此时，可以通过设置不同的惩罚成本因子 λ_j 来实现。在本算例中，对#1 风电场仍然采用 $\lambda_1 = 1000$ 不变，而对#2 风电场调整为 $\lambda_2 = 1200$，优化调度结果如图 4-12 所示。

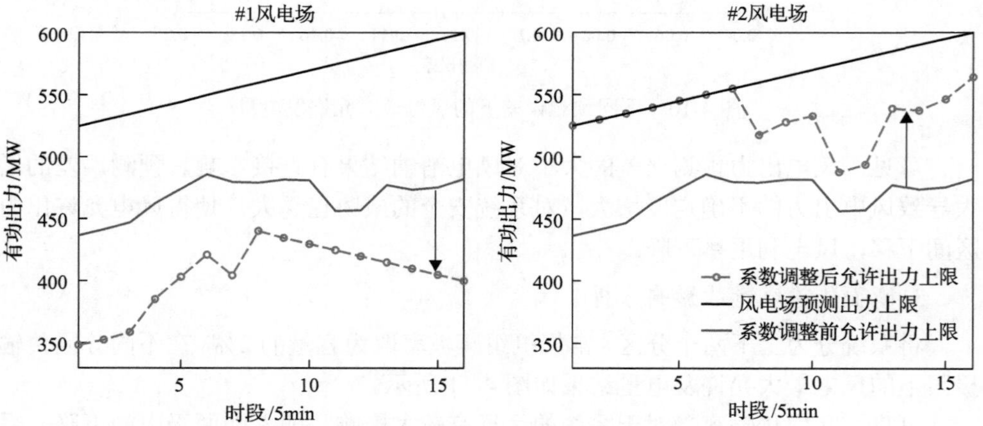

图 4-12　优先权不同的风电优化调度结果

可见，通过设置不同的惩罚成本因子大小，可以到达选择风电场优先出力的目的。同时，由于风电的惩罚成本远大于常规火电机组的运行成本，因此，惩罚因子的变化改变的只是风电总量在不同风电场之间分配的比例关系，系统总的运行成本并未受到影响，系数调整前后均为 243348.34 美元。

(2) 优先权相同的风电区间调度策略。这种模式下，在不影响系统总运行成本的情况下，需要保证风电场间出力的公平性。本书通过在优化目标中添加如下的出力分配项实现这一目的：

$$f = \left\| \frac{\overline{\boldsymbol{p}^{\mathrm{wc}}} - \boldsymbol{p}_{\mathrm{t}}^{w,\max}}{\overline{\boldsymbol{p}^{\mathrm{wc}}}} \right\|$$

式中，$\overline{\boldsymbol{p}^{\mathrm{wc}}}$ 为风电场装机容量向量。控制结果如图 4-13 所示，其中风电场相对出力偏差指的是两个风电场相对出力(出力与容量的百分比)之差。

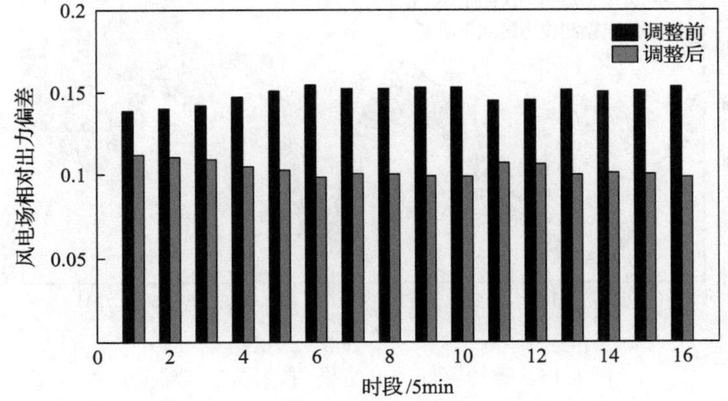

图 4-13　出力分配前后的风电场出力偏差对比

可见，出力分配后风电场之间的相对出力偏差明显减小，达到了风电场间出力合理分配的效果。同时，由于出力分配项远小于常规机组的运行成本及风电机组的弃风惩罚成本，因此，调整前后系统的运行成本为 243348.34 美元，同时风电最大消纳量为 936.32MW·h 也保持不变。

5) 大规模系统算例

采用吉林电网作为算例系统，计算时段内的负荷预测需求如图 4-14 所示。运行过程中除去应对风电出力不确定所需的旋备容量需求外，还要求满足最大机组规则的系统安全要求。按系统中机组容量，该旋备取值为 700MW，此时的鲁棒区间调度结果如图 4-15 所示。

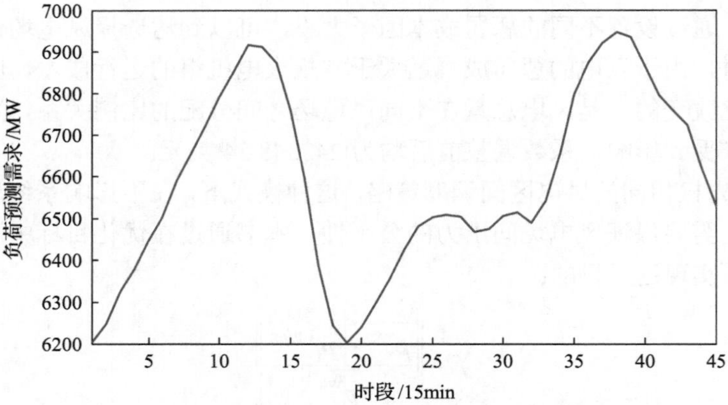

图 4-14　实际系统的负荷预测需求

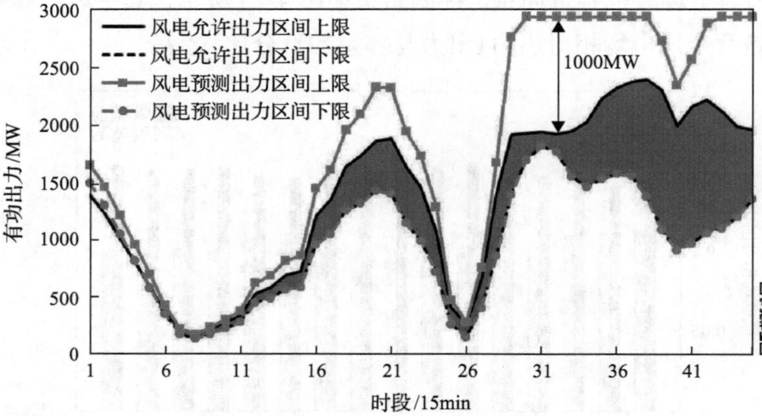

图 4-15　鲁棒区间调度结果(彩图请扫二维码)

可见，当大规模风电接入后，为保证系统安全，在风电高峰时段，最大可能的弃风量达到1000MW，占风电总装机容量的1/3，且在较多时段存在弃风问题，使得风电利用率较低。因此，需要进一步地分析安全性与经济性协调的优化调度方案。

2. 基于置信区间的鲁棒区间调度结果分析

1) 不确定度 Γ 的影响效果分析

以 IEEE RTS 系统为研究对象，选择#14、#15 两台机组为风电机组，风电场容量均取为 700MW。风电场预测出力取某省级电网 2012 年某日的风电预测出力曲线，如图 4-16 所示。风电预测误差按 $(0.04+0.01t)p_t^f$ 计算。负荷需求曲线如图 4-14 所示。常规发电机爬坡率取为额定容量的 1%，采样间隔为 5min。不同

Γ 取值下的鲁棒优化结果如表 4-2 所示。

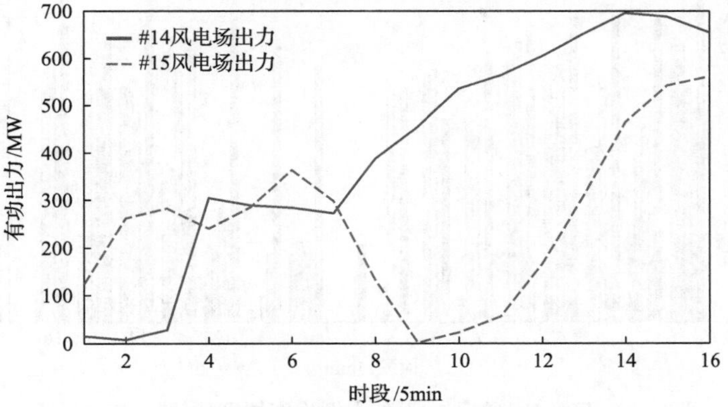

图 4-16　两个风电场的预测出力曲线

表 4-2　不同 Γ 取值下的鲁棒优化结果

Γ	系统运行成本/美元	风电最大允许发电量/(MW · h)	风电最小允许发电量/(MW · h)
0	249320.4	754.75	78.92
0.5	257532.4	754.75	365.04
1	278304.2	683.63	515.05
1.5	286663.3	652.13	542.99
2	286732.8	635.94	547.80

同时，图 4-17 及图 4-18 给出了系统每一时段的上调裕度 UM_t 及下调裕度 DM_t 结果：

$$\mathrm{DM}_t = \sum_{i \in G_{\mathrm{con}}} (R_{it}^d - \Delta R_{it}^d)$$

$$\mathrm{UM}_t = \sum_{i \in G_{\mathrm{con}}} (R_{it}^u - \Delta R_{it}^u)$$

可以看出，随着不确定度的增大，风电在给定区间内的出力可能突变，幅度增大，对系统安全性的要求提高，使得结果的保守性增强，风电最大允许发电量逐渐减小，而风电最小允许发电量逐渐提高，使得风电允许出力区间逐渐收缩。同时，安全性要求的提高改变了按经济最优确定的机组最优出力计划，导致系统的运行成本不断升高，运行的经济性变差。同时，由图 4-17 及图 4-18 可以看出，在较高风电穿透率情况下，常规机组的下旋备用容量成为限制风电利用的主要因素。

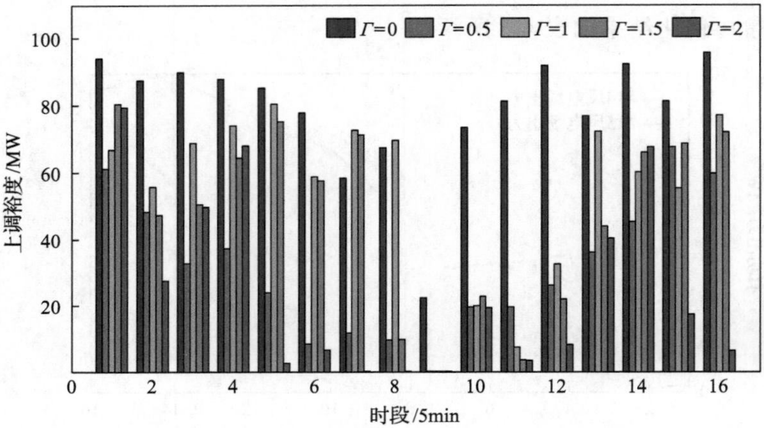

图 4-17　不同 Γ 取值下的系统上调裕度结果(彩图请扫二维码)

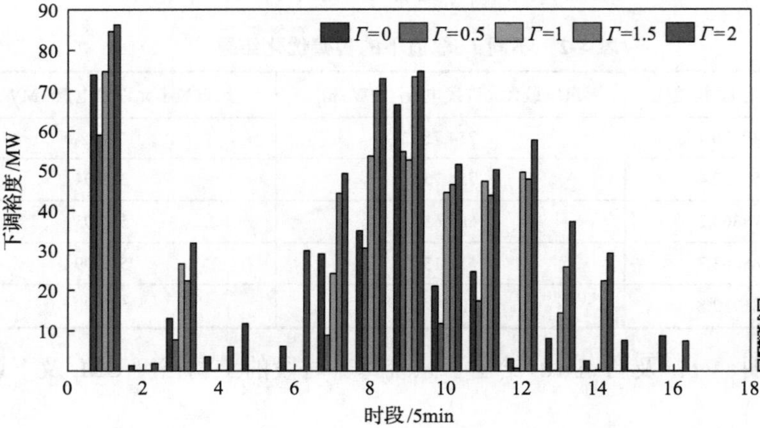

图 4-18　不同 Γ 取值下的系统下调裕度结果(彩图请扫二维码)

2)风电场出力互相关性的考虑

对某省级电网 10 个风电场 2012 年 1 月 1 日到 2012 年 5 月 28 日的风电出力数据进行分析，数据采样频率为 5min，风电场出力相关系数如表 4-3 所示。

表 4-3　风电场出力相关系数

相关系数	宝山	查干浩特	大岗	风水山	富裕	黑鱼泡	红岗子	华能洮北	来福	马力
宝山	1	0.59	0.55	0.56	0.6682	0.59	0.297	0.76	0.50	0.82
查干浩特	0.59	1	0.43	0.43	0.50	0.45	0.24	0.51	0.40	0.54
大岗	0.55	0.43	1	0.82	0.56	0.60	0.56	0.56	0.77	0.63
风水山	0.56	0.43	0.82	1	0.58	0.54	0.50	0.61	0.67	0.60

续表

相关系数	宝山	查干浩特	大岗	风水山	富裕	黑鱼泡	红岗子	华能洮北	来福	马力
富裕	0.66	0.50	0.56	0.58	1	0.50	0.35	0.64	0.51	0.66
黑鱼泡	0.59	0.45	0.60	0.54	0.50	1	0.41	0.47	0.65	0.62
红岗子	0.29	0.24	0.56	0.50	0.35	0.41	1	0.26	0.66	0.33
华能洮北	0.76	0.51	0.56	0.61	0.64	0.47	0.26	1	0.49	0.72
来福	0.50	0.40	0.77	0.67	0.51	0.65	0.66	0.49	1	0.57
马力	0.82	0.54	0.63	0.60	0.66	0.62	0.33	0.72	0.57	1

分别选择相关度最大的三个风电场对，对其 1 小时的出力数据进行分析，结果如图 4-19 所示。

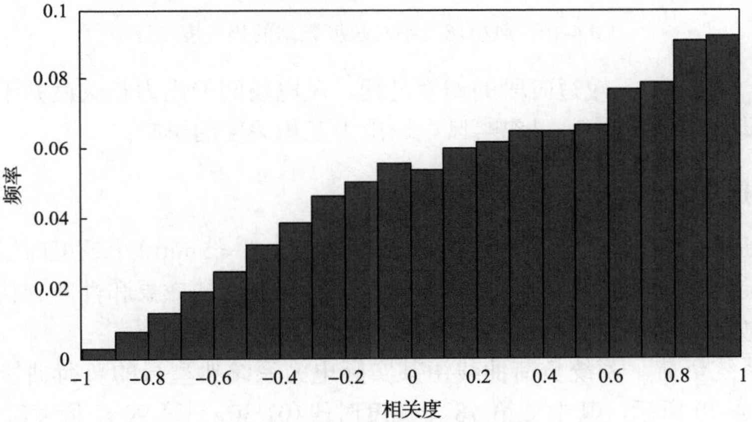

(a) 宝山风场-马力风场

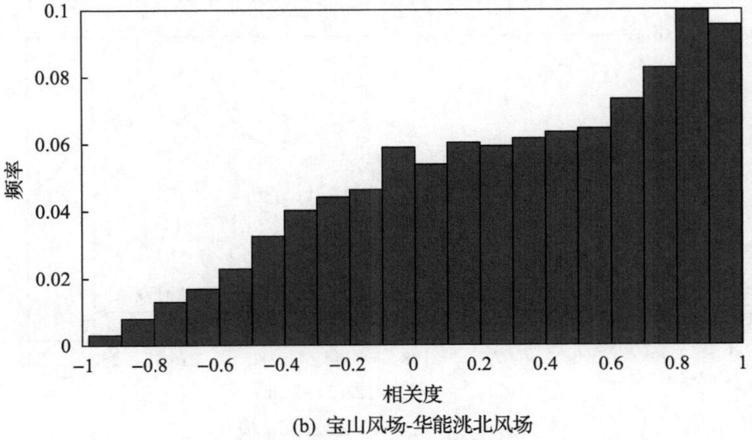

(b) 宝山风场-华能洮北风场

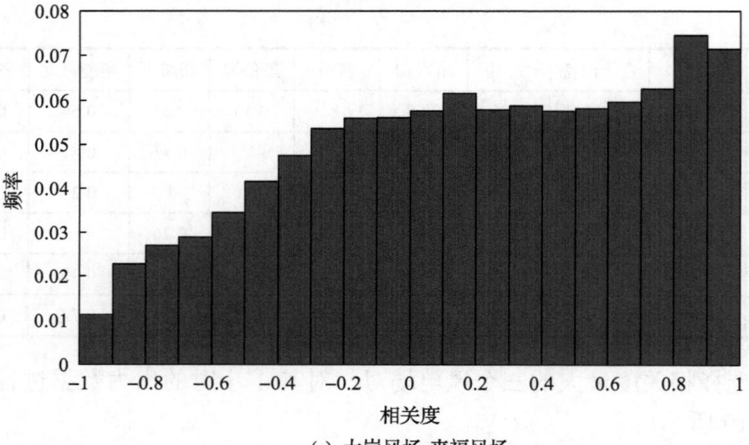

(c) 大岗风场-来福风场

图 4-19　风电场 1 小时长度数据的相关度统计

可以看出，对于较短时段的调度过程，风电场间的出力相关度并不明显。因此，在滚动调度过程中可以忽略风电场出力互相关度的影响。

4.5.2　自适应鲁棒实时调度算例分析

在改进的 IEEE RTS 系统[14]上计算 $T=12$（$\Delta T=5\,\mathrm{min}$）个调度时段的实时调度问题，以评估本章所提出的鲁棒区间实时调度方法的效果和性能。仿真算例的条件设定如下。

(1) 系统负荷。系统负荷曲线由某实际电力系统典型日的负荷曲线放缩后得到，如图 4-20 所示，其中从第 18 个调度时段(01:30)到第 90 个调度时段(07:30)为谷荷时段，从第 180 个调度时段(15:00)到第 258 个调度时段(21:30)为峰荷时段。

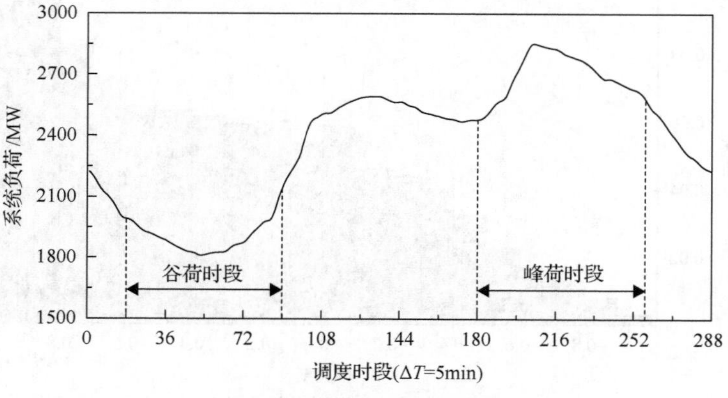

图 4-20　测试系统负荷曲线

(2) 风电场。挂接在母线 7、母线 14、母线 16 和母线 21 上的发电机代表四个不同的风电场，分别记为风电场#1、风电场#2、风电场#3 和风电场#4。四个风电场的容量分别为 250MW、200MW、250MW 和 600MW。

(3) 发电机。挂接在母线 2、母线 18 和母线 23 上的发电机为 AGC 机组，其参与因子与机组容量成正比。其余机组为非 AGC 机组。

(4) 传输断面。传输断面由线路 15-24(表示连接母线 15 和母线 24 的线路)、线路 14-11、线路 13-11、线路 23-12 和线路 13-12 组成。

(5) 安全约束。系统向上、向下旋转备用要求均为 50MW。传输断面的潮流约束范围为[500MW，700MW]。

(6) 价格。风力发电价格为 24 美元/(MW·h)，AGC 机组的向上调节价格为 120 美元/(MW·h)，AGC 机组的向下调节价格为 60 美元/(MW·h)。为了达到风电场出力相对公平的目的，各个风电场的弃风惩罚因子与其风电预测区间宽度成反比，即

$$M_{k,t} = 600 / (\bar{P}_{k,t}^{w} - \underline{P}_{k,t}^{w}) \tag{4-63}$$

需要注意的是，风电场惩罚因子的设定并不仅限于算例中所采用的方法。实际上，各个风电场的惩罚因子可以由调度运行人员根据自身的偏好进行设定。如果弃风惩罚项对应现实中的经济惩罚，那么可以将惩罚因子设置为相应的市场价格。

系统负荷和风电预测区间数据来源于文献[15]，其中风电预测区间为风电功率预测的 $\pm 3\sigma$ 区间。在本算例中，系统风电总加的概率分布采用正态分布模型，用以计算目标函数中的运行总成本期望值。ARRTD 模型通过调用基于原始-对偶内点法[16]的开源算法软件包 IPOPT[17]求得局部最优解。本算法中的仿真均在 MATLAB R2013a 上实现，测试平台的硬件配置包含 Intel Quad Core 2.40 GHz 的中央处理器和 16GB 内存。若无特殊说明，本算例中的 ARRTD 模型采用运行总成本的期望值作为目标函数。

1. 风电场计划结果分析

以第一个调度时段为时间起点，通过求解一次 ARRTD 模型得到的四个风电场的实时调度计划如图 4-21 所示。在图 4-21 中，带星号标记的实线表示风电预测区间，带三角标记的虚线表示风电允许出力区间。在调度计划时间窗内的开始时段，风电预测区间较窄。此时间段内，由于风电可能的波动范围较小，AGC 机组能够平衡由风电波动引起的系统功率失配。因此，在开始的若干时段内，风电允许出力区间与风电预测区间重合。随着预测时间尺度变长，风电预测误差逐渐增大，这表现为风电预测区间逐渐变宽，代表风电可能的波动范围越来越大。在此情况下，受到 AGC 机组爬坡速率以及传输断面约束的限制，系统无法消纳风

电预测区间范围内的所有风电。此时，为了保证系统安全采取了弃风策略，因此在后面若干时段内的风电允许出力区间比风电预测区间窄。

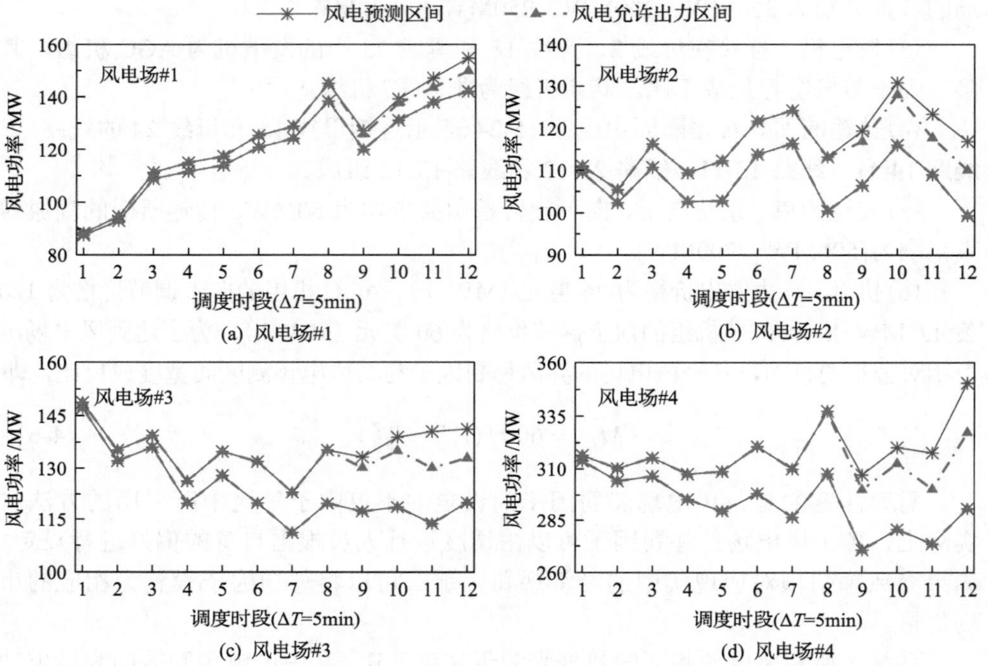

图 4-21　风电场的实时调度计划

2. 结果鲁棒性验证

本节采用蒙特卡罗仿真法模拟实际控制系统中实时调度的时序决策过程。实时调度以 5min 为周期定期启动，每次启动后制定未来 T=12 个调度时段（$\Delta T = 5\,\text{min}$）的实时调度计划，其中只有第一个调度时段的实时调度计划被非 AGC 机组严格执行。然后用蒙特卡罗法生成风电出力场景样本，以此作为风电实际出力的观测值。根据风电实际出力的观测值，以基点功率值为基础调整 AGC 机组的实际出力，消除风电预测偏差引起的功率失配。该过程模拟 AGC 系统的二次调频响应行为。在每一轮蒙特卡罗仿真中，实时调度以滚动向前的方式被执行 288 次，其中被执行的出力计划点组成一条日内实时调度计划轨迹。

在假设每个风电场出力服从正态分布的设定下进行 10000 次蒙特卡罗仿真，在每次仿真中分别用 ARRTD 模型和传统实时调度模型计算实时调度计划。传统实时调度模型指的是确定性的动态经济调度模型，其中风电场被视为发电容量等于风电预测值的常规机组。图 4-22 中的散点表示的是通过每次仿真得到的在各个调度时段的传输断面潮流功率、向上和向下旋转备用容量。图 4-22(a)为用本书提出的 ARRTD 模型得到的结果，图 4-22(b)为通过传统模型得到的结果。图 4-22 中的虚线表示系统安全要求水平，箭头指向为系统安全要求方向。

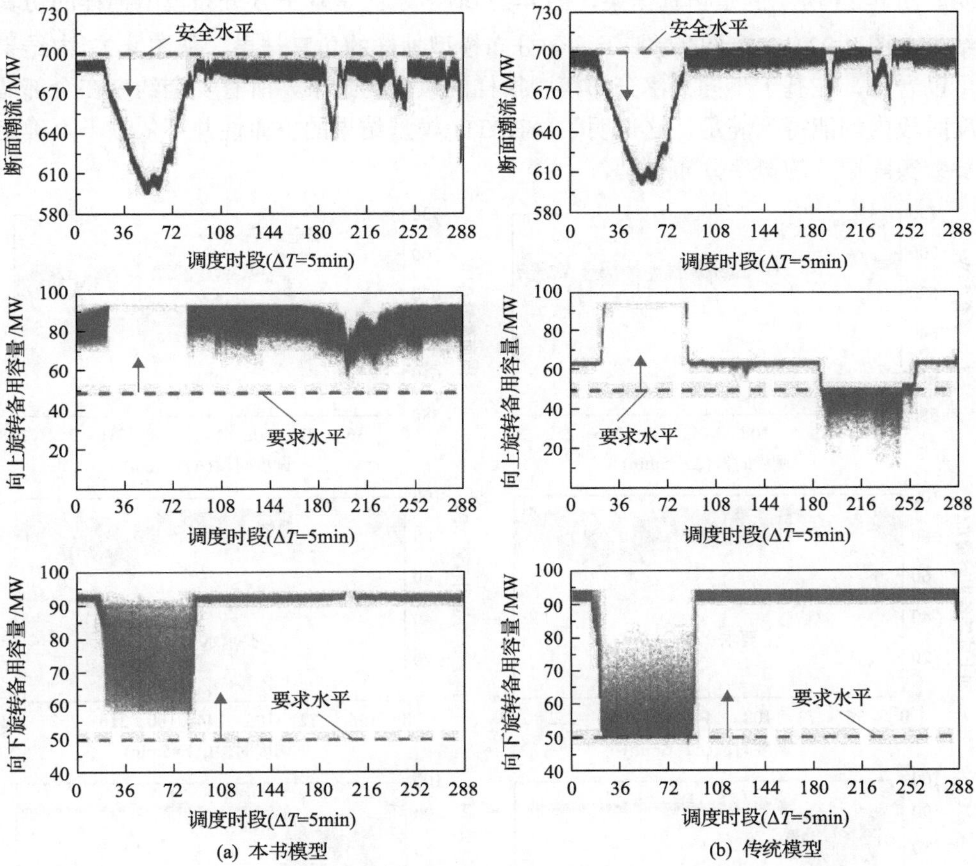

图 4-22　基于正态分布模型抽样的蒙特卡罗仿真结果

从图 4-22(a)可以看到，由 ARRTD 模型得到的实时调度计划使得传输断面潮流约束、向上旋转备用约束和向下旋转备用约束在所有风电场景下的所有调度时段内均能得到满足。相比之下，由传统模型得到的实时调度计划无法满足这个要求。从图 4-22(b)可见，当采用由传统模型得到的实时调度计划时，传输断面潮流约束被违反的情况时有发生。另外，在峰荷时段内有较多风电场景导致向上旋转备用容量不足的情况。这是因为风电的随机波动导致 AGC 机组实际出力的偏移，而传统实时调度模型没有计及 AGC 机组出力偏移后对系统安全造成的影响。通过对比可见，由于 ARRTD 模型考虑了风电出力的最恶劣场景以及在最恶劣场景下 AGC 机组的响应行为，ARRTD 模型在保证系统运行安全性方面明显优于传统模型。

在分别假设每个风电场出力服从正态分布、均匀分布的设定下进行 10000 次蒙特卡罗仿真，并在每次仿真中分别用 ARRTD 模型和传统实时调度模型计算实时调度计划。此处所用的风电概率分布模型的均值和方差均与正态分布模型的相同。图 4-23(a)所示的是仿真结果，图 4-23(a)所示的是基于 β 分布模型抽样的仿真结果，图 4-23(b)所示的是基于均匀分布模型抽样的仿真结果。从图 4-23 中结果可以看出，在基于不同概率分布模型抽样的风电场景下，所有安全约束在全部调度时段内均能得到满足，这说明了 ARRTD 模型结果的鲁棒性并不依赖于不确定参数实际服从的概率分布模型。

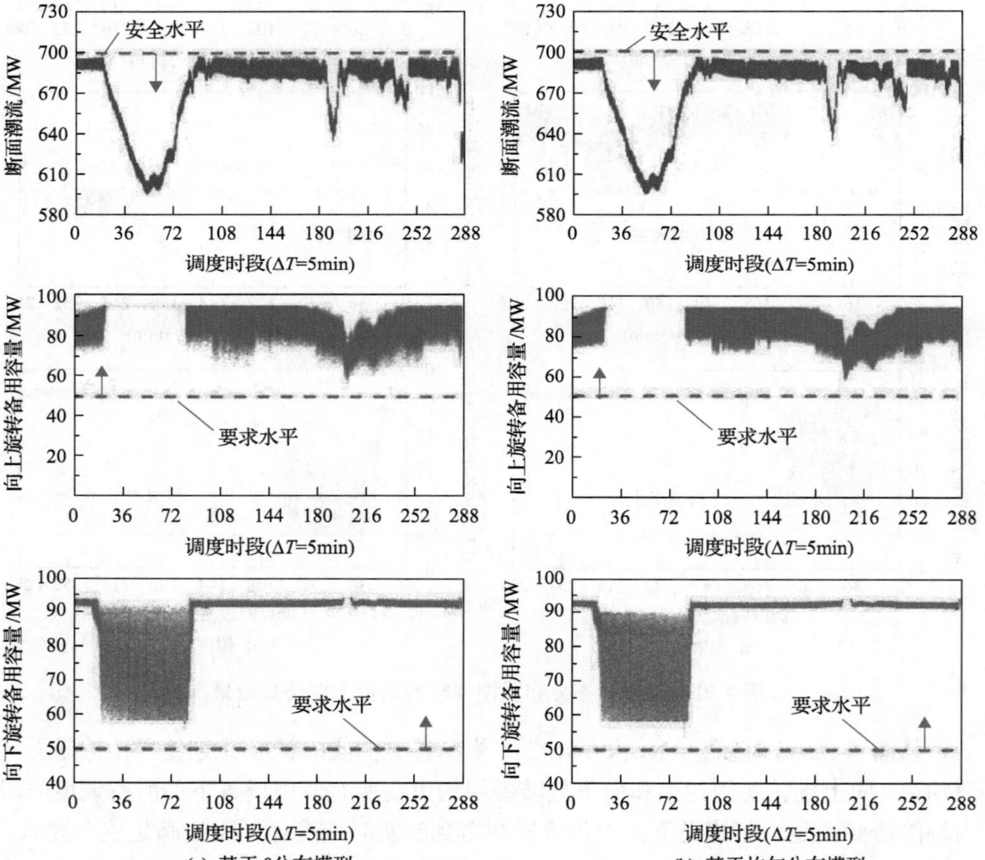

图 4-23　基于 β 分布模型和均匀分布模型抽样的蒙特卡罗仿真结果

3. 经济性与可靠性比较

本节将从经济性、风电消纳利用以及安全性方面对 ARRTD 模型与传统实时调度模型进行比较。表 4-4 所示的是在不同概率分布模型采样下的仿真统计结果。表 4-4 中所示的非 AGC 机组、AGC 机组和风电发电成本，对应式(4-48)所示目标函数中的前三项之和。调节成本指的是 AGC 机组的向上调节成本和向下调节成本之和，对应式(4-48)所示目标函数中的第四项。运行总成本指的是发电成本、调节成本以及弃风成本之和。风电利用率的定义为

$$\text{风电利用率} = \frac{\sum_{t=1}^{T}\sum_{k\in\mathcal{W}}\tilde{p}_{k,t}^{w}}{\sum_{t=1}^{T}\sum_{k\in\mathcal{W}}\tilde{P}_{k,t}^{w}} \times 100\% \tag{4-64}$$

式中，$\tilde{p}_{k,t}^{w}$ 表示风电实际出力；$\tilde{P}_{k,t}^{w}$ 表示最大可用风电出力。安全时段数指的是所有安全约束条件均得到满足的时段个数。表 4-4 中所展示的数据均为 10000 次蒙特卡罗仿真结果的平均值。

表 4-4　基于不同概率模型分布抽样的仿真结果

抽样模型	计算模型	发电成本/美元	调节成本/美元	弃风成本/美元	运行总成本/美元	风电利用率/%	安全性	
							安全时段	比例/%
正态	ARRTD模型	1101643	18558	22121	1142322	99.73	288	100
	传统模型	1087205	21756	109259	1218220	98.67	180.5	62.6
均匀	ARRTD模型	1101618	19438	21583	1142639	99.74	288	100
	传统模型	1087932	23683	118422	1230038	98.56	181.3	62.9
β	ARRTD模型	1101652	18621	22156	1142428	99.73	287.9	99.9
	传统模型	1087248	21867	108834	1217949	98.67	180.4	62.6

从表 4-4 中可以看到 ARRTD 模型的发电成本比传统模型的发电成本高。这是 ARRTD 模型为实现调度策略鲁棒性所付出的额外成本。ARRTD 模型的调节成本低于传统模型，代表 ARRTD 模型所需的 AGC 机组调节负担比传统模型小。从整体上说，ARRTD 模型所需的整体运行成本低于传统模型，因此前者相比于后者能够给出整体上更为经济的决策结果。

从表 4-4 中可以看到，在各种不同的抽样模型下，ARRTD 模型比传统模型消纳了更多的风电。这是因为 ARRTD 模型允许风电场在风电允许出力区间内运行于 MPPT 模式，而传统实时调度方法则要求风电场严格追踪计划值。并且，ARRTD 模型所给出的调度策略能够保证系统安全约束在所有调度时段均能得到满足。相

比之下，传统模型只能在约 62%的调度时段内满足系统安全约束。可见本书所提出的 ARRTD 模型能够在确保系统运行安全的前提下有效地提升系统在实时调度环节消纳风电的能力。

同时可以看到，虽然 ARRTD 模型中用于计算运行总成本期望值的系统风电总加出力的概率分布(正态分布)不同于各个风电场出力的实际概率分布(即蒙特卡罗抽样模型)，ARRTD 模型所给出计划的效果并没有发生显著变化。这是因为，根据中心极限定理，系统风电出力总加近似地服从正态分布[18,19]。本算例的测试结果与这个结论是相符合的。

4. 计算效率

本节将验证用常规优化求解器求解 ARRTD 模型的计算效率。除了前面所用的 IEEE RTS 系统以外，本节测试还在另外三个大型电力系统上求解 ARRTD 模型($T=12$，$\Delta T=5\,\text{min}$)，其中包括 IEEE 118-Bus 系统、IEEE 300-Bus 系统以及一个实际电力系统。所有测试系统的 ARRTD 模型均通过基于原始-对偶内点算法的开源优化软件包 IPOPT 求解。

表 4-5 所示的是在各个测试系统上的仿真计算结果。对于所有测试系统，求解 ARRTD 模型的迭代次数均在 20 次左右。随着测试系统规模的增大，计算时间也呈增大的趋势。尽管如此，模型求解的整体效率是令人满意的。对于其中的含 2736 条母线的实际电力系统，求解 ARRTD 模型所需的求解时间依然在半分钟以内，如此的计算效率在现实应用中是可以接受的。值得注意的是，此处用于求解 ARRTD 模型的 IPOPT 软件包是一个通用的非线性规划求解器。实际上，我们可以针对 ARRTD 模型的特点设计出计算效率更高、针对性更强的求解算法。然而，本章工作重点为鲁棒区间实时调度框架与方法，而不是 ARRTD 模型的高效算法。因此，本章不对 ARRTD 模型的高效算法做深入讨论。

表 4-5 测试系统规模信息与算法计算性能

系统	IEEE RTS	118 Bus	300 Bus	实际系统
计算时间/s	1.0	1.6	4.5	26.9
迭代次数	20	14	18	26
母线数量	24	118	300	2736
线路数量	38	186	411	3269
发电机数量	29	46	53	205
风电场数量	4	8	16	65
线路潮流约束	38	186	411	277

5. 目标函数简化效果

本节将对 4.4.3 节中所提出的目标函数简化方法的效果进行测试和讨论。为方便起见，本节将考虑期望成本的 ARRTD 模型称为完整模型，将以式(4-62)为目标函数的 ARRTD 模型称为简化模型。

我们采用 4.5.2 节类似的蒙特卡罗仿真方法对完整模型和简化模型的经济性进行对比。表 4-6 所示的是在三种不同抽样模型下的仿真测试结果。从表 4-6 中可以看到，简化模型的各项指标与完整模型的非常接近。相比之下，简化模型的调节成本和运行总成本高于完整模型。这是因为，简化模型的目标函数忽略了期望调节成本。相比于传统模型，简化模型的优化效果还是令人满意的。从表 4-4 和表 4-6 的结果来看，在各种情形下，简化模型的运行总成本和风电利用率均优于传统模型。同时，简化模型的安全时段数比例高于传统模型的结果。因此，与传统模型相比，简化的 ARRTD 模型在经济性、风电消纳和安全性方面仍然具有优势[20,21]。

表 4-6 基于不同概率模型分布抽样的完整模型和简化模型的对比仿真结果

抽样模型	计算模型	发电成本/美元	调节成本/美元	弃风成本/美元	运行总成本/美元	风电利用率/%	安全性	
							安全时段	比例/%
正态	完整	1101643	18558	22121	1142322	99.73	288	100
	简化	1101646	73445	22031	1197121	99.73	288	100
均匀	完整	1101618	19438	21583	1142639	99.74	288	100
	简化	1101615	73183	21646	1196444	99.74	288	100
β	完整	1101652	18621	22156	1142428	99.73	288	99.9
	简化	1101649	73462	22198	1197308	99.73	288	99.9

针对不同规模测试系统，用 IPOPT 求解分别求解 ARRTD 的完整模型和简化模型，计算时间和迭代次数如表 4-7 所示。对于每个测试系统，简化模型的计算时间和迭代次数均少于完整模型。这是因为简化模型是一个凸二次规划模型。相比于一般的非线性规划模型，二次规划模型能够用成熟的凸二次规划算法求得全局最优解。作为凸二次规划模型，简化模型的局部最优解为全局最优解。

表 4-7 针对不同测试系统的完整模型和简化模型的计算性能对比

系统	完整模型		简化模型	
	计算时间/s	迭代次数	计算时间/s	迭代次数
IEEE RTS	1.04	22	0.6	18
118 Bus	1.6	14	1.0	14
300 Bus	4.5	18	3.8	18
Real	26.9	26	22.3	24

从本节的仿真结果来看，虽然由简化模型得到的调度策略的经济性不如完整模型，但是前者的求解效率更高。同时，简化模型解在经济性、风电消纳和安全性方面的性能也优于传统模型。可见，简化模型具有较高的实际应用价值。

参 考 文 献

[1] Soyster A. Convex programming with set-inclusive constraints and applications to inexact linear programming[J]. Operations Research, 1973, 21(5): 1154-1157.

[2] Jason C. A robust optimization approach to the self-scheduling problem using semidefinite programming[D]. Waterloo: University of Waterloo, 2009.

[3] Bertsimas D, Litvinov E, Sun X, et al. Adaptive robust optimization for the security constrained unit commitment problem[J]. IEEE Transactions on Power Systems, 2013, PWRS-28(1): 52-63.

[4] 王彩霞, 鲁宗相, 乔颖, 等. 基于非参数回归模型的短期风电功率预测[J]. 电力系统自动化, 2010, 16: 78-82.

[5] Olive D J. Prediction intervals for regression models[J]. Computational Statistics and Data Analysis, 2007, 51(6): 3115-3122.

[6] Jaleeli N, Vanslyck L S, Ewart D N, et al. Understanding automatic generation control[J]. IEEE Transactions on Power Systems, 1992, 7(3): 1106-1122.

[7] 国家能源局. 国家能源局派出机构权力和责任清单(试行)[M]. 北京: 国家能源局, 2015.

[8] Wu W, Chen J, Zhang B, et al. A robust wind power optimization method for look-ahead dispatch[J]. IEEE Transactions on Sustainable Energy, 2014, 5(2): 507-515.

[9] Papalexopoulos A D, Andrianesis P E. Performance-based pricing of frequency regulation in electricity markets[J]. IEEE Transactions on Power Systems, 2014, 29(1): 441-449.

[10] Focken U, Lange M, Mönnich K, et al. Short-term prediction of the aggregated power output of wind farms: A statistical analysis of the reduction of the prediction error by spatial smoothing effects[J]. Journal of Wind Engineering and Industrial Aerodynamics, 2002, 90(3): 231-246.

[11] Banerjee B, Jayaweera D, Islam S M. Comparison of individual and combined forecasting of wind power output of two wind farms in Western Australia[C]. Proceedings of Power Electronics and Machines in Wind Applications, Denver, 2012.

[12] Li P, Banakar H, Keung P, et al. Macromodel of spatial smoothing in wind farms[J]. IEEE Transactions on Energy Conversion, 2007, 22(1): 119-128.

[13] Tewari S, Geyer C J, Mohan N. A Statistical model for wind power forecast error and its application to the estimation of penalties in liberalized markets[J]. IEEE Transactions on Power Systems, 2011, 26(4): 2031-2039.

[14] Grigg C, Wong P, Albrecht P, et al. The IEEE reliability test system-1996. A report prepared by the reliability test system task force of the application of probability methods subcommittee[J]. IEEE Transactions on Power Systems, 1999, 14(3): 1010-1020.

[15] Li Z. Test data of modified IEEE-RTS: System loads and wind power prediction intervals [EB/OL]. [2013-11-10]. https://drive. google.com/file/d/0B8RyC6mAHDXUWW5qR1RX SmJjZTg/edit?usp=sharing.

[16] Wächter A, Biegler L T. On the implementation of an interior-point filter line-search algorithm for large-scale nonlinear programming[J]. Mathematical Programming, 2006, 106(1): 25-57.

[17] Wächter A. An interior point algorithm for large-scale nonlinear optimization with applications in process engineering[D]. Pittsburgh: Carnegie Mellon University, 2002.

[18] Li P, Banakar H, Keung P, et al. Macromodel of spatial smoothing in wind farms[J]. IEEE Transactions on Energy Conversion, 2007, 22(1): 119-128.

[19] Tewari S, Geyer C J, Mohan N. A Statistical model for wind power forecast error and its application to the estimation of penalties in liberalized markets[J]. IEEE Transactions on Power Systems, 2011, 26(4): 2031-2039.

[20] Li Z, Wu W, Zhang B, et al. Robust look-ahead power dispatch with adjustable conservativeness accommodating significant wind power integration[J]. IEEE Transactions on Sustainable Energy, 2015, 6(3): 781-790.

[21] Li Z, Wu W, Zhang B, et al. Adjustable robust real-time power dispatch with large-scale wind power integration[J]. IEEE Transactions on Sustainable Energy, 2015, 6(2): 357-368.

第 5 章　动态经济调度及其高效可靠算法

5.1　概　　述

我国当前的电力调度普遍采用多时间尺度有功调度控制架构[1]。表 5-1 所示的是多时间尺度有功调度控制环节，其中滚动调度、实时调度和 AGC 环节为日内有功调度控制环节。小时级的滚动调度和分钟级的实时调度环节根据最新的扩展短期负荷/风电预测数据对未来计划时间窗内的机组出力计划值进行修正，而修正后的出力计划曲线只有前面若干个点会被执行。为了有效而安全地消纳大规模风电，需要对现有的日内有功调度控制模式和方法进行改进和革新。

表 5-1　多时间尺度有功调度控制环节

调度控制环节	启动周期	计划时间窗	颗粒度	执行点数	控制对象
日前调度	24h	24h	1h	24	日前机组 滚动机组 实时机组 AGC 机组
滚动调度	1h	4h	15min	4	滚动机组 实时机组 AGC 机组
实时调度	5min	1h	5min	1	实时机组 AGC 机组
AGC	10s	10s	10s	1	AGC 机组

在小时级的滚动调度方面，大规模的风电接入对在线滚动调度算法的性能提出了以下两方面的要求。

(1) 高效性。在线滚动调度是多时间尺度有功调度系统中的重要环节，直接为滚动调度机组、实时调度机组和 AGC 机组提供修正后的发电计划值以及基点功率值。在大规模风电接入的条件下，风电的随机波动会影响日前发电计划的经济性和安全性。由于风电预测误差随着预测时间尺度的缩短而变小，对发电计划进行在线滚动式的修正能够减少风电预测不确定性带来的影响。在大规模风电接入的条件下，在线滚动调度应该具备更高的计算效率，为进一步地缩短滚动调度计划的时间颗粒度、提高发电计划的滚动修正频度提供可能。然而，当前在线滚动调度的计算效率仍无法满足在线频繁计算的需求。

(2) 可靠性。为了保证系统安全运行，在线滚动调度需要考虑传输断面安全约束。在风电间歇式波动的作用下，电力系统可能会处于极端的运行状态，导致传输断面安全约束无法得到满足。这表现为在线滚动调度问题的不可行。如果在线滚动调度算法无法处理这种情况，那么这种情况一旦出现，将会导致在线滚动调度决策中断，从而对发电调度系统的正常运行造成影响。可靠的在线滚动调度算法应能尽早地辨识出不可行的传输断面安全约束，以便调度人员能够在有限的时间内分析出对策并执行解除极端运行状态的控制措施。然而，当前在线滚动调度算法并不具备辨识滚动调度问题可行性的能力，尚未满足风电消纳对算法提出的可靠性要求。

在线滚动调度本质上属于动态经济调度。针对上述要求，本章将介绍适应风电消纳的动态经济调度高效可靠算法，从高效性和可靠性两个方面对动态经济调度算法进行改进，使其适应大规模风电接入的高效性和可靠性要求。首先，建立动态经济调度模型。然后，提出基于牛顿法乘子修正的 Lagrange 松弛对偶算法，以提高动态经济调度算法的计算效率。在 Lagrange 松弛对偶算法框架下，提出基于弱对偶定理的不可行传输断面约束辨识方法。进而将动态经济调度高效算法和不可行传输断面约束辨识方法结合，设计出含不可行传输断面约束辨识和处理环节的扩展 Lagrange 松弛对偶高效算法。

5.2　动态经济调度数学模型

动态经济调度根据未来若干调度时段的最新负荷预测和风电预测数据，在满足系统运行的物理和安全约束的前提下安排已启动机组的发电出力计划，以最小化运行成本。在采用直流潮流模型的情况下，动态经济调度的数学模型为一个凸二次规划模型，包括以下要素。

1) 决策变量

动态经济调度的决策变量为系统中所有处于启动状态的发电机在未来若干调度时段内的有功出力值，即 $\left\{p_{i,t}: i\in I_G, t\in\{1,2,\cdots,T\}\right\}$，其中，$p_{i,t}$ 为第 i 台发电机在未来第 t 个调度时段的有功出力；$p_{i,0}$ 为第 i 台发电机在当前时刻的有功；I_G 为发电机下标集合；T 为未来调度时段个数。

2) 目标函数 $\overline{L}_{k,t}$

动态经济调度一般以发电成本、调度成本或者煤耗等指标最小化为目标，这些指标通常可以表示为有功出力的凸二次函数：

$$\min_{\boldsymbol{p}} C(\boldsymbol{p})=\sum_{t=1}^{T}\sum_{i\in I_G}C_{i,t}(p_{i,t})=\sum_{t=1}^{T}\sum_{i\in I_G}(a_{i,t}\cdot p_{i,t}^2+b_{i,t}\cdot p_{i,t}+c_{i,t}) \tag{5-1}$$

式中，$a_{i,t}$、$b_{i,t}$、$c_{i,t}$ 分别为第 i 台发电机在第 t 个调度时段的成本二次系数、一次系数和常数。一般地，对于实际问题，有 $a_{i,t} > 0$。

3) 约束条件

考虑系统的功率平衡约束、传输断面约束、旋转备用约束、机组爬坡速率约束以及机组出力限制约束。

(1) 功率平衡约束

$$\sum_{i \in I_G} p_{i,t} = D_t, \forall t \in \{1,2,\cdots,T\} \tag{5-2}$$

式中，D_t 为在第 t 个调度时段的系统负荷。

(2) 传输断面约束

$$\underline{L}_{k,t} \leqslant \sum_{i \in I_G} G_{k,i} p_{i,t} \leqslant \overline{L}_{k,t}, \forall k \in I_K, t \in \{1,2,\cdots,T\} \tag{5-3}$$

式中，I_K 为传输断面下标集合；$\underline{L}_{k,t}$ 和 $\overline{L}_{k,t}$ 分别为第 k 个传输断面在第 t 个调度时段中扣除节点负荷贡献后的等效潮流下限和上限；$G_{k,i}$ 为第 k 个传输断面潮流对第 i 台发电机的转移分布因子。

(3) 旋转备用约束

$$\sum_{i \in I_G} \underline{r}_{i,t} \geqslant \underline{R}_t, \forall t \in \{1,2,\cdots,T\} \tag{5-4}$$

$$\sum_{i \in I_G} \overline{r}_{i,t} \geqslant \overline{R}_t, \forall t \in \{1,2,\cdots,T\} \tag{5-5}$$

$$\underline{r}_{i,t} = \min\{p_{i,t} - P_{i,t}^{\min}, \mathrm{RD}_{i,t}\}, \forall i \in I_G, t \in \{1,2,\cdots,T\} \tag{5-6}$$

$$\overline{r}_{i,t} = \min\{P_{i,t}^{\max} - p_{i,t}, \mathrm{RU}_{i,t}\}, \forall i \in I_G, t \in \{1,2,\cdots,T\} \tag{5-7}$$

式中，$\underline{r}_{i,t}$ 和 $\overline{r}_{i,t}$ 分别为第 i 台机组在第 t 个调度时段的向下、向上旋转备用容量；$\underline{R}_t$ 和 $\overline{R}_t$ 分别为在第 t 个调度时段的系统向下、向上旋转备用容量要求；$P_{i,t}^{\min}$ 和 $P_{i,t}^{\max}$ 分别为第 i 台机组在第 t 个调度时段的最小、最大有功出力；$\mathrm{RD}_{i,t}$ 和 $\mathrm{RU}_{i,t}$ 分别为第 i 台机组在第 t 个调度时段的向下、向上爬坡速率。

(4) 机组爬坡速率约束

$$-\mathrm{RD}_{i,t-1} \leqslant p_{i,t} - p_{i,t-1} \leqslant \mathrm{RU}_{i,t}, \forall i \in I_G, t \in \{1,2,\cdots,T\} \tag{5-8}$$

(5) 机组出力限制约束

$$P_{i,t}^{\min} \leqslant p_{i,t} \leqslant P_{i,t}^{\max}, \forall i \in I_G, t \in \{1,2,\cdots,T\} \tag{5-9}$$

5.3　Lagrange 松弛对偶分解的基本原理

在上述数学模型中，式(5-2)～式(5-5)所描述的约束条件使得在每个调度时段内各台发电机的有功出力之间存在耦合关系，这些约束条件属于空间耦合约束；式(5-8)所描述的约束条件是每台发电机在相邻时间段的有功出力的限制条件，该约束条件属于时间耦合约束。动态经济调度属于大规模的时空耦合问题，虽然可以直接采用商用求解器求解，但计算效率仍有待进一步提高。采用 Lagrange 松弛法可以将该问题分解为多个相互解耦的子问题。子问题的规模比原始问题小得多，相对来说更易求解，并且相互解耦的性质使得子问题可以通过并行计算来提高整体的求解效率[2-5]。

在上述数学模型中，通过引入 Lagrange 乘子 $(\boldsymbol{\lambda},\underline{\boldsymbol{\omega}},\overline{\boldsymbol{\omega}},\underline{\boldsymbol{v}},\overline{\boldsymbol{v}})$ 对空间耦合约束进行 Lagrange 松弛。其中，$\boldsymbol{\lambda}$ 对应功率平衡约束(5-2)，$\underline{\boldsymbol{\omega}}$ 和 $\overline{\boldsymbol{\omega}}$ 分别对应传输断面约束(5-3)的下限约束和上限约束，$\underline{\boldsymbol{v}}$ 和 $\overline{\boldsymbol{v}}$ 分别对应向下、向上旋转备用约束(2-4)和约束(2-5)。构造 Lagrange 函数如下：

$$\begin{aligned} L(\boldsymbol{p},\boldsymbol{\lambda},\underline{\boldsymbol{\omega}},\overline{\boldsymbol{\omega}},\underline{\boldsymbol{v}},\overline{\boldsymbol{v}}) &= \sum_{t=1}^{T}\sum_{i\in I_G}(a_{i,t}p_{i,t}^2 + b_{i,t}p_{i,t} + c_{i,t}) \\ &\quad -\sum_{t=1}^{T}\lambda_t\cdot(\sum_{i\in I_G}p_{i,t} - D_t) - \sum_{t=1}^{T}\sum_{k\in I_K}\underline{\omega}_{k,t}\cdot(\sum_{i\in I_G}G_{k,i}p_{i,t} - \underline{L}_{k,t}) \\ &\quad -\sum_{t=1}^{T}\sum_{k\in I_K}\overline{\omega}_{k,t}\cdot(\overline{L}_{k,t} - \sum_{i\in I_G}G_{k,i}p_{i,t}) - \sum_{t=1}^{T}\underline{v}_t\cdot(\sum_{i\in I_G}\underline{r}_{i,t} - \underline{R}_t) \\ &\quad -\sum_{t=1}^{T}\overline{v}_t\cdot(\sum_{i\in I_G}\overline{r}_{i,t} - \overline{R}_t) \\ &= \sum_{i\in I_G}L_i(\boldsymbol{p},\boldsymbol{\lambda},\underline{\boldsymbol{\omega}},\overline{\boldsymbol{\omega}},\underline{\boldsymbol{v}},\overline{\boldsymbol{v}}) + K(\boldsymbol{\lambda},\underline{\boldsymbol{\omega}},\overline{\boldsymbol{\omega}},\underline{\boldsymbol{v}},\overline{\boldsymbol{v}}) \end{aligned} \tag{5-10}$$

式中，$\boldsymbol{\lambda}$ 为无约束；$\underline{\boldsymbol{\omega}}$、$\overline{\boldsymbol{\omega}}$、$\underline{\boldsymbol{v}}$、$\overline{\boldsymbol{v}}$ 为非负乘子，以及

$$\begin{aligned} L_i(\boldsymbol{p},\boldsymbol{\lambda},\underline{\boldsymbol{\omega}},\overline{\boldsymbol{\omega}},\underline{\boldsymbol{v}},\overline{\boldsymbol{v}}) = \sum_{t=1}^{T}\{&a_{i,t}p_{i,t}^2 + [b_{i,t} - \lambda_t + \sum_{k\in I_K}G_{k,i}\cdot(\overline{\omega}_{k,t} - \underline{\omega}_{k,t})]p_{i,t} \\ &-\underline{v}_t\underline{r}_{i,t} - \overline{v}_t\overline{r}_{i,t} + c_{i,t}\} \end{aligned} \tag{5-11}$$

$$K(\boldsymbol{\lambda},\underline{\boldsymbol{\omega}},\overline{\boldsymbol{\omega}},\underline{\boldsymbol{v}},\overline{\boldsymbol{v}})=\sum_{t=1}^{T}[\lambda_t D_t+\underline{v}_t\underline{R}_t+\overline{v}_t\overline{R}_t+\sum_{k\in I_K}(\underline{\omega}_{k,t}\underline{L}_{k,t}-\overline{\omega}_{k,t}\overline{L}_{k,t})] \tag{5-12}$$

原始问题的 Lagrange 对偶问题：

$$\begin{cases}\max\limits_{\boldsymbol{\lambda},\underline{\boldsymbol{\omega}},\overline{\boldsymbol{\omega}},\underline{\boldsymbol{v}},\overline{\boldsymbol{v}}} q(\boldsymbol{\lambda},\underline{\boldsymbol{\omega}},\overline{\boldsymbol{\omega}},\underline{\boldsymbol{v}},\overline{\boldsymbol{v}})\\ \text{s.t.}\quad \underline{\boldsymbol{\omega}},\overline{\boldsymbol{\omega}},\underline{\boldsymbol{v}},\overline{\boldsymbol{v}}\geqslant 0\end{cases} \tag{5-13}$$

式中，$q(\boldsymbol{\lambda},\underline{\boldsymbol{\omega}},\overline{\boldsymbol{\omega}},\underline{\boldsymbol{v}},\overline{\boldsymbol{v}})$ 为 Lagrange 对偶函数：

$$\begin{aligned}q(\boldsymbol{\lambda},\underline{\boldsymbol{\omega}},\overline{\boldsymbol{\omega}},\underline{\boldsymbol{v}},\overline{\boldsymbol{v}})&=\sum_{i\in I_G}\min_{\boldsymbol{p}_i\in\boldsymbol{F}_i}L_i(\boldsymbol{p}_i,\boldsymbol{\lambda},\underline{\boldsymbol{\omega}},\overline{\boldsymbol{\omega}},\underline{\boldsymbol{v}},\overline{\boldsymbol{v}})+K(\boldsymbol{\lambda},\underline{\boldsymbol{\omega}},\overline{\boldsymbol{\omega}},\underline{\boldsymbol{v}},\overline{\boldsymbol{v}})\\&=\sum_{i\in I_G}q_i(\boldsymbol{\lambda},\underline{\boldsymbol{\omega}},\overline{\boldsymbol{\omega}},\underline{\boldsymbol{v}},\overline{\boldsymbol{v}})+K(\boldsymbol{\lambda},\underline{\boldsymbol{\omega}},\overline{\boldsymbol{\omega}},\underline{\boldsymbol{v}},\overline{\boldsymbol{v}})\end{aligned} \tag{5-14}$$

式中，$q_i(\boldsymbol{\lambda},\underline{\boldsymbol{\omega}},\overline{\boldsymbol{\omega}},\underline{\boldsymbol{v}},\overline{\boldsymbol{v}})=\min\limits_{\boldsymbol{p}_i\in\boldsymbol{F}_i}L_i(\boldsymbol{p}_i,\boldsymbol{\lambda},\underline{\boldsymbol{\omega}},\overline{\boldsymbol{\omega}},\underline{\boldsymbol{v}},\overline{\boldsymbol{v}})$ 为子问题，其中 $\boldsymbol{p}_i=(p_{i,1},p_{i,2},\cdots,p_{i,T})^{\mathrm{T}}$，且

$$\boldsymbol{F}_i=\left\{\boldsymbol{p}_i\left|\begin{array}{l}\mathrm{RD}_{i,t}\leqslant p_{i,t}-p_{i,t-1}\leqslant \mathrm{RU}_{i,t}\\ P_{i,t}^{\min}\leqslant p_{i,t}\leqslant P_{i,t}^{\max}\\ \underline{r}_{i,t}=\min\{p_{i,t}-P_{i,t}^{\min},\mathrm{RD}_{i,t}\}\\ \overline{r}_{i,t}=\min\{P_{i,t}^{\max}-p_{i,t},\mathrm{RU}_{i,t}\}\end{array}\right.,\ \forall t\in\{1,2,\cdots,T\}\right\} \tag{5-15}$$

不同机组对应的子问题之间是相互解耦的，因为 $L_i(\boldsymbol{p}_i,\boldsymbol{\lambda},\underline{\boldsymbol{\omega}},\overline{\boldsymbol{\omega}},\underline{\boldsymbol{v}},\overline{\boldsymbol{v}})$ 的求解仅涉及第 i 发电机在各个时间段的出力，从而实现了原始问题在空间上的解耦。综上，动态经济调度原始问题的 Lagrange 对偶问题可以描述为

$$\begin{cases}\max\limits_{\boldsymbol{\lambda},\underline{\boldsymbol{\omega}},\overline{\boldsymbol{\omega}},\underline{\boldsymbol{v}},\overline{\boldsymbol{v}}} q(\boldsymbol{\lambda},\underline{\boldsymbol{\omega}},\overline{\boldsymbol{\omega}},\underline{\boldsymbol{v}},\overline{\boldsymbol{v}})=\sum\limits_{i\in I_G}q_i(\boldsymbol{\lambda},\underline{\boldsymbol{\omega}},\overline{\boldsymbol{\omega}},\underline{\boldsymbol{v}},\overline{\boldsymbol{v}})+K(\boldsymbol{\lambda},\underline{\boldsymbol{\omega}},\overline{\boldsymbol{\omega}},\underline{\boldsymbol{v}},\overline{\boldsymbol{v}})\\ \text{s.t.}\quad \underline{\boldsymbol{\omega}},\overline{\boldsymbol{\omega}},\underline{\boldsymbol{v}},\overline{\boldsymbol{v}}\geqslant 0\end{cases} \tag{5-16}$$

式(5-16)所示的对偶问题可以划分为主问题和子问题，并通过主问题和子问题的交替迭代进行求解。主问题是指通过更新 Lagrange 乘子 $\boldsymbol{\lambda},\underline{\boldsymbol{\omega}},\overline{\boldsymbol{\omega}},\underline{\boldsymbol{v}},\overline{\boldsymbol{v}}$ 的取值，以最大化 Lagrange 对偶函数 $q(\boldsymbol{\lambda},\underline{\boldsymbol{\omega}},\overline{\boldsymbol{\omega}},\underline{\boldsymbol{v}},\overline{\boldsymbol{v}})$ 为目的。子问题是指在给定乘子 $(\boldsymbol{\lambda},\underline{\boldsymbol{\omega}},\overline{\boldsymbol{\omega}},\underline{\boldsymbol{v}},\overline{\boldsymbol{v}})$ 取值的情况下，计算 $q(\boldsymbol{\lambda},\underline{\boldsymbol{\omega}},\overline{\boldsymbol{\omega}},\underline{\boldsymbol{v}},\overline{\boldsymbol{v}})$ 的函数值，实际上这是通过求解各个子问题 $q_i(\boldsymbol{\lambda},\underline{\boldsymbol{\omega}},\overline{\boldsymbol{\omega}},\underline{\boldsymbol{v}},\overline{\boldsymbol{v}}),\forall i\in I_G$ 得到的，记每轮迭代中乘子的修正量为 $(\Delta\boldsymbol{\lambda},\Delta\underline{\boldsymbol{\omega}},\Delta\overline{\boldsymbol{\omega}},\Delta\underline{\boldsymbol{v}},\Delta\overline{\boldsymbol{v}})$。Lagrange 对偶问题的迭代求解框架如图 5-1 所示。

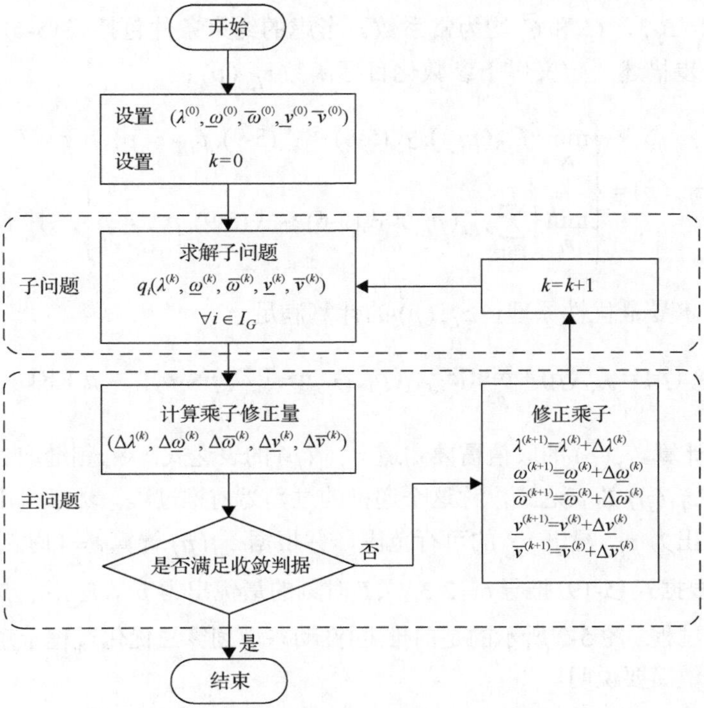

图 5-1　Lagrange 对偶问题的迭代求解框架

5.4　基于 Lagrange 松弛对偶分解的快速算法

5.4.1　子问题求解

$q_i(\boldsymbol{\lambda},\underline{\boldsymbol{\omega}},\overline{\boldsymbol{\omega}},\underline{\boldsymbol{\nu}},\overline{\boldsymbol{\nu}})$ 实际上属于单机组的动态经济调度(single-unit dynamic economic dispatch，1ED)问题。文献[6]提出了一种前推-回推动态规划算法，用于求解 1ED 问题。该算法求解单个 1ED 问题的复杂度为 $O(T^2)$，具有较高的计算效率，但是没有考虑旋转备用约束乘子的影响。本节在该算法的基础上进一步考虑旋转备用约束乘子的影响，以高效求解子问题 $q_i(\boldsymbol{\lambda},\underline{\boldsymbol{\omega}},\overline{\boldsymbol{\omega}},\underline{\boldsymbol{\nu}},\overline{\boldsymbol{\nu}})$。

当给定乘子 $(\boldsymbol{\lambda},\underline{\boldsymbol{\omega}},\overline{\boldsymbol{\omega}},\underline{\boldsymbol{\nu}},\overline{\boldsymbol{\nu}})$ 的取值时，1ED 子问题 $q_i(\boldsymbol{\lambda},\underline{\boldsymbol{\omega}},\overline{\boldsymbol{\omega}},\underline{\boldsymbol{\nu}},\overline{\boldsymbol{\nu}})$ 中最小化问题的目标函数可以表达为以下一般形式(由于常数项对寻优没有影响，不妨忽略常数项)：

$$f_i(\boldsymbol{p}_i) = \sum_{t=1}^{T} f_{i,t}(p_{i,t}) = \sum_{t=1}^{T} (A_{i,t} p_{i,t}^2 + B_{i,t} p_{i,t} + \underline{C}_t \underline{r}_{i,t} + \overline{C}_t \overline{r}_{i,t}) \tag{5-17}$$

式中，$A_{i,t}$、$B_{i,t}$、$\underline{C}_t$ 和 $\overline{C}_t$ 均为常系数。考虑的约束条件包括式(5-6)～式(5-9)。为方便进一步描述，定义以下参数化目标函数 $z_{i,\tau}(p)$：

$$z_{i,\tau}(p)=\begin{cases}\min\limits_{p_i}\{f_{i,T}(p_{i,T})\text{: 式(5-6)} \sim \text{式(5-9)}, p_{i,T}=p\}, & \tau=T \\ \min\limits_{p_i}\left\{\sum\limits_{t=\tau}^{T} f_{i,t}(p_{i,t})\text{: 式(5-6)} \sim \text{式(5-9)}, p_{i,\tau}=p\right\}, & \text{其他}\end{cases} \tag{5-18}$$

根据贝尔曼最优性原理，$z_{i,\tau}(p)$ 的计算满足

$$z_{i,\tau}(p)=f_{i,\tau}(p)+\min_{p_{\tau+1}}\{z_{i,\tau+1}(p_{\tau+1}): p-\mathrm{RD}_{i,\tau} \leqslant p_{\tau+1} \leqslant p+\mathrm{RU}_{i,\tau}\} \tag{5-19}$$

可见，计算 $z_{i,\tau}(p)$ 的取值需要知道 $z_{i,\tau+1}(p)$ 的表达式。令τ相继取 $T, T-1,\cdots,1$，可以递推出 $z_{i,1}(p)$ 的表达式，称这个递推的过程为前推过程。然后，由发电机 i 在当前时刻的出力 $p_{i,0}$ 得出 $p_{i,1}$ 的可行范围，并根据 $z_{i,1}(p)$ 计算 $t=1$ 时刻的最优出力 $\tilde{p}_{i,1}$，进而根据式(5-19)推导 $t=2,3,\cdots,T$ 时刻的最优出力 $\tilde{p}_{i,2},\tilde{p}_{i,3},\cdots,\tilde{p}_{i,T}$，称这个过程为回推过程。图 5-2 所示的是前推-回推动态规划算法优化过程示意图，下面对这两个过程做简要说明。

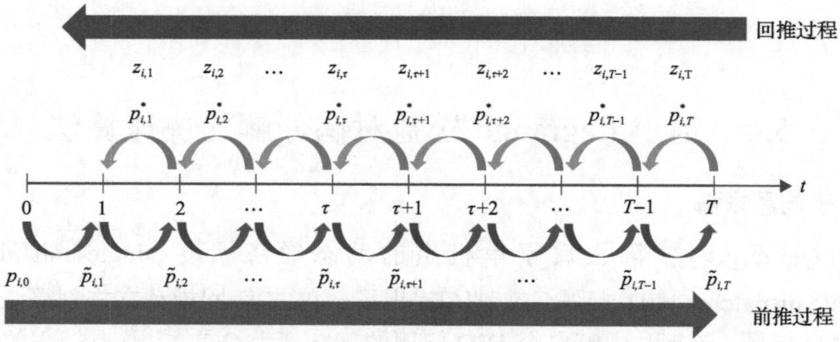

图 5-2 问题求解的前推-回推动态规划算法优化过程示意图

1. 前推过程

步骤 1：令 $\tau=k=T$。

步骤 2：当 $\tau=T$ 时，$z_{i,\tau}(p)=\min\limits_{p_i}\{f_{i,T}(p)\text{: 式(5-6), 式(5-7), 式(5-9)}\}$。

步骤 2-1：暂不考虑 $\underline{r}_{i,T},\overline{r}_{i,T}$ 以及式(2-6)、式(2-7)，那么当 p 在区间 $[P_{i,T}^{\min}, P_{i,T}^{\max}]$ 内取值时，$z_{i,\tau}(p)$ 的表达式不变，此时 p 的可行范围区间只有一个 $[m_0^{\mathrm{T}}, m_1^{\mathrm{T}}]$，且

该区间的分点为 $m_0^{\mathrm{T}} = P_{i,T}^{\min}$，$m_1^{\mathrm{T}} = P_{i,T}^{\max}$。

步骤 2-2：考虑向上旋转备用容量(式(2-6))，当 $P_{i,T}^{\max} - \mathrm{RU}_{i,T} \leqslant P_{i,T}^{\min}$ 时，对于所有的 $p \in \left[P_{i,T}^{\min}, P_{i,T}^{\max}\right]$，总有 $\overline{r}_{i,T} = P_{i,T}^{\max} - p$，那么 p 的可行范围区间仍为 $\left[m_0^{\mathrm{T}}, m_1^{\mathrm{T}}\right]$，且

$$\begin{aligned} z_{i,\tau}(p) &= A_{i,T}p^2 + B_{i,T}p + \bar{C}_T(P_{i,T}^{\max} - p) \\ &= A_{i,T}p^2 + (B_{i,T} - \bar{C}_T)p + \bar{C}_T P_{i,T}^{\max} \end{aligned} \tag{5-20}$$

当 $P_{i,T}^{\max} - \mathrm{RU}_{i,T} > P_{i,T}^{\min}$ 时，对于 $p \in \left[P_{i,T}^{\min}, P_{i,T}^{\max} - \mathrm{RU}_{iT}\right]$，有 $\overline{r}_{i,T} = \mathrm{RU}_{i,T}$；对于 $p \in \left[P_{i,T}^{\max} - \mathrm{RU}_{i,T}, P_{i,T}^{\max}\right]$，有 $\overline{r}_{i,T} = P_{i,T}^{\max} - p$。在这两个区间内，$\overline{r}_{i,T}$ 取值的不同导致 $z_{i,\tau}(p)$ 的取值出现了分段。此时，p 的可行范围区间共有 3 个分点，分别为

$$m_0^{\mathrm{T}} = P_{i,T}^{\min}, m_1^{\mathrm{T}} = P_{i,T}^{\max} - \mathrm{RU}_{i,T}, m_2^{\mathrm{T}} = P_{i,T}^{\max}$$

$z_{i,\tau}(p)$ 的表达式为

$$z_{i,\tau}(p) = \begin{cases} A_{i,T}p^2 + B_{i,T}p + \bar{C}_T \cdot \mathrm{RU}_{i,T}, & p \in \left[m_0^{\mathrm{T}}, m_1^{\mathrm{T}}\right] \\ A_{i,T}p^2 + (B_{i,T} - \bar{C}_T)p + \bar{C}_T P_{i,T}^{\max}, & p \in \left[m_1^{\mathrm{T}}, m_2^{\mathrm{T}}\right] \end{cases} \tag{5-21}$$

步骤 2-3：考虑向下旋转备用容量(式(5-7))。假设在考虑向上旋转备用容量(式(5-6))之后，p 的可行范围有 n 个区间，且记

$$z_{i,\tau}(p) = A_{i,T}^j p^2 + B_{i,T}^j p + C_{i,T}^j, \quad p \in \left[m_{j-1}^{\mathrm{T}}, m_j^{\mathrm{T}}\right] \tag{5-22}$$

记 $s = \max\left\{j : P_{i,T}^{\min} + \mathrm{RD}_{i,T} > m_j^{\mathrm{T}}, j = 1, 2, \cdots, n\right\}$，若 $s = n$，那么对所有的 $p \in \left[m_0^{\mathrm{T}}, m_n^{\mathrm{T}}\right]$，总有 $\underline{r}_{i,T} = p - P_{i,T}^{\min}$，那么 p 的可行范围区间不变且

$$z_{i,\tau}(p) = A_{i,T}^j p^2 + (B_{i,T}^j + \underline{C}_T)p + C_{i,T}^j - \underline{C}_T P_{i,T}^{\min}, \quad p \in \left[m_{j-1}^{\mathrm{T}}, m_j^{\mathrm{T}}\right] \tag{5-23}$$

此时 p 的可行范围共有 n 个区间，为方便描述，仍然用 $A_{i,T}^j$、$B_{i,T}^j$、$C_{i,T}^j$ 分别表示在第 j 个区间内 p 的二次项系数、一次项系数和常数项。

若 $s \leqslant n-1$，那么在区间 $\left[m_{s-1}^{\mathrm{T}}, m_s^{\mathrm{T}}\right]$ 内插入分点 $P_{i,T}^{\min} + \mathrm{RD}_{i,T}$，当 $p \in \left[m_0^{\mathrm{T}}, P_{i,T}^{\min} + \mathrm{RD}_{i,T}\right]$ 时有 $\underline{r}_{i,T} = p - P_{i,T}^{\min}$，当 $p \in \left[P_{i,T}^{\min} + \mathrm{RD}_{i,T}, m_n^{\mathrm{T}}\right]$ 时有 $\underline{r}_{i,T} = \mathrm{RD}_{i,T}$ 且

$$
z_{i,\tau}(p)=\begin{cases}A_{i,T}^{j}p^{2}+(B_{i,T}^{j}+\underline{C}_{T})p+C_{i,T}^{j}-\underline{C}_{T}P_{i,T}^{\min}\ ,\ p\in\left[m_{j-1}^{\mathrm{T}},m_{j}^{\mathrm{T}}\right],j=1,2,\cdots,s-1\\ A_{i,T}^{j}p^{2}+(B_{i,T}^{j}+\underline{C}_{T})p+C_{i,T}^{j}-\underline{C}_{T}P_{i,T}^{\min}\ ,\ p\in\left[m_{s-1}^{\mathrm{T}},P_{i,T}^{\min}+\mathrm{RD}_{i,T}\right]\\ A_{i,T}^{j}p^{2}+B_{i,T}^{j}p+C_{i,T}^{j}+\underline{C}_{T}\cdot\mathrm{RD}_{i,T}\ ,\ p\in\left[P_{i,T}^{\min}+\mathrm{RD}_{i,T},m_{s}^{\mathrm{T}}\right]\\ A_{i,T}^{j}p^{2}+B_{i,T}^{j}p+C_{i,T}^{j}+\underline{C}_{T}\cdot\mathrm{RD}_{i,T}\ ,\ p\in\left[m_{j-1}^{\mathrm{T}},m_{j}^{\mathrm{T}}\right],j=s+1,\cdots,n\end{cases}\tag{5-24}
$$

此时 p 的可行范围共有 $n+1$ 个区间，为方便描述，仍然用 $A_{i,T}^{j}$、$B_{i,T}^{j}$、$C_{i,T}^{j}$ 分别表示在第 j 个区间内 p 的二次项系数、一次项系数和常数项，并令 $n=n+1$ 。

步骤 2-4：计算极小值点 $p_{i,T}^{*}=\arg\min\left\{z_{i,\tau}(p):p\in\left[P_{i,T}^{\min},P_{i,T}^{\max}\right]\right\}$ 。文献[6]指出 $z_{i,\tau}(p)$ 是关于 p 的凸函数，当 $z_{i,\tau}(p)$ 的分段函数为二次函数时，其最小值点是唯一的。根据这个特点，在 p 的可行范围内遍历并寻找满足以下条件之一的区间 $\left[m_{ss-1}^{\mathrm{T}},m_{ss}^{\mathrm{T}}\right]$。

条件 a：$m_{ss-1}^{\mathrm{T}}\leqslant-\dfrac{B_{i,\mathrm{T}}^{ss}}{2A_{i,T}^{ss}}\leqslant m_{ss}^{\mathrm{T}}$。

条件 b：$-\dfrac{B_{i,T}^{ss+1}}{2A_{i,T}^{ss+1}}\leqslant m_{ss}^{\mathrm{T}}\leqslant-\dfrac{B_{i,T}^{ss}}{2A_{i,T}^{ss}}$。

若满足条件 a，那么 $p_{i,T}^{*}=\min\left\{P_{i,T}^{\max},\max\left\{-B_{i,T}^{ss}/2A_{i,T}^{ss},P_{i,T}^{\min}\right\}\right\}$；若满足条件 b，那么 $p_{i,T}^{*}=\min\left\{P_{i,T}^{\max},\max\left\{m_{ss}^{T},P_{i,T}^{\min}\right\}\right\}$。

步骤 3：假设已经获得当 $\tau=k\ (2\leqslant k\leqslant T)$ 时的区间个数 n_k，区间分点 $\left\{m_0^k,m_1^k,\cdots,m_{n_k}^k\right\}$，各区间内的系数 $\left\{A_{i,k}^{j},B_{i,k}^{j},C_{i,k}^{j}:j\text{=}1,2,\cdots,n_k\right\}$ 以及最优出力 $p_{i,k}^{*}$，记 $p_{i,k}^{*}\in\left[m_{s_k-1}^{k},m_{s_k}^{k}\right]$。根据以下步骤得到的区间分点生成示意图如图 5-3 所示。

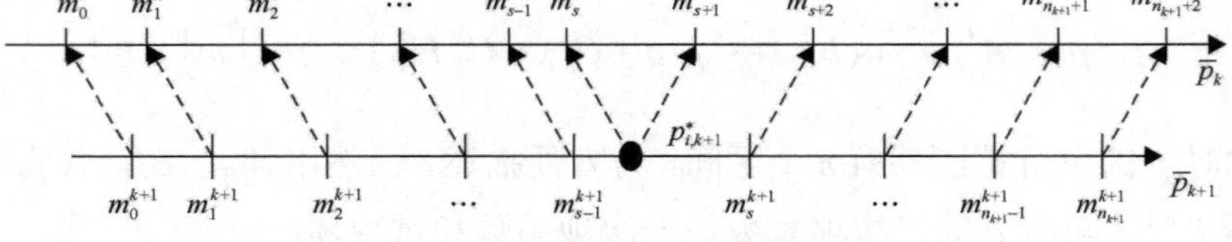

图 5-3　区间分点生成示意图

步骤 3-1：生成不考虑旋转备用容量的 $\tau=k-1$ 的区间信息。在 $p_{i,k-1}$ 的可行范围$\left[P_{i,k-1}^{\min}, P_{i,k-1}^{\max}\right]$中依次插入以下分点(去掉落在可行区域以外的分点)。

分点 a：$m_0^k - \mathrm{RU}_{i,k-1}$，$m_1^k - \mathrm{RU}_{i,k-1}$，$\cdots$，$m_{s_k-1}^k - \mathrm{RU}_{i,k-1}$。

其中，在以分点$m_j^k - \mathrm{RU}_{i,k-1}$ $(1 \leqslant j \leqslant s_k - 1)$为右端点的区间内：

$$
\begin{aligned}
z_{i,k-1}(p) &= f_{i,k-1}(p) + z_{i,k}(p + \mathrm{RU}_{i,k-1}) \\
&= A_{i,k-1}p^2 + B_{i,k-1}p + A_{i,k}^j(p + \mathrm{RU}_{i,k-1})^2 + B_{i,k}^j(p + \mathrm{RU}_{i,k-1}) + C_{i,k}^j \\
&= (A_{i,k-1} + A_{i,k}^j)p^2 + (B_{i,k-1} + 2A_{i,k}^j)p + (A_{i,k}^j \cdot \mathrm{RU}_{i,k-1}^2 + B_{i,k}^j \cdot \mathrm{RU}_{i,k-1} + C_{i,k}^j)
\end{aligned}
\tag{5-25}
$$

分点 b：$p_{i,k}^* - \mathrm{RU}_{i,k-1}$，$p_{i,k}^* + \mathrm{RD}_{i,k-1}$。

在以分点$p_{i,k}^* - \mathrm{RU}_{i,k-1}$为右端点的区间内：

$$
z_{i,k-1}(p) = (A_{i,k-1} + A_{i,k}^{s_k})p^2 + (B_{i,k-1} + 2A_{i,k}^{s_k})p + (A_{i,k}^{s_k} \cdot \mathrm{RU}_{i,k-1}^2 + B_{i,k}^{s_k} \cdot \mathrm{RU}_{i,k-1} + C_{i,k}^{s_k})
\tag{5-26}
$$

在以分点$p_{i,k}^* + \mathrm{RD}_{i,k-1}$为右端点的区间内：

$$
\begin{aligned}
z_{i,k-1}(p) &= f_{i,k-1}(p) + z_{i,k}(p_{i,k}^*) \\
&= A_{i,k-1}p^2 + B_{i,k-1}p + (A_{i,k}^{s_k} \cdot {p_{i,k}^*}^2 + B_{i,k}^{s_k} p_{i,k}^* + C_{i,k}^{s_k})
\end{aligned}
\tag{5-27}
$$

分点 c：$m_{s_k}^k + \mathrm{RD}_{i,k-1}$，$m_{s_k+1}^k + \mathrm{RD}_{i,k-1}$，$\cdots$，$m_{n_k}^k + \mathrm{RD}_{i,k-1}$。

在以分点$m_j^k + \mathrm{RD}_{i,k-1}(s_k + 1 \leqslant j \leqslant n_k)$为右端点的区间内：

$$
\begin{aligned}
z_{i,k-1}(p) &= f_{i,k-1}(p) + z_{i,k}(p - \mathrm{RD}_{i,k-1}) \\
&= A_{i,k-1}p^2 + B_{i,k-1}p + A_{i,k}^j(p - \mathrm{RD}_{i,k-1})^2 + B_{i,k}^j(p - \mathrm{RD}_{i,k-1}) + C_{i,k}^j \\
&= (A_{i,k-1} + A_{i,k}^j)p^2 + (B_{i,k-1} - 2A_{i,k}^j)p + (A_{i,k}^j \cdot \mathrm{RD}_{i,k-1}^2 - B_{i,k}^j \cdot \mathrm{RD}_{i,k-1} + C_{i,k}^j)
\end{aligned}
\tag{5-28}
$$

去掉以$m_0^k - \mathrm{RU}_{i,k-1}$为右端点的区间和以$m_{n_k}^k + \mathrm{RD}_{i,k-1}$为左端点的区间，将落在可行范围$\left[P_{i,k-1}^{\min}, P_{i,k-1}^{\max}\right]$的所有分点依次记为$m_0^{k-1}, m_1^{k-1}, \cdots, m_{n_{k-1}}^{k-1}$，其中$n_{k-1}$为区间个数。相应地，记第$j$ $(1 \leqslant j \leqslant n_{k-1})$个区间的二次项系数、一次项系数和常数项分别为$A_{i,k-1}^j$、$B_{i,k-1}^j$和$C_{i,k-1}^j$。

步骤 3-2：生成考虑向上旋转备用容量的$\tau = k - 1$时刻的区间信息。

记 $s = \min\left\{j : P_{i,k-1}^{\max} - \mathrm{RU}_{i,k-1} < m_j^{k-1}, j = 0,1,2,\cdots,n_{k-1}\right\}$，若 $s = 0$，那么对所有的 $p \in \left[m_0^{k-1}, m_{n_{k-1}}^{k-1}\right]$，总有 $\overline{r}_{i,k-1} = P_{i,k-1}^{\max} - p$，那么 p 的可行范围区间不变，且

$$\begin{aligned} z_{i,k-1}(p) &= A_{i,k-1}^j p^2 + B_{i,k-1}^j p + C_{i,k-1}^j + \overline{C}_{k-1}(P_{i,k-1}^{\max} - p) \\ &= A_{i,k-1}^j p^2 + (B_{i,k-1}^j - \overline{C}_{k-1})p + C_{i,k-1}^j + \overline{C}_{k-1}P_{i,k-1}^{\max}, \quad p \in \left[m_{j-1}^{k-1}, m_j^{k-1}\right] \end{aligned} \tag{5-29}$$

若 $s \geqslant 1$，那么在区间 $\left[m_{s-1}^{k-1}, m_s^{k-1}\right]$ 内插入分点 $P_{i,k-1}^{\max} - \mathrm{RU}_{i,k-1}$，当 $p \in \left[m_0^{k-1}, P_{i,k-1}^{\max} - \mathrm{RU}_{i,k-1}\right]$ 时有 $\underline{r}_{i,k-1} = \mathrm{RU}_{i,k-1}$，当 $p \in \left[P_{i,k-1}^{\max} - \mathrm{RU}_{i,k-1}, m_{n_{k-1}}^{k-1}\right]$ 时有 $\underline{r}_{i,k-1} = P_{i,k-1}^{\max} - p$，并且

$$z_{i,k-1}(p) = \begin{cases} A_{i,k-1}^j p^2 + B_{i,k-1}^j p + C_{i,T}^j + \overline{C}_{k-1} \cdot \mathrm{RU}_{i,k-1}, & p \in \left[m_{j-1}^{k-1}, m_j^{k-1}\right], j = 1,2,\cdots,s-1 \\ A_{i,k-1}^j p^2 + B_{i,k-1}^j p + C_{i,T}^j + \overline{C}_{k-1} \cdot \mathrm{RU}_{i,k-1}, & p \in \left[m_{s-1}^{k-1}, P_{i,k-1}^{\max} - \mathrm{RU}_{i,k-1}\right] \\ A_{i,T}^j p^2 + (B_{i,T}^j - \overline{C}_{k-1})p + C_{i,k-1}^j + \overline{C}_{k-1}P_{i,k-1}^{\max}, & p \in \left[P_{i,k-1}^{\max} - \mathrm{RU}_{i,k-1}, m_s^{k-1}\right] \\ A_{i,T}^j p^2 + (B_{i,T}^j - \overline{C}_{k-1})p + C_{i,k-1}^j + \overline{C}_{k-1}P_{i,k-1}^{\max}, & p \in \left[m_{j-1}^{k-1}, m_j^{k-1}\right], j = s+1,\cdots,n_{k-1} \end{cases} \tag{5-30}$$

此时 p 的可行范围共有 $n_{k-1}+1$ 个区间，为方便描述，仍然用 $A_{i,T}^j$、$B_{i,T}^j$、$C_{i,T}^j$ 分别表示在第 j 个区间内 p 的二次项系数、一次项系数和常数项，并令 $n_{k-1} = n_{k-1} + 1$。

步骤 3-3：生成考虑向下旋转备用容量的 $\tau = k-1$ 时刻的区间信息。

记 $s = \max\left\{j : P_{i,k-1}^{\min} + \mathrm{RD}_{i,k-1} > m_j^{k-1}, j = 1,2,\cdots,n_{k-1}\right\}$，若 $s = n_k$，那么对所有的 $p \in \left[m_0^{k-1}, m_{n_{k-1}}^{k-1}\right]$，总有 $\overline{r}_{i,k-1} = P_{i,k-1}^{\max} - p$，那么 p 的可行范围区间不变，且

$$\begin{aligned} z_{i,k-1}(p) &= A_{i,k-1}^j p^2 + B_{i,k-1}^j p + C_{i,k-1}^j + \underline{C}_{k-1}(p - P_{i,k-1}^{\min}) \\ &= A_{i,k-1}^j p^2 + (B_{i,k-1}^j + \underline{C}_{k-1})p + C_{i,k-1}^j - \underline{C}_{k-1}P_{i,k-1}^{\min}, \quad p \in \left[m_{j-1}^{k-1}, m_j^{k-1}\right] \end{aligned} \tag{5-31}$$

若 $s \leqslant n_k - 1$，那么在区间 $\left[m_{s-1}^{k-1}, m_s^{k-1}\right]$ 内插入分点 $P_{i,k-1}^{\min} + \mathrm{RD}_{i,k-1}$，当 $p \in \left[m_0^{k-1}, P_{i,k-1}^{\min} + \mathrm{RD}_{i,k-1}\right]$ 时有 $\underline{r}_{i,k-1} = p - P_{i,k-1}^{\min}$，当 $p \in \left[P_{i,k-1}^{\min} + \mathrm{RD}_{i,k-1}, m_{n_{k-1}}^{k-1}\right]$ 时有 $\underline{r}_{i,k-1} = \mathrm{RD}_{i,k-1}$，并且

$$
\begin{aligned}
& z_{i,k-1}(p) \\
=& \begin{cases}
A_{i,k-1}^{j}p^{2}+(B_{i,k-1}^{j}+\underline{C}_{k-1})p+C_{i,T}^{j}-\overline{C}_{k-1}P_{i,k-1}^{\min}, & p\in\left[m_{j-1}^{k-1},m_{j}^{k-1}\right], j=1,2,\cdots,s-1 \\
A_{i,k-1}^{j}p^{2}+B_{i,k-1}^{j}p+C_{i,T}^{j}-\overline{C}_{k-1}P_{i,k-1}^{\min}, & p\in\left[m_{s-1}^{k-1},P_{i,k-1}^{\max}-\mathrm{RU}_{i,k-1}\right] \\
A_{i,T}^{j}p^{2}+(B_{i,T}^{j}-\overline{C}_{k-1})p+C_{i,k-1}^{j}+\overline{C}_{k-1}\cdot\mathrm{RD}_{i,k-1}, & p\in\left[P_{i,k-1}^{\max}-\mathrm{RU}_{i,k-1},m_{s}^{k-1}\right] \\
A_{i,T}^{j}p^{2}+(B_{i,T}^{j}-\overline{C}_{k-1})p+C_{i,k-1}^{j}+\overline{C}_{k-1}\cdot\mathrm{RD}_{i,k-1}, & p\in\left[m_{j-1}^{k-1},m_{j}^{k-1}\right], j=s+1,\cdots,n_{k-1}
\end{cases}
\end{aligned}
\tag{5-32}
$$

此时 p 的可行范围共有 $n_{k-1}+1$ 个区间，为方便描述，仍然用 $A_{i,T}^{j}$、$B_{i,T}^{j}$、$C_{i,T}^{j}$ 分别表示在第 j 个区间内 p 的二次项系数、一次项系数和常数项，并令 $n_{k-1}=n_{k-1}+1$。

步骤 3-4：计算极小值点 $p_{i,k-1}^{*}=\arg\min\left\{z_{i,k-1}(p):p\in\left[P_{i,k-1}^{\min},P_{i,k-1}^{\max}\right]\right\}$。在 p 的可行范围内遍历并寻找满足以下条件之一的区间 $\left[m_{ss-1}^{\mathrm{T}},m_{ss}^{\mathrm{T}}\right]$。

条件 a：$m_{ss-1}^{\mathrm{T}}\leqslant-\dfrac{B_{i,T}^{ss}}{2A_{i,T}^{ss}}\leqslant m_{ss}^{\mathrm{T}}$

条件 b：$-\dfrac{B_{i,T}^{ss+1}}{2A_{i,T}^{ss+1}}\leqslant m_{ss}^{\mathrm{T}}\leqslant-\dfrac{B_{i,T}^{ss}}{2A_{i,T}^{ss}}$

若满足条件 a，那么 $p_{i,k-1}^{*}=\min\left\{P_{i,k-1}^{\max},\max\left\{-\dfrac{B_{i,k-1}^{ss}}{2A_{i,k-1}^{ss}},P_{i,k-1}^{\min}\right\}\right\}$；若满足条件 b，那么 $p_{i,k-1}^{*}=\min\left\{P_{i,k-1}^{\max},\max\left\{m_{ss}^{k-1},P_{i,k-1}^{\min}\right\}\right\}$。

若 $k=2$，则结束前推过程；否则，令 $k=k-1$，并执行步骤 3。

2. 回推过程

在通过前推过程得出 $z_{i,\tau}(p)$ 的最小值点 $p_{i,\tau}^{*}$ $(\tau=1,2,\cdots,T)$ 后，由回推过程得出受当前时刻出力 $p_{i,0}$ 约束的各个时刻的最优出力值 $\tilde{p}_{i,\tau}$。

步骤 1：计算 $\tau=1$ 时刻的最优出力值 $\tilde{p}_{i,1}$。若 $p_{i,1}^{*}>p_{i,0}+\mathrm{RU}_{i,0}$，则 $\tilde{p}_{i,1}=p_{i,0}+\mathrm{RU}_{i,0}$；若 $p_{i,0}-\mathrm{RD}_{i,0}\leqslant p_{i,1}^{*}\leqslant p_{i,0}+\mathrm{RU}_{i,0}$，则 $\tilde{p}_{i,1}=p_{i,1}^{*}$；若 $p_{i,1}^{*}<p_{i,0}-\mathrm{RD}_{i,0}$，则 $\tilde{p}_{i,1}=p_{i,0}-\mathrm{RD}_{i,0}$。

步骤 2：令 $k=2$。

步骤 3：计算 $\tau=k$ 时刻的最优出力值 $\tilde{p}_{i,k}$。若 $p_{i,k}^{*}>\tilde{p}_{i,k-1}+\mathrm{RU}_{i,k-1}$，则 $\tilde{p}_{i,k}=\tilde{p}_{i,k-1}+\mathrm{RU}_{i,k-1}$；若 $\tilde{p}_{i,k-1}-\mathrm{RD}_{i,k-1}\leqslant p_{i,k}^{*}\leqslant\tilde{p}_{i,k-1}+\mathrm{RU}_{i,k-1}$，则 $\tilde{p}_{i,k}=p_{i,k}^{*}$；若

$p_{i,k}^{*} < \tilde{p}_{i,k-1} - \mathrm{RD}_{i,k-1}$，则 $\tilde{p}_{i,k} = \tilde{p}_{i,k-1} - RD_{i,k-1}$。

步骤 4：若 $k = T$，则结束回推过程；否则，令 $k = k+1$。$p_{i,0} \to \tilde{p}_{i,1} \to \tilde{p}_{i,2} \to \cdots \to \tilde{p}_{i,T-1} \to \tilde{p}_{i,T}$。

3. 算法复杂度分析

前推-回推算法的复杂度取决于成本函数 $f_{i,t}(p)$ 的具体形式。如果成本函数均为凸二次函数，那么每次计算 $f_{i,t}(p)$ 的时间复杂度为 $O(t)$。因此，求解单机前推过程的算法复杂度为 $O(T^2)$，而求解 N 个单机子问题的多项式时间复杂度为 $O(N \cdot T^2)$。

5.4.2 主问题求解

式(5-14)所表示的对偶函数 $q(\boldsymbol{\lambda},\underline{\boldsymbol{\omega}},\overline{\boldsymbol{\omega}},\underline{\boldsymbol{\nu}},\overline{\boldsymbol{\nu}})$ 是可微的，因此可以通过拟牛顿法(Quasi-Newton method)逐步修正 Lagrange 乘子，迭代求解对偶问题[7]。与次梯度法相比，拟牛顿法具有收敛性好、修正步长选取方便的特点。本书采用基于 BFGS 公式的拟牛顿法求解 Lagrange 对偶主问题(5-16)。

记 $\boldsymbol{\mu} = (\boldsymbol{\lambda},\underline{\boldsymbol{\omega}},\overline{\boldsymbol{\omega}},\underline{\boldsymbol{\nu}},\overline{\boldsymbol{\nu}})^{\mathrm{T}}$，那么 $q(\boldsymbol{\mu})$ 的次梯度 $\mathrm{d}\boldsymbol{\mu} = (\mathrm{d}\boldsymbol{\lambda},\mathrm{d}\underline{\boldsymbol{\omega}},\mathrm{d}\overline{\boldsymbol{\omega}},\mathrm{d}\underline{\boldsymbol{\nu}},\mathrm{d}\overline{\boldsymbol{\nu}})^{\mathrm{T}}$ 的各个分量为

$$
\begin{cases}
\mathrm{d}\lambda_t = D_t - \sum\limits_{i\in I_G} p_{i,t}\ , \ \forall t = 1,2,\cdots,T \\
\mathrm{d}\underline{\omega}_{k,t} = \underline{L}_{k,t} - \sum\limits_{i\in I_G} G_{k,i} p_{i,t}\ , \ \forall k \in I_K, t = 1,2,\cdots,T \\
\mathrm{d}\overline{\omega}_{k,t} = \sum\limits_{i\in I_G} G_{k,i} p_{i,t} - \overline{L}_{k,t}\ , \ \forall k \in I_K, t = 1,2,\cdots,T \\
\mathrm{d}\underline{\nu}_t = \underline{R}_t - \sum\limits_{i\in I_G} \underline{r}_{i,t}\ , \ \forall t = 1,2,\cdots,T \\
\mathrm{d}\overline{\nu}_t = \overline{R}_t - \sum\limits_{i\in I_G} \overline{r}_{ii,t}\ , \ \forall t = 1,2,\cdots,T
\end{cases}
\tag{5-33}
$$

在第 k 次迭代中，记 $\boldsymbol{m}^{(k)} = \boldsymbol{\mu}^{(k+1)} - \boldsymbol{\mu}^{(k)}$，$\boldsymbol{n}^{(k)} = -\mathrm{d}\boldsymbol{\mu}^{(k+1)} + \mathrm{d}\boldsymbol{\mu}^{(k)}$，$\boldsymbol{H}_k$ 为黑塞矩阵的逆矩阵的近似矩阵。用 BFGS 方法计算主问题的步骤如下所示。

步骤 1：设置 Lagrange 乘子的初值 $\boldsymbol{\mu}^{(0)} = (\boldsymbol{\lambda}^{(0)},\underline{\boldsymbol{\omega}}^{(0)},\overline{\boldsymbol{\omega}}^{(0)},\underline{\boldsymbol{\nu}}^{(0)},\overline{\boldsymbol{\nu}}^{(0)})^{\mathrm{T}}$ 以及近似矩阵 $\boldsymbol{H}_0$，迭代允许误差 $\varepsilon > 0$，修正步长 β，置 $k = 0$。

步骤 2：求解子问题，根据式(5-33)计算 $q(\boldsymbol{\mu})$ 在 $\boldsymbol{\mu}^{(0)}$ 处的次梯度 $\mathrm{d}\boldsymbol{\mu}^{(0)}$。

步骤 3：计算乘子修正量

$$\Delta\boldsymbol{\mu}^{(k)} = \beta \boldsymbol{H}_k \mathrm{d}\boldsymbol{\mu}^k \tag{5-34}$$

步骤 4：修正 Lagrange 乘子，令

$$\boldsymbol{\mu}^{(k+1)} = \boldsymbol{\mu}^{(k)} + \Delta\boldsymbol{\mu}^{(k)} \tag{5-35}$$

步骤 5：检验是否满足收敛判据，即若 $\left\|\mathrm{d}\boldsymbol{\mu}^{(0)}\right\|_\infty < \varepsilon$ 则结束算法；否则，进行步骤 6。

步骤 6：求解子问题，计算 $\mathrm{d}\boldsymbol{\mu}^{(k+1)}$ 、 $\boldsymbol{m}^{(k)}$ 和 $\boldsymbol{n}^{(k)}$ 。

步骤 7：根据 BFGS 公式计算 $\boldsymbol{H}_{k+1}$

$$\boldsymbol{H}_{k+1} = \boldsymbol{H}_k + \left(1 + \frac{\boldsymbol{n}^{(k)\mathrm{T}} \boldsymbol{H}_k \boldsymbol{n}^{(k)}}{\boldsymbol{m}^{(k)\mathrm{T}} \boldsymbol{n}^{(k)}}\right) \frac{\boldsymbol{m}^{(k)} \boldsymbol{m}^{(k)\mathrm{T}}}{\boldsymbol{m}^{(k)\mathrm{T}} \boldsymbol{n}^{(k)}} - \frac{\boldsymbol{m}^{(k)} \boldsymbol{n}^{(k)\mathrm{T}} \boldsymbol{H}_k + \boldsymbol{H}_k \boldsymbol{n}^{(k)} \boldsymbol{m}^{(k)\mathrm{T}}}{\boldsymbol{m}^{(k)\mathrm{T}} \boldsymbol{n}^{(k)}} \tag{5-36}$$

步骤 8：置 $k = k+1$ ，返回步骤 3。

5.4.3　初值选取

主问题求解所采用的拟牛顿法是一种迭代算法，变量初值的选取对算法的收敛性有显著影响。下面分别讨论 Lagrange 乘子 $\boldsymbol{\mu}^{(0)} = (\boldsymbol{\lambda}^{(0)\mathrm{T}}, \underline{\boldsymbol{\omega}}^{(0)\mathrm{T}}, \overline{\boldsymbol{\omega}}^{(0)\mathrm{T}}, \underline{\boldsymbol{\nu}}^{(0)\mathrm{T}}, \overline{\boldsymbol{\nu}}^{(0)\mathrm{T}})^\mathrm{T}$ 和近似矩阵 H_0 的一种取值方法。

1. *Lagrange 乘子初值*

乘子 $\boldsymbol{\lambda}$ 具有经济学上的实际意义，它是系统负荷需求的影子价格。为了获得离最优解 $\boldsymbol{\lambda}^*$ 较近的乘子初值 $\boldsymbol{\lambda}^{(0)}$ ，用 λ -迭代法[7]求解 T 个静态经济调度(static economic dispatch，SED)模型：

$$\left.\begin{aligned} &\min_{\boldsymbol{p}} \sum_{i=1}^{N_g} (a_{i,t} p_{i,t}^2 + b_{i,t} p_{i,t}, c_{i,t}) \\ &\text{s.t. } \sum_{i=1}^{N_g} p_{i,t} = D_t \\ &\qquad P_{i,t}^{\min} \leqslant p_{i,t} \leqslant P_{i,t}^{\max} \\ &\qquad \forall i = 1, 2, \cdots, N_g \end{aligned}\right\} \forall t = 1, 2, \cdots, T \tag{5-37}$$

式中， $\lambda_t^{(0)}$ 的取值为第 t 个 SED 问题的最优协调因子，并将第 t 个 SED 问题中有

功出力不搭界的发电机的编号集合记为 I_t。

动态经济调度模型原始问题和对偶问题之间的对偶间隙为零。记原始问题的最优解为 $\tilde{p}^*$，对偶问题的最优解为 $\boldsymbol{\mu}^*=\left(\boldsymbol{\lambda}^{*\mathrm{T}},\underline{\boldsymbol{\omega}}^{*\mathrm{T}},\overline{\boldsymbol{\omega}}^{*\mathrm{T}},\underline{\boldsymbol{\nu}}^{*\mathrm{T}},\overline{\boldsymbol{\nu}}^{*\mathrm{T}}\right)^{\mathrm{T}}$，那么根据对偶最优性条件可以得到以下的互补松弛关系：

$$\begin{cases}\underline{\omega}_{k,t}^{*}\cdot\left(\sum_{i=1}^{N_g}G_{i,k}\tilde{p}_{i,t}^{*}-\underline{L}_{k,t}\right)=0, & \underline{\omega}_{k,t}^{*}\geqslant 0\\ \overline{\omega}_{k,t}^{*}\cdot\left(\overline{L}_{k,t}-\sum_{i=1}^{N_g}G_{i,k}\tilde{p}_{i,t}^{*}\right)=0, & \overline{\omega}_{k,t}^{*}\geqslant 0\\ \underline{\nu}_{t}^{*}\cdot\left(\sum_{i=1}^{N_g}\underline{r}_{i,t}(\tilde{p}_{i,t}^{*})-\underline{R}_{t}\right)=0, & \underline{\nu}_{t}^{*}\geqslant 0\\ \overline{\nu}_{t}^{*}\cdot\left(\sum_{i=1}^{N_g}\overline{r}_{i,t}(\tilde{p}_{i,t}^{*})-\overline{R}_{t}\right)=0, & \overline{\nu}_{t}^{*}\geqslant 0\end{cases}\tag{5-38}$$

由于在计算 $\lambda_t^{(0)}$ 时实际上没有考虑旋转备用约束和断面潮流约束，所以式(5-38)等号左边的括号项一般不为零，因此可以将 $\underline{\boldsymbol{\omega}}^{(0)},\overline{\boldsymbol{\omega}}^{(0)},\underline{\boldsymbol{\nu}}^{(0)},\overline{\boldsymbol{\nu}}^{(0)}$ 设为零。

2. 近似矩阵初值

在拟牛顿法中，矩阵 $\boldsymbol{H}$ 是无约束优化问题目标函数的黑塞矩阵逆矩阵的近似，因此可以考虑用矩阵 $\nabla^2 q(\boldsymbol{\mu})^{-1}$ 的一个近似矩阵作为 $\boldsymbol{H}_0$。在对原始问题做出以下两点简化的条件下近似计算 $\nabla^2 q(\boldsymbol{\mu})^{-1}$：一是不考虑有功出力限制(式(5-9))以及爬坡速率约束；二是发电机的旋转备用容量只取决于有功出力，即 $\underline{r}_{i,t}=p_{i,t}-P_{i,t}^{\min}$，$\overline{r}_{i,t}=P_{i,t}^{\max}-p_{i,t}$。将简化后的模型表示成以下形式：

$$\begin{cases}\min\limits_{p\in\Re} f(\boldsymbol{p})\\ \text{s.t.}\quad \boldsymbol{h}(\boldsymbol{p})=0\\ \qquad\ \ \boldsymbol{g}(\boldsymbol{p})\geqslant 0\end{cases}\tag{5-39}$$

$\boldsymbol{h}(\boldsymbol{p})=0$ 描述发电负荷平衡约束：

$$\boldsymbol{h}(\boldsymbol{p})=\left[h_1,h_2,\cdots,h_t\right]^{\mathrm{T}}\tag{5-40}$$

式中，h_t 为第 t 个时间段的发电负荷失配量：

$$h_t = \sum_{i \in I_G} p_{i,t} - D_t \tag{5-41}$$

$\boldsymbol{g}(\boldsymbol{p}) \geqslant 0$ 包括断面潮流约束和旋转备用约束：

$$\boldsymbol{g}(\boldsymbol{p}) = \left[\boldsymbol{l}_1^{\mathrm{T}}, \boldsymbol{l}_2^{\mathrm{T}}, \cdots, \boldsymbol{l}_t^{\mathrm{T}}, \overline{s}_1, \overline{s}_2, \cdots, \overline{s}_t, \underline{s}_1, \underline{s}_2, \cdots, \underline{s}_t^{\mathrm{T}}\right]^{\mathrm{T}} \tag{5-42}$$

式中，$\boldsymbol{l}_t$ 为第 t 个时段的断面潮流余量；$\overline{s}_t$ 为第 t 个时段的向上旋转备用余量；$\underline{s}_t$ 为第 t 个时段的向下旋转备用余量：

$$\begin{cases} \boldsymbol{l}_t = \left[\underline{l}_{1,t}, \overline{l}_{1,t}, \underline{l}_{2,t}, \overline{l}_{2,t}, \cdots, \underline{l}_{K,t}, \overline{l}_{K,t}\right]^{\mathrm{T}} \\ \underline{l}_{k,t} = \sum_{i=1}^{N_g} G_{k,i} p_{i,t} - \underline{L}_{k,t} \\ \overline{l}_{k,t} = -\sum_{i=1}^{N_g} G_{k,i} p_{i,t} + \overline{L}_{k,t} \\ \overline{s}_t = \sum_{i=1}^{N_g} (P_{i,t}^{\max} - p_{i,t}) - \overline{R}_t \\ \underline{s}_t = \sum_{i=1}^{N_g} (p_{i,t} - P_{i,t}^{\min}) - \underline{R}_t \end{cases} \tag{5-43}$$

那么可以推导 Lagrange 对偶函数的黑塞矩阵为[7]

$$\nabla^2 q(\boldsymbol{\mu}) = -[\nabla \boldsymbol{h}(\boldsymbol{p}) \quad \nabla \boldsymbol{g}(\boldsymbol{p})]^{\mathrm{T}} [\nabla_{pp}^2 L(\boldsymbol{p}, \boldsymbol{\mu})]^{-1} [\nabla \boldsymbol{h}(\boldsymbol{p}) \quad \nabla \boldsymbol{g}(\boldsymbol{p})] \tag{5-44}$$

$\nabla \boldsymbol{h}(\boldsymbol{p})$ 的各分量如下：

$$\frac{\partial h_t}{\partial p_{i,\tau}} = \begin{cases} 1, & \tau = t,\ i \in I_t \\ 0, & \text{其他} \end{cases} \tag{5-45}$$

$\nabla \boldsymbol{g}(\boldsymbol{p})$ 的各分量如下：

$$\begin{cases} \dfrac{\partial \underline{l}_{k,t}}{\partial p_{i,\tau}} = \begin{cases} G_{k,i}, & \tau = t,\ i \in I_t \\ 0, & \text{其他} \end{cases} \\ \dfrac{\partial \overline{l}_{k,t}}{\partial p_{i,\tau}} = \begin{cases} -G_{k,i}, & \tau = t,\ i \in I_t \\ 0, & \text{其他} \end{cases} \\ \dfrac{\partial \overline{s}_t}{\partial p_{i,\tau}} = \begin{cases} -1, & \tau = t,\ i \in I_t \\ 0, & \text{其他} \end{cases} \\ \dfrac{\partial \underline{s}_t}{\partial p_{i,\tau}} = \begin{cases} 1, & \tau = t,\ i \in I_t \\ 0, & \text{其他} \end{cases} \end{cases} \tag{5-46}$$

$\nabla_{pp}^2 L(\boldsymbol{p},\boldsymbol{\mu})$ 的各分量如下：

$$\frac{\partial^2 L}{\partial p_{i,t}\partial p_{j,\tau}}=\begin{cases}2a_{i,t}\,,\ i=j, & t=\tau\,,\ i\in I_t\\ 0, & 其他\end{cases} \tag{5-47}$$

将式(5-45)～式(5-47)代入式(5-44)得到 $\nabla^2 q(\boldsymbol{\mu})$ 的非零元素为

$$\begin{cases}\dfrac{\partial^2 q}{\partial \lambda_t^{\,2}}=\dfrac{1}{2}\sum\limits_{i\in I_t}\dfrac{1}{a_{i,t}}\\ \dfrac{\partial^2 q}{\partial \underline{\omega}_{k,t}^{\,2}}=\dfrac{\partial^2 q}{\partial \bar{\omega}_{k,t}^{\,2}}=\dfrac{1}{2}\sum\limits_{i\in I_t}\dfrac{G_{k,i}^{\,2}}{a_{i,t}}\\ \dfrac{\partial^2 q}{\partial \underline{s}_t^{\,2}}=\dfrac{\partial^2 q}{\partial \bar{s}_t^{\,2}}=\dfrac{1}{2}\sum\limits_{i\in I_t}\dfrac{1}{a_{i,t}}\end{cases} \tag{5-48}$$

可见，$\nabla^2 q(\boldsymbol{\mu})$ 是一个正定对角矩阵。令近似矩阵的初始值 $\boldsymbol{H}_0=\left[\nabla^2 q(\boldsymbol{\mu})\right]^{-1}$，那么 $\boldsymbol{H}_0$ 也是一个正定对角矩阵，其表达式为

$$\begin{aligned}&\boldsymbol{H}_0=\mathrm{diag}\left[\boldsymbol{\Lambda},\underline{\boldsymbol{W}},\bar{\boldsymbol{W}},\underline{\boldsymbol{V}},\bar{\boldsymbol{V}}\right]\\ &\boldsymbol{\Lambda}=\underline{\boldsymbol{V}}=\bar{\boldsymbol{V}}=2\cdot\mathrm{diag}\left[\left(\sum_{i\in I_1}\frac{1}{a_{i,1}}\right)^{-1},\left(\sum_{i\in I_2}\frac{1}{a_{i,2}}\right)^{-1},\cdots,\left(\sum_{i\in I_T}\frac{1}{a_{i,T}}\right)^{-1}\right]\\ &\underline{\boldsymbol{W}}=\bar{\boldsymbol{W}}=2\cdot\mathrm{diag}\left[\left(\sum_{i\in I_1}\frac{G_{1,i}^{\,2}}{a_{i,1}}\right)^{-1},\left(\sum_{i\in I_2}\frac{G_{2,i}^{\,2}}{a_{i,1}}\right)^{-1},\cdots,\left(\sum_{i\in I_T}\frac{G_{K,i}^{\,2}}{a_{i,1}}\right)^{-1},\right.\\ &\qquad\left(\sum_{i\in I_1}\frac{G_{1,i}^{\,2}}{a_{i,2}}\right)^{-1},\left(\sum_{i\in I_2}\frac{G_{2,i}^{\,2}}{a_{i,2}}\right)^{-1},\cdots,\left(\sum_{i\in I_T}\frac{G_{K,i}^{\,2}}{a_{i,2}}\right)^{-1},\cdots,\\ &\qquad\left.\left(\sum_{i\in I_1}\frac{G_{1,i}^{\,2}}{a_{i,T}}\right)^{-1},\left(\sum_{i\in I_2}\frac{G_{2,i}^{\,2}}{a_{i,T}}\right)^{-1},\cdots,\left(\sum_{i\in I_T}\frac{G_{K,i}^{\,2}}{a_{i,T}}\right)^{-1}\right]\end{aligned} \tag{5-49}$$

5.5　不可行约束的辨识

将前推-回推的动态规划算法和拟牛顿法结合的两阶段迭代算法是求解动态经济调度 Lagrange 对偶模型的一种高效算法，适用于在线实时应用的场合。当原

问题存在可行解时，该算法能够快速地收敛到最优解。事实上，当原问题存在不可行的断面潮流约束时，不可行断面潮流约束也能够在主问题的迭代过程中被快速准确地辨识出来。下面将提出一种在 Lagrange 松弛框架下的不可行断面约束辨识方法，并给出该方法的理论基础。

机组的爬坡速率约束、出力限制约束及发电负荷平衡约束属于物理约束，是必须满足的硬性约束。旋转备用约束和断面潮流约束属于安全约束，其限值在电力系统的实际运行中具有一定的保守性，在某些情况下可以做适度的松弛，因而这些约束是软性约束。当不考虑断面潮流约束的情况下，系统的负荷-备用可行性可以通过文献[8]中给出的解析性充要条件进行判断。本书假设所研究的动态经济调度是负荷-备用可行的，即由式(5-2)、式(5-4)～式(5-9)描述的可行域是非空的：

$$\Phi = \{p_{i,t}, \forall i \in I_G, t = 1,2,\cdots,T \mid \text{式(5-2),式(5-4)} \sim \text{式(5-9)}\} \neq \varnothing \tag{5-50}$$

并且，式(5-2)、式(5-4)～式(5-9)是必须满足的约束条件。设 T_k 为传输断面 k 的潮流约束的集合：

$$\mathrm{TI}_k = \{p_{i,t}, \forall i \in I_G, t = 1,2,\cdots,T \mid \underline{L}_{k,t} \leqslant \sum_{i \in I_G} G_{k,i} \cdot p_{i,t} \leqslant \overline{L}_{k,t}\} \tag{5-51}$$

若由式(5-2)～式(5-9)定义的原始问题可行域为空，即

$$\left(\bigcap_{k \in I_K} T_{k,t}\right) \cap \Phi = \varnothing \tag{5-52}$$

那么

$$\exists I_K^{\text{sub}} \subseteq I_K, \text{s.t.}\left(\bigcap_{k \in I_K^{\text{sub}}} T\right) \cap \Phi = \varnothing, \left(\bigcap_{k \in I_K / I_K^{\text{sub}}} T\right) \cap \Phi \neq \varnothing \tag{5-53}$$

由此可以得出以下命题。

命题 1：若由式(5-1)～式(5-9)定义的原始问题是不可行的，那么在式(5-3)中至少存在一个传输断面 k 的潮流约束是不可行的，并且将这些传输断面约束做松弛处理后能够恢复原始问题的可行性。

5.5.1　原始问题无解的判别条件

记由式(5-1)～式(5-9)定义的原始问题的可行域为 Φ_P，对偶问题的可行域为 Φ_D，即

$$\begin{cases} \varPhi_P = \{p_{i,t}, \forall i \in I_G, t = 1,2,\cdots,T \mid 式(5\text{-}2) \sim 式(5\text{-}9)\} \\ \varPhi_D = \{\boldsymbol{\mu} = [\boldsymbol{\lambda}^{\mathrm{T}}, \underline{\boldsymbol{\omega}}^{\mathrm{T}}, \overline{\boldsymbol{\omega}}^{\mathrm{T}}, \underline{\boldsymbol{\nu}}^{\mathrm{T}}, \overline{\boldsymbol{\nu}}^{\mathrm{T}}]^{\mathrm{T}} \mid \underline{\boldsymbol{\omega}}, \overline{\boldsymbol{\omega}}, \underline{\boldsymbol{\nu}}, \overline{\boldsymbol{\nu}} \geqslant 0\} \end{cases} \tag{5-54}$$

这里给出判定原始问题无解的充分条件。

命题 2：设 $\varPhi_P^S$ 为一个包含 $\varPhi_P$ 的非空闭集，即 $\varPhi_P^S \supseteq \varPhi_P$ 且 $\varPhi_P^S \neq \varnothing$，并且 $C(p)$ 在 F_P^S 上是有界的。若存在 $\tilde{\boldsymbol{\mu}} \in F_D$，使得 $q(\tilde{\boldsymbol{\mu}}) > \max\limits_{\boldsymbol{p}}\left\{C(\boldsymbol{p}) \mid \boldsymbol{p} \in F_P^S\right\}$，那么 $F_P = \varnothing$，即原始问题无解。

证明　假设 $\varPhi_P \neq \varnothing$。由于 $\varPhi_P^S \supseteq \varPhi_P$ 且 $\varPhi_P^S \neq \varnothing$，并且 $C(p)$ 在 $\varPhi_P^S$ 上是有界的，所以

$$\max_{\boldsymbol{p}}\{C(\boldsymbol{p}) \mid \boldsymbol{p} \in \varPhi_P\} \leqslant \max_{\boldsymbol{p}}\left\{C(\boldsymbol{p}) \mid \boldsymbol{p} \in \varPhi_P^S\right\} < +\infty \tag{5-55}$$

根据弱对偶定理，对于所有 $\boldsymbol{\mu}_0 \in \varPhi_D$ 以及 $\boldsymbol{p}_0 \in \varPhi_P$，都会满足

$$q(\boldsymbol{\mu}_0) \leqslant C(\boldsymbol{p}_0) \tag{5-56}$$

所以对于所有 $\boldsymbol{\mu}^{(0)} \in \varPhi_P$，都有

$$q(\boldsymbol{\mu}_0) \leqslant C(\boldsymbol{p}_0) \leqslant \max_{\boldsymbol{p}}\{C(\boldsymbol{p}) \mid \boldsymbol{p} \in \varPhi_P\} \leqslant \max_{\boldsymbol{p}}\left\{C(\boldsymbol{p}) \mid \boldsymbol{p} \in \varPhi_P^S\right\} \tag{5-57}$$

但是，$q(\tilde{\boldsymbol{\mu}}) > \max\limits_{\boldsymbol{p}}\left\{C(\boldsymbol{p}) \mid \boldsymbol{p} \in \varPhi_P^S\right\}$，与式(5-57)相矛盾，所以假设不成立，即 $\varPhi_P = \varnothing$，原始问题无解。证毕。

命题 2 是判断原始问题无解的一个充分条件。该定理指出，如果对偶函数的某个取值大于原始目标函数在松弛可行域中的上界，那么原始问题是无解的。利用命题 2 判断原始问题可行性的要素有两个，包括原始目标函数值的上界估计，以及使得对偶函数值大于该上界的一个对偶可行解，下面分别进行说明。

1）原始目标函数的上界估计

令 $\varPhi_P^S = \{p_{i,t}, \forall i \in I_G, t = 1,2,\cdots,T \mid 式(5\text{-}9)\}$，那么 $\varPhi_P \subseteq \varPhi_P^S$ 且 $\varPhi_P^S \neq \varnothing$，那么

$$\begin{aligned} \overline{C} &= \max_{\boldsymbol{p}}\left\{C(\boldsymbol{p}) \mid \boldsymbol{p} \in \varPhi_P^S\right\} \\ &= \max_{\boldsymbol{p}}\left\{\sum_{t=1}^{T}\sum_{i \in I_G} C_{i,t}(p_{i,t}) \mid P_{i,t}^{\min} \leqslant p_{i,t} \leqslant P_{i,t}^{\max}, \forall i \in I_G, t = 1,2,\cdots,T\right\} \\ &= \sum_{t=1}^{T}\sum_{i \in I_G} \max_{p_{i,t}}\left\{C_{i,t}(p_{i,t}) \mid P_{i,t}^{\min} \leqslant p_{i,t} \leqslant P_{i,t}^{\max}\right\} \end{aligned} \tag{5-58}$$

由于 $C_{i,t}(p_{i,t})=a_{i,t}\cdot p_{i,t}^2+b_{i,t}\cdot p_{i,t}+c_{i,t}$ 且在现实问题中 $a_{i,t}>0$，所以

$$\overline{C}_{i,t}=\max_{p_{i,t}}\left\{C_{i,t}(p_{i,t})\mid P_{i,t}^{\min}\leqslant p_{i,t}\leqslant P_{i,t}^{\max}\right\}=\max\{C_{i,t}(P_{i,t}^{\min}),C_{i,t}(P_{i,t}^{\max})\} \tag{5-59}$$

因此，原始目标函数在松弛可行域 $\varPhi_P^S$ 上的上界为

$$\overline{C}=\max_{\boldsymbol{p}}\left\{C(\boldsymbol{p})\mid \boldsymbol{p}\in F_P^S\right\}=\sum_{t=1}^{T}\sum_{i\in I_G}\overline{C}_{i,t} \tag{5-60}$$

2) 对偶可行解的获得

含阻尼步长的拟牛顿法实质上是一种 Topkis-Veinott 修正可行方向法，其收敛性在数学上得到了严格的证明。由于 Lagrange 对偶函数 $q(\boldsymbol{\mu})$ 为凹函数，记第 k 次迭代过程中的 Lagrange 乘子为 $\boldsymbol{\mu}^{(k)}$，那么

情况 1：若 $q(\boldsymbol{\mu})$ 有界，则 $\lim\limits_{k\to\infty}q(\boldsymbol{\mu}^{(k)})=q(\lim\limits_{k\to\infty}\boldsymbol{\mu}^{(k)})=q(\boldsymbol{\mu}^*)=\sup\limits_{\boldsymbol{\mu}\in D}\{q(\boldsymbol{\mu})\}$，其中 $D=\{[\boldsymbol{\lambda}^{\mathrm{T}},\underline{\boldsymbol{\omega}}^{\mathrm{T}},\overline{\boldsymbol{\omega}}^{\mathrm{T}},\underline{\boldsymbol{v}}^{\mathrm{T}},\overline{\boldsymbol{v}}^{\mathrm{T}}]^{\mathrm{T}}\mid \boldsymbol{\lambda}\in\mathbf{R},\underline{\boldsymbol{\omega}},\overline{\boldsymbol{\omega}},\underline{\boldsymbol{v}},\overline{\boldsymbol{v}}\in\mathbf{R}^+\}$；

$q(\boldsymbol{\mu})$ 是凹函数，所以 $\boldsymbol{\mu}=\boldsymbol{\mu}^*$ 是该函数在凸集 D 上的极大值点。由于 $q(\boldsymbol{\mu})$ 是处处可微的，并且约束条件是线性无关的，因此 $\boldsymbol{\mu}=\boldsymbol{\mu}^*$ 是 KKT 点，即存在不全为零的非负向量 $\underline{\boldsymbol{x}}^*,\overline{\boldsymbol{x}}^*,\underline{\boldsymbol{y}}^*,\overline{\boldsymbol{y}}^*$，使得

$$\begin{aligned}
&\frac{\partial q(\boldsymbol{\mu}^*)}{\partial\underline{\boldsymbol{\omega}}}+\underline{\boldsymbol{x}}^*=0, && \underline{\boldsymbol{x}}^{*\mathrm{T}}\ \underline{\boldsymbol{\omega}}^*=0,\ \underline{\boldsymbol{x}}^*\geqslant 0,\ \underline{\boldsymbol{\omega}}^*\geqslant 0\\
&\frac{\partial q(\boldsymbol{\mu}^*)}{\partial\overline{\boldsymbol{\omega}}}+\overline{\boldsymbol{x}}^*=0, && \overline{\boldsymbol{x}}^{*\mathrm{T}}\ \overline{\boldsymbol{\omega}}^*=0,\ \overline{\boldsymbol{x}}^*\geqslant 0,\ \overline{\boldsymbol{\omega}}^*\geqslant 0\\
&\frac{\partial q(\boldsymbol{\mu}^*)}{\partial\underline{\boldsymbol{v}}}+\underline{\boldsymbol{y}}^*=0, && \underline{\boldsymbol{v}}^{*\mathrm{T}}\ \underline{\boldsymbol{y}}^*=0,\ \underline{\boldsymbol{v}}^*\geqslant 0,\ \underline{\boldsymbol{y}}^*\geqslant 0\\
&\frac{\partial q(\boldsymbol{\mu}^*)}{\partial\overline{\boldsymbol{v}}}+\overline{\boldsymbol{y}}^*=0, && \overline{\boldsymbol{v}}^{*\mathrm{T}}\ \overline{\boldsymbol{y}}^*=0,\ \overline{\boldsymbol{v}}^*\geqslant 0,\ \overline{\boldsymbol{y}}^*\geqslant 0
\end{aligned} \tag{5-61}$$

并且

$$\frac{\partial q(\boldsymbol{\mu}^*)}{\partial\boldsymbol{\lambda}}=0 \tag{5-62}$$

设 $q(\boldsymbol{\mu}^*)=\min\limits_{\boldsymbol{p}}\{L(\boldsymbol{p},\boldsymbol{\mu}^*)\mid \text{s.t.式(5-6)}\sim\text{式(5-9)}\}=L(\boldsymbol{p}^*,\boldsymbol{\mu}^*)$，那么

$$\begin{cases}\dfrac{\partial q(\boldsymbol{\mu}^*)}{\partial \lambda_t} = D_t - \sum\limits_{i\in I_G} p_{i,t}^* = 0 \\ \dfrac{\partial q(\boldsymbol{\mu}^*)}{\partial \underline{\omega}_{k,t}} = \underline{L}_{k,t} - \sum\limits_{i\in I_G} G_{k,i}\cdot p_{i,t}^* = -\underline{x}_{k,t}^* \leqslant 0 \\ \dfrac{\partial q(\boldsymbol{\mu}^*)}{\partial \overline{\omega}_{k,t}} = \sum\limits_{i\in I_G} G_{k,i}\cdot p_{i,t}^* - \overline{L}_{k,t} = -\underline{x}_{k,t}^* \leqslant 0 \\ \dfrac{\partial q(\boldsymbol{\mu}^*)}{\partial \underline{\nu}_t} = \underline{R}_t - \sum\limits_{i\in I_G} \underline{r}_{i,t} = -\underline{y}_t^* \leqslant 0 \\ \dfrac{\partial q(\boldsymbol{\mu}^*)}{\partial \overline{\nu}_t} = \overline{R}_t - \sum\limits_{i\in I_G} \overline{r}_{i,t} = -\overline{y}_t^* \leqslant 0 \end{cases} \tag{5-63}$$

所以 $\boldsymbol{p}^*$ 满足原始问题的约束条件(式(5-2)～式(5-5))，即 $\boldsymbol{p}^* \in \Phi_P$。所以 $\boldsymbol{p}^*$ 是原始问题的最优解。

情况 2：若 $q(\boldsymbol{\mu})$ 无界，则 $\lim\limits_{k\to\infty} q(\boldsymbol{\mu}^{(k)}) = \infty$。

由 $\lim\limits_{k\to\infty} q(\boldsymbol{\mu}^{(k)}) = \infty$ 可得，对于原始目标函数在松弛可行域的上界 $\overline{C}$，存在一个正整数 $M > 0$，当 $k \geqslant M$ 时有 $q(\boldsymbol{\mu}^{(k)}) > \overline{C}$。这意味着原始问题的不可行性可以在经过有限次数迭代之后辨识出来。

5.5.2 不可行传输断面约束的判别条件

在负荷-备用可行域中考虑断面 k_1 的潮流约束，得到的可行域为

$$\begin{aligned}\Phi_P^{k_1} &= \mathrm{TI}_{k_1} \cap \Phi \\ &= \{p_{i,t}, \forall i \in I_G, t = 1,2,\cdots,T \mid 式(5\text{-}2), 式(5\text{-}3.k_1), 式(5\text{-}4) \sim 式(5\text{-}9)\}\end{aligned} \tag{5-64}$$

式(5-3.k_1)表示式(5-3)中与第 k_1 个传输断面有关的约束，则有 $\Phi_P \subseteq \Phi_P^{k_1} \subseteq \Phi_P^S$，考虑原始目标函数在松弛可行域 $\Phi_P^{k_1}$ 上的优化问题：

$$\min_{\boldsymbol{p}}\{C(\boldsymbol{p}) \mid \boldsymbol{p} \in \Phi_P^{k_1})\} \tag{5-65}$$

对式(5-2)、式(5-3.k_1)、式(5-4)、式(5-5)松弛得到的 Lagrange 对偶函数为

$$
\begin{aligned}
&q^{k_1}(\boldsymbol{\lambda},\underline{\boldsymbol{\omega}}_{k_1},\overline{\boldsymbol{\omega}}_{k_1},\underline{\boldsymbol{\nu}},\overline{\boldsymbol{\nu}}) \\
&=\sum_{i\in I_G} q_i^{k_1}(\boldsymbol{\lambda},\underline{\boldsymbol{\omega}}_{k_1},\overline{\boldsymbol{\omega}}_{k_1},\underline{\boldsymbol{\nu}},\overline{\boldsymbol{\nu}})+K^{k_1}(\boldsymbol{\lambda},\underline{\boldsymbol{\omega}}_{k_1},\overline{\boldsymbol{\omega}}_{k_1},\underline{\boldsymbol{\nu}},\overline{\boldsymbol{\nu}}) \\
&=\sum_{i\in I_G} \min_{\boldsymbol{p}_i}\{L_i^{k_1}(\boldsymbol{p}_i,\boldsymbol{\lambda},\underline{\boldsymbol{\omega}}_{k_1},\overline{\boldsymbol{\omega}}_{k_1},\underline{\boldsymbol{\nu}},\overline{\boldsymbol{\nu}}):\text{s.t. 式(5-6}.i\text{), 式(5-7}.i\text{), 式(5-8}.i\text{), 式(5-9}.i\text{)}\} \\
&\quad +K^{k_1}(\boldsymbol{\lambda},\underline{\boldsymbol{\omega}}_{k_1},\overline{\boldsymbol{\omega}}_{k_1},\underline{\boldsymbol{\nu}},\overline{\boldsymbol{\nu}}) \\
&[\boldsymbol{\lambda}^{\mathrm{T}},\underline{\boldsymbol{\omega}}_{k_1}{}^{\mathrm{T}},\overline{\boldsymbol{\omega}}_{k_1}{}^{\mathrm{T}},\underline{\boldsymbol{\nu}}^{\mathrm{T}},\overline{\boldsymbol{\nu}}^{\mathrm{T}}]^{\mathrm{T}}\in F_D^{k_1}=\{\boldsymbol{\lambda}\ urs,\underline{\boldsymbol{\omega}}_{k_1}\geqslant 0,\overline{\boldsymbol{\omega}}_{k_1}\geqslant 0,\underline{\boldsymbol{\nu}}\geqslant 0,\overline{\boldsymbol{\nu}}\geqslant 0\}
\end{aligned}
\tag{5-66}
$$

式中

$$
\begin{aligned}
&L_i^{k_1}(\boldsymbol{p}_i,\boldsymbol{\lambda},\underline{\boldsymbol{\omega}}_{k_1},\overline{\boldsymbol{\omega}}_{k_1},\underline{\boldsymbol{\nu}},\overline{\boldsymbol{\nu}}) \\
&=\sum_{t=1}^{T}\{a_{i,t}\cdot p_{i,t}^2+[b_{i,t}-\lambda_t+G_{k_i,i}\cdot(\overline{\omega}_{k_1,t}-\underline{\omega}_{k_1,t})]\cdot p_{i,t}-\underline{\nu}_t\cdot\underline{r}_{i,t}-\overline{\nu}_t\cdot\overline{r}_{i,t}+c_{i,t}\} \\
&K^{k_1}(\boldsymbol{\lambda},\underline{\boldsymbol{\omega}}_{k_1},\overline{\boldsymbol{\omega}}_{k_1},\underline{\boldsymbol{\nu}},\overline{\boldsymbol{\nu}})=\sum_{t=1}^{T}[\lambda_t\cdot D_t+\underline{\nu}_t\cdot\underline{R}_t+\overline{\nu}_t\cdot\overline{R}_t+\underline{\omega}_{k_1,t}\cdot\underline{L}_{k_1,t}-\overline{\omega}_{k_1,t}\cdot\overline{L}_{k_1,t}]
\end{aligned}
\tag{5-67}
$$

根据命题 2，若存在一组 $\tilde{\boldsymbol{\mu}}^{k_1}=[\tilde{\boldsymbol{\lambda}}^{\mathrm{T}},\tilde{\underline{\boldsymbol{\omega}}}_{k_1}^{\mathrm{T}},\tilde{\overline{\boldsymbol{\omega}}}_{k_1}^{\mathrm{T}},\tilde{\underline{\boldsymbol{\nu}}}^{\mathrm{T}},\tilde{\overline{\boldsymbol{\nu}}}^{\mathrm{T}}]^{\mathrm{T}}$ 使 $q^{k_1}(\boldsymbol{\mu}^{k_1})>\overline{C}$，那么 $F_P^{k_1}=\varnothing$。根据命题 1，断面 k_1 的传输断面潮流约束是不可行的。

由式(5-66)、式(5-67)可以得到，该松弛问题的 Lagrange 对偶函数和原始问题的对偶函数之间存在关系

$$
q^{k_1}(\boldsymbol{\lambda},\underline{\boldsymbol{\omega}}_{k_1},\overline{\boldsymbol{\omega}}_{k_1},\underline{\boldsymbol{\nu}},\overline{\boldsymbol{\nu}})=q(\boldsymbol{\lambda},(\boldsymbol{E}_{k_1}\underline{\boldsymbol{\omega}}),(\boldsymbol{E}_{k_1}\overline{\boldsymbol{\omega}}),\underline{\boldsymbol{\nu}},\overline{\boldsymbol{\nu}}) \tag{5-68}
$$

在乘子向量 $\overline{\boldsymbol{\omega}}$ 中，与断面 k 相关的乘子的下标集合为 $I_{k_1}^{\omega}$。$\boldsymbol{E}_{k_1}$ 为一个维数与 $\overline{\boldsymbol{\omega}}$ 相同的对角矩阵，$\boldsymbol{E}_{k_1}=\mathrm{diag}(e_{1,1},e_{2,2},\cdots,e_{KT,KT})$，其中

$$
e_{i,i}=\begin{cases}1, & i\in I_{k_1}^{\omega}\\ 0, & \text{其他}\end{cases} \tag{5-69}
$$

将矩阵 $\boldsymbol{E}_{k_1}$ 与乘子向量 $\underline{\boldsymbol{\omega}}$、$\overline{\boldsymbol{\omega}}$ 相乘，相当于将乘子向量中 $\underline{\boldsymbol{\omega}}$、$\overline{\boldsymbol{\omega}}$ 除第 k_1 个传输断面以外的乘子置为零。式(5-68)的意义是，在原始问题的对偶函数 $q(\boldsymbol{\mu})$ 中，将 $\underline{\boldsymbol{\omega}}$、$\overline{\boldsymbol{\omega}}$ 中第 k_1 个传输断面以外的乘子置为零，就得到了仅考虑第 k_1 个传输断面的潮流约束的对偶函数。根据以上讨论，结合命题 2，得到判定第 k_1 个传输断面的潮流约束不可行的充分条件。

命题 3：对于 $k_1 \in I_k$，设 $\varPhi_P^S$ 为一个包含 $\varPhi_P$ 的非空闭集，即 $\varPhi_P^S \supseteq \varPhi_P^{k_1} \supseteq \varPhi_P$ 且 $\varPhi_P^S \neq \varnothing$，并且 $C(p)$ 在 $\varPhi_P^S$ 上是有界的。若存在 $\tilde{\boldsymbol{\mu}} = [\tilde{\boldsymbol{\lambda}}^{\mathrm{T}}, \tilde{\underline{\boldsymbol{\omega}}}^{\mathrm{T}}, \tilde{\overline{\boldsymbol{\omega}}}^{\mathrm{T}}, \tilde{\underline{\boldsymbol{v}}}^{\mathrm{T}}, \tilde{\overline{\boldsymbol{v}}}^{\mathrm{T}}]^{\mathrm{T}} \in \varPhi_D$，使得 $q(\tilde{\boldsymbol{\lambda}}, (\boldsymbol{E}_{k_1} \tilde{\underline{\boldsymbol{\omega}}}), (\boldsymbol{E}_{k_1} \tilde{\overline{\boldsymbol{\omega}}}), \tilde{\underline{\boldsymbol{v}}}, \tilde{\overline{\boldsymbol{v}}}) > \max\limits_{\boldsymbol{p}} \left\{ C(\boldsymbol{p}) \mid \boldsymbol{p} \in \varPhi_P^S \right\}$，那么 $\varPhi_P^{k_1} = \varnothing$，即第 k_1 个传输断面的潮流约束是不可行的。

5.5.3 不可行潮流断面的辨识方法

如前面所述，在主问题的迭代过程中，如果出现 $q(\boldsymbol{\mu}^{(M)}) > \overline{C}$，那么可以判断原始问题无解。当原始问题被判定为无可行解时，说明原始问题中存在不可行的断面潮流约束，进而可以辨识出不可行的断面潮流约束。基于命题 3 的不可行断面潮流约束辨识方法如下所示。

步骤 1：假设在第 M 次迭代后的乘子为 $\boldsymbol{\mu}^{(M)} = [\boldsymbol{\lambda}^{(M)\mathrm{T}}, \underline{\boldsymbol{\omega}}^{(M)\mathrm{T}}, \overline{\boldsymbol{\omega}}^{(M)\mathrm{T}}, \underline{\boldsymbol{v}}^{(M)\mathrm{T}}, \overline{\boldsymbol{v}}^{(M)\mathrm{T}}]^{\mathrm{T}}$，并且满足 $q(\boldsymbol{\mu}^{(M)}) > \overline{C}$。

步骤 2：令 $k = 1$。

步骤 3：计算 $q(\boldsymbol{\lambda}^{(M)}, \boldsymbol{E}_k \underline{\boldsymbol{\omega}}^{(M)}, \boldsymbol{E}_k \overline{\boldsymbol{\omega}}^{(M)}, \underline{\boldsymbol{v}}^{(M)}, \overline{\boldsymbol{v}}^{(M)})$。如果

$$q(\boldsymbol{\lambda}^{(M)}, \boldsymbol{E}_k \underline{\boldsymbol{\omega}}^{(M)}, \boldsymbol{E}_k \overline{\boldsymbol{\omega}}^{(M)}, \underline{\boldsymbol{v}}^{(M)}, \overline{\boldsymbol{v}}^{(M)}) > \overline{C}$$

那么将第 k 个传输断面的潮流约束标志为不可行。

步骤 4：令 $k = k + 1$；如果 $k \leqslant K$，那么执行步骤 3；否则，执行步骤 5。

步骤 5：终止辨识算法。

对于上述的辨识算法，需要做出以下几点说明。

说明 1：该算法可以同时辨识出多个不可行的断面潮流约束。

说明 2：执行一次该算法可能会找不到不可行的断面潮流约束。当 $q(\boldsymbol{\mu}^{(M)}) > \overline{C}$ 时，并不能保证至少存在一个 $k \in I_K$ 使得 $q(\boldsymbol{\lambda}^{(M)}, \boldsymbol{E}_k \underline{\boldsymbol{\omega}}^{(M)}, \boldsymbol{E}_k \overline{\boldsymbol{\omega}}^{(M)}, \underline{\boldsymbol{v}}^{(M)}, \overline{\boldsymbol{v}}^{(M)}) > \overline{C}$，即使事实上第 k_1 个断面的潮流约束是不可行的。对偶函数对乘子的梯度等于该乘子对应约束的违反量，如果第 k_1 个断面的潮流约束不可行，那么乘子对应的断面潮流约束违反量总是为正数，即对应的梯度总是为正数，这导致对应乘子的取值随着迭代的进行不断增大。随着断面 k_1 潮流约束乘子的不断增大，对偶函数 $q(\boldsymbol{\lambda}^{(M)}, \boldsymbol{E}_k \underline{\boldsymbol{\omega}}^{(M)}, \boldsymbol{E}_k \overline{\boldsymbol{\omega}}^{(M)}, \underline{\boldsymbol{v}}^{(M)}, \overline{\boldsymbol{v}}^{(M)})$ 的取值也将趋于无穷。因此，当算法找不到不可行的断面约束时，继续进行第 $M+1$ 次的主问题迭代，然后再通过上述算法寻找不可行的断面约束。

说明 3：在步骤 3 里，需要计算一次对偶函数的取值，而对偶函数的取值需要通过求解子问题来获得。每一个子问题是一个单机的动态经济调度问题，可以

采用前推-回推的动态规划算法进行高效的求解，该算法无须任何迭代。因此，对偶函数值的计算是相当快速的。尽管如此，如果能够省去对偶函数值的计算，那将可以提高对不可行断面约束的辨识效率。实际上，我们可以推导出一条更为简单的辨识准则。定义两个向量，使得

$$\boldsymbol{Q}_{\underline{\boldsymbol{\omega}}} - \frac{\partial q}{\partial \underline{\boldsymbol{\omega}}} \geqslant 0, \quad \boldsymbol{Q}_{\bar{\boldsymbol{\omega}}} - \frac{\partial q}{\partial \bar{\boldsymbol{\omega}}} \geqslant 0 \tag{5-70}$$

命题 4：对于 $k_1 \in I_k$，设 Φ_P^S 为一个包含 Φ_P 的非空闭集，即 $\Phi_P^S \supseteq \Phi_P^{k_1} \supseteq \Phi_P$ 且 $\Phi_P^S \neq \varnothing$，并且 $C(\boldsymbol{p})$ 在 Φ_P^S 上是有界的。若存在 $\tilde{\boldsymbol{\mu}} = [\tilde{\boldsymbol{\lambda}}^{\mathrm{T}}, \tilde{\underline{\boldsymbol{\omega}}}^{\mathrm{T}}, \tilde{\bar{\boldsymbol{\omega}}}^{\mathrm{T}}, \tilde{\underline{\boldsymbol{v}}}^{\mathrm{T}}, \tilde{\bar{\boldsymbol{v}}}^{\mathrm{T}}]^{\mathrm{T}} \in F_D$，使得

$$q(\tilde{\boldsymbol{\mu}}) + (\boldsymbol{E}_{k_1} \tilde{\underline{\boldsymbol{\omega}}})^{\mathrm{T}} \boldsymbol{Q}_{\underline{\boldsymbol{\omega}}} + (\boldsymbol{E}_{k_1} \tilde{\bar{\boldsymbol{\omega}}})^{\mathrm{T}} \boldsymbol{Q}_{\bar{\boldsymbol{\omega}}} > \max_{\boldsymbol{p}} \left\{ C(\boldsymbol{p}) \mid \boldsymbol{p} \in F_P^S \right\} + \tilde{\underline{\boldsymbol{\omega}}}^{\mathrm{T}} \boldsymbol{Q}_{\underline{\boldsymbol{\omega}}} + \tilde{\bar{\boldsymbol{\omega}}}^{\mathrm{T}} \tag{5-71}$$

那么 $\Phi_P^k = \varnothing$，即第 k_1 个传输断面的潮流约束是不可行的。

证明　$q(\boldsymbol{\mu})$ 是凹函数，根据凹函数的定义：

$$\begin{aligned} q(\tilde{\boldsymbol{\lambda}}, \boldsymbol{E}_{k_1} \tilde{\underline{\boldsymbol{\omega}}}, \boldsymbol{E}_{k_1} \tilde{\bar{\boldsymbol{\omega}}}, \tilde{\underline{\boldsymbol{v}}}, \tilde{\bar{\boldsymbol{v}}}) &= q(\tilde{\boldsymbol{\lambda}}, [\boldsymbol{I} - (\boldsymbol{I} - \boldsymbol{E}_{k_1})]\tilde{\underline{\boldsymbol{\omega}}}, [\boldsymbol{I} - (\boldsymbol{I} - \boldsymbol{E}_{k_1})]\tilde{\bar{\boldsymbol{\omega}}}, \tilde{\underline{\boldsymbol{v}}}, \tilde{\bar{\boldsymbol{v}}}) \\ &\geqslant q(\tilde{\boldsymbol{\lambda}}, \tilde{\underline{\boldsymbol{\omega}}}, \tilde{\bar{\boldsymbol{\omega}}}, \tilde{\underline{\boldsymbol{v}}}, \tilde{\bar{\boldsymbol{v}}}) - \left[(\boldsymbol{I} - \boldsymbol{E}_{k_1}) \tilde{\underline{\boldsymbol{\omega}}} \right]^{\mathrm{T}} \frac{\partial q(\tilde{\boldsymbol{\lambda}}, \boldsymbol{E}_{k_1} \tilde{\underline{\boldsymbol{\omega}}}, \boldsymbol{E}_{k_1} \tilde{\bar{\boldsymbol{\omega}}}, \tilde{\underline{\boldsymbol{v}}}, \tilde{\bar{\boldsymbol{v}}})}{\partial \underline{\boldsymbol{\omega}}} \\ &\quad - \left[(\boldsymbol{I} - \boldsymbol{E}_{k_1}) \tilde{\bar{\boldsymbol{\omega}}} \right]^{\mathrm{T}} \frac{\partial q(\tilde{\boldsymbol{\lambda}}, \boldsymbol{E}_{k_1} \tilde{\underline{\boldsymbol{\omega}}}, \boldsymbol{E}_{k_1} \tilde{\bar{\boldsymbol{\omega}}}, \tilde{\underline{\boldsymbol{v}}}, \tilde{\bar{\boldsymbol{v}}})}{\partial \bar{\boldsymbol{\omega}}} \end{aligned} \tag{5-72}$$

由于 $(\boldsymbol{I} - \boldsymbol{E}_{k_1})\tilde{\bar{\boldsymbol{\omega}}} \geqslant 0$ 且 $(\boldsymbol{I} - \boldsymbol{E}_{k_1})\tilde{\underline{\boldsymbol{\omega}}} \geqslant 0$，并且 $\boldsymbol{Q}_{\underline{\boldsymbol{\omega}}} \geqslant \dfrac{\partial q}{\partial \underline{\boldsymbol{\omega}}}, \boldsymbol{Q}_{\bar{\boldsymbol{\omega}}} \geqslant \dfrac{\partial q}{\partial \bar{\boldsymbol{\omega}}}$，所以

$$\begin{aligned} & q(\tilde{\boldsymbol{\lambda}}, \tilde{\underline{\boldsymbol{\omega}}}, \tilde{\bar{\boldsymbol{\omega}}}, \tilde{\underline{\boldsymbol{v}}}, \tilde{\bar{\boldsymbol{v}}}) - \left[(\boldsymbol{I} - \boldsymbol{E}_{k_1}) \tilde{\underline{\boldsymbol{\omega}}} \right]^{\mathrm{T}} \frac{\partial q(\tilde{\boldsymbol{\lambda}}, \boldsymbol{E}_{k_1} \tilde{\underline{\boldsymbol{\omega}}}, \boldsymbol{E}_{k_1} \tilde{\bar{\boldsymbol{\omega}}}, \tilde{\underline{\boldsymbol{v}}}, \tilde{\bar{\boldsymbol{v}}})}{\partial \underline{\boldsymbol{\omega}}} \\ & - \left[(\boldsymbol{I} - \boldsymbol{E}_{k_1}) \tilde{\bar{\boldsymbol{\omega}}} \right]^{\mathrm{T}} \frac{\partial q(\tilde{\boldsymbol{\lambda}}, \boldsymbol{E}_{k_1} \tilde{\underline{\boldsymbol{\omega}}}, \boldsymbol{E}_{k_1} \tilde{\bar{\boldsymbol{\omega}}}, \tilde{\underline{\boldsymbol{v}}}, \tilde{\bar{\boldsymbol{v}}})}{\partial \bar{\boldsymbol{\omega}}} \\ & \geqslant q(\tilde{\boldsymbol{\lambda}}, \tilde{\underline{\boldsymbol{\omega}}}, \tilde{\bar{\boldsymbol{\omega}}}, \tilde{\underline{\boldsymbol{v}}}, \tilde{\bar{\boldsymbol{v}}}) - \left[(\boldsymbol{I} - \boldsymbol{E}_{k_1}) \tilde{\underline{\boldsymbol{\omega}}} \right]^{\mathrm{T}} \boldsymbol{Q}_{\underline{\boldsymbol{\omega}}} - \left[(\boldsymbol{I} - \boldsymbol{E}_{k_1}) \tilde{\bar{\boldsymbol{\omega}}} \right]^{\mathrm{T}} \boldsymbol{Q}_{\bar{\boldsymbol{\omega}}} \end{aligned} \tag{5-73}$$

而式(5-71)等价于

$$q(\tilde{\boldsymbol{\mu}}) + (\boldsymbol{E}_{k_1} \tilde{\underline{\boldsymbol{\omega}}})^{\mathrm{T}} \boldsymbol{Q}_{\underline{\boldsymbol{\omega}}} + (\boldsymbol{E}_{k_1} \tilde{\bar{\boldsymbol{\omega}}})^{\mathrm{T}} \boldsymbol{Q}_{\bar{\boldsymbol{\omega}}} > \max_{\boldsymbol{p}} \left\{ C(\boldsymbol{p}) \mid \boldsymbol{p} \in F_P^S \right\} + \tilde{\underline{\boldsymbol{\omega}}}^{\mathrm{T}} \boldsymbol{Q}_{\underline{\boldsymbol{\omega}}} + \tilde{\bar{\boldsymbol{\omega}}}^{\mathrm{T}} \boldsymbol{Q}_{\bar{\boldsymbol{\omega}}} \tag{5-74}$$

根据式(5-72)～式(5-74)，只要式(5-74)得到满足，就会有

$$q\left(\tilde{\boldsymbol{\lambda}},\boldsymbol{E}_{k_1}\tilde{\underline{\boldsymbol{\omega}}},\boldsymbol{E}_{k_1}\tilde{\overline{\boldsymbol{\omega}}},\tilde{\underline{\boldsymbol{v}}},\tilde{\overline{\boldsymbol{v}}}\right)>\max_{\boldsymbol{p}}\left\{C(\boldsymbol{p})\mid\boldsymbol{p}\in F_P^S\right\} \tag{5-75}$$

由命题 3 可知，$\Phi_P^{k_1}=\varnothing$，即第 k_1 个传输断面的潮流约束是不可行的。证毕。

在主问题的迭代中，只要得到了一个足以判断原始问题无解的对偶可行解 $\tilde{\boldsymbol{\mu}}$，就可以利用命题 4 方便地进行判断：在 $\tilde{\boldsymbol{\mu}}$ 给定的情况下，只需改变 E_k 的取值，就可以对各个断面的潮流约束进行判断，而无须重新求解对偶函数的取值。然而，虽然命题 4 的判据更为简单，但是其判断条件比命题 3 的要弱。命题 3 的结论仅仅是命题 4 的必要条件，会出现不可行断面约束满足命题 3 而不满足命题 4 的情形。为了保证辨识的高效和准确，可以将命题 4 和命题 3 结合起来作为辨识算法的判断准则，据此得到以下改进的辨识算法。

步骤 1：假设在第 M 次迭代后的乘子为 $\boldsymbol{\mu}^{(M)}=[\boldsymbol{\lambda}^{(M)\mathrm{T}},\underline{\boldsymbol{\omega}}^{(M)\mathrm{T}},\overline{\boldsymbol{\omega}}^{(M)\mathrm{T}},\underline{\boldsymbol{v}}^{(M)\mathrm{T}},\overline{\boldsymbol{v}}^{(M)\mathrm{T}}]^{\mathrm{T}}$，并且满足 $q(\boldsymbol{\mu}^{(M)})>\overline{C}$。

步骤 2：计算 $\overline{C}+\tilde{\underline{\boldsymbol{\omega}}}^{\mathrm{T}}\boldsymbol{Q}_{\underline{\omega}}+\tilde{\overline{\boldsymbol{\omega}}}^{\mathrm{T}}\boldsymbol{Q}_{\overline{\omega}}$。

步骤 3：令 $k=1$。

步骤 4：以命题 4 为判据，计算 $q(\tilde{\boldsymbol{\mu}})+(\boldsymbol{E}_k\tilde{\underline{\boldsymbol{\omega}}})^{\mathrm{T}}\boldsymbol{Q}_{\underline{\omega}}+(\boldsymbol{E}_k\tilde{\overline{\boldsymbol{\omega}}})^{\mathrm{T}}\boldsymbol{Q}_{\overline{\omega}}$。如果

$$q(\tilde{\boldsymbol{\mu}})+(\boldsymbol{E}_k\tilde{\underline{\boldsymbol{\omega}}})^{\mathrm{T}}\boldsymbol{Q}_{\underline{\omega}}+(\boldsymbol{E}_k\tilde{\overline{\boldsymbol{\omega}}})^{\mathrm{T}}\boldsymbol{Q}_{\overline{\omega}}>\overline{C}+\tilde{\underline{\boldsymbol{\omega}}}^{\mathrm{T}}\boldsymbol{Q}_{\underline{\omega}}+\tilde{\overline{\boldsymbol{\omega}}}^{\mathrm{T}}\boldsymbol{Q}_{\overline{\omega}}$$

那么将第 k 个传输断面的潮流约束标志为不可行，并执行步骤 6；否则，执行步骤 5。

步骤 5：以命题 3 为判据，计算 $q(\boldsymbol{\lambda}^{(M)},\boldsymbol{E}_k\underline{\boldsymbol{\omega}}^{(M)},\boldsymbol{E}_k\overline{\boldsymbol{\omega}}^{(M)},\underline{\boldsymbol{v}}^{(M)},\overline{\boldsymbol{v}}^{(M)})$。如果 $q(\boldsymbol{\lambda}^{(M)},\boldsymbol{E}_k\underline{\boldsymbol{\omega}}^{(M)},\boldsymbol{E}_k\overline{\boldsymbol{\omega}}^{(M)},\underline{\boldsymbol{v}}^{(M)},\overline{\boldsymbol{v}}^{(M)})>\overline{C}$，那么将第 k 个传输断面的潮流约束标志为不可行。

步骤 6：令 $k=k+1$；如果 $k\leqslant K$，那么执行步骤 3；否则，执行步骤 5。

步骤 7：终止辨识算法。

在不可行的断面约束被辨识出来之后，需要对不可行的约束进行处理。为方便讨论，记潮流约束不可行的断面集合为 I_K^{infeas}，其中正向潮流约束不可行的断面集合为 $\overline{I}_K^{\text{infeas}}$，负向潮流约束不可行的断面集合为 $\underline{I}_K^{\text{infeas}}$。那么处理断面潮流不可行约束的方式主要有三种。

处理方法 1：完全松弛不可行的断面约束，即将 I_K^{infeas} 从 I_K 中移除，形成一个新的断面下标集 $I_K^{\text{new}}=I_K/I_K^{\text{infeas}}$。这种处理方法一般可以使原始问题恢复可行性，但是可能会导致对应断面的潮流严重超出原来的限值，这是一个不符合实际运行状态的解。这种方法一般不采用。

处理方法 2：放宽不可行断面的潮流限值，即将断面 $k \in I_K^{\text{infeas}}$ 的潮流约束设为 $\underline{L}_{k,t}^{\text{new}} \leqslant \sum_{i \in I_G} G_{k,i} \cdot p_{i,t} \leqslant \overline{L}_{k,t}^{\text{new}}$，其中 $\underline{L}_{k,t}^{\text{new}} \leqslant \underline{L}_{k,t}$ 及 $\overline{L}_{k,t}^{\text{new}} \geqslant \overline{L}_{k,t}$。这种处理方法放宽了断面约束的紧度，有可能使原始问题存在可行解。但是，如果新的潮流限值取得过紧，该断面潮流约束仍然是不可行的；如果新的潮流限值取得过于宽松，会导致断面潮流与合理范围偏差过大。如何合理地选取一个新的潮流限值，是一个困难的问题。

处理方法 3：完全松弛不可行断面集 I_K^{infeas} 的潮流约束，并在原始目标函数中加入针对潮流约束不可行断面越限的惩罚项：

$$
\begin{aligned}
\underline{\Phi}(\boldsymbol{p}) &= \sum_{k \in \underline{I}_K^{\text{infeas}}} \sum_{t=1}^{T} \left[M_{k,t} \cdot \left(\underline{F}_{k,t} - \sum_{i \in I_G} G_{k,i} \cdot p_{i,t} \right) \right] \\
\overline{\Phi}(\boldsymbol{p}) &= \sum_{k \in \overline{I}_K^{\text{infeas}}} \sum_{t=1}^{T} \left[M_{k,t} \cdot \left(\sum_{i \in I_G} G_{k,i} \cdot p_{i,t} - \overline{F}_{k,t} \right) \right]
\end{aligned} \tag{5-76}
$$

式中，$M_{k,t}$ 为对断面 k 在时段 t 的越限量的惩罚系数。那么，加入惩罚项后的目标函数为

$$
\begin{aligned}
& C(\boldsymbol{p}) + \underline{\Phi}(\boldsymbol{p}) + \overline{\Phi}(\boldsymbol{p}) \\
&= \sum_{t=1}^{T} \sum_{i \in I_G} (a_{i,t} \cdot p_{i,t}^2 + \tilde{b}_{i,t} \cdot p_{i,t} + c_{i,t}) + \sum_{t=1}^{T} \left(\sum_{k \in \underline{I}_K^{\text{infeas}}} M_{k,t} \cdot \underline{F}_{k,t} - \sum_{k \in \overline{I}_K^{\text{infeas}}} M_{k,t} \cdot \overline{F}_{k,t} \right)
\end{aligned} \tag{5-77}
$$

式中，$\tilde{b}_{i,t} = b_{i,t} + \sum_{k \in \overline{I}_K^{\text{infeas}}} M_{k,t} \cdot G_{k,i} - \sum_{k \in \underline{I}_K^{\text{infeas}}} M_{k,t} \cdot G_{k,i}$。式(5-77)右侧第二项是常数，对优化结果没有影响，可以忽略。于是得到含惩罚项的目标函数为

$$
\tilde{C}(\boldsymbol{p}) = \sum_{t=1}^{T} \sum_{i \in I_G} (a_{i,t} \cdot p_{i,t}^2 + \tilde{b}_{i,t} \cdot p_{i,t} + c_{i,t}) \tag{5-78}
$$

可见，$\tilde{C}(\boldsymbol{p})$ 与 $C(\boldsymbol{p})$ 的形式是相同的，所以松弛不可行断面潮流约束后的新问题仍然能用原来的算法进行迭代求解。

从可行域的角度来看，这种处理方法与处理方法 1 是类似的，相当于将 I_K^{infeas} 从 I_K 中移除，因此可以有效地消除相关断面约束带来的不可行。方法 3 将不可行约束以罚函数的形式放到目标函数中去，具有限制断面潮流越限量的作用，因而结果更接近原来约束的要求，从而克服了方法 1 的缺点。但是，新问题的优化结果取决于惩罚因子 $M_{k,t}$ 的选取。如果 $M_{k,t}$ 太小，则起不到限制越限量的作用；如

果 $M_{k,t}$ 太大，虽然能够有效地限制越限量，但是可能会引起计算的数值问题。另外，运行人员对不同传输断面的重视程度是不一样的，如何选择反映运行人员偏好程度的惩罚因子，也是一个需要考虑的问题。文献[9]中提出了一种惩罚因子的选取方法，其中考虑了调度员对不同约束的偏好程度。

5.6 算例分析

5.6.1 Lagrange 松弛高效算法性能测试

1. 修正乘子的次梯度法与拟牛顿法的收敛性比较

本章提出采用拟牛顿法更新 Lagrange 乘子，下面将对该方法与两种典型的次梯度法修正策略进行比较，以分析两类算法的性能特点。算例测试在三个标准测试系统上面进行，分别是IEEE 24-Bus系统[10]、IEEE 31-Bus系统[11]和IEEE 118-Bus系统[12]。在本组算例中没有考虑断面潮流约束和旋转备用要求约束，这不影响算法性能的对比。

1) 修正步长固定的次梯度法

用修正步长固定的次梯度法更新 Lagrange 乘子的修正公式为

$$\boldsymbol{\mu}^{(k+1)} = \boldsymbol{\mu}^{(k)} + \alpha \cdot \mathrm{d}\boldsymbol{\mu}^{(k)} \tag{5-79}$$

式中，常数 $\alpha > 0$ 为修正步长。

用本书所提出的初值选取方法设置乘子的初始值 $\boldsymbol{\mu}^{(0)}$，收敛误差 $\varepsilon = 0.5$，令修正步长 α 分别取不同的值，各种情况下的收敛迭代次数如表 5-2 所示。由表 5-2 的结果可以看出，对于每个算例系统，当乘子修正步长 α 取为某个固定的值时，次梯度法能够迅速地收敛。例如，在本组算例中，令 24 节点系统收敛最快的固定步长为 0.001，31 节点系统最快的固定步长为 1，118 节点系统最快的固定步长为 0.001，这些取值都视为是该算例系统下固定步长 α 的合适取值。对于不同的算例系统而言，固定步长的合适值是不一样的。当 $\alpha = 1.0$ 时，计算 31 节点系统能够迅速收敛，但是在另外两个系统上计算则不收敛。并且，当 α 偏离合适值时，次梯度法的收敛性会变差。取值大于合适值，会导致算法迭代振荡甚至发散；取值小于合适值，会导致收敛速度减慢，降低计算效率。

通过这组算例可以看出，固定乘子修正步长的次梯度法虽然有实现简单的特点，但是难以适应不同的问题。对于一个特定的算例系统，尽管我们可以通过试探法得到修正步长的合适值甚至最优值，但是这种方法效率低下，不能满足工程应用的快速和高效的要求。

表 5-2　采用不同固定修正步长的次梯度法的迭代次数

α_k	IEEE-24 BUS	IEEE-31 BUS	IEEE-118 BUS
1.00	—	16	—
5.00×10^{-1}	—	34	—
1.00×10^{-1}	—	176	—
5.00×10^{-2}	—	354	—
1.00×10^{-2}	—	1778	—
5.00×10^{-3}	—	3554	—
1.00×10^{-3}	1661	18075	62
5.00×10^{-4}	3326	*	125
1.00×10^{-4}	16635	*	630
5.00×10^{-5}	*	*	1261
1.00×10^{-5}	*	*	6311

注：— 表示振荡不收敛；* 表示收敛缓慢，迭代 20000 次后仍没达到收敛误差要求。

2) 修正步长衰减的次梯度法

修正步长在迭代开始时取较大值，随着迭代的进行逐渐减小，这是次梯度法修正乘子的一种常用策略。例如，文献[13]采用负幂函数来调整修正步长：

$$\begin{cases}\boldsymbol{\mu}^{(k+1)}=\boldsymbol{\mu}^{(k)}+\alpha_k\cdot \mathrm{d}\boldsymbol{\mu}^{(k)}\\ \alpha_k=\dfrac{1}{A+B\cdot k}\end{cases}\tag{5-80}$$

式中，A、B 是人为设定的经验参数，A 影响修正步长的初值，B 控制修正步长减小的速度。采用该方法修正乘子，乘子初值 $\boldsymbol{\mu}^{(0)}$ 按照本书所述方法进行设置，取 $\varepsilon=0.5$。令 A、B 取 15 组不同的值并采用修正公式(5-80)进行计算，收敛迭代次数如表 5-3 所示。

采用随迭代次数衰减的修正步长调整方法，在参数 A 取值足够小的情况下，总能使乘子修正步长的取值在某次迭代中接近合适值，从而有效地抑制迭代发散的发生。在表 5-3 所示的结果中，不收敛的情况只有 2 组。修正步长在接近合适值以后继续衰减并趋向于零，由 5.6.1 节的分析可知，算法的收敛速度也逐渐减慢，而减慢的程度由参数 B 决定。若 B 取值偏小，修正步长的衰减速度较慢，需要经过多次的振荡才接近至合适值；若 B 取值偏大，修正步长衰减速度过快，容易导致收敛速度慢，影响计算效率。从表 5-3 所示的结果来看，同一组参数对不同算例系统计算的效果也不一样，可见修正步长衰减的次梯度法由于存在人工参数设定的问题，也难以适应实际的工程应用场合。

表 5-3　在参数不同的情况下修正步长衰减的次梯度法的迭代次数

	B	0.05	0.5	5	50	500
A=10 的算例结果	IEEE-24 BUS	7485	795	16482	*	*
	IEEE-31 BUS	284	*	*	*	*
	IEEE-118 BUS	10167	1074	1787	5526	*
A=1 的算例结果	IEEE-24 BUS	7665	813	*	*	*
	IEEE-31 BUS	26	*	*	—	*
	IEEE-118 BUS	10347	*	*	11900	*
A=0.1 的算例结果	IEEE-24 BUS	7683	815	*	*	*
	IEEE-31 BUS	15	—	*	*	*
	IEEE-118 BUS	*	*	*	12979	*

注：— 表示振荡不收敛；* 表示收敛缓慢，迭代 20000 次后仍没达到收敛误差要求。

3) 拟牛顿法

(1) 平启动。用本书提出的方法，按照式(2-34)、式(2-35)修正 Lagrange 乘子，设 $\varepsilon = 0.5$，乘子初值取 $\boldsymbol{\mu}^{(0)} = 0$，近似矩阵初值取 $\boldsymbol{H}_0 = I$。将式(2-34)中的乘子修正步长 β 取不同值并进行计算，收敛迭代次数和计算时间如表 5-4 所示。

表 5-4　采用平启动的拟牛顿法所需要的迭代次数和计算时间

β_k	指标	IEEE-24	IEEE-31	IEEE-118
0.95	迭代次数	1884	11	57
	时间/s	3.947	0.014	0.078
0.66	迭代次数	574	14	50
	时间/s	1.280	0.015	0.062
0.33	迭代次数	229	24	57
	时间/s	0.546	0.031	0.078
0.10	迭代次数	188	88	99
	时间/s	0.468	0.109	0.125

从表 5-4 的结果可以看出，修正步长的选取并不影响计算速度，因此没有显著地影响算法的收敛性。当修正步长在相当大一段范围内取值时，本书所提出的算法均在各个算例系统上收敛，所需的迭代次数和计算时间均在整体上少于次梯度法。该算例结果说明了拟牛顿法相比于次梯度法在收敛性方面的优势。

(2)改进初值。按照式(2-34)、式(2-35)修正 Lagrange 乘子，设 $\varepsilon = 0.5$。用本书提出的初值选取方法设置乘子与近似矩阵的初值 $\boldsymbol{\mu}^{(0)}$、$\boldsymbol{H}^{(0)}$。将式(2-34)中的乘子修正步长 β 取不同值并进行计算，收敛迭代次数如表 5-5 所示。与采用平启动的拟牛顿法相比，采用改进初值的算法的迭代次数明显减少。由于改进初值离最优解较近，因此采用改进初值的拟牛顿法需要更少的迭代次数。该结果说明了乘子和近似矩阵的初值对拟牛顿法的收敛性有一定的影响，而本书所提出的初值选取方法能够显著地改进拟牛顿法的收敛速度。同时可见，当步长 β_k 取值较大时，算法收敛性也较好，这个特点是基于平启动的拟牛顿法所不具备的。这是因为，由改进策略得到的初值离全局最优解比平启动初值更近，在此情况下较大的步长取值有利于加速收敛。因此，本书所提出的初值选取方法能够有效地改善拟牛顿法对于步长变化的鲁棒性，从而使拟牛顿法能够更好地适应不同规模的问题。

表 5-5　采用改进初值的拟牛顿法所需要的迭代次数和计算时间

β_k	指标	IEEE-24	IEEE-31	IEEE-118
0.95	迭代次数	82	7	11
	时间/s	0.176	0.014	0.020
0.66	迭代次数	60	9	13
	时间/s	0.138	0.015	0.023
0.33	迭代次数	68	17	23
	时间/s	0.142	0.026	0.040
0.10	迭代次数	108	60	61
	时间/s	0.214	0.096	0.094

2. 高效算法计算效率验证

本节采用不同规模的动态经济调度模型，将本章所提出的基于拟牛顿乘子修正的 Lagrange 松弛算法与若干主流商用优化求解器进行对比。进行对比的商用优化求解器包括 CPLEX、GUROBI 以及 MOSEK，均为目前公认的在求解二次规划方面性能最好的商用求解器。

测试系统包括前述仿真所用的三个 IEEE 节点系统以及我国四个实际的区域电网，系统规模信息如表 5-6 所示。

表 5-6 与商用求解器的性能对比所用的系统规模信息

系统	发电机台数	节点个数
24Bus	26	24
31Bus	16	31
118Bus	54	118
实际系统 1	133	264
实际系统 2	143	285
实际系统 3	388	2873
实际系统 4	1128	14186

在每个测试系统上计算四个不同场景下的动态经济调度问题，其中各个场景所考虑的调度时段个数不同。用于本测试的动态经济调度模型考虑了传输断面约束以及旋转备用约束。本测试采用本书所提出的含初值改进的拟牛顿法求解动态经济调度问题，其中初值的计算和子问题的求解采用 4 线程并行计算，主问题的建模和求解采用稀疏技术。同时，本测试采用 4 线程启动 CPLEX 12.5、GUROBI 5.5 和 MOSEK 6.0，用于求解动态经济调度问题。算例测试的程序代码通过 VC++ 9.0 实现，在 32 位 Windows 7 系统上运行。测试平台的硬件条件为 Intel Core i3 2.53 GHz 中央处理器以及 3GB 内存。

表 5-7 所示的是计算结果，其中第 3 列、第 4 列、第 5 列分别为不同商用优化求解器的计算时间，第 6 列为本章方法在并行计算下的计算时间，最后一列所示的是优化结果误差，此处以 CPLEX 的计算结果为标准按照以下公式计算误差：

$$\varepsilon = \frac{1}{N \cdot T} \sum_{t=1}^{T} \sum_{i \in I_G} \left| p_{i,t}^{(1)} - p_{i,t}^{(2)} \right| \tag{5-81}$$

式中，$\{p_{i,t}^{(1)}\}$ 为本章方法计算得到的最优计划；$\{p_{i,t}^{(2)}\}$ 为由 CPLEX 计算得到的最优计划。

表 5-7 本章方法与商用优化求解器的计算结果对比（标准测试系统）

系统	调度时段个数	计算时间/s				优化结果误差/MW
		CPLEX	GUROBI	MOSEK	本章方法	
24Bus	24	0.09	0.09	0.59	0.011	0.00264
	48	0.19	0.14	0.70	0.006	0.00575
	96	0.34	0.27	0.84	0.018	0.00198
	288	0.81	0.89	2.17	0.149	0.00142

续表

系统	调度时段个数	计算时间/s				优化结果误差/MW
		CPLEX	GUROBI	MOSEK	本章方法	
31Bus	24	0.19	0.09	0.72	0.009	0.00456
	48	0.19	0.09	0.84	0.005	0.00445
	96	0.33	0.16	0.94	0.028	0.00207
	288	1.08	0.63	0.98	0.236	0.00022
118Bus	24	0.17	0.09	0.72	0.003	0.00157
	48	0.41	0.16	0.78	0.004	0.00071
	96	0.81	0.66	1.08	0.008	0.00033
	288	2.73	2.43	3.73	0.061	0.00043
	48	0.81	1.03	0.56	0.055	0.00238
	96	2.23	2.35	1.83	0.119	0.00399
	288	5.91	9.51	8.66	1.061	0.00642

由于动态经济调度问题是一个严格凸问题，CPLEX 能够求解得到该模型的全局最优解。如表 5-8 所示，本章方法所得到的结果误差非常小，因此可以认为，由本章方法得到的发电计划是全局最优的。这同时验证了本章方法具有计算结果准确的特点。另外，在各个不同的测试场景下，本章所提出的方法的计算时间均显著地少于其他的商用优化求解器。对于大规模的实际系统(如实际系统 1 至实际系统 4)，本章方法相比于商用求解器的计算速度优势更为明显。例如，采用商用求解器求解实际系统 4 的动态经济调度问题所需时间为 1 分钟以上，难以满足在线应用的需求。相比之下，本章所提出的快速算法能够在秒级的时间内完成计算。并且，本章算法的计算时间受系统规模的影响少于商用求解器，这说明本章算法对问题规模的敏感度不大。另外，随着系统机组台数和调度时段个数的增加，本章算法相对于其他商用求解器的计算性能优势越发明显。综上，本章所提出的算法在计算效率方面的性能明显优于其他商用求解器，因此适用于大规模实际系统的动态经济调度问题。

表 5-8　本章方法与商用优化求解器的计算结果对比(实际系统)

系统	调度时段个数	计算时间/s				优化结果误差/MW
		CPLEX	GUROBI	MOSEK	本章方法	
实际系统 1	24	0.25	0.19	0.14	0.003	0.00050
	48	0.48	0.37	0.30	0.010	0.00061
	96	1.01	0.82	0.56	0.039	0.00362
	288	2.00	2.79	2.46	0.215	0.00039

续表

系统	调度时段个数	计算时间/s				优化结果误差/MW
		CPLEX	GUROBI	MOSEK	本章方法	
实际系统 2	24	0.53	0.44	0.17	0.004	0.00462
	48	0.81	1.03	0.56	0.055	0.00238
	96	2.23	2.35	1.83	0.119	0.00399
	288	5.91	9.51	8.66	1.061	0.00642
实际系统 3	24	2.06	1.52	1.45	0.029	0.00044
	48	15.41	3.01	2.73	0.065	0.00049
	96	13.49	7.18	5.69	0.147	0.00021
	288	90.59	30.23	19.44	0.709	0.00034
实际系统 4	24	9.41	7.35	5.27	0.294	0.00010
	48	88.80	36.23	10.72	0.699	0.00010
	96	109.78	214.31	24.48	1.603	0.00008
	288	246.33	403.76	92.93	5.924	0.00011

3. 高效算法结果合理性验证

为了说明动态经济调度高效算法在处理断面潮流约束和旋转备用约束方面的有效性和优化结果的合理性，给实际系统 2 的断面潮流和旋转备用容量设置更紧的约束并重新计算。实际系统 2 中有一个需要监视的传输断面，将其潮流限值定为 330MW；将系统运行的向上旋转备用率设为 30%，向下旋转备用率设为 27%，尽管在系统运行的过程中并不需要如此大的旋转备用率。将考虑上述约束的计算结果称为校正后结果，而不考虑断面潮流约束与旋转备用约束的计算结果称为校正前结果。

计算结果如图 5-4～图 5-6 所示。在这三个图中，虚线表示安全约束水平线，横轴代表时间段，图 5-4 的纵轴表示传输断面潮流，图 5-5 和图 5-6 的纵轴分别

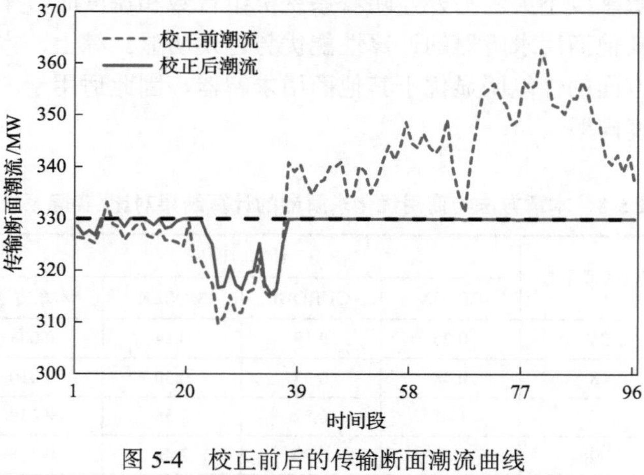

图 5-4　校正前后的传输断面潮流曲线

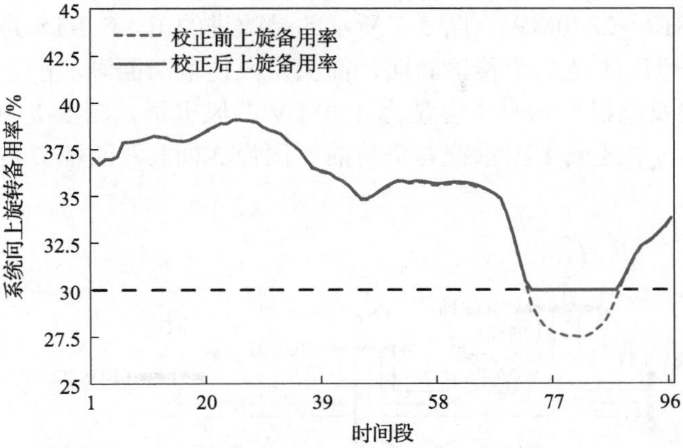

图 5-5　校正前后的系统向上旋转备用率

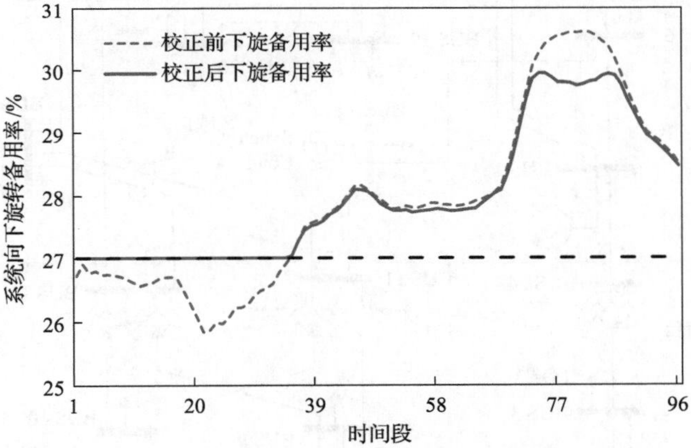

图 5-6　校正前后的系统向下旋转备用率

表示系统向上旋转备用率和系统向下旋转备用率。在校正前的发电计划运行方式下，断面潮流在系统负荷水平较高的时段超过了 330MW，系统的向上旋转备用率在峰荷附近低于 30%，向下旋转备用率在系统负荷水平较低的时段低于 27%。在考虑断面潮流约束和旋转备用约束后，传输断面曲线被控制在 330MW 以下，系统的旋转备用率维持在要求范围之上。可见，将断面潮流和旋转备用纳入约束条件后的发电计划能够满足系统安全运行的要求，说明了本章算法可以有效处理这两类约束，因此由本章算法求解得到的发电计划具有可靠性。

5.6.2　不可行传输断面约束辨识算法性能测试

1. 不可行传输断面约束辨识结果合理性验证

在改进的 IEEE RTS 测试系统[14]上进行仿真测试，其中系统负荷在调度时段内的变化为 1818～2840MW。图 5-7 所示的是改进的 IEEE RTS 系统的单线图，其中用类椭圆标识的是 7 个传输断面，箭头定义传输断面潮流的正方向。连接在 21 号母线上的发电机表示一个容量为 400MW 的风电场。图 5-7 中的虚线包围的是两个区域，其中区域 1 占系统总负荷的比例为 32.8%，区域 2 占系统总负荷的比例为 29.1%。

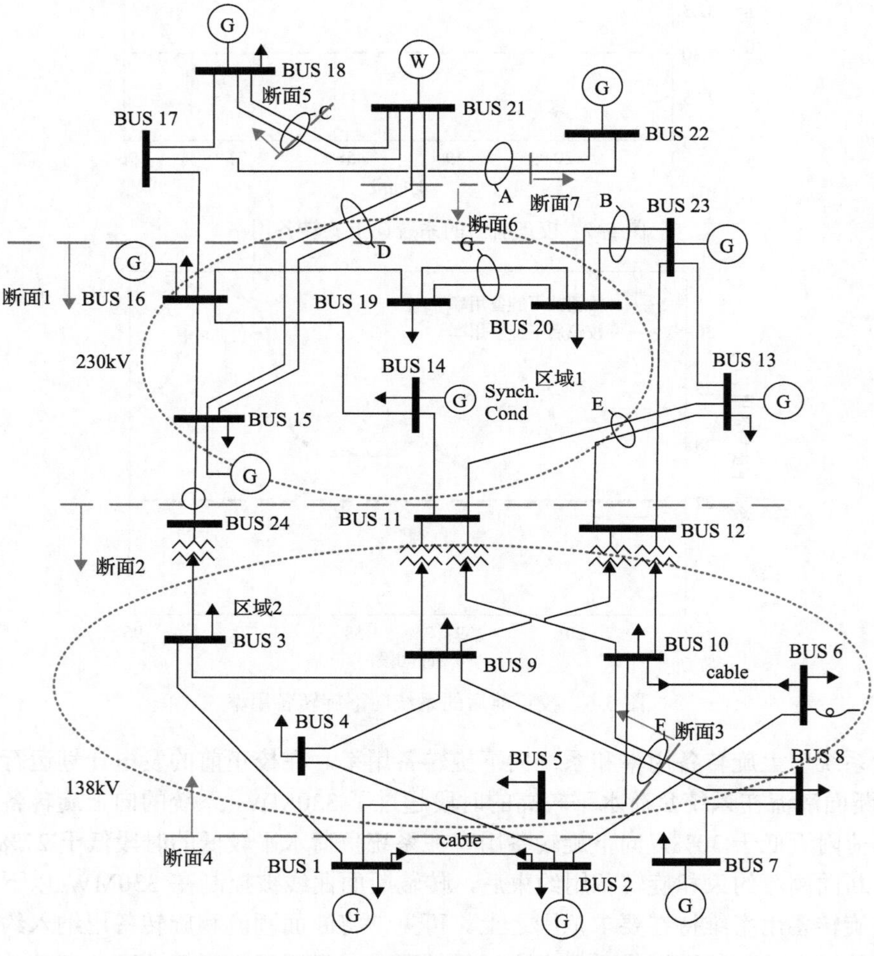

图 5-7　改进的 IEEE RTS 系统的单线图

考虑以下四种导致传输断面约束不可行的场景。

情景一：注入区域 2 的功率非正。区域 2 中不含任何发电单元，因此是一个纯负荷区域。为了满足负荷需求，该区域必须从断面 2、断面 3 和断面 4 获得注入功率。如果将这三个断面的潮流限值设为 $(-\infty,0]$，那么必然会导致原始问题的不可行。

情景二：从断面 2 送出的功率非正。

可以验证，断面 2 以下的区域(138kV 区域)的发电能力不足以平衡该区域的负荷，所以从断面 2 下送的功率必须为正。将断面 2 的潮流限值设为 $(-\infty,0]$，那么会导致原始问题不可行。

情景三：从断面 1 送出的功率非正。

断面 1 以上的区域为一个发电区域，如果将断面 1 的潮流限值设为 $(-\infty,0]$，那么将该发电区域功率的送出，可能会导致原始问题不可行。

情景四：风电场送出断面的功率限值。

断面 5、6、7 均为风电场的送出通道，共同组成一个割集断面。将这三个断面的潮流限值分别设为 $[-200,200]$MW、$[-100,100]$MW、$[-100,100]$MW。显然，由于风电场的容量 400MW，从功率限值来看，由断面 5、6、7 组成的割集断面能够满足风电场功率送出的需求。实际上，这种潮流限值设定方案仍然会导致原始问题的不可行，从而限制风电场功率的送出。

结合情景一说明本章方法进行不可行传输断面约束辨识的过程。用本章方法求解情景一对应的问题，最终辨识出两个不可行的断面约束，据此可以将求解迭代过程划分为三个阶段，分别对应图 5-8 中的阶段 A、B、C。图 5-8 所示的是迭代过程中对偶函数值的变化曲线，为了方便描述，纵轴表示的是归一化的对偶函数值，归一化的基值为原始目标函数值的上界 $\overline{C}$，在图 5-8 中用虚线表示；横轴表示的是累计的迭代次数。

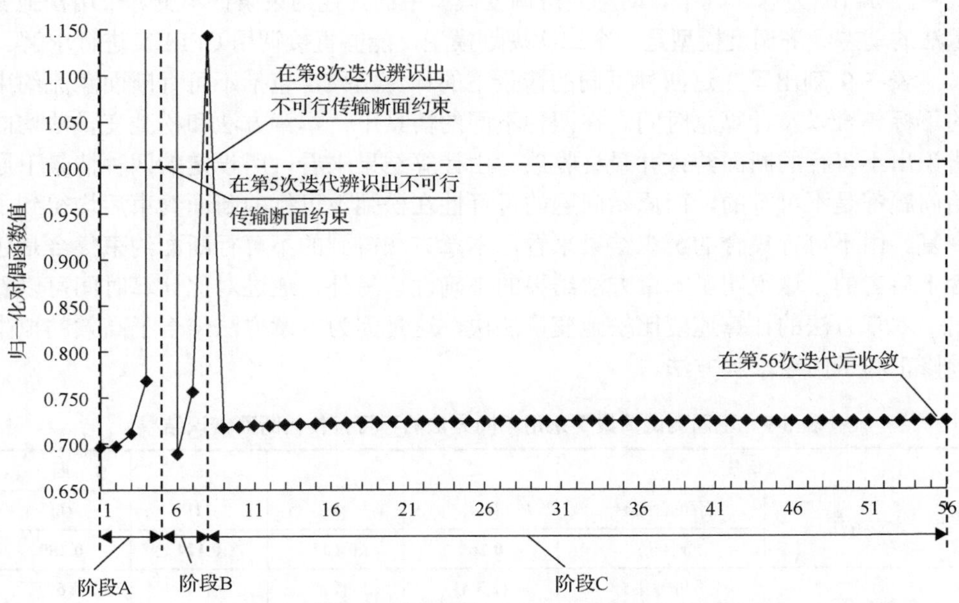

图 5-8　在阶段 A、B、C 中的归一化对偶函数值变化

在图 5-8 所示的阶段 A 中，对偶目标函数值单调上升，并在第 5 次迭代中超过了原始目标函数值上界 $\overline{C}$（第 5 次迭代的对偶函数值比 $\overline{C}$ 大几个数量级，超出了图 5-8 的刻度范围）。这说明原始问题是不可行的，于是触发了不可行断面约束的辨识环节。然后，通过本章提出的不可行约束辨识方法找到了第一个约束不可行的断面，即断面 4。在对断面 4 的潮流约束进行松弛-惩罚处理后，重新初始化乘子并开始阶段 B 的迭代计算。由图 5-8 可以看出，阶段 B 中对偶函数值变化情况与阶段 A 类似，本章算法在第 8 次迭代辨识出了断面 2 的约束是不可行的，并进行了处理。阶段 C 从第 9 次迭代开始，由图 5-8 所示可以看出，在对不可行约束进行辨识和处理后，对偶目标函数值平稳地收敛到最优值，算法经过 56 次迭代后终止。

为了验证不可行传输断面约束辨识结果的正确性，将本章方法与松弛变量法对比。松弛变量法指的是在各个传输断面约束中引入非负松弛变量 $\underline{s}_{k,t}$ 和 $\overline{s}_{k,t}$：

$$\underline{L}_{k,t} - \underline{s}_{k,t} \leqslant \sum_{i \in I_G} G_{k,i} \cdot p_{i,t} \leqslant \overline{L}_{k,t} + \overline{s}_{k,t}, \underline{s}_{k,t} \geqslant 0, \overline{s}_{k,t} \geqslant 0 \tag{5-82}$$

式中，$\underline{s}_{k,t}$ 和 $\overline{s}_{k,t}$ 分别为第 k 个传输断面在第 t 个调度时段对应的潮流下限和潮流上限约束的松弛变量。同时，在目标函数中引入针对松弛变量的惩罚项：

$$\min_{\boldsymbol{p},\boldsymbol{s}} C(\boldsymbol{p}) + \sum_{t=1}^{T} \sum_{k \in I_K} M \cdot (\underline{s}_{k,t} + \overline{s}_{k,t}) \tag{5-83}$$

式中，M=10^8 为惩罚因子。动态经济调度模型中的其他约束条件不变。采用松弛变量法的动态经济调度模型是一个二次规划模型，能够直接调用 CPLEX 进行求解。

表 5-9 列出了在这四种不同的情景下的计算结果，包括不可行断面潮流约束的下标集合以及计算总时间。在四种不同的情景下，本章方法和松弛变量法均能辨识出不可行的断面约束并最终收敛。由计算结果来看，所设定的四种情景下原始问题都是不可行的，而原始问题的可行性在松弛不可行的断面约束后均得到了恢复。由不可行集合的辨识结果来看，本章方法得到的不可行断面约束集合是包含于后者的，这说明了本章方法结果的正确性。另外，通过对比计算时间可以看出，本章方法的计算速度比松弛变量法快，这是因为本章方法结合了高效的拟牛顿修正和子问题求解方法。

表 5-9　不同测试情景下采用不同方法的不可行传输断面辨识结果

测试情景		一	二	三	四
本章方法	不可行集合	**{2,4}**	**{2}**	**{1}**	**{6}**
	时间/s	**0.269**	**0.107**	**0.124**	**0.289**
松弛变量法	不可行集合	{2,3,4}	{2}	{1}	{6}
	时间/s	0.33	0.34	0.39	0.38

由电网的拓扑结构不难看出，断面 2、3、4 是一组非独立的传输断面集合。在情景一中，这组断面集合的潮流限值设置不合理，导致了原始问题的不可行。为了恢复原始问题的可行性，必须松弛至少一个断面的潮流约束。表 5-9 的结果显示，本章方法松弛了其中两个断面的约束，而松弛变量法松弛了三个。这是因为，松弛变量法的辨识判据依赖于惩罚系数 M 的选取。从经济学的角度来看，惩罚系数 M 等于违反断面约束的边际成本。在求解松弛变量模型的过程中，当松弛约束的边际成本(增大松弛变量 $\underline{s}_{k,t},\overline{s}_{k,t}$ 的边际成本)小于为了满足断面约束而调节机组出力的边际成本时，为了最小化目标函数，求解算法便会选择松弛约束，即使该约束实际上是可行的。因此，松弛变量法的不可行约束辨识结果是偏于激进的。本章方法的辨识判据是基于对偶原理的可行性必要条件，该判据不依赖于参数的选取，其辨识结果往往偏于保守。与松弛变量法相比，本章方法能够找出足以恢复原始问题可行性的不可行断面约束的最小集合，从而使得尽量多的断面约束得到满足。

2. 不可行传输断面约束辨识算法可靠性验证

为了进一步地验证本章方法辨识不可行断面约束的效果，在 IEEE 31-Bus 系统[15,16]上针对大量不同的断面约束情景进行测试。在本算例中，将系统中的每条支路设置为一个传输断面，共有 41 个断面。在每一个断面约束情景中，各个传输断面的潮流限值设为 $[-200,200]$ MW 内的随机数。根据这个方法生成 100000 组不同的断面约束情景，并分别用本章方法和松弛变量法进行计算。

对于每一个断面约束情景，记由本章方法得到的不可行断面集合为 $I_{\mathrm{ELR}}^{\mathrm{infeas}}$，由松弛变量法得到的不可行断面集合为 $I_{\mathrm{RV}}^{\mathrm{infeas}}$。定义本章方法辨识的冗余 $r_{\mathrm{ELR}}=0$ 和松弛变量法辨识的误判率 $r_{\mathrm{RV}}=0$ 分别为

$$
\begin{aligned}
r_{\mathrm{ELR}}&=\frac{\operatorname{card}(I_{\mathrm{ELR}}^{\mathrm{infeas}}/I_{\mathrm{RV}}^{\mathrm{infeas}})}{\operatorname{card}(I_{\mathrm{ELR}}^{\mathrm{infeas}})}\times 100\% \\
r_{\mathrm{RV}}&=\frac{\operatorname{card}(I_{\mathrm{RV}}^{\mathrm{infeas}}/I_{\mathrm{ELR}}^{\mathrm{infeas}})}{\operatorname{card}(I_{\mathrm{RV}}^{\mathrm{infeas}})}\times 100\%
\end{aligned}
\tag{5-84}
$$

特别地，当 $I_{\mathrm{ELR}}^{\mathrm{infeas}}=\varnothing$ 时，$r_{\mathrm{ELR}}=0$，此时若 $I_{\mathrm{RV}}^{\mathrm{infeas}}=\varnothing$，则取 $r_{\mathrm{RV}}=0$。当且仅当 $I_{\mathrm{ELR}}^{\mathrm{infeas}}/I_{\mathrm{RV}}^{\mathrm{infeas}}\neq\varnothing$ 时出现 $r_{\mathrm{ELR}}>0$，即本章方法的辨识结果中出现了多余的断面约束，认为出现了误判断。同理，当 $I_{\mathrm{RV}}^{\mathrm{infeas}}/I_{\mathrm{ELR}}^{\mathrm{infeas}}\neq\varnothing$ 时 $r_{\mathrm{RV}}>0$，即松弛变量法出现了误判断。

对 $N = 100000$ 组断面约束情景计算得到的平均误判率分别为 $r_{\text{ELR}} = 0.08\%$ 以及 $r_{\text{RV}} = 32.91\%$，并且 $r_{\text{ELR}} \leqslant r_{\text{RV}}$ 的比例为 99.99%。需要说明的是，当情景中同时存在多个非独立的不可行断面约束时，通过松弛其中的部分约束即可恢复原始问题的可行性，而松弛处理的断面组合往往有多种。在这种情况下，$I_{\text{ELR}}^{\text{infeas}}$ 和 $I_{\text{RV}}^{\text{infeas}}$ 就可能是不重叠的，即 $I_{\text{ELR}}^{\text{infeas}} / I_{\text{RV}}^{\text{infeas}} \neq \varnothing$ 且 $I_{\text{RV}}^{\text{infeas}} / I_{\text{ELR}}^{\text{infeas}} \neq \varnothing$，此时两种方法都出现了误判。实际上，在现实的经济调度问题中不可行断面约束的数量是很少的，而由非独立断面导致不可行的情况则更少，所以两种方法都出现误判的情况在实际的应用中是很难出现的。尽管如此，由本章方法的平均误判率远远低于松弛变量法，并且在绝大部分情况下前者的误判率低于后者，可见本章方法的不可行辨识判别的准确率更优于松弛变量法。另外，由两种方法得到的冗余率的方差分别为 $\sigma_{\text{ELR}} = 2.33\%$ 和 $\sigma_{\text{RV}} = 42.84\%$，可见本章方法辨识不可行传输断面约束的性能稳定性也优于松弛变量法。

3. 扩展 Lagrange 松弛对偶算法效率测试

为了说明扩展 Lagrange 松弛对偶方法在处理实际规模问题时的性能，在三个大型电力系统上设置不同的传输断面约束情景，并用含不可行传输断面约束辨识的扩展 Lagrange 松弛算法求解对应的动态经济调度问题。测试系统的规模信息如表 5-10 所示。

表 5-10　大型电力系统规模信息

测试系统	机组数量	母线数量	断面数量
118 Bus	54	118	30
162 Bus	17	162	50
300 Bus	69	300	100

在不考虑断面约束的情况下求解动态经济调度问题，并将得到的各个断面潮流值作为对应断面潮流限值基准值，记为 $L_{k,t}^{\text{BASE}}$。然后，在基准值 $L_{k,t}^{\text{BASE}}$ 的基础上设置各个断面的潮流限值为 $\overline{L}_{k,t} = -\underline{L}_{k,t} = \alpha \cdot L_{k,t}^{\text{BASE}}$，其中 α 为一个常数。逐次减少 α 的取值，并分别用含不可行断面约束辨识的扩展 Lagrange 松弛对偶算法以及无不可行断面约束辨识环节的 Lagrange 松弛对偶算法求解对应的问题，结果如表 5-11 所示，表 5-11 中列出了计算总时间以及被辨识为不可行的断面约束个数。

随着系数 α 的减少，断面约束的苛刻程度逐渐加强，以致最后出现了不可行的断面约束。当断面约束可行时，含辨识环节的算法(即本章算法)与不含辨识环

表 5-11　大型电力系统的算例测试结果

α	118 Bus			162 Bus			300 Bus		
	不可行断面数	计算时间/s		不可行断面数	计算时间/s		不可行断面数	计算时间/s	
		无辨识	有辨识		无辨识	有辨识		无辨识	有辨识
1.00	0	0.058	0.06	0	0.186	0.190	0	0.202	0.202
0.95	0	0.055	0.068	1	∞	0.202	0	0.203	0.209
0.90	0	0.077	0.078	1	∞	0.216	0	0.203	0.211
0.85	0	0.082	0.087	1	∞	0.267	0	0.233	0.253
0.80	1	∞	0.111	1	∞	0.372	0	0.270	0.273
0.75	1	∞	0.130	2	∞	0.795	0	0.279	0.288
0.70	3	∞	0.217	3	∞	0.756	0	0.305	0.317
0.65	3	∞	0.253	3	∞	0.851	1	∞	1.215
0.60	3	∞	0.264	4	∞	1.018	4	∞	2.622
0.55	3	∞	0.325	5	∞	1.584	7	∞	3.030
0.50	4	∞	0.448	5	∞	1.664	11	∞	9.392
0.45	5	∞	0.463	5	∞	1.980	12	∞	10.101
0.40	6	∞	0.592	6	∞	2.105	19	∞	10.085
0.35	8	∞	0.756	6	∞	2.202	23	∞	22.201
0.30	8	∞	0.786	8	∞	4.367	24	∞	22.482
0.25	14	∞	0.939	11	∞	5.462	39	∞	49.365
0.20	16	∞	1.387	11	∞	7.922	42	∞	51.078
0.15	17	∞	1.497	13	∞	8.048	43	∞	55.332
0.10	21	∞	2.237	23	∞	11.206	65	∞	60.043
0.05	26	∞	2.339	28	∞	14.025	76	∞	78.216

注：∞ 表示迭代不收敛。

节的算法的计算时间几乎相同。可见当问题中不存在不可行约束时，不可行辨识环节并不会增加额外的计算负担。当出现不可行的断面约束时，不含辨识环节的算法迭代不收敛，而本章算法则能够辨识出不可行的断面约束并最终收敛。在这种情况下，虽然需要进行额外的计算来辨识不可行断面约束，但是消耗的时间是很小的，总体计算速度仍然很快。所以，将本章提出的不可行断面约束辨识环节引入传统的 Lagrange 松弛对偶算法中，能够在不牺牲计算效率的前提下提高算法的鲁棒性，使之能够有效地处理不可行断面约束的情况。

另外由表 5-11 可以看出，随着系统中不可行断面约束的增加，本章算法的计算时间有增加的趋势。这是因为，该算法对不可行断面的处理是序贯式进行的(即松弛一个不可行约束后继续求解对偶问题，只有在仍然出现不可行的情况下才松弛下一个不可行约束)，所以不可行断面约束越多，算法消耗的总时间越多。这是使得辨识结果偏于保守的原因，也是代价。在动态经济调度中，运行人员实时监视的传输断面数量并不会很多，考虑到系统稳态运行的连续性，同时出现多个断面不可行的情况也是非常罕见的。因此，本章算法还是能够有效地处理实际系统的动态经济调度问题的，适用于实际应用场合。

参 考 文 献

[1] 周劼英，张伯明，尚金成，等. 河南电网实时调度系统若干功能与算法[J]. 电力系统自动化，2006，30(2)：99-104.

[2] 李予州，张伯明，吴文传，等. 在线有功调度协调控制系统的研究与开发[J]. 电力自动化设备，2008，28(5)：12-16.

[3] 张伯明，吴文传，郑太一，等. 消纳大规模风电的多时间尺度协调的有功调度系统设计[J]. 电力系统自动化，2011, 1: 1-6.

[4] 沈伟，吴文传，张伯明，等. 消纳大规模风电的在线滚动调度策略与模型[J]. 电力系统自动化，2011，22：136-140.

[5] 国家能源局. 风电场功率预测预报管理暂行办法[M]. 北京：国家能源局, 2011.

[6] Frangioni A, Gentile C. Solving nonlinear single-unit commitment problems with ramping constraints[J]. Operations Research, 2006, 54(4): 767-775.

[7] Bertsekas D. Nonlinear Programming[M]. Nashua: Athena Scientific, 1999.

[8] Guan X, Guo S, Zhai Q. The conditions for obtaining feasible solutions to security-constrained unit commitment problems[J]. IEEE Transactions on Power Systems, 2005, 20(4): 1746-1756.

[9] Gu Y, Xie L. Early detection and optimal corrective measures of power system insecurity in enhanced look-ahead dispatch[J]. IEEE Transactions on Power Systems, 2013, 28(2): 1297-1307.

[10] Subcommittee P M. IEEE reliability test system[J]. IEEE Transactions on Power Apparatus and Systems, 1979, PAS-98(6): 2047-2054.

[11] Shaw J J. A direct method for security-constrained unit commitment[J]. IEEE Transactions on Power Systems, 1995, 10(3): 1329-1342.

[12] Anon. IEEE-118 system unit data[EB/OL]. [2004-04-29]. http://motor.ece.iit.edu/data/IEEE-118%20system%20unit%20data.pdf.

[13] Ongsakul W, Petcharaks N. Unit commitment by enhanced adaptive Lagrangian relaxation[J]. IEEE Transactions on Power Systems, 2004, 19(1): 620-628.

[14] Grigg C, Wong P, Albrecht P, et al. The IEEE reliability test system-1996. A report prepared by the reliability test system task force of the application of probability methods subcommittee[J]. IEEE Transactions on Power Systems, 1999, 14(3): 1010-1020.

[15] Li Z, Wu W, Zhang B, et al. Dynamic economic dispatch using lagrangian relaxation with multiplier updates based on a quasi-Newton method[J]. IEEE Transaction on Power Systems, 2013, 28(4): 4516-4527.

[16] Li Z, Wu W, Zhang B, et al. Efficient location of unsatisfiable transmission constraints in look-ahead dispatch via an enhanced Lagrangian relaxation framework[J]. IEEE Transaction on Power Systems, 2015, 30(3): 1233-1242.

第 6 章　多区域协调的有功调度

6.1　概　　述

6.1.1　多区域电网协调调度的必要性

我国的千万千瓦级大型风电场在地理上分布于我国的不同区域，其可用风能存在空间平滑效应[1]。图 6-1 所示的是 2013 年 4 月 19 日东北电网各区域的风电出力统计，可以看出四个区域之间的风电出力变化并非同步，有一定的空间平滑效应。通过利用风能的空间平滑效应，可以降低电力系统为适应风电波动所预留的旋转备用和调峰容量。另外，我国的千万千瓦级大型风电场主要位于北方地区，与东南沿海地区的负荷中心呈逆向分布。为了充分地利用风能的空间平滑效应以及挖掘跨区风电消纳市场，需要对多区域电网进行协调调度。

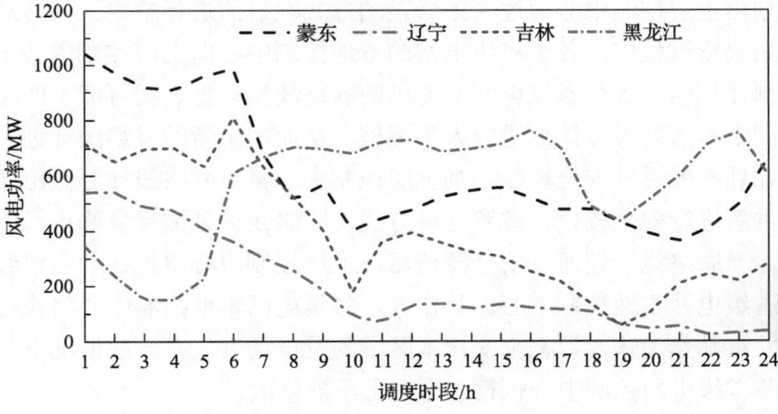

图 6-1　东北电网各区域风电出力统计(2013 年 4 月 19 日)(彩图请扫二维码)

6.1.2　定联络线计划调度方法的局限性

当前我国的互联电网采用分级分区控制架构，如图 6-2 所示。我国的互联大电网由若干个区域电网组成，每个区域电网由多个省级电网组成。其中，每个省级电网控制中心负责监视与控制本地电网，各个省级电网控制中心由区域电网上层控制中心协调。上层控制中心主要负责省级电网之间联络线潮流的监视、决策与控制。

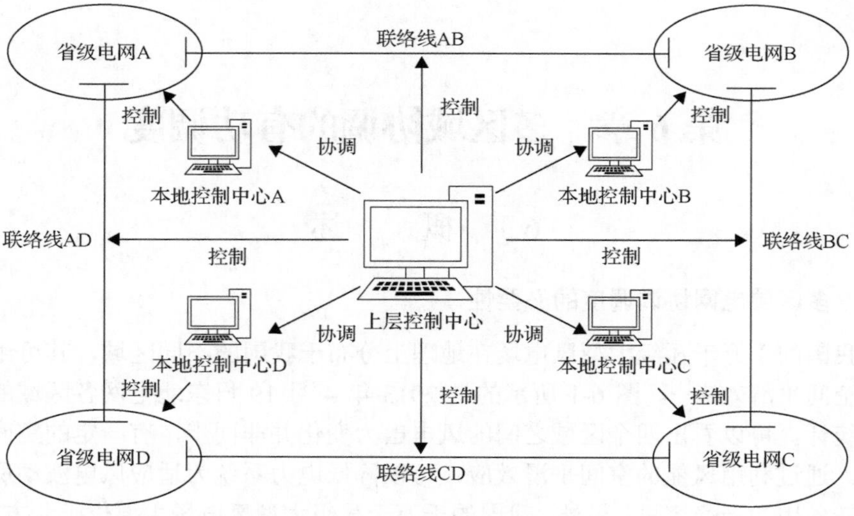

图 6-2　互联电网分级分区控制架构

目前我国的互联电网调度运行采用定联络线计划调度方法。在该方法下，联络线潮流计划由上层控制中心通过人工修正的方式在日前进行整定。在传统的联络线日前计划决策过程中，各个省级电网的本地控制中心向上层控制中心上报联络线潮流的预计划值。各个省级电网所提供的联络线预计划之间可能不匹配，因此，上层控制中心需要对预计划进行人工调整，从而产生新的联络线计划。如果新的联络线计划不能通过安全校核，则上层控制中心将对联络线计划做出调整，并对新计划重新进行安全校核。按照这种方式，联络线计划被反复修正，直到通过安全校核。当联络线计划通过安全校核后，上层控制中心将最终的联络线计划发送至各个省级电网本地控制中心。第二天，省级电网本地控制中心将执行该联络线计划，并将其作为输入数据来安排本区域的发电调度。在一般情况下，联络线计划应由各省级电网控制中心执行，原则上不被修改。

随着大规模风电的接入，多区域电网的定联络线计划调度方法面临着新的挑战。首先，该方法要求省级电网在日内调度中严格执行日前整定的联络线潮流计划，这限制了区域之间进行灵活的功率交换。因此，该调度方法不仅限制了区域旋转备用和调峰容量共享，而且割裂了潜力巨大的跨区风电消纳市场。由于日前风电预测精度不高，日前整定的联络线计划结果难以适应日内风电的快速波动。另外，传统联络线计划决策方式没有考虑风电的不确定性，这可能导致联络线计划不合理，使得联络线功率受端区域电网因向下旋转备用不足产生不必要的弃风。

6.2　多区域同步调度

6.2.1　同步协调调度模式

同步协调调度模式指在每个调度时段均对各个区域电网运行进行协调的调度模式。图 6-3 所示的是同步协调调度模式的时序示意图，其中上方的时间轴为区域 1 的调度时间轴，下方的时间轴为区域 2 的调度时间轴。图 6-3 中，阴影方块表示的是对两个区域进行协调的时刻，阴影圆圈表示的是各个区域进行发电调度决策的时刻；ΔT_1 表示区域 1 的调度时段间隔，ΔT_2 表示区域 2 的调度时段间隔，$\Delta\tau$ 表示的是对各个区域电网进行协调的调度时段间隔。

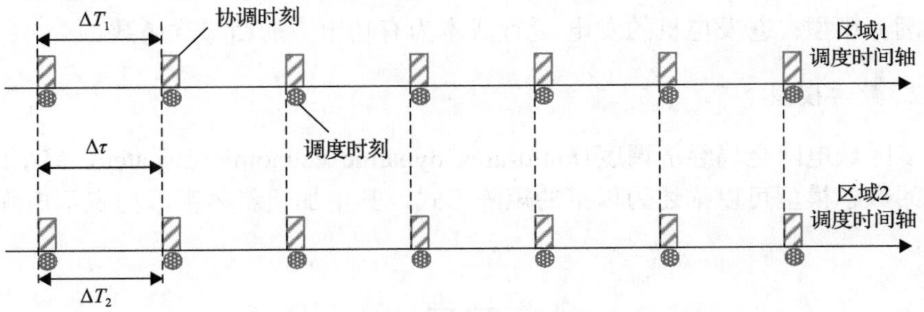

图 6-3　同步协调调度模式的时序示意图

同步协调调度模式的特点有两个。首先，各个区域电网的发电调度决策需要与多区域协调同时进行。如图 6-3 所示，协调时刻与所有区域的调度时刻是重合的，即阴影方块需要与各个区域的阴影圆圈对齐。其次，各个区域的调度时段间隔均等于协调调度时段间隔，即有 $\Delta\tau = \Delta T_1 = \Delta T_2$。在同步协调模式下，各个区域的控制中心在每个调度时刻均需要与其他区域的控制中心进行通信，而每个调度时段的各个区域发电调度决策结果之间相互影响。

在同步协调调度模式中，各个区域的发电调度决策与多区域的协调同时进行，每个调度时段的发电调度决策实际上利用了多区域电网的最新预测信息，因此得到的发电调度计划能够较好地适应该调度时段的互联电网运行态势，使得互联电网整体的运行目标(如运行成本、发电成本)达到最优或者近似最优的状态。另外，在该模式下，各个区域的控制中心之间进行频繁的数据交换，这要求通信系统需要具备较高的可靠性和实时性。另外，各个区域的发电调度决策是相互耦合的，这增强了各区域电网控制中心的相对依赖性。

在同步协调模式下，多区域电网全局经济调度为实现多区域电网协调调度的一种方法，即直接建立多区域电网的完整经济调度模型并求解，从而得到各个区域的最优调度计划。全局经济调度问题的集中式求解需要对多区域电网模型进行统一存储和管理，并且计算量大，因此在工程实际中难以实现。为了保证数据私密性，充分地利用各区域电网控制中心的计算资源，需要采用分布式决策方法来求解多区域电网的全局经济调度问题。针对此问题，6.2.2 节将研究基于改进广义 Benders 分解的多区域电网全局经济调度模型及方法。

6.2.2　多区域电网全局经济调度

1. 模型假设

本节对所研究的问题做出以下假设：①不考虑母线功率注入的不确定性，所研究的问题为确定性问题；②经济调度问题不考虑无功电压以及网络损耗，采用直流潮流模型；③发电机的发电/运行成本为有功出力的凸二次函数。

2. 数学模型

多区域电网全局经济调度(multi-area dynamic economic dispatch，MA-DED)方法的数学模型可以描述为以下的矩阵形式，其中加粗斜体字母均表示矩阵或者向量：

$$\min_{\substack{\boldsymbol{p}_{a,t},\boldsymbol{r}_{a,t}^{+},\boldsymbol{r}_{a,t}^{-},\\ \tilde{\boldsymbol{p}}_{a,t}^{\text{int}},\tilde{\boldsymbol{p}}_{a,t}^{\text{ext}},\boldsymbol{l}_t}} \sum_{a\in\mathcal{A}}\sum_{t=1}^{T} C_{a,t}(\boldsymbol{p}_{a,t}) \tag{6-1}$$

s.t.

$$\mathbf{1}^{\text{T}}\boldsymbol{p}_{a,t} = \mathbf{1}^{\text{T}}\boldsymbol{d}_{a,t} - \mathbf{1}^{\text{T}}\tilde{\boldsymbol{p}}_{a,t}^{\text{ex}} \tag{6-2}$$

$$\boldsymbol{r}_{a,t}^{+} \leqslant \overline{\boldsymbol{P}}_{a,t} - \boldsymbol{p}_{a,t},\ \mathbf{0} \leqslant \boldsymbol{r}_{a,t}^{+} \leqslant \mathbf{RU}_{a,t},\ \mathbf{1}^{\text{T}}\boldsymbol{r}_{a,t}^{+} \geqslant R_{a,t}^{+} \tag{6-3}$$

$$\boldsymbol{r}_{a,t}^{-} \leqslant \boldsymbol{p}_{a,t} - \underline{\boldsymbol{P}}_{a,t},\ \mathbf{0} \leqslant \boldsymbol{r}_{a,t}^{-} \leqslant \mathbf{RD}_{a,t},\ \mathbf{1}^{\text{T}}\boldsymbol{r}_{a,t}^{-} \geqslant R_{a,t}^{-} \tag{6-4}$$

$$\underline{\boldsymbol{F}}_{a,t} \leqslant \boldsymbol{G}_a(\boldsymbol{p}_{a,t} - \boldsymbol{d}_{a,t}) + \boldsymbol{H}_a\tilde{\boldsymbol{p}}_{a,t}^{\text{ex}} \leqslant \overline{\boldsymbol{F}}_{a,t} \tag{6-5}$$

$$-\mathbf{RD}_{a,t} \leqslant \boldsymbol{p}_{a,t} - \boldsymbol{p}_{a,t-1} \leqslant \mathbf{RU}_{a,t} \tag{6-6}$$

$$\underline{\boldsymbol{P}}_{a,t} \leqslant \boldsymbol{p}_{a,t} \leqslant \overline{\boldsymbol{P}}_{a,t} \tag{6-7}$$

$$\tilde{\boldsymbol{p}}_{a,t}^{\text{int}} = \boldsymbol{K}_a \cdot (\boldsymbol{p}_{a,t} - \boldsymbol{d}_{a,t}) \tag{6-8}$$

$$\boldsymbol{l}_t = \sum_{a\in\mathcal{A}} \boldsymbol{M}_a \cdot \tilde{\boldsymbol{p}}_{a,t}^{\text{int}} \tag{6-9}$$

$$\underline{\boldsymbol{L}}_t \leqslant \boldsymbol{l}_t \leqslant \overline{\boldsymbol{L}}_t \tag{6-10}$$

$$\tilde{\boldsymbol{p}}_{a,t}^{\text{ext}} = \sum_{b \in \mathcal{A}/\{a\}} \boldsymbol{S}_{a,b} \tilde{\boldsymbol{p}}_{b,t}^{\text{int}} \tag{6-11}$$

式中，下标的取值范围为 $\forall a \in \mathcal{A}, t \in \{1,2,\cdots,T\}$。其中 $\mathcal{A}$ 为区域下标集合；T 为调度时段个数。

决策变量为各个区域 a 在第 t 个调度时段的机组有功出力 $\boldsymbol{p}_{a,t}$、机组向上旋转备用容量 $\boldsymbol{r}_{a,t}^{+}$、机组向下旋转备用容量 $\boldsymbol{r}_{a,t}^{-}$、区域内部的边界等值注入 $\tilde{\boldsymbol{p}}_{a,t}^{\text{int}}$、区域外部的边界等值注入 $\tilde{\boldsymbol{p}}_{a,t}^{\text{ext}}$ 以及联络线功率 $\boldsymbol{l}_t$。

式(6-1)所示的目标函数为各个区域的发电成本总和。其中，$C_{a,t}(\cdot)$ 为第 a 个区域在第 t 个调度时段的发电成本，一般可以表示为本区域机组有功出力的二次函数：

$$C_{a,t}(\boldsymbol{p}_{a,t}) = \frac{1}{2}\boldsymbol{p}_{a,t}^{\text{T}} \cdot \boldsymbol{A}_a \cdot \boldsymbol{p}_{a,t} + \boldsymbol{b}_a^{\text{T}} \cdot \boldsymbol{p}_{a,t} + \boldsymbol{c}_a \tag{6-12}$$

式中，$\boldsymbol{A}_a$ 为对角矩阵，代表第 a 个区域的发电成本二次系数；$\boldsymbol{b}_a$ 和 $\boldsymbol{c}_a$ 分别为第 a 个区域的发电成本一次系数和常数项。

式(6-2)～式(6-8)表示的是各个区域的调度运行约束。式(6-2)中表示功率平衡约束，其中 $\boldsymbol{d}_{a,t}$ 表示第 a 个区域在第 t 个调度时段的节点负荷注入功率。式(6-3)和式(6-4)分别表示向上和向下旋转备用容量约束，其中 $\overline{\boldsymbol{P}}_{a,t}$、$\underline{\boldsymbol{P}}_{a,t}$ 分别表示区域 a 在调度时段 t 的机组出力上限和下限；$\mathbf{RU}_{a,t}$、$\mathbf{RD}_{a,t}$ 分别表示第 a 个区域在第 t 个调度时段的机组向上和向下爬坡速率；$R_{a,t}^{+}$、$R_{a,t}^{-}$ 分别表示区域 a 在调度时段 t 的旋转备用容量要求。式(6-5)表示网络安全约束，包括区域内部线路潮流约束以及区域内部线路的故障约束，其中 $\underline{\boldsymbol{F}}_{a,t}$、$\overline{\boldsymbol{F}}_{a,t}$ 表示第 a 个区域在第 t 个调度时段的线路容量下限和上限；$\boldsymbol{G}_a$ 表示第 a 个区域内部线路潮流对本区域机组出力的转移分布因子；$\boldsymbol{H}_a$ 表示第 a 个区域内部线路潮流对本区域外部等值注入的转移分布因子。式(6-6)表示机组爬坡速率约束。式(6-7)表示机组出力限制约束。式(6-8)描述了在直流潮流模型下，各个区域内部边界等值注入 $\tilde{\boldsymbol{p}}_{a,t}^{\text{int}}$ 与内部节点注入 $\boldsymbol{p}_{a,t} - \boldsymbol{d}_{a,t}$ 之间的线性关系，其中 $\boldsymbol{K}_a$ 为与区域内部网络拓扑和参数相关的系数矩阵。

图 6-4 所示的是基于直流潮流模型的区域网络等值模型。在图 6-5(a)所示原始网络模型的基础上，对区域子系统 a 的外部网络进行网络等值[2]，得到如图 6-5(b)所示的等值模型，其中 $\tilde{\boldsymbol{p}}_{a,t}^{\text{ext}}$ 表示外部网络被等值后转移至边界的等值注入。图 6-5(b)所示的等值模型可以用于计算式(3-5)中的系数矩阵 $\boldsymbol{G}_a$ 和 $\boldsymbol{H}_a$。如果将图 6-5(a)

中的区域子系统 a 的内部网络进行网络等值，并仅保留其边界节点，那么可以得到如图 6-5(c)所示的等值模型。在图 6-5(c)中，$\tilde{\boldsymbol{p}}_{a,t}^{\text{int}}$ 表示子区域 a 的内部网络被等值后转移至边界节点的等值注入。上层调度中心可以利用图 6-5(c)中的等值模型计算联络线潮流。式(6-8)中的系数矩阵 $\boldsymbol{K}_a$ 可以由各个区域子系统利用本区域内部的网络拓扑结构和参数计算通过节点电纳矩阵的高斯消去计算出来，详细的计算方法如下所示。

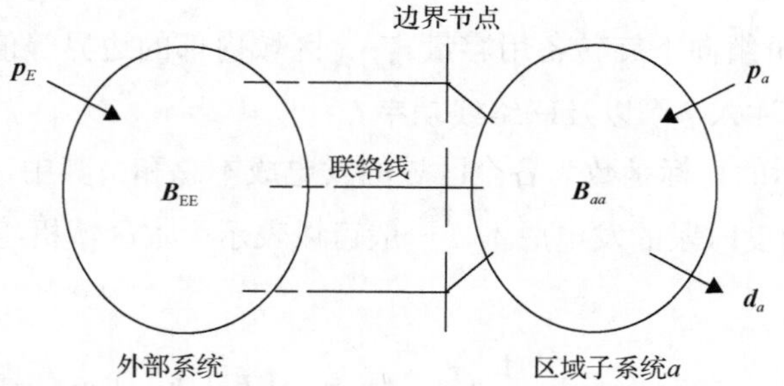

图 6-4　基于直流潮流模型的区域子系统网络等值示意图

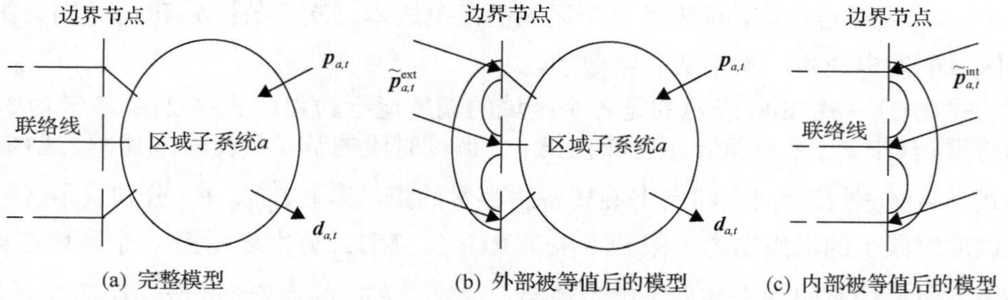

图 6-5　基于直流潮流模型的区域子系统网络等值示意图

考虑图 6-4 所示的互联电力系统模型。该模型可以划分为三个部分，分别为外部系统(相关变量由下标 E 表示)、区域子系统 a(相关变量由下标 a 表示)以及边界节点(相关变量由下标 B 表示)。用分块矩阵形式表示该系统的直流潮流模型如下：

$$\left[\begin{array}{cc|c}\boldsymbol{B}_{EE} & \boldsymbol{B}_{EB} & \boldsymbol{0}\\ \boldsymbol{B}_{BE} & \boldsymbol{B}_{BB} & \boldsymbol{B}_{Ba}\\ \hline \boldsymbol{0} & \boldsymbol{B}_{aB} & \boldsymbol{B}_{aa}\end{array}\right]\left[\begin{array}{c}\boldsymbol{\theta}_E\\ \boldsymbol{\theta}_B\\ \hline \boldsymbol{\theta}_a\end{array}\right]=\left[\begin{array}{c}\boldsymbol{p}_E\\ \boldsymbol{0}\\ \hline \boldsymbol{p}_a-\boldsymbol{d}_a\end{array}\right] \tag{6-13}$$

采用高斯消去法将式(6-13)中区域子系统 a 的内部节点相角 $\boldsymbol{\theta}_a$ 消去，仅保留外部系统的节点相角 $\boldsymbol{\theta}_E$ 以及边界节点相角 $\boldsymbol{\theta}_B$，可以得到以下的等值方程：

$$\begin{bmatrix} \boldsymbol{B}_{EE} & \boldsymbol{B}_{EB} \\ \boldsymbol{B}_{BE} & \tilde{\boldsymbol{B}}_{BB} \end{bmatrix} \begin{bmatrix} \boldsymbol{\theta}_E \\ \boldsymbol{\theta}_B \end{bmatrix} = \begin{bmatrix} \boldsymbol{p}_E \\ \tilde{\boldsymbol{p}}_a^{\text{int}} \end{bmatrix} \tag{6-14}$$

式中

$$\begin{cases} \tilde{\boldsymbol{B}}_{BB} = \boldsymbol{B}_{BB} - \boldsymbol{B}_{Ba}\boldsymbol{B}_{aa}^{-1}\boldsymbol{B}_{aB} \\ \tilde{\boldsymbol{p}}_a = -\boldsymbol{B}_{Ba}\boldsymbol{B}_{aa}^{-1}(\boldsymbol{p}_a - \boldsymbol{d}_a) \end{cases} \tag{6-15}$$

令 $\boldsymbol{K}_a = -\boldsymbol{B}_{Ba}\boldsymbol{B}_{aa}^{-1}$，则可以得到式(6-8)的结果。从式(6-15)可以看出，系数矩阵 $\boldsymbol{K}_a$ 的取值只跟区域子系统 a 的内部拓扑和参数有关。

式(6-9)～式(6-11)表示的是跨区域的功率约束。式(6-9)表示联络线潮流 $\boldsymbol{l}_t$ 与各个区域的内部边界等值注入 $\tilde{\boldsymbol{p}}_{a,t}^{\text{int}}$ 之间存在线性等式关系，这个关系是直流潮流模型的直接结果。图 6-5(a)所示的是一个多区域样例系统原始模型。图 6-5(b)所示的是从上层协调机构看到的等值模型，该模型通过等值消去各个区域子系统的内部节点得到，仅保留边界节点和联络线。在图 6-5(b)所示的简化等值模型中，位于边界节点的内部等值注入对联络线潮流的贡献是线性的，因此可以得到式(6-9)所示的关系式。式(6-9)中系数矩阵 $\boldsymbol{M}_a$ 为简化等值网络的转移分布因子，可以利用简化等值网络的拓扑结构和参数计算出来，计算所需参数包括联络线电抗以及各个区域的内部等值网络模型。式(6-10)表示联络线潮流限制约束，其中 $\underline{\boldsymbol{L}}_t$、$\overline{\boldsymbol{L}}_t$ 分别表示联络线潮流下限和上限。值得注意的是，联络线的故障约束也可以通过式(6-9)和式(6-10)表示，只需在列向量 $\boldsymbol{l}_t$、$\underline{\boldsymbol{L}}_t$、$\overline{\boldsymbol{L}}_t$ 以及系数矩阵 $\boldsymbol{M}_a$ 中加入在故障情景下对应的联络线潮流变量、联络线潮流上下限以及灵敏度系数。式(6-11)与式(6-8)类似，表示某区域外部边界等值注入与其他区域内部边界等值注入之间的线性等式关系。以图 6-6(b)所示的简化等值模型为例，通过消去图6-6(b)中区域 b 和区域 c 的边界节点，可以得到区域 a 的外部边界等值注入 $\tilde{\boldsymbol{p}}_{a,t}^{\text{ext}}$，如图 6-6(c)所示。式(6-11)中系数矩阵 $\boldsymbol{S}_a$ 的计算方法与 $\boldsymbol{K}_a$ 的计算方法类似，在此不做赘述。

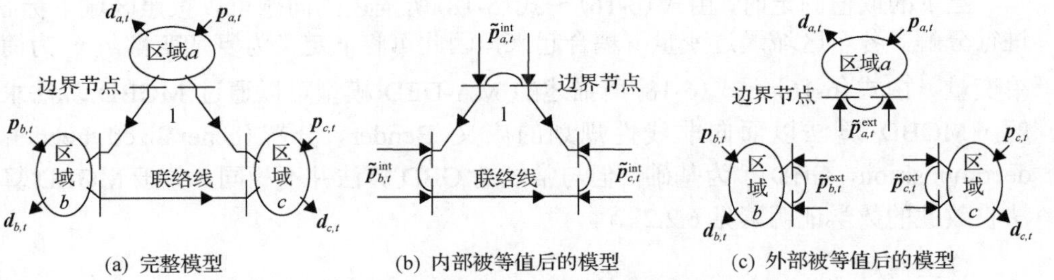

图 6-6　基于直流潮流模型的多区域系统网络等值示意图

值得注意的是，若将式(6-8)代入式(6-9)和式(6-11)，然后将式(6-11)代入式(6-2)和式(6-5)，我们可以消去变量 $\tilde{\boldsymbol{p}}_{a,t}^{\text{int}}$ 并得到常规形式的动态经济调度模型。然而，本章所建立的MA-DED模型采用网络等值方式表示联络线潮流，而没有采用常规形式的动态经济调度模型。实际上，采用所提出的模型形式可以方便地将决策变量分离，从而利用广义Bender分解对多区域耦合问题进行分解。下面将对此做详细介绍。

3. 基于改进广义Benders分解的分布式求解算法

为方便描述，将前述的MA-DED模型表示为以下抽象形式：

$$\min_{\boldsymbol{x}_a,\boldsymbol{y}} \sum_{a\in\mathcal{A}} \hat{C}_a(\boldsymbol{x}_a) \tag{6-16}$$

s.t.

$$\hat{\boldsymbol{D}}_a\boldsymbol{x}_a + \hat{\boldsymbol{E}}_a\boldsymbol{y} \leqslant \hat{\boldsymbol{f}}_a,\ \forall a\in\mathcal{A} \tag{6-17}$$

$$\hat{\boldsymbol{G}}\boldsymbol{y} \leqslant \hat{\boldsymbol{h}} \tag{6-18}$$

式中，向量 $\boldsymbol{x}_a$ 由决策变量 $\boldsymbol{p}_{a,t}$ 、$\boldsymbol{r}_{a,t}^{+}$ 和 $\boldsymbol{r}_{a,t}^{-}$（$t\in\{1,2,\cdots,T\}$）组成；向量 $\boldsymbol{y}$ 由 $\tilde{\boldsymbol{p}}_{a,t}^{\text{int}}$ 、$\tilde{\boldsymbol{p}}_{a,t}^{\text{ext}}$ 和 $\boldsymbol{l}_t$（$a\in\mathcal{A}, t\in\{1,2,\cdots,T\}$）组成。

式(6-16)中的目标函数与式(6-1)对应。将式(6-16)中的各个分量表示为 $\boldsymbol{x}_a$ 的二次函数，如下所示：

$$\hat{C}_a(\boldsymbol{x}_a) = \frac{1}{2}\boldsymbol{x}_a^{\text{T}}\cdot\hat{\boldsymbol{A}}_a\cdot\boldsymbol{x}_a + \hat{\boldsymbol{b}}_a^{\text{T}}\cdot\boldsymbol{x}_a + \hat{\boldsymbol{c}}_a \tag{6-19}$$

式(6-17)为由式(6-2)～式(6-8)描述的线性约束的一般表达形式，描述各个区域的调度运行约束。式(6-18)表示由式(6-2)～式(6-8)描述的线性约束，表示与联络线潮流相关的约束条件。

当 $\boldsymbol{y}$ 的取值固定时，由式(6-16)～式(6-18)所描述的问题可以按照区域下标 a 进行分解。各个区域通过变量 $\boldsymbol{y}$ 耦合起来，因此可将 $\boldsymbol{y}$ 定义为复杂变量，$\boldsymbol{x}_a$ 为简单变量。由式(6-16)～式(6-18)所描述的MA-DED模型可以通过MGBD算法求解。MGBD算法以面向非线性规划的广义Benders分解(generalized benders decomposition，GBD)[3]为基础，但与常规的GBD算法并不相同。关于MGBD算法收敛性的数学证明请见6.2.2节。

1) 主问题

定义 z_a 为第 a 个区域子问题的最优目标函数值，构造如下形式的主问题：

$$
\text{(MP)} \quad \min_{y,z} \sum_{a\in\mathcal{A}} z_a
$$

$$
\text{s.t.} \quad \text{Constraint (6-18)}
$$

$$
(\boldsymbol{y}, z_a) \in \mathcal{OC}_a \cap \mathcal{FC}_a,\ \forall a \in \mathcal{A} \tag{6-20}
$$

$$
z_a \geqslant \pi_a^{(m)}(\boldsymbol{y}),\ \forall a \in \mathcal{A} \tag{6-21}
$$

$$
\sum_{a\in\mathcal{A}} z_a \leqslant \text{UB} \tag{6-22}
$$

式中，m 为迭代次数。主问题 MP 中的决策变量包括复杂变量 $\boldsymbol{y}$ 以及子问题的最优目标函数值 z_a $(\forall a \in \mathcal{A})$。UB 为目标函数值的一个上界，该值在迭代过程中逐渐更新。从物理角度看，主问题 MP 对应最小化整体发电成本的联络线潮流协调问题。

式(6-20)表示的是可行割平面以及最优割平面约束。每次迭代会生成新的可行割平面和最优割平面，并分别加入到集合 $\mathcal{FC}_a$ 和 $\mathcal{OC}_a$ 中。

式(6-21)是 MGBD 算法和传统 GBD 算法的主要区别。该约束条件的存在使得 MGBD 的收敛性相比于 GBD 有所改善。式(6-21)中的函数 $\pi_a(\boldsymbol{y})$ 描述了第 a 个区域子问题的局部最优成本(locally optimal cost，LOC)，该函数可以将区域 a 子问题的最优值表示为 $\boldsymbol{y}$ 的函数。值得注意的是，对于本章所研究的 MA-DED 模型，$\pi_a(\boldsymbol{y})$ 可以精确地表示为一个二次函数，因此算法可以快速收敛。每当主问题 MP 求解完毕，式(6-21)中的函数 $\pi_a(\boldsymbol{y})$ 会被最新的 LOC 函数所代替，其中最新的 LOC 函数通过求解区域子问题得到。下面将对 $\pi_a(\boldsymbol{y})$ 的具体形式进行推导。

主问题 MP 为一个凸的二次约束二次规划模型，通过与子问题的交替迭代逐渐加入可行割平面和最优割平面以及更新 LOC 函数，最终求得最优解。最优割平面和可行割平面的生成过程及 LOC 函数的更新方法在 6.2.2 节中进行介绍。

2) 最优割平面与局部最优成本

设在第 m 次迭代得到了 $\boldsymbol{y}$ 的取值 $\boldsymbol{y}^{(m)}$。在给定 $\boldsymbol{y}^{(m)}$ 的情况下，子问题可以按照区域下标进行分解。因此，仅需要考虑分解后的区域子问题。区域 a 的子问题如下：

$$
\text{(SP)} \quad \min_{\boldsymbol{x}_a} \left\{ \hat{C}_a(\boldsymbol{x}_a) \middle| \hat{\boldsymbol{D}}_a \boldsymbol{x}_a \leqslant \hat{\boldsymbol{f}}_a - \hat{\boldsymbol{E}}_a \boldsymbol{y}^{(m)} \right\} \tag{6-23}
$$

在每次迭代中，只有当子问题 SP 可行时才会执行生成最优割平面的步骤。因此，在本节中可以认为子问题 SP 是可行的。SP 的决策变量为与区域 a 相关的简

单变量 $\boldsymbol{x}_a$。从物理角度看，子问题 SP 对应给定边界条件的扩展单区域动态经济调度问题。包括第 2 章提出的 Lagrange 松弛算法在内的动态经济调度算法，均可以用于求解子问题 SP。

(1) 生成最优割平面。通过求解子问题 SP 得到最优解 $\boldsymbol{x}_a^{(m)}$ 以及最优对偶变量 $\boldsymbol{\lambda}_a^{(m)}$。按照式(6-24)生成最优割平面并将其返回到主问题的割平面集合 $\mathcal{OC}_a$：

$$\mathbf{OX}_a \leftarrow \mathbf{OX}_a \cup [(\boldsymbol{y}, z_a) \big| z_a \geqslant \hat{C}_a(\boldsymbol{x}_a^{(m)}) + \boldsymbol{\lambda}_a^{(m)^{\mathrm{T}}} \hat{\boldsymbol{E}}_a \cdot (\boldsymbol{y} - \boldsymbol{y}^{(m)})] \tag{6-24}$$

(2) 更新局部最优成本。当子问题 SP 求解完毕时，不难找出子问题 SP 中的起作用约束和不起作用约束。移除 SP 中的不起作用约束，得到下面的表达式：

$$(\mathbf{SP\text{-}B}) \qquad \pi_a^{(m)}(\boldsymbol{y}^{(m)}) = \min_{\boldsymbol{x}_a}(\hat{C}_a(\boldsymbol{x}_a) \big| \hat{\boldsymbol{D}}_a^{(m)} \boldsymbol{x}_a = \hat{\boldsymbol{f}}_a^{(m)} - \hat{\boldsymbol{E}}_a^{(m)} \boldsymbol{y}^{(m)}) \tag{6-25}$$

值得注意的是，SP 和 SP-B 有相同的最优解。然而，SP-B 是一个仅包含线性等式约束的二次规划问题，该类问题的最优值可以根据 KKT 条件直接获得[3]。LOC 函数的闭式表达式为

$$\pi_a^{(m)}(\boldsymbol{y}) = \frac{1}{2} \boldsymbol{y}^{\mathrm{T}} \cdot \boldsymbol{\Gamma}_a^{(m)} \cdot \boldsymbol{y} + \boldsymbol{\eta}_a^{(m)^{\mathrm{T}}} \cdot \boldsymbol{y} + \varphi_a^{(m)} \tag{6-26}$$

式中

$$\begin{cases} \boldsymbol{\Gamma}_a^{(m)} = \hat{\boldsymbol{E}}_a^{(m)^{\mathrm{T}}} \boldsymbol{\Psi}_a^{(m)} \hat{\boldsymbol{E}}_a^{(m)} \\ \boldsymbol{\eta}_a^{(m)} = -\hat{\boldsymbol{E}}_a^{(m)^{\mathrm{T}}} \boldsymbol{\Psi}_a^{(m)} \boldsymbol{\zeta}_a^{(m)} \\ \varphi_a^{(m)} = \hat{c}_a + \dfrac{1}{2} \boldsymbol{\zeta}_a^{(m)^{\mathrm{T}}} \boldsymbol{\Psi}_a^{(m)} \boldsymbol{\zeta}_a^{(m)} - \dfrac{1}{2} \hat{\boldsymbol{b}}_a^{\mathrm{T}} \hat{\boldsymbol{A}}_a^{-1} \hat{\boldsymbol{b}}_a \\ \boldsymbol{\Psi}_a^{(m)} = (\hat{\boldsymbol{D}}_a^{(m)} \hat{\boldsymbol{A}}_a^{-1} \hat{\boldsymbol{D}}_a^{(m)^{\mathrm{T}}})^{-1}, \ \boldsymbol{\zeta}_a^{(m)} = \hat{\boldsymbol{f}}_a^{(m)} + \hat{\boldsymbol{D}}_a^{(m)} \hat{\boldsymbol{A}}_a^{-1} \hat{\boldsymbol{b}}_a \end{cases} \tag{6-27}$$

式(6-27)中的系数矩阵 $\boldsymbol{\Gamma}_a^{(m)}$、$\boldsymbol{\eta}_a^{(m)}$、$\varphi_a^{(m)}$ 经计算后返回到主问题 MP，以更新 LOC(即式(3-21)中的函数 $\pi_a(\boldsymbol{y})$)。

式(6-26)所示 LOC 函数的推导过程如下。构造式(6-25)所示子问题 SP-B 的 Lagrange 函数为

$$\hat{L}_{\boldsymbol{y}}(\boldsymbol{x}, \boldsymbol{\lambda}) = \hat{C}(\boldsymbol{x}) + \boldsymbol{\lambda}^{\mathrm{T}} (\hat{\boldsymbol{D}} \boldsymbol{x} + \hat{\boldsymbol{E}} \boldsymbol{y} - \hat{\boldsymbol{f}}) \tag{6-28}$$

式中，$\boldsymbol{\lambda}$ 为 Lagrange 乘子向量。为了方便表示，略去式(6-25)中的上标 m 和下标 a。式(6-28)对应的 KKT 系统如下所示：

$$\begin{cases} \dfrac{\partial \hat{L}_y}{\partial \boldsymbol{x}} = \hat{\boldsymbol{A}}\boldsymbol{x} + \hat{\boldsymbol{b}} + \hat{\boldsymbol{D}}^{\mathrm{T}}\boldsymbol{\lambda} = 0 \\ \dfrac{\partial \hat{L}_y}{\partial \boldsymbol{\lambda}} = \hat{\boldsymbol{D}}\boldsymbol{x} + \hat{\boldsymbol{E}}\boldsymbol{y} - \hat{\boldsymbol{f}} = 0 \end{cases} \tag{6-29}$$

不妨假设矩阵 $\hat{\boldsymbol{A}}$ 和矩阵 $\hat{\boldsymbol{D}}$ 分别为正定矩阵和行满秩矩阵，那么可以通过直接求解式(6-29)所示的方程得到最优的 $\boldsymbol{x}^*$ 和 $\boldsymbol{\lambda}^*$：

$$\begin{bmatrix} \boldsymbol{x}^* \\ \boldsymbol{\lambda}^* \end{bmatrix} = \begin{bmatrix} \hat{\boldsymbol{A}}^{-1} - \hat{\boldsymbol{A}}^{-1}\hat{\boldsymbol{D}}^{\mathrm{T}}\boldsymbol{\varPsi}\hat{\boldsymbol{D}}\hat{\boldsymbol{A}}^{-1} & \hat{\boldsymbol{A}}^{-1}\hat{\boldsymbol{D}}^{\mathrm{T}}\boldsymbol{\varPsi} \\ \boldsymbol{\varPsi}\hat{\boldsymbol{D}}\hat{\boldsymbol{A}}^{-1} & -\boldsymbol{\varPsi} \end{bmatrix} \begin{bmatrix} -\hat{\boldsymbol{b}} \\ \hat{\boldsymbol{f}} - \hat{\boldsymbol{E}}\boldsymbol{y} \end{bmatrix} \tag{6-30}$$

式中，$\boldsymbol{\varPsi} = (\hat{\boldsymbol{D}}\hat{\boldsymbol{A}}^{-1}\hat{\boldsymbol{D}}^{\mathrm{T}})^{-1}$。将 $\boldsymbol{x}^*$ 代入式(6-19)所示的 SP-B 目标函数中，可以得到如式(6-26)所示的 LOC 函数的闭式表达式以及如式(6-27)所示的系数矩阵。

对于 $\boldsymbol{y} = \boldsymbol{y}^{(m)}$ 的一个邻域，SP 中的起作用约束集合不变。因此，式(6-26)是在 $\boldsymbol{y} = \boldsymbol{y}^{(m)}$ 邻域内 SP 最优值的显式精确表达式。只有在 $\boldsymbol{y}^{(m)}$ 的邻域内，$\pi_a^{(m)}(\boldsymbol{y})$ 才是 SP 最优值的精确表达式，因此 $\pi_a^{(m)}(\boldsymbol{y})$ 在本章中称为局部最优成本函数。另外，由于 SP 的起作用约束组合是有限的，即起作用约束集合个数是有限的，因此 SP 的最优函数值在整体上是关于 $\boldsymbol{y}$ 的分段二次函数，而在每个分段中该函数的精确表达式为 $\pi_a^{(m)}(\boldsymbol{y})$。

3) 可行割平面

定义子问题 SP 对应的原始可行性检查问题如下：

$$\max_{\boldsymbol{x}_a}\left(0 \middle| \hat{\boldsymbol{D}}_a\boldsymbol{x}_a \leqslant \hat{\boldsymbol{f}}_a - \hat{\boldsymbol{E}}_a\boldsymbol{y}^{(m)}\right) \tag{6-31}$$

实际上，可以采用式(6-31)的对偶问题来检查 SP 的可行性并生成可行割平面：

$$\omega_a(\boldsymbol{y}^{(m)}) = \min_{\boldsymbol{w}_a}\left(\boldsymbol{w}_a^{\mathrm{T}}(\hat{\boldsymbol{f}}_a - \hat{\boldsymbol{E}}_a\boldsymbol{y}^{(m)}) \middle| \boldsymbol{w}_a^{\mathrm{T}}\hat{\boldsymbol{D}}_a = 0, \boldsymbol{w}_a \geqslant 0\right) \tag{6-32}$$

在求解式(6-32)得到其最优解 $\boldsymbol{w}_a^{(m)}$ 后，根据以下情况检查 SP 的可行性并生成可行割平面。

情况 1： 若 $\omega_a(\boldsymbol{y}^{(m)}) = 0$，则 SP 是可行的。此时无须返回可行割平面。

情况 2： 若 $\omega_a(\boldsymbol{y}^{(m)}) < 0$，则 SP 是不可行的。此时生成可行割平面并将其返回至主问题的割平面集合 $\mathcal{FC}_a$：

$$\mathcal{FC}_a \leftarrow \mathcal{FC}_a \cup \left((\boldsymbol{y}, z) \middle| \boldsymbol{w}_a^{(m)\mathrm{T}}(\hat{\boldsymbol{f}}_a - \hat{\boldsymbol{E}}_a\boldsymbol{y}) \geqslant 0\right) \tag{6-33}$$

4. 分解-协调实现框架

本章所提出的 MGBD 算法适用于在多区域分层控制架构下分布式求解 MA-DED 问题，如图 6-7 所示。在分层控制架构中，每个区域子系统有一个本地控制中心，而各个区域的本地控制中心由上层控制中心协调。在 MGBD 算法的迭代过程中，上层控制中心无须收集各个区域子系统内部的详细信息，即可通过求解主问题对联络线功率进行协调。同时，各个区域的本地控制中心通过求解本区域的子问题实现本区域的经济调度。

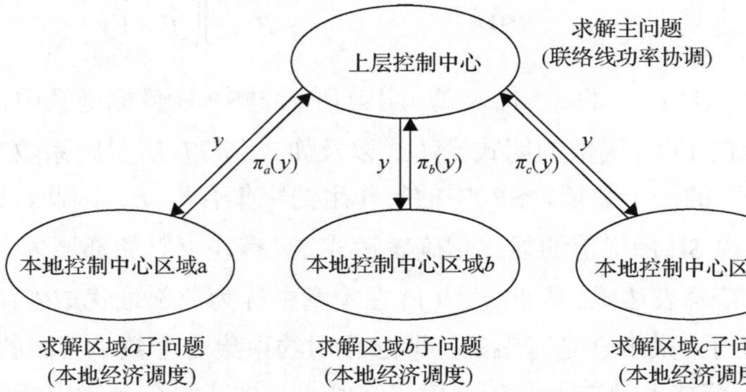

图 6-7　MGBD 算法在多区域分层控制架构下的实现

基于 MGBD 的多区域电网协调调度在线分布式算法实现过程如下所示。

步骤 1：初始化。

步骤 1-1：各个区域的本地控制中心将本区域内部等值模型上传至上层控制中心。然后上层控制中心将各区域的外部等值模型下发至相应区域的本地控制中心。

步骤 1-2：上层控制中心以实时状态估计值初始化复杂变量 $\boldsymbol{y}^{(0)}$，并将复杂变量初值 $\boldsymbol{y}^{(0)}$ 下发至各区域的本地控制中心。将割平面集合设为空集，即 $\mathcal{FC}_a=\varnothing$ 以及 $\mathcal{OC}_a=\varnothing$。初始化局部最优成本函数 $\pi_a^{(0)}(\boldsymbol{y})=-\infty\ (\forall a\in\mathcal{A})$。设置收敛误差 $\varepsilon>0$。

步骤 2：求解区域子问题。各区域的本地控制中心求解本区域的子问题 SP。这个步骤可以由各个区域的本地控制中心并行执行。

步骤 2-1：采用节 6.2.2 节的方法检查 SP 的可行性。如果 SP 是可行的，则执行步骤 2-3；否则，按照式(6-33)所示方法生成可行割平面。

步骤 2-2：将可行割平面上传至上层控制中心。中止本区域的子问题求解。

步骤 2-3：求解子问题 SP。按照式(6-24)所示方法生成最优割平面，并添加至 $\mathcal{OC}_a$；然后按照式(6-27)计算 LOC 的各项系数。

步骤 2-4：将最优割平面和 LOC 的各项系数上传至上层控制中心。中止本区域的子问题求解。

步骤 3：求解主问题。上层控制中心求解主问题 MP。

步骤 3-1：按照式(6-24)与式(6-33)所示方法更新割平面集合 $\mathcal{OC}_a$ 和 $\mathcal{FC}_a$。更新式(6-26)中 LOC 的各项系数。更新主问题的最优值上界 $\mathrm{UB}=\min(\mathrm{UB},\mathbf{1}^{\mathrm{T}}\boldsymbol{z}^{(m)})$。

步骤 3-2：求解 MP。记最优解为 $(\boldsymbol{y}^{(m+1)},\boldsymbol{z}^{(m+1)})$。

步骤 3-3：将 $\boldsymbol{y}^{(m+1)}$ 下发至各区域的本地控制中心。

步骤 4：收敛判定。若 $\left\|\boldsymbol{y}^{(m+1)}-\boldsymbol{y}^{(m)}\right\|_{\infty}\leqslant\varepsilon$，则停止算法；否则，令 $m:=m+1$，然后返回步骤 2。

在上述算法实现过程中，上层控制中心只需要从各区域的本地控制中心收集内部等值网络模型、LOC 系数以及 Bender 割平面，无须收集各区域子系统的内部详细信息。在每一轮迭代中，各区域的本地控制中心只需要求解本地的经济调度问题，而无须和其他区域的本地控制中心共享信息。这种方式保持了区域之间的数据私密性以及各区域进行决策的相对独立性。另外，本章所提出方法需要协调机构的存在，无法应用于没有协调层的系统架构之中。

5. 改进广义 Benders 分解的收敛性证明

本节给出改进广义 Benders 分解的收敛性证明。通过引入辅助变量 z，将式(6-16)～式(6-18)所描述的 MA-DED 模型改写为以下形式：

$$\begin{cases}\min\limits_{\boldsymbol{y},z}\ z\\ \text{s.t.}\quad z\geqslant F(\boldsymbol{y})\\ \qquad\ \ \boldsymbol{y}\in S\end{cases}\tag{6-34}$$

式中，$S=(\boldsymbol{y}\,|\,\hat{\boldsymbol{G}}\boldsymbol{y}\leqslant\hat{\boldsymbol{h}})$。$F(\boldsymbol{y})$ 表示所有区域的运行成本之和，是关于 $\boldsymbol{y}$ 的函数：

$$F(\boldsymbol{y})=\sum_{a\in\mathcal{A}}\min_{\boldsymbol{x}_a}\left(\hat{C}_a(\boldsymbol{x}_a)\,\middle|\,\hat{\boldsymbol{D}}_a\boldsymbol{x}_a\leqslant\hat{\boldsymbol{f}}_a-\hat{\boldsymbol{E}}_a\boldsymbol{y}\right)\tag{6-35}$$

不失一般性，假设式(6-34)中的最小化问题对于任意的 $\boldsymbol{y}$ 都是可行的。这个假设的合理性可以通过在模型中引入非负的松弛变量以及针对松弛变量的惩罚项来保证。在此假设下，式(6-34)所示的优化问题总是可行的。为方便起见，首先给出以下几个命题。

命题 1：最优运行成本函数 $F(\boldsymbol{y})$ 是凸函数。

证明　由于变量 $\boldsymbol{y}$ 出现在式(6-35)约束条件中的右手项，而式(6-35)表示的是一个凸优化。根据文献[4]～[15]可知，$F(\boldsymbol{y})$ 为关于变量 $\boldsymbol{y}$ 的凸函数。证毕。

命题 2： $F(\boldsymbol{y})$ 为分段数有限的分段凸二次函数，即存在关于集合 S 的一个划分 $P=\{S_1,S_2,\cdots,S_{n_p}\}$，使得若 $\boldsymbol{y}\in S_i$，则 $F(\boldsymbol{y})=\pi_i(\boldsymbol{y})$（$\forall i=1,2,\cdots,n_p$），其中 $\pi_i(\boldsymbol{y})$ 为关于 $\boldsymbol{y}$ 的凸二次函数。

证明　根据 6.2.2 节的讨论可知，在已知 SP 的起作用约束的情况下，SP 的最优值 $F(\boldsymbol{y})$ 可以显式地表示为关于变量 $\boldsymbol{y}$ 的凸二次函数，即局部最优函数 LOC。由于 SP 中起作用约束的组合是有限的，而每一个起作用约束组合对应一个 LOC 函数以及某个关于 $\boldsymbol{y}$ 的可行域子集。因此，可以将 S 划分为 $P=\{S_1,S_2,\cdots,S_{n_p}\}$，使得划分中的每一个元素 S_i 对应一组 SP 的起作用约束，而 $\pi_i(\boldsymbol{y})$ 表示相应起作用约束所对应的 LOC。证毕。

命题 3： 当且仅当 $\boldsymbol{y}^*=\arg\min\limits_{\boldsymbol{y}\in S}\pi_i(\boldsymbol{y})\in S_i\ (\exists 1\leqslant i\leqslant n_p)$ 时，$\boldsymbol{y}^*=\arg\min\limits_{\boldsymbol{y}\in S}F(\boldsymbol{y})$。换言之，当且仅当 LOC 函数 $\pi_i(\boldsymbol{y})$ 在集合 S 上的全局最优解与其在对应集合 S_i 上的局部最优解相同时，所对应最优解为 $\min\limits_{\boldsymbol{y}\in S}F(\boldsymbol{y})$ 的最优解。

证明　充分性。设 $\boldsymbol{y}^*=\arg\min\limits_{\boldsymbol{y}\in S}\pi_i(\boldsymbol{y})\in S_i\ (\exists 1\leqslant i\leqslant n_p)$，我们需要证明 $\boldsymbol{y}^*$ 为问题 $\min\limits_{\boldsymbol{y}\in S}F(\boldsymbol{y})$ 的最优解。$\boldsymbol{y}^*=\arg\min\limits_{\boldsymbol{y}\in S}\pi_i(\boldsymbol{y})$ 意味着存在 $\tilde{\varepsilon}>0$ 使得对于所有的 $\boldsymbol{y}\in\left(\boldsymbol{y}\middle|\boldsymbol{y}\in S,\|\boldsymbol{y}-\boldsymbol{y}^*\|<\tilde{\varepsilon}\right)$，均有 $\pi_i(\boldsymbol{y})\geqslant\pi_i(\boldsymbol{y}^*)$。由于 $\boldsymbol{y}^*\in S_i$，那么存在 $\bar{\varepsilon}>0$ 使得 $\left(\boldsymbol{y}\middle\|\boldsymbol{y}-\boldsymbol{y}^*\|<\bar{\varepsilon}\right)\subset S_i\subset S$。令 $\varepsilon=\min\{\tilde{\varepsilon},\bar{\varepsilon}\}$，那么对所有满足 $\|\boldsymbol{y}-\boldsymbol{y}^*\|<\varepsilon$ 的 $\boldsymbol{y}$，均可以得到 $F(\boldsymbol{y})=\pi_i(\boldsymbol{y})\geqslant\pi_i(\boldsymbol{y}^*)=F(\boldsymbol{y}^*)$。因此，$\boldsymbol{y}^*$ 是 $F(\boldsymbol{y})$ 在集合 S 上的局部最优解。由于 $\min\limits_{\boldsymbol{y}\in S}F(\boldsymbol{y})$ 是一个凸优化问题，因此 $\boldsymbol{y}^*$ 是 $F(\boldsymbol{y})$ 在集合 S 上的全局最优解。

必要性。假设 $\boldsymbol{y}^*=\arg\min\limits_{\boldsymbol{y}\in S}F(\boldsymbol{y})$，需要证明 $\boldsymbol{y}^*=\arg\min\limits_{\boldsymbol{y}\in S}\pi_i(\boldsymbol{y})\in S_i\ (\exists 1\leqslant i\leqslant n_p)$。由于 $\boldsymbol{y}^*\in S$，该点必然属于某个集合 $S_i\ (1\leqslant i\leqslant n_p)$。$\boldsymbol{y}^*=\arg\min\limits_{\boldsymbol{y}\in S}F(\boldsymbol{y})$ 意味着存在 $\tilde{\varepsilon}>0$ 使得对于所有 $\boldsymbol{y}\in\left(\boldsymbol{y}\middle|\boldsymbol{y}\in S,\|\boldsymbol{y}-\boldsymbol{y}^*\|<\tilde{\varepsilon}\right)$ 均有 $F_i(\boldsymbol{y})\geqslant F_i(\boldsymbol{y}^*)$。若 $\boldsymbol{y}^*\in S_i$，则存在 $\bar{\varepsilon}>0$ 使得 $\left(\boldsymbol{y}\middle\|\boldsymbol{y}-\boldsymbol{y}^*\|<\bar{\varepsilon}\right)\subset S_i\subset S$。令 $\varepsilon=\min(\tilde{\varepsilon},\bar{\varepsilon})$，那么对所有满足 $\|\boldsymbol{y}-\boldsymbol{y}^*\|<\varepsilon$ 的 $\boldsymbol{y}$ 均有 $\pi_i(\boldsymbol{y})=F(\boldsymbol{y})\geqslant F(\boldsymbol{y}^*)=\pi_i(\boldsymbol{y}^*)$。因此 $\boldsymbol{y}^*$ 是函数 $\pi_i(\boldsymbol{y})$ 在集合 S 上的局部最小点。由于 $\min\limits_{\boldsymbol{y}\in S}\pi_i(\boldsymbol{y})$ 为凸优化问题，因此 $\boldsymbol{y}^*$ 为全局最优解。证毕。

改进广义 Benders 分解算法的收敛性证明如下所示。

证明　首先，定义方程 $F(\boldsymbol{y})-z$ 的割平面和二阶近似方程为

$$p(\boldsymbol{y},z;\boldsymbol{s})=F(\boldsymbol{s})+\nabla F(\boldsymbol{s})^{\mathrm{T}}(\boldsymbol{y}-\boldsymbol{s})-z \tag{6-36}$$

$$q(\boldsymbol{y},z;\boldsymbol{s})=F(\boldsymbol{s})+\nabla F(\boldsymbol{s})^{\mathrm{T}}(\boldsymbol{y}-\boldsymbol{s})+\frac{1}{2}(\boldsymbol{y}-\boldsymbol{s})^{\mathrm{T}}\nabla^2F(\boldsymbol{s})^{\mathrm{T}}(\boldsymbol{y}-\boldsymbol{s})-z$$
$$=\pi(\boldsymbol{y};\boldsymbol{s})-z \tag{6-37}$$

式中，$\pi(\boldsymbol{y};\boldsymbol{s})$ 为包含点 $\boldsymbol{s}$ 的子集合所对应的 LOC 函数。值得注意的是，割平面 $p(\boldsymbol{y},z;\boldsymbol{y}^{(m)})\leqslant 0$ 恰好为最优割平面，而 $q(\boldsymbol{y},z;\boldsymbol{y}^{(m)})\leqslant 0$ 与式(6-21)中的局部最优成本函数等价。

设变量 $(\boldsymbol{y},z)$ 的初值为 $\boldsymbol{y}^{(0)}\in S$，目标函数值上界的初始值为 $\mathrm{UB}^{(0)}=+\infty$，最优割平面集合为 $\mathcal{OC}^{(0)}=\varnothing$。

在第 m 次迭代中，需要求解下面的主问题：

$$\begin{cases}\min\limits_{\boldsymbol{y},z} z\\ \text{s.t. } q(\boldsymbol{y},z;\boldsymbol{y}^{(m-1)})\leqslant 0\\ \quad (\boldsymbol{y},z)\in\mathcal{OC}^{(m)}\\ \quad \boldsymbol{y}\in S\\ \quad z\leqslant \mathrm{UB}^{(m)}\end{cases} \tag{6-38}$$

通过求解该问题，可以得到其最优解 $(\boldsymbol{y}^{(m)},z^{(m)})$。在给定 $\boldsymbol{y}=\boldsymbol{y}^{(m)}$ 的情况下求解子问题，得到子问题的最优值 $F(\boldsymbol{y}^{(m)})$ 以及在点 $\boldsymbol{y}=\boldsymbol{y}^{(m)}$ 处的最优割平面 $p(\boldsymbol{y},z;\boldsymbol{y}^{(m)})\leqslant 0$ 以及 LOC 函数 $q(\boldsymbol{y},z;\boldsymbol{y}^{(m)})\leqslant 0$。由于 $\boldsymbol{y}^{(m)}$ 为主问题的一个可行解，$F(\boldsymbol{y}^{(m)})$ 为主问题最优值的一个上界。据此，更新 $\mathrm{UB}^{(m+1)}=\min(\mathrm{UB}^{(m)},F(\boldsymbol{y}^{(m)}))$，并将下面的最优割平面扩充至集合 $\mathcal{OC}$：

$$\mathcal{OC}^{(m+1)}=\mathcal{OC}^{(m)}\bigcap((\boldsymbol{y},z)\big|\,p(\boldsymbol{y},z;\boldsymbol{y}^{(m)})\leqslant 0)$$

令 $m=m+1$ 并开始下一轮迭代。按照这个算法流程，可以得到序列 $(\boldsymbol{y}^{(m)})_m$、$(z^{(m)})_m$ 以及 $(\mathrm{UB}^{(m)})_m$。

为了表达方便，记 $\boldsymbol{y}^{(m-1)}$ 属于子集合 $S_{i_{m-1}}$，其对应的 LOC 函数为 $\pi_{i_{m-1}}(\boldsymbol{y})$。另外，记 $T^{(m)}$ $(\forall m=1,2,\cdots)$ 为可能包含全局最优解的子集合 S_k 的下标集合。在开始迭代时，有 $T^{(0)}=\{1,2,\cdots,n_p\}$。

关于 $F(\boldsymbol{y}^{(m)})$ 与 $z^{(m)}$ 之间的大小关系，会出现以下三种可能的情况。

情况 1： $z^{(m)}>F(\boldsymbol{y}^{(m)})$。在这个情况下，LOC 约束 $q(\boldsymbol{y},z;\boldsymbol{y}^{(m-1)})\leqslant 0$ 必然为起作用约束(否则，由于最优性割平面是原始凸目标函数的外近似，必然会出现 $z^{(m)}\leqslant F(\boldsymbol{y}^{(m)})$)，并且 $\mathcal{OC}^{(m)}$ 中的最优性割平面为不起作用约束。因此，我们得到

$z^{(m)} = \pi_{i_{m-1}}(\boldsymbol{y}^{(m)}) > F(\boldsymbol{y}^{(m)})$。由于 $\boldsymbol{y}^{(m)} \notin S_{i_{m-1}}$，根据命题 3 可知，$\boldsymbol{y}^{(m)}$ 必然不是主问题的最优解。由于 $(\boldsymbol{y}^{(m)}, z^{(m)})$ 为式(6-38)的解，对于所有的 $\boldsymbol{y} \in S_{i_{m-1}} \subset S$，必然有 $F(\boldsymbol{y}) = \pi_{i_{m-1}}(\boldsymbol{y}) \geqslant \pi_{i_{m-1}}(\boldsymbol{y}^{(m)}) > F(\boldsymbol{y}^{(m)})$。由于序列 $(\mathrm{UB}^{(m)})_m$ 是非增的，对于所有的 $k \geqslant m+1$ 均有 $z^{(k)} \leqslant \mathrm{UB}^{(m+1)} \leqslant F(\boldsymbol{y}^{(m)})$。由于 $F(\boldsymbol{y}) > F(\boldsymbol{y}^{(m)})$ 对所有的 $\boldsymbol{y} \in S_{i_{m-1}}$ 成立，子集合 $S_{i_{m-1}}$ 将会被从可行集 S 剔除，并且该子集合中的点将不会成为后续迭代中所获得的解。因此有 $T^{(m+1)} = T^{(m)} / \{i_{m-1}\}$ 并且 $\boldsymbol{y}^{(k)} \in S / S_{i_{m-1}}$ $(\forall k \geqslant m+1)$。

情况 2： $z^{(m)} < F(\boldsymbol{y}^{(m)})$。此情况可进一步分为两种子情况。

情况 2-1： 若 LOC 函数约束 $q(\boldsymbol{y}, z; \boldsymbol{y}^{(m-1)}) \leqslant 0$ 为起作用约束，那么有 $z^{(m)} = \pi_{i_{m-1}}(\boldsymbol{y}^{(m)}) < F(\boldsymbol{y}^{(m)})$。因此可得 $\boldsymbol{y}^{(m)} \notin S_{i_{m-1}}$，以及 $\boldsymbol{y}^{(m)}$ 不是最优解。在往集合 $\mathcal{OC}^{(m+1)}$ 中添加最优性割平面 $p(\boldsymbol{y}, z; \boldsymbol{y}^{(m)}) \leqslant 0$ 后，由于 $p(\boldsymbol{y}^{(m)}, z^{(m)}; \boldsymbol{y}^{(m)}) > 0$，点 $(\boldsymbol{y}^{(m)}, z^{(m)})$ 必然会被从 $\mathcal{OC}^{(k)}$ 中剔除（$\forall k \geqslant m+1$）。由于 $\boldsymbol{y}^{(m)}$ 是 $\pi_{i_{m-1}}(\boldsymbol{y}^{(m)})$ 在集合 S 中的最优解，根据命题 3，对所有 $k \geqslant m+1$，均有 $T^{(m+1)} = T^{(m)} / (i_{m-1})$ 以及 $\boldsymbol{y}^{(k)} \neq \boldsymbol{y}^{(m)}$。

情况 2-2： 若 LOC 函数约束 $q(\boldsymbol{y}, z; \boldsymbol{y}^{(m-1)}) \leqslant 0$ 为不起作用约束，那么该约束必然能被另一个最优性割平面所替代。因此，子集合下标 i_{m-1} 将会被从 $T^{(m)}$ 中剔除，即有 $T^{(m+1)} = T^{(m)} / \{i_{m-1}\}$。在往集合 $\mathcal{OC}^{(m+1)}$ 中添加最优性割平面 $p(\boldsymbol{y}, z; \boldsymbol{y}^{(m)}) \leqslant 0$ 后，由于 $p(\boldsymbol{y}^{(m)}, z^{(m)}; \boldsymbol{y}^{(m)}) > 0$，点 $(\boldsymbol{y}^{(m)}, z^{(m)})$ 必然会被从 $\mathcal{OC}^{(k)}$ 中剔除（$\forall k \geqslant m+1$）。因此，对于所有 $k \geqslant m+1$，均有 $\boldsymbol{y}^{(k)} \neq \boldsymbol{y}^{(m)}$。

情况 3： $z^{(m)} = F(\boldsymbol{y}^{(m)})$。在此情况下，由于最优性割平面为原始凸目标函数的外近似，LOC 函数约束 $q(\boldsymbol{y}, z; \boldsymbol{y}^{(m-1)}) \leqslant 0$ 为起作用约束。因此有 $z^{(m)} = \pi_{i_{m-1}}(\boldsymbol{y}^{(m)}) = F(\boldsymbol{y}^{(m)})$ 以及 $\boldsymbol{y}^{(m)} \in S_{i_{m-1}}$。根据命题 3，$\boldsymbol{y}^{(m)}$ 是主问题的全局最优解。

根据对上述三种情况的分析可知，随着迭代过程的进行，集合 $T^{(m)}$ 的元素个数单调递减，直至找到全局最优解。值得注意的是，初始集合 $T^{(0)}$ 的元素个数是有限的。因此，该迭代算法必然会在有限的迭代次数之内找到问题的全局最优解。证毕。

6.3 多区域异步调度

6.3.1 异步协调调度模式

异步协调调度模式指以指定的调度时段数为周期对各个区域电网运行进行协调的调度模式。其中，指定的调度时段数称为协调时段间隔。图 6-8 所示的是异步协调调度模式的时序示意图，其中上方的时间轴为区域 1 的调度时间轴，下方的时间轴为区域 2 的调度时间轴。图 6-8 中，阴影方块表示对两个区域进行协调的时刻；阴影圆圈表示各个区域进行发电调度决策的时刻；ΔT_1 表示区域 1 的调度时段间隔；ΔT_2 表示区域 2 的调度时段间隔；$\Delta\tau$ 表示对各个区域电网进行协调的调度时段间隔。

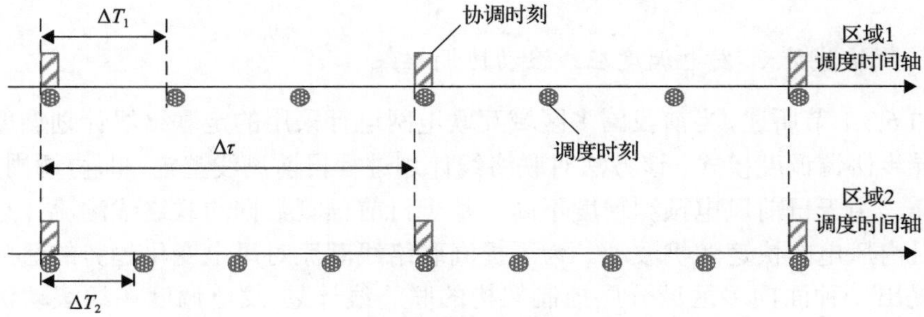

图 6-8　异步协调调度模式的时序示意图

异步协调调度模式以协调调度时间间隔 $\Delta\tau$ 为周期，通过对联络线潮流计划进行决策以协调各个区域电网的调度运行。在该模式下，多区域电网协调无须与各个区域电网的发电调度决策同时进行。在相邻协调时刻之间的协调时间间隔 $\Delta\tau$ 内，各个区域电网在执行联络线潮流计划的前提下，可以按照各自的调度周期 ΔT_i 进行独立的发电调度决策，而进行发电调度的时刻无须与其他区域的调度时刻同步。以图 6-8 所示系统为例，在异步协调调度模式下，区域 1 的调度时间间隔为 $\Delta T_1 = \Delta\tau/3$，区域 2 的调度时间间隔为 $\Delta T_2 = \Delta\tau/4$，且区域 1 和区域 2 的调度时刻无须同步。在异步协调模式下，各个区域的控制中心仅需要在协调时刻与其他区域的控制中心进行通信，而在相邻协调时刻之间的协调时段间隔内，各个区域可以独立地进行本区域的发电调度决策。

在异步协调调度模式中，多区域的协调与各个区域的发电调度决策异步进行。每个协调时段的联络线潮流协调利用了多区域电网的最新预测信息，其结果反映的是由该协调时刻预测得到的互联电网运行态势。各个区域在进行发电调度决策时，边界上的联络线潮流是固定的，本区域的发电调度决策实际上只利用了本区域电网的最新预测信息，因此得到的发电调度计划仅适应了该调度时段内本区域电网的运行态势，从而使得本区域电网运行目标在给定联络线潮流的条件下是最优或者近似最优的。不难推测，互联电网在异步协调模式下的整体运行目标并不优于在同步协调模式下的相应目标。另外，由于异步协调调度模式下的协调频度并不高，各个区域的控制中心之间无须进行频繁的数据交换，因此并不需要对通信系统提出较高的要求。同时，该模式保持了各个区域发电调度决策的独立性，从而保持了各区域电网控制中心的相对独立性。

在当前的技术条件下，异步协调模式是在工程实际较为容易实现的一种多区域电网调度模式。当前，我国多区域互联电网运行所采用的正是异步协调模式。在该模式下，联络线计划协调决策问题是实现多区域电网协调调度的核心问题。针对该问题，6.3.2 节将研究计及风电不确定性的鲁棒联络线计划协调方法。

6.3.2　鲁棒联络线计划协调方法

1. 联络线计划-发电调度在线滚动协调框架

如 6.3.1 节所述，当前我国多区域互联电网运行采用的定联络线计划调度方法属于异步协调调度模式。该方法对联络线计划进行日前离线整定，即协调周期$\Delta\tau$为 24h。由于日前风电预测精度不高，基于日前预测数据的联络线潮流计划难以适应日内风电的快速随机波动。为了提高联络线潮流对风电变化趋势的适应性，本节提出一种面向多区域分层控制架构的联络线计划-发电调度在线滚动协调框架，如图 6-9 所示。在该框架下，联络线计划每小时更新一次，由上层控制中心组织。上层控制中心根据最新的负荷和区域风电预测信息，对未来一个小时内的联络线计划进行决策，并将结果发送至各个省级电网的本地控制中心。省级本地控制中心以最新的联络线计划为边界条件，更新本省电网在未来若干小时内的发电调度计划。在给定联络线计划的条件下，各个省级电网的发电调度计划决策过程可以分开，由各自的本地控制中心独立进行。

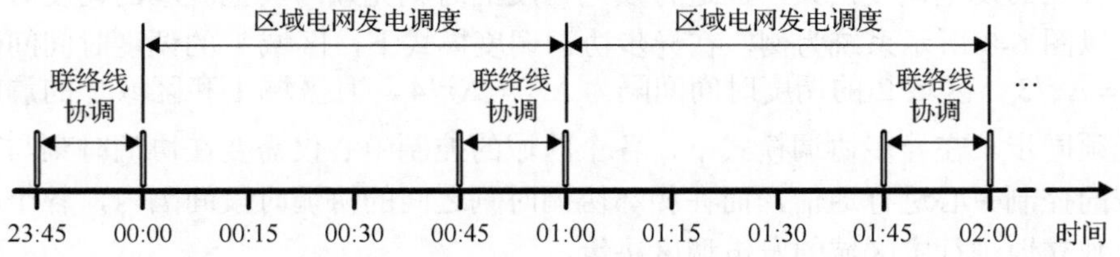

图 6-9　联络线计划-发电调度在线滚动协调框架

表 6-1 所示的是协调框架中各个环节的时间尺度信息。表 6-1 中的四个决策阶段对应不同时间尺度的计划阶段，可以根据决策机构的不同划分为两个层级，包括上层控制中心决策层级和本地控制中心决策层级。

表 6-1　联络线计划-发电调度在线滚动协调框架时间尺度信息

决策机构	决策阶段	周期	时间窗	颗粒度	执行点数	控制对象
上层控制中心	联络线协调	1h	4h	15min	4	联络线
本地控制中心	在线滚动调度	1h	4h	15min	4	滚动机组
	实时调度	5min	1h	5min	1	实时机组
	AGC	10s	10s	10s	1	AGC 机组

在上层控制中心决策层级，联络线协调以滚动向前的方式进行，每小时启动一次，每次启动对未来 4h 内的联络线潮流计划进行更新。联络线计划颗粒度为 15min，因此在决策时间窗内共有 16 个计划点，其中只有前 4 个计划点被执行。在本地控制中心决策层级的决策阶段与我国目前普遍采用的多时间尺度有功控制框架[7]相兼容。该决策层级的决策阶段包括在线滚动调度、实时调度以及 AGC。在该决策层级下，本地控制中心可以采用传统的多时间尺度有功调度控制框架来进行发电调度决策。

上层控制中心决策和各省电网本地控制中心决策的日内协调时序配合方式如图 6-10 所示。例如，在 23:45，上层控制中心通过启动联络线协调决策更新从 00:00～03:45 的联络线计划，并将更新结果下发至各省本地控制中心。从 00:00～00:59，各省本地控制中心根据最新的联络线计划安排本省电网在不同时间尺度下的发电计划，包括小时前的在线滚动调度计划、分钟前的实时调度计划以及秒级的 AGC 计划。在 00:45，上层控制中心再次启动联络线协调决策，然后更新从 01:00～04:45 的联络线计划，并将更新结果下发至各省本地控制中心，以供其安排未来一个小时的发电计划。以上过程的循环周期为 1h。通过这种方式，各省电网本地控制中心可以在大部分的时间内并行而独立地运作，保持了本地控制中心功能的独立性；省级电网之间的联络线计划每小时更新一次，由上层控制中心组织各省本地控制中心协调并实现。

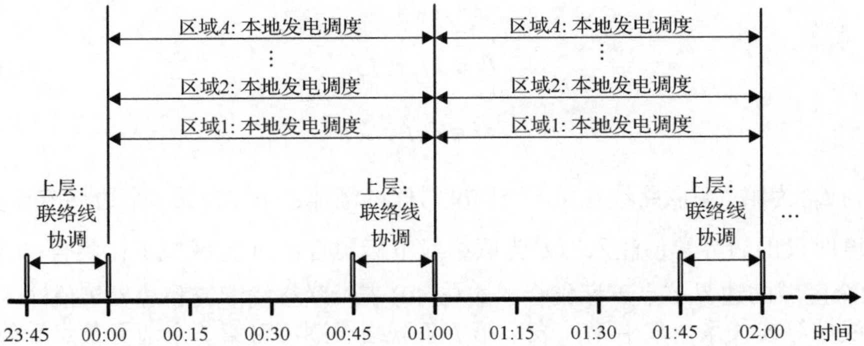

图 6-10　联络线计划-发电调度在线滚动协调时序配合示意图

2. 考虑风电不确定性的鲁棒联络线计划协调模型

联络线协调决策是联络线计划-发电调度在线滚动协调框架中的核心问题。本节将建立基于两阶段自适应鲁棒优化的联络线计划协调模型，然后讨论联络线计划协调模型的求解算法。

1) 数学模型

本章主要研究电力系统日内调度运行中的联络线计划协调问题，因此下面讨论的联络线协调模型不考虑发电机组的启停状态。

为了计及风电不确定的影响，采用两阶段自适应鲁棒优化建立联络线协调(robust coordinated tie-line scheduling，RCTS)问题的数学模型。第一阶段的决策变量包括联络线潮流以及各区域内部边界节点等值注入。第二阶段，我们需要找出在每个区域所定义的风电不确定集合内的最恶劣风电出力场景。在最恶劣风电出力场景下，通过经济调度决策达到最小化运行总成本的目标。该问题的数学模型如下：

$$\min_{(\boldsymbol{L},\boldsymbol{p}^B)\in\Omega^F}\left(\sum_{a\in\mathcal{A}}\max_{\tilde{\boldsymbol{p}}_a^W\in\mathcal{U}_a^W}\left(\min_{(\boldsymbol{p}_a^G,\boldsymbol{p}_a^W,\Delta\boldsymbol{d}_a)\in\Omega_a^S(\boldsymbol{L},\boldsymbol{p}^B,\tilde{\boldsymbol{p}}_a^W)}[C_a^G(\boldsymbol{p}_a^G)+C_a^W(\boldsymbol{p}_a^W,\tilde{\boldsymbol{p}}_a^W)+C_a^d(\Delta\boldsymbol{d}_a)]\right)\right) \tag{6-39}$$

式中，第一阶段的最小化问题对应联络线计划决策问题，考虑的决策变量包括联络线潮流 $\boldsymbol{L}$ 以及边界节点等值注入 $\boldsymbol{p}^B$。第一阶段变量 $\boldsymbol{L}$ 和 $\boldsymbol{p}^B$ 的可行集合为

$$\Omega^F=(L_{l,t},p_{j,t}^B,\forall l\in\mathcal{L},t\in\mathcal{T},a\in\mathcal{A},j\in\mathcal{N}_a^B\Big|$$

$$L_{l,t}=\sum_{a\in\mathcal{A}}\sum_{j\in\mathcal{N}_a^B}M_{l,j}p_{j,t}^B \tag{6-40}$$

$$\underline{L}_l\leqslant L_{l,t}\leqslant\overline{L}_t \tag{6-41}$$

$$\forall l\in\mathcal{L},t\in\mathcal{T})$$

式中，$L_{l,t}$ 为第 l 条联络线在第 t 个调度时段的潮流；$p_{j,t}^B$ 为第 j 个边界节点在第 t 个调度时段的边界等值注入；$\mathcal{L}$ 为联络线下标集合；$\mathcal{A}$ 为区域下标集合；$\mathcal{N}_a^B$ 为第 a 个区域的边界节点下标集合。式(6-40)表示联络线潮流和边界等值注入之间存在线性等式关系，其中 $M_{l,j}$ 表示第 l 条联络线潮流对第 j 个边界节点等值注入的灵敏度系数。式(6-40)的意义和推导过程与第 4 章中的式(6-9)相同，在此不做赘述。式(6-41)表示联络线潮流限制约束，其中 $\underline{L}_l$ 和 $\overline{L}_l$ 分别表示第 l 条联络线潮流的下限和上限。

式(6-39)中最大化问题的目的在于寻找使得运行总成本最大的最恶劣风电场景。假设描述互联电力系统风电不确定性的不确定集合是各个区域子系统不确定集合的 Cartesian 积，那么式(6-39)中的最大化问题可以按照区域下标 a 进行分解。对于单个区域 a，其不确定集合描述如下：

$$\mathcal{U}_a^W = (\tilde{p}_{w,t}^W, \forall w \in \mathcal{W}_i, i \in \mathcal{N}_a^I, t \in \mathcal{T} \Big|$$

$$\tilde{p}_{w,t}^W = P_{w,t}^{W0} + z_{w,t}^+ (\overline{P}_{w,t}^W - P_{w,t}^{W0}) - z_{w,t}^- (P_{w,t}^{W0} - \underline{P}_{w,t}^W) \tag{6-42}$$

$$\sum_{t \in \mathcal{T}} (z_{w,t}^+ + z_{w,t}^-) \leqslant \varGamma_w, , \quad \sum_{i \in \mathcal{N}_a^I} \sum_{w \in \mathcal{W}_i} (z_{w,t}^+ + z_{w,t}^-) \leqslant \varPi_{a,t} \tag{6-43}$$

$$z_{w,t}^+ \in [0,1], z_{w,t}^- \in [0,1], \tag{6-44}$$

$$\forall w \in \mathcal{W}_i, i \in \mathcal{N}_a^I, t \in \mathcal{T})$$

式中，$\tilde{p}_{w,t}^W$ 为第 w 个风电场在第 t 个调度时段的最大可调度出力；$\mathcal{W}_i$ 为挂接在第 i 个节点的风电场下标集合；$\mathcal{N}_a^I$ 为第 a 个区域的节点下标集合。式(6-42)描述的是 $\tilde{p}_{w,t}^W$ 的参数化表示，即通过辅助变量 $z_{w,t}^+$ 和 $z_{w,t}^-$ 表示 $\tilde{p}_{w,t}^W$ 的取值。在式(6-42)中，$P_{w,t}^{W0}$ 表示第 w 个风电场在第 t 个调度时段的风电出力预测值；$\overline{P}_{w,t}^W$ 和 $\underline{P}_{w,t}^W$ 分别为第 w 个风电场在第 t 个调度时段的风电预测区间的上界和下界。式(6-43)描述的是不确定预算集合[8]。其中，$\varGamma_w$ 为第 w 个风电场的时间不确定性预算；$\varPi_{a,t}$ 为第 a 个区域在第 t 个调度时段的空间不确定性预算。可以通过调节参数 $\varGamma_w$ 和 $\varPi_{a,t}$ 的取值来控制鲁棒最优解的保守性。式(6-44)定义了辅助变量 $z_{w,t}^+$ 和 $z_{w,t}^-$ 的取值。

与式(6-39)中的第二阶段最小化问题对应的是在给定风电最大出力场景下的单区域经济调度问题。在该阶段中，决策变量包括常规机组出力 $\boldsymbol{p}_a^G$、风电场出力 $\boldsymbol{p}_a^W$ 以及切负荷量 $\Delta \boldsymbol{d}_a$。目标函数中的运行成本包括三部分，其中第一部分为常规机组的发电成本 $C_a^G(\boldsymbol{p}_a^G)$，第二部分为弃风惩罚项 $C_a^W(\boldsymbol{p}_a^W, \tilde{\boldsymbol{p}}_a^W)$，第三部分为切负荷成本 $C_a^d(\Delta \boldsymbol{d}_a)$。各部分成本的表达式如下：

$$C_a^G(\boldsymbol{p}_a^G) = \sum_{t \in \mathcal{T}} \sum_{i \in \mathcal{N}_a^I} \sum_{g \in \mathcal{G}_i} c_g^G(p_{g,t}^G) \tag{6-45}$$

$$C_a^W(\boldsymbol{p}_a^W, \tilde{\boldsymbol{p}}_a^W) = \sum_{t \in \mathcal{T}} \sum_{i \in \mathcal{N}_a^I} \sum_{w \in \mathcal{W}_i} \sigma_w^W \cdot (\tilde{p}_{w,t}^W - p_{w,t}^W) \tag{6-46}$$

$$C_a^d(\Delta \boldsymbol{d}_a) = \sum_{t \in \mathcal{T}} \sum_{i \in \mathcal{N}_a^I} \sigma_i^{\text{ENS}} \cdot \Delta d_{i,t} \tag{6-47}$$

式(6-45)表示常规机组发电成本，其中 $p_{g,t}^G$ 为第 g 台发电机在第 t 个调度时段的有功出力；$c_g^G(\cdot)$ 为第 g 台发电机在第 t 个调度时段的分段线性发电成本函数；$\mathcal{G}_i$ 为挂接在第 i 个节点上的常规机组下标集合。式(6-46)表示弃风惩罚成本，其中 σ_w^W

为第 w 个风电场的弃风惩罚因子。式(6-47)表示切负荷成本，其中，σ_i^{ENS} 为切负荷价格；$\Delta d_{i,t}$ 为第 i 个节点在第 t 个调度时段的切负荷量。

单区域经济调度问题的可行集合描述如下：

$$\Omega_a^S(\boldsymbol{L},\boldsymbol{p}^B,\tilde{\boldsymbol{p}}_a^W)=(p_{g,t}^G,p_{w,t}^W,\Delta d_{i,t},\forall g\in\mathcal{G}_i,w\in\mathcal{W}_i,i\in\mathcal{N}_a^I,t\in\mathcal{T}\Big|$$

$$\sum_{i\in\mathcal{N}_a^I}\left(\sum_{g\in\mathcal{G}_i}p_{g,t}^G+\sum_{w\in\mathcal{W}_i}p_{w,t}^W+\Delta d_{i,t}-d_{i,t}\right)=\sum_{l\in\mathcal{L}_a^{\mathrm{from}}}L_{l,t}-\sum_{l\in\mathcal{L}_a^{\mathrm{to}}}L_{l,t} \tag{6-48}$$

$$\sum_{i\in\mathcal{N}_a^I}K_{j,i}\left(\sum_{g\in\mathcal{G}_i}p_{g,t}^G+\sum_{w\in\mathcal{W}_i}p_{w,t}^W+\Delta d_{i,t}-d_{i,t}\right)=p_{j,t}^B \tag{6-49}$$

$$\underline{F}_f\leqslant\sum_{i\in\mathcal{N}_a^I}G_{f,i}^I\left(\sum_{g\in\mathcal{G}_i}p_{g,t}^G+\sum_{w\in\mathcal{W}_i}p_{w,t}^W+\Delta d_{i,t}-d_{i,t}\right)+\sum_{l\in\mathcal{L}_a^{\mathrm{to}}}G_{f,l}^L L_{l,t}-\sum_{l\in\mathcal{L}_a^{\mathrm{from}}}G_{f,l}^L L_{l,t}\leqslant\overline{F}_f \tag{6-50}$$

$$p_{g,t}^G+r_{g,t}^{G+}\leqslant\overline{P}^G,\quad 0\leqslant r_{g,t}^{G+}\leqslant\mathrm{RU}_g^G\cdot\Delta T \tag{6-51}$$

$$p_{g,t}^G-r_{g,t}^{G-}\geqslant\underline{P}_g^G,\quad 0\leqslant r_{g,t}^{G-}\leqslant\mathrm{RD}_g^G\cdot\Delta T \tag{6-52}$$

$$\sum_{i\in\mathcal{N}_a^I}\sum_{g\in\mathcal{G}_i}r_{g,t}^{G+}\geqslant R_{a,t}^+ \tag{6-53}$$

$$\sum_{i\in\mathcal{N}_a^I}\sum_{g\in\mathcal{G}_i}r_{g,t}^{G-}\geqslant R_{a,t}^- \tag{6-54}$$

$$-\mathrm{RD}_g^G\cdot\Delta T\leqslant p_{g,t}^G-p_{g,t-1}^G\leqslant\mathrm{RU}_g^G\cdot\Delta T \tag{6-55}$$

$$\underline{P}_g^G\leqslant p_{g,t}^G\leqslant\overline{P}_g^G \tag{6-56}$$

$$0\leqslant p_{w,t}^W\leqslant\tilde{p}_{w,t}^W \tag{6-57}$$

$$0\leqslant\Delta d_{i,t}\leqslant d_{i,t} \tag{6-58}$$

$$\forall g\in\mathcal{G}_i,w\in\mathcal{W}_i,i\in\mathcal{N}_a^I,j\in\mathcal{N}_a^B,f\in\mathcal{F}_a,t\in\mathcal{T})$$

式(6-48)为区域功率平衡约束，其中 $d_{i,t}$ 为第 i 个节点在第 t 个调度时段的节点负荷；$\mathcal{L}_a^{\mathrm{from}}$ 表示首端节点位于第 a 个区域的联络线下标集合；$\mathcal{L}_a^{\mathrm{to}}$ 表示末端节点位

于第 a 个区域的联络线下标集合。式(6-49)描述的是区域内部的边界等值注入与区域内部节点注入之间的线性等式关系，其意义和推导过程与式(6-8)相同。式(6-50)为区域内部线路的传输容量约束，其中 $\underline{F}_f$ 和 $\overline{F}_f$ 分别表示第 f 条线路的潮流下限和上限；$G^I_{f,i}$ 表示第 f 条线路潮流对第 i 个内部节点注入的转移分布因子；$G^L_{f,l}$ 表示第 f 条线路潮流对第 l 条联络线功率注入的转移分布因子。式(6-51)和式(6-52)分别为常规机组的向上、向下旋转备用约束，其中 $r^{G+}_{g,t}$ 和 $r^{G-}_{g,t}$ 分别为第 g 台机组在第 t 个调度时段的向上、向下旋转备用容量；$\overline{P}^G_g$ 和 $\underline{P}^G_g$ 分别为第 g 台机组的出力上限和下限；RU^G_g 和 RD^G_g 分别为第 g 台机组的向上、向下爬坡速率；ΔT 为相邻调度时段时间间隔。式(6-53)和式(6-54)分别为区域系统向上、向下旋转备用容量约束，其中 $R^+_{a,t}$ 和 $R^-_{a,t}$ 分别为第 a 个区域在第 t 个调度时段的向上、向下旋转备用容量要求。式(6-55)为常规机组的爬坡速率约束。式(6-56)和式(6-57)分别表示常规机组和风电场的出力限制约束。式(6-58)为切负荷量限制约束。

本节所建立的 RCTS 模型中采用了不确定性预算集合来描述风电的随机性。实际上，我们可以采用其他的不确定集合构建策略来降低解的保守性。例如，在已知风电出力概率分布模型的条件下，我们可以对风电出力场景进行采样，然后建立以最小化期望成本为目标的混合随机-鲁棒优化模型[9]。另外，可以基于不确定集合策略建立 RCTS 问题的扩展鲁棒优化模型，以降低解的成本[10]。此外，在联络线计划-发电调度在线滚动协调框架下，上层控制中心以滚动向前的方式多次求解 RCTS 模型，因此可以采用文献[11]所提出的基于历史数据的不确定集合动态构建方法。由于不确定集合的构建不是本章研究的重点，在此不做深入讨论。

2) 求解算法

为了方便表达，将式(3-39)所描述的 RCTS 模型表示为抽象的矩阵形式：

$$\min_{y\in\Omega^F}\left(\sum_{a\in\mathcal{A}}\max_{\boldsymbol{u}_a\in\mathcal{U}_a}\left(\boldsymbol{b}_a^{\mathrm{T}}\boldsymbol{u}_a+\min_{\boldsymbol{x}_a\in\Omega_a^S(\boldsymbol{y},\boldsymbol{u}_a)}\boldsymbol{c}_a^{\mathrm{T}}\boldsymbol{x}_a\right)\right) \tag{6-59}$$

式中

$$\Omega^F=\left\{\boldsymbol{y}\,\middle|\,\boldsymbol{A}\boldsymbol{y}\leqslant\boldsymbol{c}\right\} \tag{6-60}$$

$$\mathcal{U}_a=\left(\boldsymbol{u}_a\left|\begin{aligned}&\boldsymbol{u}_a=\boldsymbol{u}_a^0+\Delta\boldsymbol{U}_a^+\boldsymbol{z}_a^+-\Delta\boldsymbol{U}_a^-\boldsymbol{z}_a^-,\\&\boldsymbol{B}_a(\boldsymbol{z}_a^++\boldsymbol{z}_a^-)\leqslant\boldsymbol{\Gamma}_a,\\&\boldsymbol{0}\leqslant\boldsymbol{z}_a^+\leqslant\boldsymbol{1},\boldsymbol{0}\leqslant\boldsymbol{z}_a^-\leqslant\boldsymbol{1}\end{aligned}\right.\right) \tag{6-61}$$

$$\Omega_a^S(\boldsymbol{y},\boldsymbol{u}_a)=(\boldsymbol{x}_a\,|\,\boldsymbol{F}_a\boldsymbol{x}_a\leqslant \boldsymbol{d}_a-\boldsymbol{D}_a\boldsymbol{y}-\boldsymbol{E}_a\boldsymbol{u}_a) \tag{6-62}$$

式中，$\boldsymbol{y}$ 表示第一阶段决策变量；$\boldsymbol{u}_a$ 表示不确定参数；$\boldsymbol{x}_a$ 表示第二阶段决策变量。式(6-60)表示式(6-40)和式(6-41)所描述的约束条件。式(6-61)表示式(6-42)～式(6-44)所描述的约束条件。式(6-62)表示式(6-48)～式(6-58)所描述的约束条件。

式(6-59)是一个两阶段鲁棒优化模型。本章采用约束-列生成(column-and-constraint generation，C&CG)算法求解该模型[12]。在求解两阶段鲁棒优化模型方面，C&CG 算法的收敛性优于 Bender 分解[13]。与 Benders 分解算法类似，C&CG 算法采用主问题-子问题交替迭代的方式进行求解。下面将简要介绍 C&CG 算法的求解过程。

(1)子问题求解。在本章中，子问题指的是式(6-59)中的 max-min 问题。对于一般的多面体不确定集合，子问题可以利用 KKT 条件转换为等价的混合整数规划(mixed integer program，MIP)问题[12]。特别地，如果不确定集合为仅考虑整数不确定预算的简单多面体时，子问题可以通过线性规划对偶转换为形式更为简单的 MIP 问题[14]，从而提高求解效率。本章建立的 RCTS 模型符合上述第二种情况，因此子问题选用该方法进行求解。式(6-59)所示的区域 a 的第二阶段问题(即内层的最小化问题)的对偶问题如下：

$$\begin{aligned}S_a(\boldsymbol{y},\boldsymbol{u}_a)&=\min_{\boldsymbol{x}_a}(\boldsymbol{c}_a^{\mathrm{T}}\boldsymbol{x}_a\,|\,\boldsymbol{F}_a\boldsymbol{x}_a\leqslant\boldsymbol{d}_a-\boldsymbol{D}_a\boldsymbol{y}-\boldsymbol{E}_a\boldsymbol{u}_a)\\&=\max_{\boldsymbol{\lambda}_a}(\boldsymbol{\lambda}_a^{\mathrm{T}}(\boldsymbol{D}_a\boldsymbol{y}+\boldsymbol{E}_a\boldsymbol{u}_a-\boldsymbol{d}_a)\,|\,\boldsymbol{\lambda}_a^{\mathrm{T}}\boldsymbol{F}_a+\boldsymbol{c}_a^{\mathrm{T}}=0,\boldsymbol{\lambda}_a\geqslant\boldsymbol{0})\end{aligned} \tag{6-63}$$

据此可将区域 a 的子问题写成以下形式：

$$(\mathbf{SP})\quad\begin{aligned}R_a(\boldsymbol{y})&=\max_{\boldsymbol{u}_a}(\boldsymbol{b}_a^{\mathrm{T}}\boldsymbol{u}_a+S_a(\boldsymbol{y},\boldsymbol{u}_a)\,|\,\boldsymbol{u}_a\in\mathcal{U}_a)\\&=\max_{\boldsymbol{u}_a,\boldsymbol{\lambda}_a}(\boldsymbol{b}_a^{\mathrm{T}}\boldsymbol{u}_a+\boldsymbol{\lambda}_a^{\mathrm{T}}(\boldsymbol{D}_a\boldsymbol{y}+\boldsymbol{E}_a\boldsymbol{u}_a-\boldsymbol{d}_a)\,|\,\boldsymbol{\lambda}_a^{\mathrm{T}}\boldsymbol{F}_a+\boldsymbol{c}_a^{\mathrm{T}}=0,\boldsymbol{u}_a\in\mathcal{U}_a,\boldsymbol{\lambda}_a\geqslant 0)\end{aligned} \tag{6-64}$$

式(6-64)所示的模型的目标函数含有双线性项 $\boldsymbol{\lambda}_a^{\mathrm{T}}\boldsymbol{E}_a\boldsymbol{u}_a$，因此该模型为非凸的双线性规划模型。由于预算值 Γ_a 和 $\Pi_{a,t}$ 为整数，不确定集合 $\mathcal{U}_a$ 中的最恶劣风电场景必然在风电预测区间的上界、下界或者预测值处取到。换言之，不确定集合 $\mathcal{U}_a$ 中辅助变量 $\boldsymbol{z}_a^+$ 和 $\boldsymbol{z}_a^-$ 的取值只能为 0 或者 1。根据这个特点，可以通过大 M 法(式(6-64)所示的子问题模型)等价地转换为以下形式[14]：

$$R_a(\boldsymbol{y}) = \max_{\substack{\boldsymbol{u}_a, \boldsymbol{\lambda}_a, \boldsymbol{\eta}_a^+, \\ \boldsymbol{\eta}_a^-, \boldsymbol{z}_a^+, \boldsymbol{z}_a^-}} \boldsymbol{b}_a^{\mathrm{T}} \boldsymbol{u}_a + (\boldsymbol{D}_a \boldsymbol{y} + \boldsymbol{E}_a \boldsymbol{u}_a^0 - \boldsymbol{d}_a)^{\mathrm{T}} \boldsymbol{\lambda}_a + \boldsymbol{1}^{\mathrm{T}} \boldsymbol{\eta}_a^+ + \boldsymbol{1}^{\mathrm{T}} \boldsymbol{\eta}_a^-$$

s.t.

$$\boldsymbol{\eta}_a^+ \leqslant M \cdot \boldsymbol{z}_a^+$$

$$\boldsymbol{\eta}_a^+ - (\boldsymbol{E}_a \Delta \boldsymbol{U}_a^+)^{\mathrm{T}} \boldsymbol{\lambda}_a \leqslant M \cdot (\boldsymbol{1} - \boldsymbol{z}_a^+)$$

$$\boldsymbol{\eta}_a^- \leqslant M \cdot \boldsymbol{z}_a^-$$

$$\boldsymbol{\eta}_a^- + (\boldsymbol{E}_a \Delta \boldsymbol{U}_a^-)^{\mathrm{T}} \boldsymbol{\lambda}_a \leqslant M \cdot (\boldsymbol{1} - \boldsymbol{z}_a^-)$$

$$\boldsymbol{\lambda}_a^{\mathrm{T}} \boldsymbol{F}_a + \boldsymbol{c}_a^{\mathrm{T}} = 0$$

$$\boldsymbol{u}_a = \boldsymbol{u}_a^0 + \Delta \boldsymbol{U}_a^+ \boldsymbol{z}_a^+ - \Delta \boldsymbol{U}_a^- \boldsymbol{z}_a^-$$

$$\boldsymbol{u}_a \in \mathcal{U}_a$$

$$\boldsymbol{\lambda}_a \geqslant 0, \boldsymbol{z}_a^+ \in \{0,1\}, \boldsymbol{z}_a^- \in \{0,1\}$$

转换后的模型为混合整数线性规划模型，可以直接通过整数规划求解器进行严格的求解。在给定变量 $\boldsymbol{y}$ 和 $\boldsymbol{u}_a$ 取值的情况下，若式(6-63)中最小化问题是可行的，则其最优值 $S_a(\boldsymbol{y},\boldsymbol{u}_a)$ 为有限值；否则，$S_a(\boldsymbol{y},\boldsymbol{u}_a)=+\infty$。因此，SP 的最优值为 $R_a(\boldsymbol{y})<+\infty$ 或者 $R_a(\boldsymbol{y})=+\infty$。这意味着所给定的第一阶段变量 $\boldsymbol{y}$ 使得式(6-63)中的最小化问题在不确定集合中的所有风电场景下均是可行的，或者使得该问题在不确定集合中的某些场景下是不可行的。这两种情形都可以通过下面的 C&CG 算法来处理。

(2) 约束-列生成算法。C&CG 算法的求解步骤如下所示。

步骤 1：初始化。令 $\mathrm{LB}=-\infty$，$\mathrm{UB}=+\infty$，$m=0$ 及 $\mathcal{O}=\varnothing$。设置收敛误差 $\varepsilon>0$。

步骤 2：求解主问题。

(MP)

$$\min_{\boldsymbol{x},\boldsymbol{y},\boldsymbol{\alpha}} \sum_{a\in\mathcal{A}} \alpha_a$$

s.t.

$$\boldsymbol{A}\boldsymbol{y} \leqslant \boldsymbol{c}$$

$$\alpha_a \geqslant \boldsymbol{b}_a^{\mathrm{T}} \boldsymbol{u}_a^{*(k)} + \boldsymbol{c}_a^{\mathrm{T}} \boldsymbol{x}_a^{(k)}, \forall a \in \mathcal{A}, k \in \mathcal{O}$$

$$\boldsymbol{F}_a\boldsymbol{x}_a^{(k)}+\boldsymbol{D}_a\boldsymbol{y}\leqslant\boldsymbol{d}_a-\boldsymbol{E}_a\boldsymbol{u}_a^{*(k)},\forall a\in\mathcal{A},k\leqslant m$$

得到 MP 的最优解 $(\boldsymbol{y}^{*(m+1)},\boldsymbol{\alpha}_a^{*(m+1)},\boldsymbol{x}_a^{*(k)},\forall k\leqslant m,a\in\mathcal{A})$，并更新 $\mathrm{LB}=\sum_{a\in\mathcal{A}}\alpha_a^{*(m+1)}$。

步骤 3: 求解子问题。求解子问题 SP，得到其最优解 $(\boldsymbol{u}_a^{*(m+1)},\boldsymbol{\lambda}_a^{*(m+1)})$，$\forall a\in\mathcal{A}$。

步骤 4：收敛判定。更新 $\mathrm{UB}=\min\left(\mathrm{UB},\sum_{a\in\mathcal{A}}R_a(\boldsymbol{y}^{*(m+1)})\right)$。如果 $\mathrm{UB}-\mathrm{LB}<\varepsilon$，则终止算法；否则，执行步骤 5。

步骤 5：生成约束和列。对于所有 $a\in\mathcal{A}$，执行以下步骤。

步骤 5-1：如果 $R_a(\boldsymbol{y}^{*(m+1)})<+\infty$，则令 $O=O\cup\{k+1\}$ 且 $k=k+1$。将决策变量 $\boldsymbol{x}_a^{(m+1)}$ 以及以下约束添加至主问题 MP，然后执行步骤 2:

$$\alpha_a\geqslant\boldsymbol{b}_a^{\mathrm{T}}\boldsymbol{u}_a^{*(m+1)}+\boldsymbol{c}_a^{\mathrm{T}}\boldsymbol{x}_a^{(m+1)}$$

$$\boldsymbol{F}_a\boldsymbol{x}_a^{(m+1)}+\boldsymbol{D}_a\boldsymbol{y}\leqslant\boldsymbol{d}_a-\boldsymbol{E}_a\boldsymbol{u}_a^{*(m+1)}$$

步骤 5-2: 如果 $R_a(\boldsymbol{y}^{*(m+1)})=+\infty$，则令 $k=k+1$。找出使得 $R_a(\boldsymbol{y}^{*(m+1)})=+\infty$ 的场景 $\boldsymbol{u}_a^{*(m+1)}$。将决策变量 $\boldsymbol{x}_a^{(m+1)}$ 以及以下约束添加至主问题 MP，然后执行步骤 2:

$$\boldsymbol{F}_a\boldsymbol{x}_a^{(m+1)}+\boldsymbol{D}_a\boldsymbol{y}\leqslant\boldsymbol{d}_a-\boldsymbol{E}_a\boldsymbol{u}_a^{*(m+1)}$$

(3) 分解-协调求解框架。上述 C&CG 算法可以在分解-协调的计算框架下实现。图 6-11 所示的是通过上层控制中心和多个区域本地控制中心之间的协调互动来实现求解 RCTS 模型的 C&CG 算法。

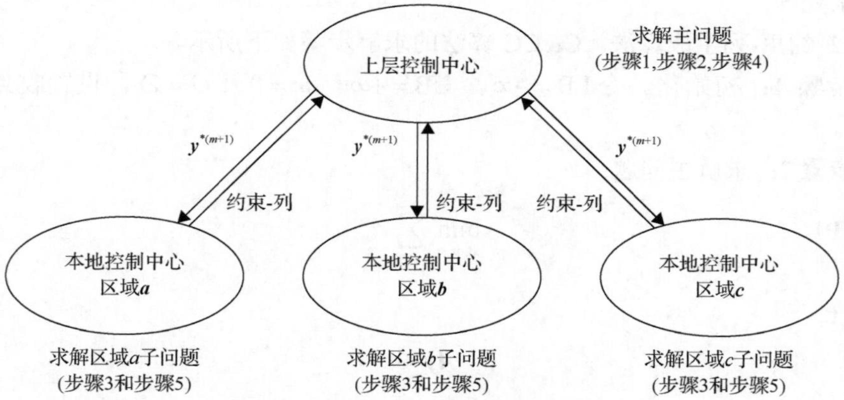

图 6-11　求解 RCTS 的 C&CG 算法在分解-协调计算框架下的实现

其中，上层控制中心执行 C&CG 算法中的步骤 1、步骤 2 和步骤 4，本地控制中心执行步骤 3 和步骤 5。在每次迭代中，每当主问题 MP 求解(步骤 2)完毕时，上层控制中心将 $\boldsymbol{y}^{*(m+1)}$ 发送至各个区域本地控制中心。根据更新后的 $\boldsymbol{y}^{*(m+1)}$，各个区域本地控制中心求解本区域的子问题 SP(步骤 3)，并将生成的约束和列返回给上层控制中心(步骤 5)。这些步骤循环执行，直至满足收敛条件。

6.4 算例分析

6.4.1 多区域电网全局经济调度方法性能测试

本节将通过三个算例的展示说明多区域电网全局经济调度方法的有效性，所用的测试系统包括一个简单的三机系统、若干个 IEEE RTS 测试系统[4]以及实际的东北电网系统。第一个算例的目的在于通过一个简单例子直观地演示本章方法的求解过程。第二个算例通过将本章方法与多个分解算法的对比，验证本章方法计算的准确性、收敛性以及计算效率。第三个算例通过在实际规模多区域电力系统上进行仿真计算，说明多区域协调调度在促进风电消纳方面所带来的效益。

本节算例测试程序通过 MATLAB R2013a 编程实现。MGBD 中子问题 SP 和主问题 MP 均采用优化软件包 CPLEX 实现求解。测试的硬件平台配置为 2.40GHz 的中央处理器以及 16GB 内存，操作系统为 Windows。

1. *求解过程演示*

本节将通过一个简单的例子来说明 MGBD 算法的求解过程。考虑如图 6-12 所示的三机两区域电力系统，其中两个区域通过一条联络线连接。机组参数、成本以及节点负荷均在图 6-12 上标出。

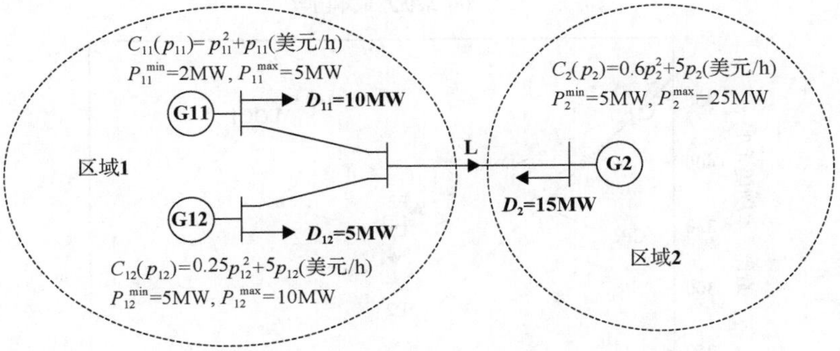

图 6-12 三机两区域电力系统

为方便起见，在本节算例中研究只含功率平衡约束和机组出力限制约束的单

时段经济调度问题。将该问题描述为一个两阶段的问题，其中第一阶段为

$$\min_{\underline{L} \leqslant L \leqslant \overline{L}} F_1(L) + F_2(L) \tag{6-65}$$

式中，$F_1(L)$ 和 $F_2(L)$ 分别为区域 1 和区域 2 在联络线潮流 L 下的最优成本：

$$F_1(L) = \min_{p_{11}, p_{12}} C_{11}(p_{11}) + C_{12}(p_{12}), \text{ s.t. } \begin{cases} p_{11} + p_{12} = D_{11} + D_{12} + L \\ P_{11}^{\min} \leqslant p_{11} \leqslant P_{11}^{\max} \\ P_{12}^{\min} \leqslant p_{12} \leqslant P_{12}^{\max} \end{cases} \tag{6-66}$$

$$F_2(L) = \min_{p_2} C_2(p_2), \text{ s.t. } \begin{cases} p_2 = D_2 - L \\ P_2^{\min} \leqslant p_2 \leqslant P_2^{\max} \end{cases} \tag{6-67}$$

根据 6.2.2 节的结论可以分析，最优总成本 $F(L) = F_1(L) + F_2(L)$ 为关于 L 的含三个分段的分段凸二次函数。图 6-13(a) 中以横轴虚线分隔的三个分段分别对应最

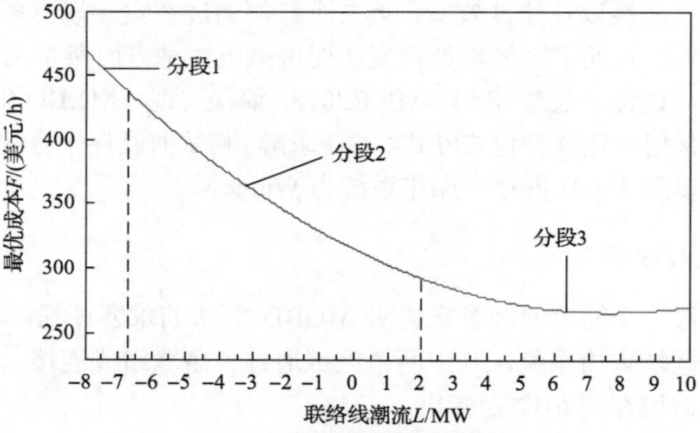

(a) 最优总成本函数

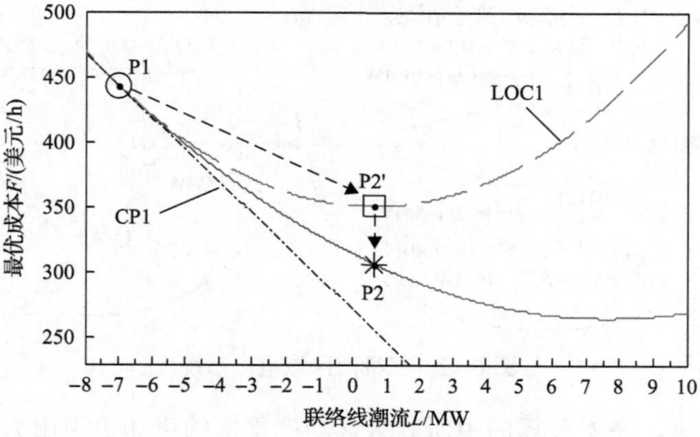

(b) 第1次迭代

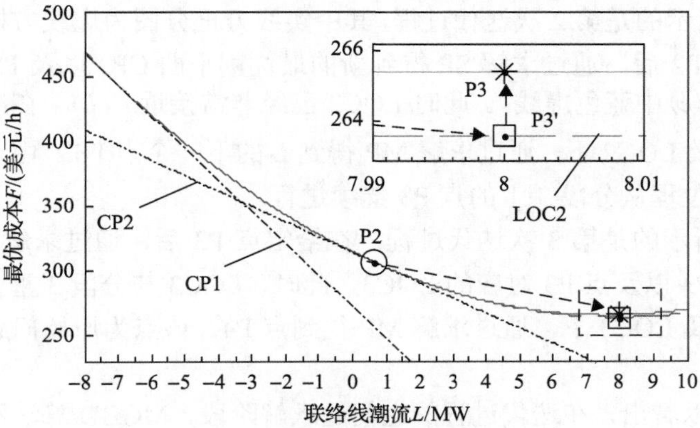

(c) 第2次迭代

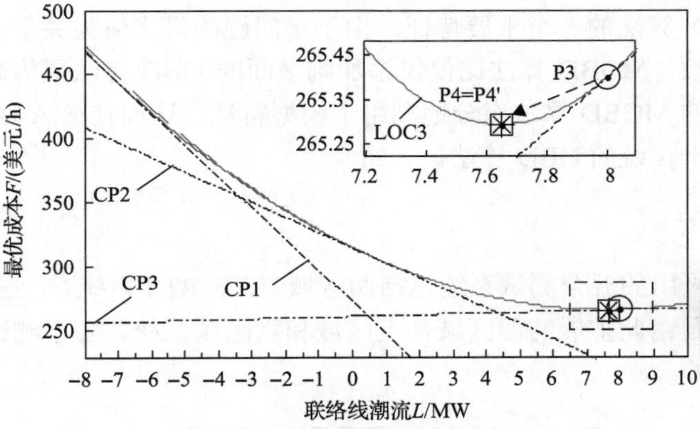

(d) 第3次迭代

图 6-13　简单算例的求解过程演示(彩图请扫二维码)

优总成本函数的三个分段。对于分段 1，机组 G11 和机组 G2 为边际机组，机组 G12 出力为最小技术出力。对于分段 2，三台机组均为边际机组。对于分段 3，机组 G12 和机组 G2 为边际机组，机组 G11 的出力为最大技术出力。虽然最优总成本函数 $F(L)$ 是一条光滑曲线，但是三段对的 LOC 表达式并不相同。

下面演示 MGBD 的求解过程。假设 MGBD 算法开始时 L 的初始值对应分段 1 上的点 P1，如图 6-13(b)所示。图 6-13(b)展示的是第 1 次迭代过程。在给定初始点 P1(即 L 的取值)后，通过求解 SP 得到最优割平面 CP1(见黑色点虚线)以及 P1 点对应的 LOC，即图 6-13(b)中的 LOC1(见红色虚线)。在生成割平面 CP1 和更新 LOC1 后，通过求解 MP 得到 L 的下一个点 P2′。由于尚未满足收敛条件，迭代过程从分段 2 上的点 P2 继续进行，其中点 P2 对应的联络线潮流 L 与点 P2′的相同。

图 6-13(c)所示的是第 2 次迭代过程，其中实线方框分图为虚线方框部分的放大图。在给定点 P2 后，通过求解 SP 得到新的最优割平面 CP2 以及 P2 点对应的 LOC2(见图 6-13(c)中蓝色虚线)。此时 LOC2 已经非常接近 $F(L)$。在给定的割平面 CP1、CP2 以及 LOC2 下，通过求解 MP 得到 L 的下一个点 P3′。由于收敛条件仍未满足，迭代过程从分段 3 上的点 P3 继续进行。

图 6-13(d)所示的是第 3 次迭代过程。在给定点 P3 后，通过求解 SP 得到新的最优割平面 CP3 以及点 P3 对应的 LOC3。此时，LOC3 与分段 3 重合。在给定的 CP1～CP3 以及 LOC3 下，通过求解 MP 得到点 P4。该点为原始问题的全局最优解。

从本算例可以看出，在迭代过程的主问题求解阶段，MGBD 算法不仅添加传统的 Bender 割平面，而且还通过凸二次的 LOC 寻找下一个解。这是 MGBD 算法区别于传统 GBD 算法的一个重要特征。由于子问题的最优值为关于主问题变量的分段凸二次函数，MGBD 算法比仅仅添加割平面的 GBD 算法更为高效。实际上，本章所提出的 MGBD 算法充分地利用了模型特性，因而在 MA-DED 问题的求解效率方面优于传统的 GBD 算法。

2. 算法性能对比

本节算例所采用的五个测试系统包括两区域 IEEE RTS 系统[4]、三区域 IEEE RTS 系统[4]，以及由此扩展的四区域、五区域和六区域系统。各个测试系统的规模信息如表 6-2 所示。

表 6-2 IEEE RTS 测试系统规模信息

系统	区域数量	发电机数量	节点数量	线路数量	联络线数量
2A-RTS	2	66	48	76	3
3A-RTS	3	99	73	115	5
4A-RTS	4	132	97	153	6
5A-RTS	5	165	121	191	7
6A-RTS	6	198	145	229	8

考虑不同调度时段个数的 MA-DED 问题，并分别用集中式求解法、MGBD 算法、常规 GBD 算法(conventional generalized benders decomposition，CGBD)、基于捆绑集法的 Lagrange 松弛法(Lagrangian relaxation with the bundle method，LR-BD)、增广 Lagrange 分解法(augmented Lagrangian decomposition，ALD)以及最优性条件分解法(optimality condition decomposition，OCD)求解。

LR-BD 算法指的是含二次稳定项的 Lagrange 对偶算法，该算法被称为捆绑集法。该算法的实现过程可参考文献[5]，其中稳定函数的惩罚因子为 $\rho = 0.5$ 。ALD

算法[6]的参数设置为 $\alpha = 10^8$，$\eta = \alpha$，$\gamma = 2\alpha$，其中 α 为乘子修正步长，η 和 γ 分别表示附加线性项和二次项的惩罚因子。ALD、LR-BD 和 OCD 算法的收敛判据为联络线潮流的最大功率失配量，满足以下条件：

$$\begin{cases} \max\limits_{k,t}\left\{\left|\dfrac{\theta_{i,t}^k - \theta_{z,t}^k}{0.5x_k} + \dfrac{\theta_{j,t}^k - \theta_{z,t}^k}{0.5x_k}\right|\right\} < \varepsilon \quad (\text{ALD, LR-BD}) \\ \max\limits_{k,t}\left\{\left|L_{i,j}^{k,t} + L_{j,t}^{k,t}\right|\right\} < \varepsilon \qquad\qquad (\text{OCD}) \end{cases} \tag{6-68}$$

式中，收敛误差为 $\varepsilon = 0.1\,\text{MW}$。式(6-68)中的变量如图 6-14 所示，其中 $\theta_{i,t}^k$、$\theta_{z,t}^k$、$\theta_{j,t}^k$ 表示节点电压相角，$L_{i,j}^{k,t}$ 表示联络线潮流，x_k 表示联络线的电抗。

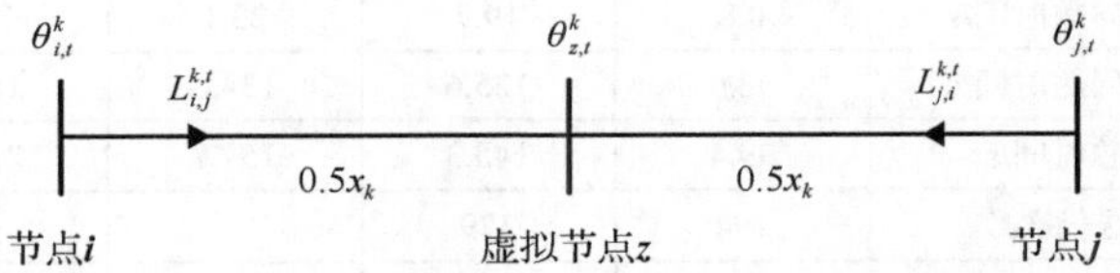

图 6-14　与联络线 k 相关的变量定义

对于调度时段个数不同(T=2ΔT, 8ΔT, 16ΔT, 24ΔT, ΔT=1h)的 MA-DED 模型，各个算法的计算结果统计如表 6-3～表 6-6 所示，各个表中符号“–”表示迭代计算 500 次仍未满足收敛判据，各个表中 MGBD 算法的相对误差用于检验算法的准确性，包括最优解的相对误差以及最优目标函数值的相对误差。相对误差的计算以集中式算法结果为基准，即

$$\begin{aligned} \text{解误差} &= \left\|\frac{\boldsymbol{x}_{\text{MGBD}} - \boldsymbol{x}_{\text{Central}}}{\boldsymbol{x}_{\text{Central}}}\right\|_\infty \times 100\% \\ \text{目标误差} &= \left|\frac{f_{\text{MGBD}} - f_{\text{Central}}}{f_{\text{Central}}}\right| \times 100\% \end{aligned} \tag{6-69}$$

式中，$\boldsymbol{x}_{\text{MGBD}}$ 和 $\boldsymbol{x}_{\text{Central}}$ 分别为 MGBD 和集中式方法的最优解向量；f_{MGBD} 和 f_{Central} 分别为 MGBD 和集中式方法的最优目标函数值。对于 MGBD 算法，迭代次数指的是主问题的求解次数；对于 CGBD 算法，迭代次数指的是主问题的求解次数；对于 LR-BD、ALD 算法，迭代次数指的是 Lagrange 乘子更新次数；对于 OCD 算法，迭代次数指的是 Lagrange 乘子交换次数。表 6-3～表 6-6 中的计算时间包括主问题时间、子问题时间以及总时间。对于 MGBD 和 CGBD 算法，主问题时间指的是求解主问题 MP 所消耗的时间，子问题时间指的是每次迭代的最大子问题求解时间之和。总时间等于主问题时间与子问题时间之和。因此，计算总时间等于忽略了通信延时和同步时间的并行计算总时间。OCD 算法只需交换不同

分解问题的边界信息，而无须更新 Lagrange 乘子，因此表中只列出了总时间。

表 6-3　不同算法的计算性能对比结果（T=2 T）

测试系统		2A-RTS	3A-RTS	4A-RTS	5A-RTS	6A-RTS
集中式	计算时间/s	0.4	0.5	0.5	0.8	1.2
MGBD	解误差/%	0.0	0.0	0.1	0.1	0.1
	目标误差/%	0.0	0.0	0.0	0.0	0.0
	迭代次数	2	2	3	3	3
	主问题时间/s	0.0	0.0	0.1	0.1	0.1
	子问题时间/s	0.1	0.1	0.1	0.1	0.1
	总时间/s	0.1	0.1	0.2	0.1	0.2
CGBD	迭代次数	160	376	399	—	312
	主问题时间/s	0.8	19.7	23.1	23.8	19.0
	子问题时间/s	38.6	125.6	134.6	189.7	106.6
	总时间/s	39.4	145.3	157.7	213.5	125.5
LR-BD	迭代次数	194	379	—	—	—
	主问题时间/s	4.9	3.2	5.8	2.5	4.7
	子问题时间/s	3.0	5.4	8.7	6.3	9.6
	总时间/s	7.8	8.6	14.6	8.8	14.3
ALD	迭代次数	—	51	144	48	48
	主问题时间/s	0.0	0.0	0.0	0.0	0.0
	子问题时间/s	0.9	1.1	3.1	1.0	1.0
	总时间/s	10.9	1.1	3.1	1.0	1.0
OCD	迭代次数	20	33	42	80	126
	总时间/s	0.5	0.9	1.1	2.2	3.3

表 6-4　不同算法的计算性能对比结果（T=8 T）

测试系统		2A-RTS	3A-RTS	4A-RTS	5A-RTS	6A-RTS
集中式	计算时间/s	0.6	1.1	3.7	4.0	6.6
MGBD	解误差/%	0.1	0.1	0.0	0.9	0.3
	目标误差/%	0.0	0.0	0.0	0.0	0.0
	迭代次数	6	2	5	3	3
	主问题时间/s	0.1	0.1	0.4	0.1	0.5
	子问题时间/s	0.4	0.2	1.1	0.3	0.5
	总时间/s	0.5	0.3	1.5	0.5	1.0
CGBD	迭代次数	—	—	—	—	—
	主问题时间/s	29.5	38.9	48.8	95.5	158.9
	子问题时间/s	167.6	376.5	369.3	219.3	334.2
	总时间/s	197.0	415.4	418.1	314.9	493.0

续表

测试系统		2A-RTS	3A-RTS	4A-RTS	5A-RTS	6A-RTS
集中式	计算时间/s	0.6	1.1	3.7	4.0	6.6
LR-BD	迭代次数	211	303	—	—	—
	主问题时间/s	4.9	12.4	15.6	54.9	102.7
	子问题时间/s	4.7	6.3	12.9	21.1	20.1
	总时间/s	9.5	18.6	28.5	76.0	122.8
ALD	迭代次数	—	71	59	84	79
	主问题时间/s	0.1	0.0	0.0	0.0	0.0
	子问题时间/s	24.6	3.3	3.1	4.5	4.1
	总时间/s	24.7	3.3	3.1	4.5	4.2
OCD	迭代次数	22	35	46	82	134
	总时间/s	1.3	2.3	2.8	5.6	8.7

表 6-5　不同算法的计算性能对比结果（*T*=16 *T*）

测试系统		2A-RTS	3A-RTS	4A-RTS	5A-RTS	6A-RTS
集中式	计算时间/s	1.2	2.5	7.0	12.6	20.3
MGBD	解误差/%	0.0	0.0	0.2	0.2	0.2
	目标误差/%	0.0	0.0	0.0	0.0	0.0
	迭代次数	2	2	8	10	10
	主问题时间/s	0.1	0.1	1.0	1.3	2.5
	子问题时间/s	0.4	0.3	3.2	4.7	6.3
	总时间/s	0.5	0.4	4.1	5.9	8.8
CGBD	迭代次数	—	—	—	—	—
	主问题时间/s	40.8	58.5	59.1	131.4	153.3
	子问题时间/s	735.7	799.3	882.8	765.9	792.6
	总时间/s	776.6	857.8	941.8	897.3	946.0
LR-BD	迭代次数	211	279	—	—	—
	主问题时间/s	5.6	24.4	41.4	302.3	254.9
	子问题时间/s	7.1	12.5	20.4	30.2	34.3
	总时间/s	12.7	37.0	61.7	332.5	289.2
ALD	迭代次数	—	59	96	112	108
	主问题时间/s	0.1	0.0	0.0	0.0	0.0
	子问题时间/s	41.3	5.4	7.2	8.4	9.6
	总时间/s	41.4	5.5	7.2	8.5	9.6
OCD	迭代次数	27	36	47	97	180
	总时间/s	1.7	4.1	6.9	13.7	26.7

表 6-6 不同算法的计算性能对比结果（T=24T）

测试系统		2A-RTS	3A-RTS	4A-RTS	5A-RTS	6A-RTS
集中式	计算时间/s	2.2	6.0	13.1	23.3	44.7
MGBD	解误差/%	0.0	0.1	0.2	0.2	0.1
	目标误差/%	0.0	0.0	0.0	0.0	0.0
	迭代次数	2	2	7	20	23
	主问题时间/s	0.1	0.1	0.9	6.1	6.6
	子问题时间/s	0.7	0.5	6.2	12.0	15.6
	总时间/s	0.8	0.6	7.2	18.1	22.2
CGBD	迭代次数	—	—	—	—	—
	主问题时间/s	53.2	61.8	105.3	159.8	183.4
	子问题时间/s	1494.3	1476.3	1528.8	1539.0	1525.2
	总时间/s	1547.5	1538.1	1634.2	1698.8	1708.6
LR-BD	迭代次数	211	282	—	—	—
	主问题时间/s	6.3	17.4	99.7	444.8	312.0
	迭代次数	211	282	—	—	—
	主问题时间/s	6.3	17.4	99.7	444.8	312.0
	子问题时间/s	8.7	10.0	39.6	49.3	32.1
	总时间/s	15.1	27.4	139.2	494.0	344.1
ALD	迭代次数	—	120	63	157	231
	主问题时间/s	0.1	0.0	0.0	0.0	0.1
	子问题时间/s	54.3	10.8	9.6	21.5	35.6
	总时间/s	54.5	10.8	9.7	21.5	35.7
OCD	迭代次数	29	36	48	100	176
	总时间/s	4.3	5.7	8.5	20.3	36.7

从表 6-3～表 6-6 所示结果可见，MGBD 算法在所有测试场景下的相对误差都很小。据此可以认为，MGBD 算法得到了与集中式算法结果相同的解。这验证了本章算法结果的准确性。

从算例结果可见，MGBD 算法求解 MA-DED 模型的收敛性优于所对比的其他分布式算法。首先，MGBD 算法的迭代次数比其他分布式算法少一个数量级以上。而且，MGBD 算法的收敛比其他分布式算法更为快速。在所有的测试情景下，MGBD 算法的计算总时间均少于其他分布式算法。在其他分布式算法中，CGBD 算法的性能表现最差。除了 $T=2\Delta T$ 的测试情景，CGBD 在其他测试情景中均无法在 500 次迭代以内收敛。CGBD 算法的基本原理为，通过逐渐生成并加入 Benders

割平面来近似地重构目标函数以及复杂变量的可行域，直至收敛。然而，当目标函数为非线性时，这种基于割平面的重构方法的计算效率是很低下的，因此收敛很慢。通过 MGBD 算法和 CGBD 算法的性能对比可以得出，在主问题(6-21)中引入的 LOC 函数约束对于提高 GBD 算法的收敛性有非常明显的效果。

从表 6-3～表 6-6 所示结果来看，MGBD 的计算时间与集中式算法的计算时间相当。在针对大规模系统的测试情景中，MGBD 的计算时间甚至少于集中式算法。因此，MGBD 算法的计算效率在实际应用中是可以接受的。然而，这并不意味着 MGBD 算法的整体计算效率优于集中式算法，因为本算例没有计及分布式计算中可能出现的通信延时。实际上，分布式算法迭代次数越多，相应的信息交换量也越大，通信延时越严重。本章所提出的 MGBD 算法有良好的收敛性，所需迭代次数远远少于其他分布式算法，因此在实际应用中的通信延时效应并不明显。

3. 全局经济调度效益估计

为了说明多区域电网全局经济调度所带来的现实效益，本算例以我国东北电网系统为测试系统进行仿真测试。东北电网系统由蒙东、辽宁、吉林和黑龙江共四个省级电网组成，其中省级电网的连接关系如图 6-15 所示。东北电网系统的风电装机容量为 18GW。该测试系统的规模信息如表 6-7 所示，本算例采用的负荷和风电数据均为该系统的实际数据。本算例不考虑风电的不确定性，将风电场视为最大出力等于风电出力预测值的可调度电源。设风力发电成本为零。

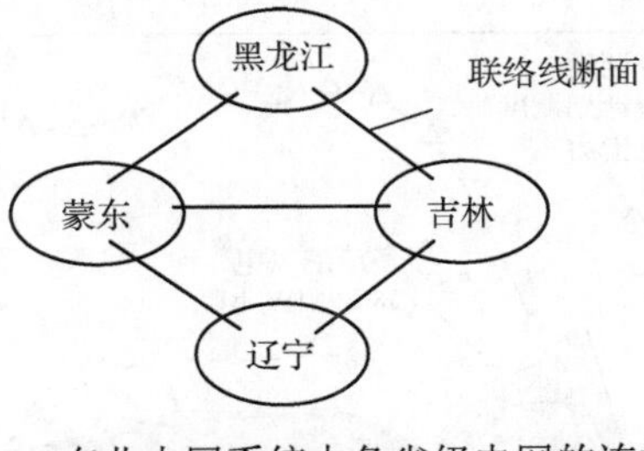

图 6-15 东北电网系统中各省级电网的连接关系

表 6-7 东北电网测试系统的规模信息

区域	发电机数量	母线数量	内部线路数量	联络线数量
蒙东	86	261	319	13
辽宁	108	534	842	5
吉林	99	319	431	15
黑龙江	86	327	465	11
总计	379	1441	2057	22

采用两种不同方法生成测试系统在 24 个调度时段（$\Delta T = 1\text{h}$）的调度计划，并考虑该系统在不同方法下的风电消纳能力。第一种方法为基于 MGBD 方法的多区域电网全局经济调度方法。在该方法下，各区域子系统在每个调度时段均相互协调，以达到全局经济调度的目标。另一种方法为定联络线计划调度方法，即当前我国多区域互联电力系统调度运行的方式。

分别用 MGBD 算法和集中式算法实现全局经济调度方法。集中式算法的计算总时间为 91s。MGBD 算法的计算总时间为 127s，迭代次数为 22 次，其中主问题时间为 26s，子问题时间为 101s。MGBD 算法计算结果的相对最优解误差为 0.98%。

图 6-16 所示的是在不同调度方法下的系统风电消纳情况，图中浅灰色面积部分表示在定联络线计划调度方法下的系统风电出力，深灰色面积部分表示在全局经济调度方法下的系统风电出力，虚线表示系统可用风电出力，带三角标记的曲线表示系统负荷需求。在峰荷时段(23:00～7:00)，尽管发生了明显的弃风，全局经济调度方法的风电消纳量明显多于定联络线计划调度方法。在全局经济调度方法下，系统能够额外地消纳风电 3862MW·h，相当于当天所利用风能的 15.8%。这是因为，全局经济调度方法允许上层控制中心通过灵活调整联络线潮流的手段来协调区域子系统；而在定联络线计划调度方法中，联络线潮流计划一旦制定，几乎无法调整。在发电总成本方面，全局经济调度方法的发电总成本为 33547782 美元，定联络线计划调度方法的发电总成本为 33676516 美元。由于促进了风电消纳，全局经济调度方法在当天节省发电成本 128734 美元。

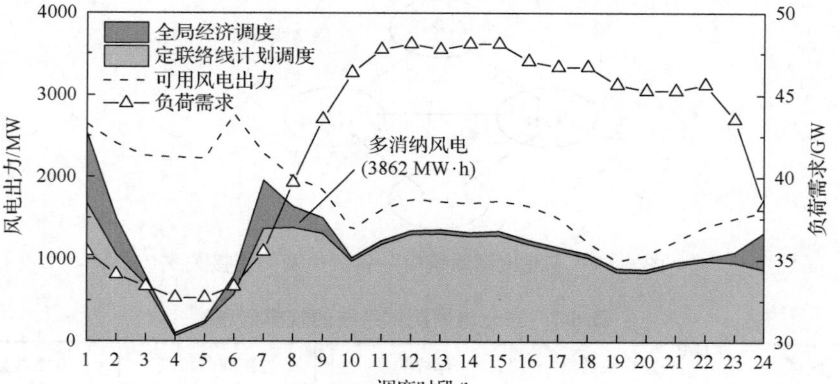

图 6-16　在不同调度方法下的系统风电消纳情况

灵活的联络线潮流计划能够促进区域子系统之间的旋转备用共享。例如，旋转备用容量充裕的区域子系统可以为旋转备用容量相对不足的区域提供旋转备用支撑，以助其应对风电波动。这种方式能够充分地利用多余的旋转备用容量以促进系统整体的风电消纳。图 6-17 所示的是在不同调度方法下的系统向下旋转备用容量情况。从图 6-17 可以看出，全局经济调度方法下的系统向下旋转备用容量水平低于定联络线计划调度方法，两者的差异在谷荷时段尤为明显。在谷荷时段，全局经济调度方法通过释放多余的向下旋转备用容量，使得系统能够消纳更多的风电。这与前面的分析结果是相符合的。

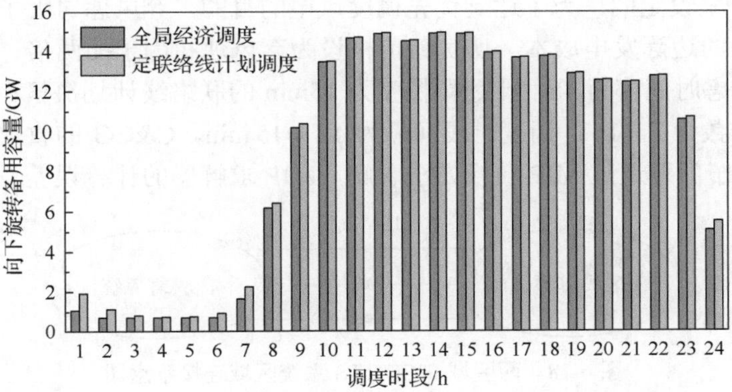

图 6-17　在不同调度方法下的系统向下旋转备用容量情况

6.4.2　鲁棒联络线计划协调方法性能测试

本节将分别在两个测试系统上进行算例测试，以验证本章所提出的鲁棒联络线计划协调方法的性能。第一个测试系统为两区域的 IEEE RTS 系统[15]，另一个测试系统为实际的东北电网系统。在第一个算例中，通过与传统联络线计划决策方法和确定性方法的对比，分析本章所提出的 RCTS 方法在经济性、风电消纳和鲁棒性方面的优势。第二个算例通过在实际电力系统上的仿真测试说明所提出方法在促进大规模风电消纳方面的现实效益。

本节的算例测试在 MATLAB R2014b 上编程实现。C&CG 算法中的线性规划和 MIP 问题均采用优化软件包 Gurobi 6.0 求解。测试的硬件平台配置为 3.40GHz 的中央处理器以及 8GB 的内存。

1. 两区域 IEEE RTS 算例

本节将在改进的两区域 IEEE RTS 系统上进行算例测试。如图 6-18 所示，所采用的测试系统由两个区域子系统组成，两个区域通过三条联络线连接。相比于原始的两区域系统[15,16]，改进系统中区域 2 的节点负荷比例增大了一倍，以促使联络线潮流从区域 1 流向区域 2；挂接在节点 114 和节点 214 上的同步调相机被替换成两个风电场。两个风电场的风电预测出力和风电预测区间如图 6-19 (a)、(b) 分别为区域 1 和区域 2 风电场的风电预测信息，详细的系统负荷和风电预测信息可参考文献[16]。该测试系统的最大风电渗透率为 18.5%。该测试系统的其他参数可以参考文献[15]。系统向上旋转备用要求为 400MW，相当于系统中已启动机组的最大容量。系统向下旋转备用要求为 200MW，相当于峰荷的 5%。此处旋转备用要求水平是根据工程实际中所要求的 N-1 准则[17]和定负荷比例准则[18]来设定的。为了达到优先调度风电的目的，弃风惩罚因子设为常规机组最大出力的边际发电成本。切负荷价格设为弃风惩罚因子的两倍。在本节算例中，我们考虑时间窗为 4h、计划颗粒度为 15min 的联络线计划决策。时间窗内的调度时段个数为 $T=16$，调度时段间隔为 $\Delta T = 15\,\text{min}$。C&CG 的收敛相对误差设为 0.05%。子问题通过 MIP 转换方法求解，MIP 求解器的计算误差设为 0.1%。

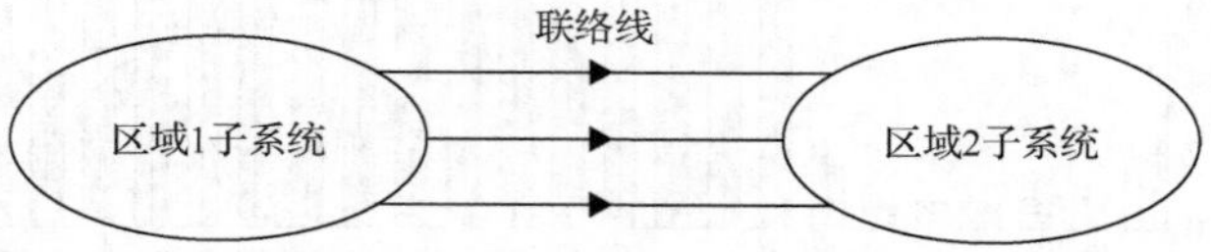

图 6-18　两区域 IEEE RTS 系统区域连接示意图

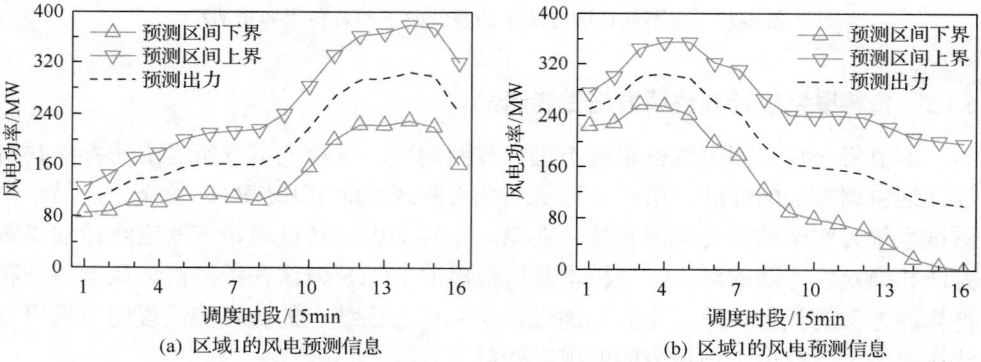

图 6-19　改进两区域 IEEE RTS 系统中的风电预测信息

1) 联络线计划结果

本节算例在两个不同的场景下用本章所提出的方法计算联络线计划。在场景一中，不确定预算设定为 $\Gamma_1 = \Gamma_2 = 0.5T = 8$ 以及 $\Pi_1 = \Pi_2 = 1$。在场景二中，不确定预算设定为 $\Gamma_1 = \Gamma_2 = 0.5T = 0$ 以及 $\Pi_1 = \Pi_2 = 0$。换言之，场景一考虑了风电的不确定性，而场景二则没有考虑。在场景二中，不确定预算为零的 RCTS 模型退化为确定性的联络线协调模型。为方便描述，我们称与场景一对应的方法为鲁棒方法，与场景二对应的方法为确定性方法。采用两种方法得到的联络线计划结果如图 6-20 所示，其中图 6-20(a)～(c) 分别为联络线 1、2、3 的潮流计划，图 6-20(d) 为联络断面潮流计划(联络线潮流之和)。定义由区域 1 流向区域 2 为联络线潮流的正方向。为方便比较，本算例中还考虑了传统的联络线计划策略，即要求联络线潮流计划值在一段时间内保持不变。本算例将传统方法的联络线潮流计划值设为确定性方法结果在调度时间窗内的平均值。

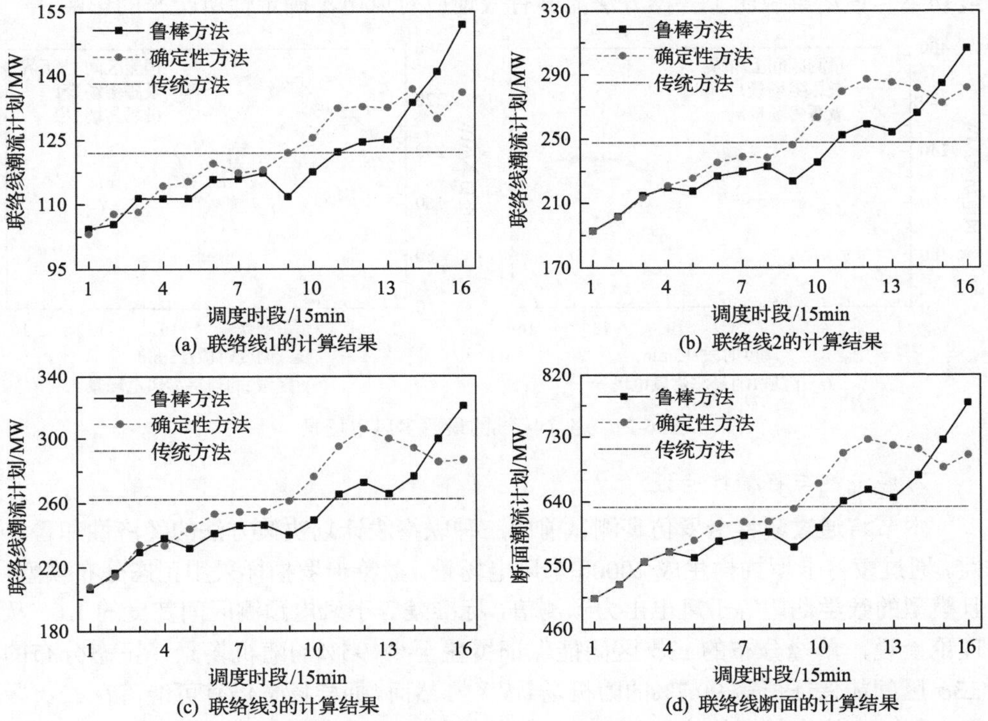

图 6-20　联络线(断面)潮流计划结果

根据图 6-20 所示结果可见，由鲁棒方法和确定性方法得到的联络线潮流计划与两个区域的风电变化趋势相适应。在调度时段 1～15 内，随着区域 1 内可调度风电的增加以及区域 2 内可调度风电的减少，从区域 1 流向区域 2 的联络线功率逐步增加，以促进区域 1 的风电消纳。相比之下，传统方法的联络线潮流保持不变，因此无法适应风电的波动。可见，本章提出的方法能够使联络线潮流计划适应风电和负荷的变化，从而提高多区域系统运行的灵活性。

另外可以观察到，由鲁棒方法得到的联络线潮流总体上低于由确定性方法得到的结果。这是因为鲁棒方法考虑了风电波动的随机性。在 C&CG 求解过程中，鲁棒方法对各个区域分别辨识出两个最恶劣风电场景，如图 6-21 所示。其中，图 6-21(a)和(b)分别对应区域 1 和区域 2。区域 1 的两个最恶劣风电场景均为风电可调度出力水平较低的场景，会导致较高的常规机组发电成本。对于区域 2，最恶劣场景 1 会导致本区域向下旋转备用容量不足，最恶劣场景 2 会导致较高的常规机组发电成本。从下面的蒙特卡罗仿真结果将可以看到，这些最恶劣场景并不会引起系统向上旋转备用容量不足的问题。为了预防区域 2 中由风电波动引起的向下旋转备用容量不足和发电成本较高的问题，鲁棒方法降低了从区域 1 流向区域 2 的联络线功率。该结果说明了鲁棒方法能够有效地应对风电不确定性所带来的影响。

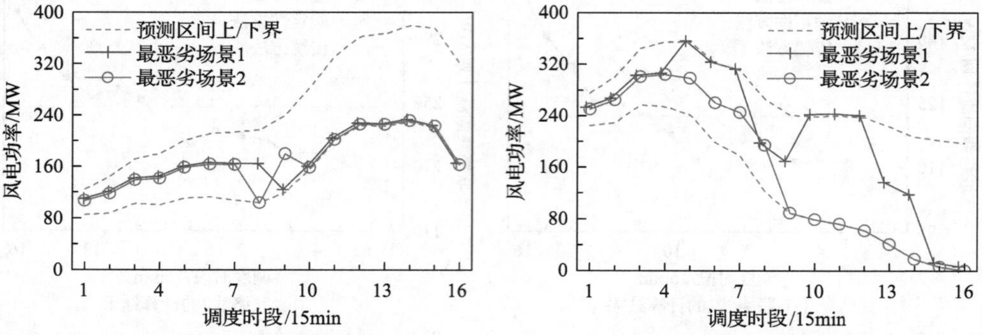

(a) 区域1的最恶劣风电场景　　(b) 区域2的最恶劣风电场景

图 6-21　各个区域的最恶劣风电场景

2）经济性与鲁棒性验证

本节将通过蒙特卡罗仿真测试前面三种联络线计划决策方法的经济性和鲁棒性。通过蒙特卡罗抽样生成 10000 个风电场景。蒙特卡罗抽样采用正态分布模型，且模型的数学期望等于风电出力预测值，标准差等于风电预测区间宽度的 1/6。从理论上说，单峰分布的 $\pm3\sigma$ 区间能保证覆盖至少 95%的随机场景，正态分布的 $\pm3\sigma$ 区间能保证覆盖 99.7%的随机场景[19,20]。然而，抽样场景仍有可能落在 $\pm3\sigma$ 区间之外。在给定的联络线计划和风电抽样场景下，通过求解各个区域的经济调度模型对上述三种方法的效果做出评估。

表 6-8 所示的是蒙特卡罗仿真结果。其中，备用不足指的是因向上或者向下旋转备用不足引起弃风的风电抽样场景比例。运行成本指的是常规机组的发电成本加上弃风成本以及切负荷成本。从表 6-8 可以看出，鲁棒方法的计算时间比另外两种方法的计算时间多。为了考虑风电不确定性的影响，鲁棒方法需要求解性质为 MIP 的等效子问题，而其他两种方法则无须求解这类问题。在所有抽样场景下发生的弃风均是由向下旋转备用不足引起的，与向上旋转备用要求无关。这是因为本算例中的机组负载率较低。表 6-8 中的结果显示，确定性方法的弃风量少于传统方法。这是因为确定性方法能够使联络线功率适应风功率变化的整体趋势，而传统方法则不能。

从表 6-8 中还可以观察到，鲁棒方法的风电消纳效果、旋转备用要求满足情况以及经济性均优于其他两种方法。对于确定性方法，弃风现象时有发生。相比之下，鲁棒方法显著地降低了系统弃风量。并且，鲁棒方法的运行总成本低于确定性方法。即使在发生概率很小的最恶劣场景下，鲁棒方法的性能依然优于其他两种方法。这些结果反映了在联络线计划协调中考虑风电不确定性的优越性。

表 6-8　不同联络线计划决策方法的蒙特卡罗仿真结果

方法	计算时间/s	区域	弃风量/(MW·h)		备用不足/%		运行成本/美元		运行总成本/美元	
			平均	最恶劣	向上	向下	平均	最恶劣	平均	最恶劣
鲁棒	8.2	1	0.0	0.0	0.0	0.0	54361	57177	92461	98121
		2	8.7	40.3	0.0	46.8	38100	40944		
确定性	1.3	1	0.0	0.0	0.0	0.0	58455	61325	93410	99222
		2	23.7	79.8	0.0	99.5	34955	37897		
传统	0.5	1	0.0	0.0	0.0	0.0	56496	59318	95497	101470
		2	49.8	95.1	0.0	100.0	39001	42152		

3) 不确定预算的影响

改变时间不确定性预算 Γ 的取值，用鲁棒方法求解联络线计划协调模型。图 6-22 所示的是不同不确定预算取值下的联络线潮流计划结果，表 6-9 所示的是相应的蒙特卡罗仿真结果。

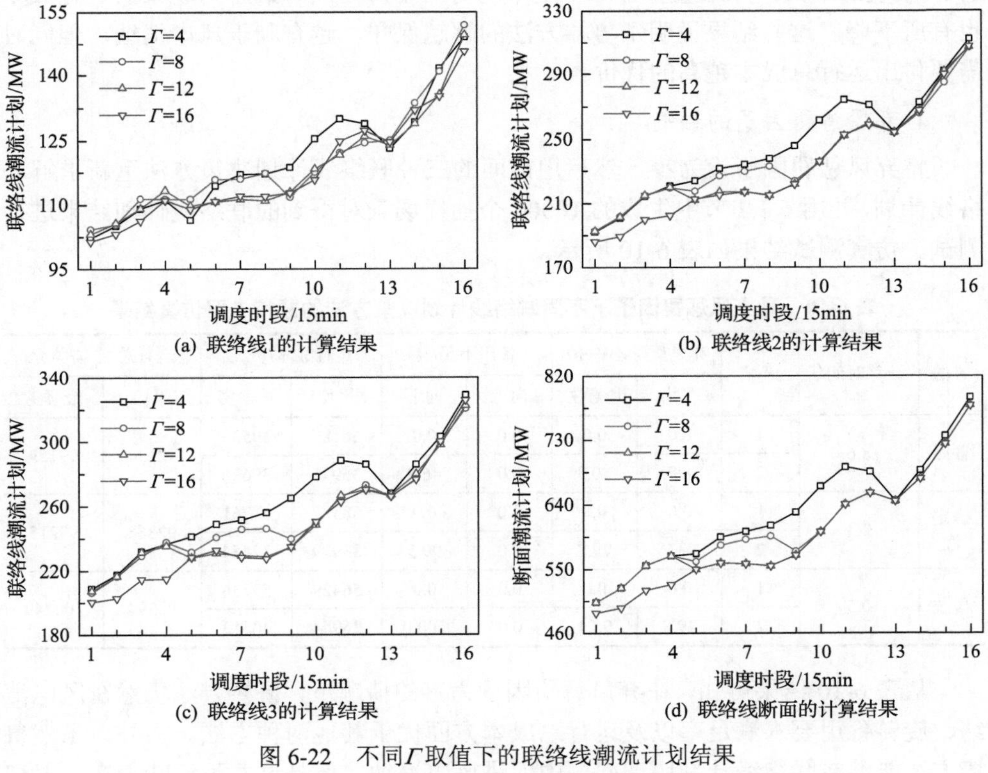

(a) 联络线1的计算结果　(b) 联络线2的计算结果

(c) 联络线3的计算结果　(d) 联络线断面的计算结果

图 6-22　不同 Γ 取值下的联络线潮流计划结果

表 6-9　不同Γ取值下鲁棒方法的蒙特卡罗仿真结果

时间不确定性预算	区域	弃风量/(MW·h)		备用不足/%		目标函数/美元	运行总成本/美元	
		平均	最恶劣	向上	向下		平均	最恶劣
0.25T=4	1	0.0	0.0	0.0	0.0	98988	93146	98974
	2	19.4	70.6	0.0	61.0			
0.50T=8	1	0.0	0.0	0.0	0.0	105223	92461	98121
	2	8.7	40.3	0.0	46.8			
0.75T=12	1	0.0	0.0	0.0	0.0	110032	92143	97665
	2	4.0	28.7	0.0	23.3			
1.00T=16	1	0.0	0.0	0.0	0.0	114219	92007	97613
	2	1.7	23.1	0.0	8.3			

随着Γ取值的增大，最优目标函数值和平均成本也随着上升。这是因为，不确定性预算越大，鲁棒优化解的保守性越强。从图 6-22 可以看到，随着Γ取值的增大，联络线潮流呈变小的趋势。为了应对更多的风电波动场景，区域 2 需要预留出更大的向下旋转备用容量，因此需要减少来自区域 1 的功率注入。所以，随着Γ取值的增大，弃风量和备用不足率均有所下降，同时最恶劣场景的运行成本也有所下降。这些结果说明了鲁棒方法的解越保守，越有利于风电消纳，但同时需要付出运行总成本越高的代价。

4) 弃风惩罚因子的影响

将弃风惩罚因子设为零，然后用前面的三种联络线计划决策方法重新求解联络线计划，并用 6.3.2 节中生成的 10000 个抽样场景对得到的联络线计划结果进行测试。仿真测试结果如表 6-10 所示。

表 6-10　零弃风惩罚因子下不同联络线计划决策方法的蒙特卡罗仿真结果

方法	计算时间/s	区域	弃风量/(MW·h)		备用不足/%		运行成本/美元		运行总成本/美元	
			平均	最恶劣	向上	向下	平均	最恶劣	平均	最恶劣
鲁棒	8.6	1	0.0	0.0	0.0	0.0	56189	59533	92134	99159
		2	8.7	40.3	0.0	46.8	35945	39626		
确定性	2.3	1	0.0	0.0	0.0	0.0	58387	61761	92366	99215
		2	23.7	79.8	0.0	99.5	33979	37454		
传统	0.5	1	0.0	0.0	0.0	0.0	56429	59736	93394	100249
		2	49.8	95.1	0.0	100.0	36964	40513		

从表 6-10 结果可知，在弃风惩罚因子为零的情况下，鲁棒方法仍然在风电消纳、旋转备用要求满足率以及运行总成本方面优于其他两种方法。另外，虽然鲁棒方法能够在联络线计划协调问题中促进风电消纳，但是这并不意味着在一般情

况下鲁棒优化的结果总会比其他方法的运行成本更低。实际上，不同方法的经济效益依赖于市场运行机制和价格信息，需要具体情况具体分析。

5) 结果可靠性验证

除了能促进风电消纳，鲁棒方法能够给出可靠的联络线计划，以保证系统运行的安全性。在本节算例中，将区域 2 中常规机组的发电容量减为原来的一半。然后，用前面的三种联络线计划决策方法计算联络线计划，并用 6.3.2 节中生成的 10000 个抽样场景进行测试。测试结果如表 6-11 所示，其中在确定性方法和传统方法下发生切负荷情况，在鲁棒方法下则没有发生切负荷情况。这是因为鲁棒方法考虑了不确定集合内的所有随机场景，该方法不仅最小化最恶劣场景下的运行成本，而且确保不确定集合内所有随机场景下的可行性。相比之下，确定性方法仅仅考虑了基态场景，其结果难以保证其他场景下的可行性。这一点是鲁棒优化相比于确定性方法的一个显著的优点。

表 6-11　区域 2 发电容量减半后不同联络线计划决策方法的蒙特卡罗仿真结果

方法	计算时间/s	区域	弃风量/(MW·h)		切负荷量		运行成本/美元		运行总成本/美元	
			平均	最恶劣	平均	最恶劣	平均	最恶劣	平均	最恶劣
鲁棒	19.3	1	0.0	0.0	0.0	0.0	74578	77539	153412	159342
		2	0.0	0.0	0.0	0.0	78834	81803		
确定性	4.3	1	0.0	0.0	0.0	0.0	69410	72361	154068	160592
		2	0.0	0.0	16.0	43.0	84658	88231		
传统	1.1	1	0.0	0.0	0.0	0.0	56496	59318	160440	168763
		2	0.0	0.0	192.6	251.7	103944	109445		

2. 实际系统算例

本节算例将以我国东北电网系统为测试系统进行仿真测试。东北电网系统由蒙东、辽宁、吉林和黑龙江四个省级电网子系统组成，区域连接关系如图 6-15 所示。该测试系统的规模信息如表 6-7 所示。针对该测试系统的 RCTS 模型包含 $T=24$ 个调度时段（$\Delta T=1\text{h}$），模型中考虑 307 条电压等级为 500kV 及以上线路的潮流限制约束。四个区域子系统的时间不确定性预算为 $\Gamma=0.5T=12$，各区域的空间不确定性预算 Π 等于本区域的风电场个数的 1/4。C&CG 算法的收敛相对误差为 0.05%。所有子问题被转换为等价的 MIP 模型，从而通过 MIP 求解器求解。MIP 求解器的相对误差设为 1%，求解时间限制为 180s。采用蒙特卡罗仿真法对鲁棒方法、确定性方法和传统方法进行对比，抽样场景个数为 10000。

用上述三种联络线计划决策方法计算该系统的联络线计划。鲁棒方法的并行化求解总时间为 838s。此处，并行化求解总时间等于主问题求解时间与最大子问题求解时间之和。表 6-12 所示的是蒙特卡罗仿真结果，其中列出三种不同方法的风电消纳量以及运行总成本。在三种方法中，鲁棒方法促进风电消纳的效果最好。即使在最恶劣场景下，鲁棒方法的风电消纳量也多于其他两种方法。在运行总成本方面，鲁棒方法的运行总成本也低于另外两种方法。与传统方法相比，鲁棒方法在计划时间窗(24h)内节约了发电成本60406美元，相当于运行总成本的0.2%。这些结果说明了本章所提出的鲁棒方法能够有效地促进大规模风电的消纳，为系统整体的经济运行带来显著的经济效益。

表 6-12　针对东北电网算例的不同联络线计划决策方法的蒙特卡罗仿真结果

方法	计算时间/s	风电消纳量/(MW·h)		运行总成本/美元	
		平均	最恶劣	平均	最恶劣
鲁棒	838	63353	60420	31556209	31656815
确定	7.3	61626	60394	31616615	31657690
传统	8.7	60236	59495	31656815	31993431

在针对东北电网的实际算例中，我们再次考察不确定性预算对计算结果的影响。在本算例中，逐次改变不确定性预算的取值，并用鲁棒方法计算联络线计划。时间不确定性预算 Γ 的取值从 $0.25T$ 增加至 $1.00T$，空间不确定性预算 Π 的取值从 $0.25N$ 增加至 $1.00N$，其中 N 表示相应区域的风电场个数。然后，通过10000次蒙特卡罗仿真对计算结果进行测试，测试结果如表 6-13 所示。表 6-13 中的计算时间仍然为并行化计算时间。随着不确定性预算取值的增大，鲁棒方法在平均情形和最恶劣场景下的风电消纳量呈增加趋势，同时最恶劣场景下的运行成本呈下降趋势。另外，随着不确定性预算取值的增大，虽然弃风量越来越小，然而平均运行总成本并无下降的趋势。这是因为，常规机组为了满足消纳更多风电的需求，不得不运行于高成本的运行点。

表 6-13　不同预算取值下鲁棒方法的蒙特卡罗仿真结果

不确定性预算		计算时间/s	风电消纳量/(MW·h)		运行总成本/美元	
Γ	Π		平均	最恶劣	平均	最恶劣
$0.25T$	$0.25N$	866	63181	60401	31553612	31657478
	$0.50N$	1,123	63299	60722	31553761	31656815
	$0.75N$	763	63360	61998	31554144	31604230
	$1.00N$	582	63437	62104	31554142	31600712
$0.50T$	$0.25N$	838	63353	60420	31556209	31656815
	$0.50N$	397	63358	61903	31564875	31607401
	$0.75N$	587	63422	62051	31556249	31600797
	$1.00N$	587	63501	62186	31556262	31599235

续表

不确定性预算		计算时间/s	风电消纳量/(MW·h)		运行总成本/美元	
Γ	Π		平均	最恶劣	平均	最恶劣
0.75T	0.25N	842	63359	61630	31558800	31656815
	0.50N	523	63404	62104	31558829	31600856
	0.75N	657	63439	62166	31558809	31600487
	1.00N	1,068	63512	62195	31558897	31597679
1.00T	0.25N	827	63361	62099	31559054	31600877
	0.50N	522	63437	62106	31559055	31600614
	0.75N	521	63501	62183	31559050	31598061
	1.00N	742	63517	62201	31564798	31597455

3. 协调周期对多区域电网协调调度的影响

本节将通过算例仿真讨论协调周期$\Delta\tau$对异步协调调度模式下的多区域电网协调调度的影响。本节算例采用的测试系统是上面采用的两区域 IEEE RTS 系统。令协调周期$\Delta\tau$分别取 1、2、4、16、48、96，并按照图 6-23 所示流程模拟该系统在 T=96($\Delta T = 15\,\text{min}$)个调度时段的实际调度过程。区域 1 和区域 2 的调度时段间隔均为ΔT。

图 6-23 所示的流程与 6.2.2 节所介绍的异步协调调度模式下的多区域电网协调调度过程相同，其主要思路如下。联络线计划协调决策以$\Delta\tau$为周期进行，采用本章提出的鲁棒联络线计划协调方法进行决策。鲁棒联络线计划协调决策时间窗为$\Delta\tau$。本节算例不考虑风电的不确定性，即令$\Gamma = \Pi = 0$。在相邻的联络线计划协调时刻内，各个区域电网执行最新的联络线计划并以ΔT为调度时段间隔安排本区域的发电调度。

不同协调周期下的多区域电网协调调度效果如图 6-24 所示。图 6-24 所示的是多区域电网在不同协调周期下的运行总成本和弃风电量。从图 6-24 可以看到，当协调周期$\Delta\tau = 1$时，系统运行总成本最低，弃风电量也最小。实际上，当协调周期$\Delta\tau = 1$时，异步协调模式等同于同步协调模式，此时的确定性联络线计划协调与多区域电网全局经济调度的效果基本相同。在此情况下，每次的多区域协调决策过程所利用的预测信息能够准确地反映决策时间窗内系统注入功率的变化趋势，因此协调决策结果的实际效果与理想的优化效果非常接近，这表现为较低的运行总成本和较少的弃风电量。随着协调周期的变大，多区域系统的运行总成本和弃风电量逐渐增大。特别地，当协调周期$\Delta\tau = 96$时，异步协调模式下的联络线计划协调方法为当前我国采用的基于日前整定的定联络线计划调度方法。由于风电预测精度随预测时间变长而降低，时间窗宽度越大，时间窗内的风电预测结果

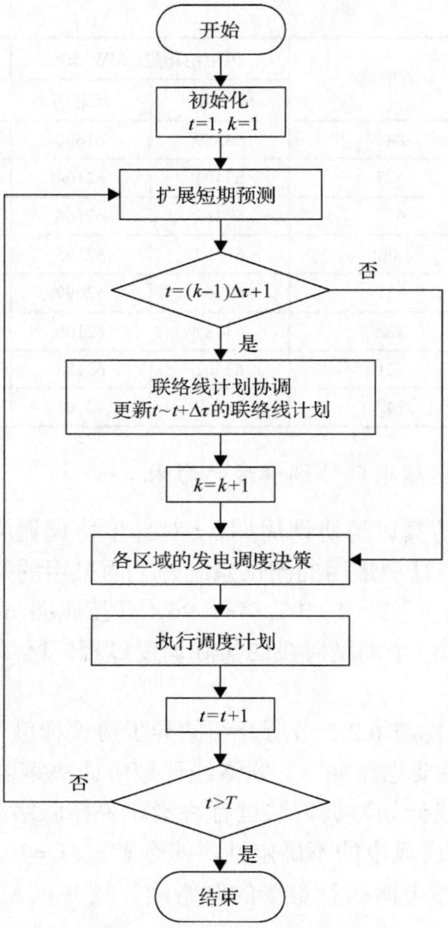

图 6-23　异步协调模式下的多区域电网协调调度过程模拟

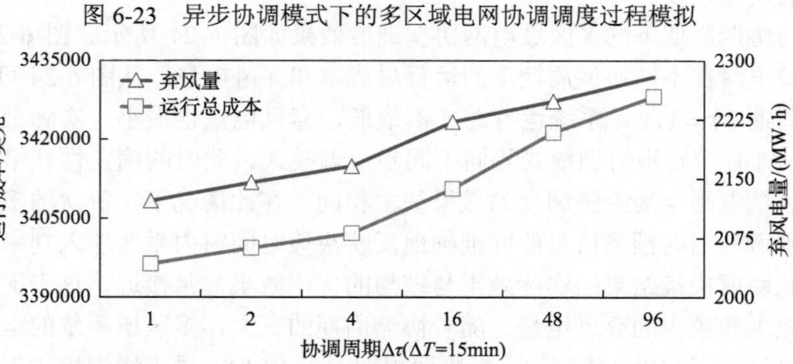

图 6-24　不同协调周期下的运行总成本和弃风电量

误差越大，由此得到的协调决策结果的实际效果与理想优化效果的偏差也越大。

这是运行总成本和弃风电量随协调周期变大而增大的原因。根据上述分析可知，缩短协调周期有利于提高系统的风电消纳能力以及运行的经济性。

另外，协调周期的选择对电网控制中心的通信负担产生一定的影响。图 6-25 所示的是在不同协调周期下上层控制中心与下层控制中心的交换数据次数和平均交换数据量。其中，交换数据次数指的是上层电网控制中心与下层电网控制中心进行数据交换的次数，平均交换数据量指的是上层电网控制中心与下层电网控制中心进行数据交换的平均数据量，单位为 kB/次。从图 6-25 可以看到，随着协调周期变大，控制中心之间的交换次数越少，而平均交换数据量变大。这是因为，当协调周期变大时，各个区域的决策时间窗宽也随之增大，导致决策模型的规模增大。所以，上层电网控制中心与下层电网控制中心之间每次交互所需要交换的协调数据量也越大。在此情况下，为了保证多区域电网协调决策的正常进行，要求不同电网控制中心之间的通信质量良好，即通信系统具有较高的可靠性。反之，若协调周期变小，则平均交换数据量变小，而交换数据次数增多。在此情况下，为了保证多区域电网协调决策可持续进行，要求不同电网控制中心之间能够进行快速的通信，即通信系统具有较高的有效性。在实际的通信系统中，有效性和可靠性是相互矛盾的。因此，协调周期应该适应多区域电网通信系统的性能水平。

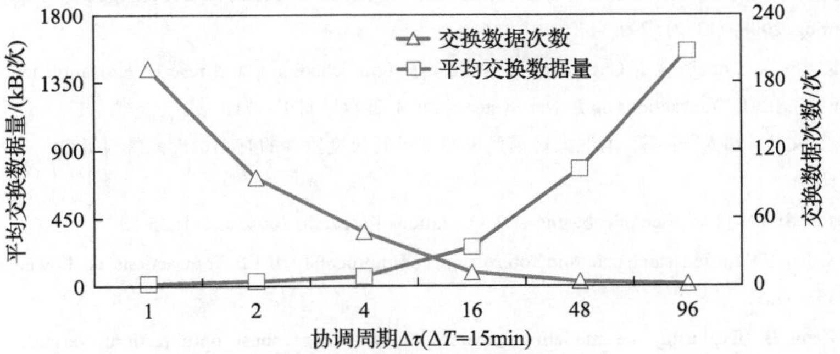

图 6-25 不同协调周期下的平均交换数据量和交换数据次数

缩短协调周期虽然有利于提高系统的风电消纳能力以及运行的经济性，但是对通信系统的有效性提出更高的要求。为了达到提高通信系统有效性的目的，可以采取降低通信系统可靠性或者扩充信道容量的方法。由于多区域电网通信系统并不仅仅服务于协调调度功能，为了保证其他功能的正常运作，通信系统的可靠性应保持在一定的水平之上，因此协调周期与其他功能对通信系统的性能要求之间需要权衡。若选择扩充通信系统的信道容量，则需要对现有的通信系统进行升级改造，这会产生额外的投资和运行维护费用。在综合考虑通信系统升级改造和运行维护费用的情况下，多区域电网协调调度是否能带来显著的经济效益，也是缩短协调周期需要考虑的问题。另外，协调周期的大小还需要与各区域电网控制中心现有的发电调度高级应用相兼容。例如，为了保证联络线计划能被有效地被下层电网控制中心执行，联络线计划协调周期不应小于在线滚动调度的启动周期。进一步阅读可以参阅文献[21]～[23]。

综上所述，协调周期的调整虽然能改善多区域电网运行的整体经济性和风电消纳能力，但是需要兼顾通信系统可靠性、多区域电网运行经济性等其他方面的因素。

参 考 文 献

[1] Li P, Banakar H, Keung P, et al. Macromodel of spatial smoothing in wind farms[J]. IEEE Transactions on Energy Conversion, 2007, 22(1): 119-128.

[2] Deckmann S, Pizzolante A, Monticelli A, et al. Studies on power system load flow equivalencing[J]. IEEE Transactions on Power Apparatus and Systems, 1980, PAS-99(6): 2301-2310.

[3] Geoffrion A M. Generalized Benders decomposition[J]. Journal of Optimization Theory and Applications, 1972, 10(4): 237-260.

[4] Grigg C, Wong P, Albrecht P, et al. The IEEE reliability test system-1996. A report prepared by the reliability test system task force of the application of probability methods subcommittee[J]. IEEE Transactions on Power Systems, 1999, 14(3): 1010-1020.

[5] Briant O, Lemaréchal C, Meurdesoif P, et al. Comparison of bundle and classical column generation[J]. Mathematical Programming, 2008, 113(2): 299-344.

[6] Ahmadi-Khatir A, Conejo A J, Cherkaoui R. Multi-area unit scheduling and reserve allocation under wind power uncertainty[J]. IEEE Transactions on Power Systems, 2014, 29(4): 1701-1710.

[7] 张伯明，吴文传，郑太一，等. 消纳大规模风电的多时间尺度协调的有功调度系统设计[J]. 电力系统自动化, 2011, 1: 1-6.

[8] Bertsimas D, Sim M. The price of robustness[J]. Operations Research, 2004, 52(1): 35-53.

[9] Zhao C, Guan Y. Unified stochastic and robust unit commitment[J]. IEEE Transactions on Power Systems, 2013, 28(3): 3353-3361.

[10] An Y, Zeng B. Exploring the modeling capacity of two-stage robust optimization: Variants of robust unit commitment model[J]. IEEE Transactions on Power Systems, 2015, 30(1): 109-122.

[11] Lorca A, Sun X A. Adaptive robust optimization with dynamic uncertainty sets for multi-period economic dispatch under significant wind[J]. IEEE Transactions on Power Systems, 2015, 30(4): 1702-1713.

[12] Zeng B, Zhao L. Solving two-stage robust optimization problems using a column-and-constraint generation method[J]. Operations Research Letters, 2013, 41(5): 457-461.

[13] Benders J F. Partitioning procedures for solving mixed-variables programming problems[J]. Numerical Mathematics, 1962, 4(1): 238-252.

[14] Jiang R, Zhang M, Li G, et al. Benders decomposition for the two-stage security constrained robust unit commitment problem: Technical report[M]. Gainesville: University of Florida, 2011.

[15] Boyd S P, Vandenberghe L. Convex Optimization[M]. Cambridge: Cambridge University Press, 2004.

[16] Li Z. Test data of modified IEEE-RTS—system loads and wind power prediction intervals [EB/OL]. [2014-10-14]. http://drive. google.com/file/d/0B8RyC6mAHDXZGt5ekdNWmw1Mzg/view?usp=sharing.

[17] Wood A J, Wollenberg B F. Power Generation, Operation, and Control[M]. New York: John Wiley & Sons, 1996.

[18] Kundur P, Paserba J, Ajjarapu V, et al. Definition and classification of power system stability[J]. IEEE Transactions on Power Systems, 2004, 19(3): 1387-1401.

[19] Pukelsheim F. The three sigma rule[J]. The American Statistician, 1994, 48(2): 88-91.

[20] Dostál Z. Optimal Quadratic Programming Algorithms: with Applications to Variational Inequalities[M]. New York: Springer, 2009.

[21] Li Z, Shahidehpour M, Wu W, et al. Decentralized multi-area robust generation unit and tie-line scheduling under wind power uncertainty[J]. IEEE Transaction on Sustainable Energy, 2015, 6(4): 1377-1388.

[22] Li Z, Wu W, Zeng B, et al. Adaptive robust tie-line scheduling with wind power uncertainty for interconnected power systems[J]. IEEE Transactions on Power Systems, 2016, 31(4): 2701-2713.

[23] Li Z, Wu W, Zeng B, et al. Decentralized contingency-constrained tie-line scheduling for multi-area power grids[J]. IEEE Transactions on Power Systems, 2017, 32(1): 354-367.

第7章 输配网分解协调调度

7.1 概　述

伴随着分布式可再生能源大量地接入配电网，传统的配电网正在演化成主动配电网[1-3]。主动配电网中，大量分布式光伏、风电等的接入使得配电网变得难以控制。

在有功调度方面，传统的日内经济调度中，由于传统发电资源主要集中在输电网，经济调度也主要在输电网中进行。随着分布式可再生能源在配电网中大量汇集，配电侧的经济调度在主动配电网中变得十分有必要。当前输电网的经济调度和配电网的经济调度是独立进行的，然而这种独立调度模式存在一些不足。首先，在这种独立调度模式下，输配网之间的功率传输在每个调度时段是固定的，这导致了分布式可再生能源给电网带来的灵活性被限制在配网侧，无法被输电网充分地利用；其次，当配电网中的发电资源波动量大时，输配网的边界处会产生功率失配。

在无功电压控制方面，当前对输电网和配电网的无功电压优化也是独立进行的。典型的无功优化以降低网络损耗为目标，显然，输配网之间独立的无功优化是无法达到全网网络损耗最优的。另外，在配电网中，当某条馈线所连接的分布式能源大量注入时，该条馈线末端的节点电压会显著地提高，如未将输电网的调节能力加以利用，配电网自身难以将过电压节点降到合理的电压水平[4,5]。

因此，无论是输配网的有功经济调度还是无功电压控制，都需要输电网与配电网之间协同进行。然而，由于输电网与配电网分属于不同调度中心，直接求解输配一体网络的有功/无功问题不切实际。基于以上背景，本章分别就输配联合的经济调度与无功优化问题提出分解协调算法，在保证输电网与配电网调度独立性的前提下给出分散式的解决方案。

7.2 输配网协同的分布式经济调度

7.2.1 输配协同经济调度模型

输配协同经济调度模型包含输电网经济调度模型与配电网经济调度模型，其详细建模如下所示。

1. 目标函数

对于输配协同的动态经济调度问题，其目标函数可以设定成输电网发电机组与配电网发电机组的发电成本之和，表达式如下：

$$\min\sum_{t\in T}\sum_{i\in G^t}C_i^{\text{trans}}(\text{pg}_{i,t}^{\text{trans}})+\sum_{t\in T}\sum_{k\in\text{DIST}}\sum_{i\in G^{\text{dist},k}}C_i^{\text{dist},k}(\text{pg}_{i,t}^{\text{dist},k}) \tag{7-1}$$

式中，集合 T 代表调度时刻集合；集合 G 代表发电机组所在节点集合；集合 DIST 代表配电网编号集合；上标 $(\bullet)^{\text{trans}}$ 代表输电网的变量/函数/集合（下同）；上标 $(\bullet)^{\text{dist},k}$ 代表编号 k 的配电网的变量/函数/集合（下同）；函数 $C_i(\bullet)$ 代表节点 i 的发电机组的发电成本函数；变量 $\text{pg}_{i,t}$ 代表节点 i 的发电机组在时刻 t 的出力。

发电机组的成本函数可以用二次函数来表示。对于常规机组，其成本函数为

$$C_i(\text{pg}_{i,t})=a_{0,i}+a_{1,i}\text{pg}_{i,t}+a_{2,i}\text{pg}_{i,t}^2 \tag{7-2}$$

式中，$a_{0,i}$、$a_{1,i}$、$a_{2,i}$ 分别代表节点 i 的发电机组的发电成本常数项、一次项和二次项。

2. 输电网建模

在输电网中，发电机组的出力需要满足如下约束。

(1) 功率平衡约束

$$\sum_{i\in G^{\text{trans}}}\text{pg}_{i,t}^{\text{trans}}=\sum_{i\in B^{\text{trans}}}\text{pb}_{i,t}^{\text{trans}}+\sum_{i\in D^{\text{trans}}}\text{PD}_{i,t}^{\text{trans}},\forall t\in T \tag{7-3}$$

式中，集合 B 代表输配边界节点集合；$\text{pb}_{i,t}^{\text{trans}}$ 代表在时刻 t 输电网从节点 i 传送到配电网的功率；集合 D 代表负荷节点集合；$\text{PD}_{i,t}$ 代表时刻 t 节点 i 的负荷预测值。

(2) 线路传输容量约束

$$\begin{aligned}-\text{PL}_j^{\text{trans}}\leqslant&\sum_{i\in G^{\text{trans}}}\text{SF}_{j-i}^{\text{trans}}\text{pg}_{i,t}^{\text{trans}}-\sum_{i\in B^{\text{trans}}}\text{SF}_{j-i}^{\text{trans}}\text{pb}_{i,t}^{\text{trans}}\\&-\sum_{i\in D^{\text{trans}}}\text{SF}_{j-i}^{\text{trans}}\text{PD}_{i,t}^{\text{trans}}\leqslant\text{PL}_j^{\text{trans}},\forall j\in L^{\text{trans}},\forall t\in T\end{aligned} \tag{7-4}$$

式中，PL_j 表示支路 j 的传输容量；SF_{j-i} 代表从节点 i 到支路 j 的转移分布因子；集合 L 是所有线路编号的集合。

(3) 旋转备用约束

$$0 \leqslant \mathrm{ru}_{i,t}^{\mathrm{trans}} \leqslant \mathrm{RU}_i^{\mathrm{trans}} \Delta t, \mathrm{ru}_{i,t}^{\mathrm{trans}} \leqslant \overline{\mathrm{PG}}_i^{\mathrm{trans}} - \mathrm{pg}_{i,t}^{\mathrm{trans}}, \forall i \in G^{\mathrm{trans}}, \forall t \in T \tag{7-5}$$

$$0 \leqslant \mathrm{rd}_{i,t}^{\mathrm{trans}} \leqslant \mathrm{RD}_i^{\mathrm{trans}} \Delta t, \mathrm{rd}_{i,t}^{\mathrm{trans}} \leqslant \mathrm{pg}_{i,t}^{\mathrm{trans}} - \underline{\mathrm{PG}}_i^{\mathrm{trans}}, \forall i \in G^{\mathrm{trans}}, \forall t \in T \tag{7-6}$$

$$\sum_{i \in G^{\mathrm{trans}}} \mathrm{ru}_{i,t}^{\mathrm{trans}} \geqslant \mathrm{SRU}_t^{\mathrm{trans}}, \sum_{i \in G^{\mathrm{trans}}} \mathrm{rd}_{i,t}^{\mathrm{trans}} \geqslant \mathrm{SRD}_t^{\mathrm{trans}}, \forall t \in T \tag{7-7}$$

式中，$\mathrm{ru}_{i,t}$、$\mathrm{rd}_{i,t}$ 分别为在时刻 t 节点 i 的发电机组向上、向下旋转备用容量；RU_i、RD_i 分别为节点 i 的发电机组向上、向下爬坡速率；Δt 为调度时间间隔；$\overline{\mathrm{PG}}_i$、$\underline{\mathrm{PG}}_i$ 分别为节点 i 的发电机组出力上下限；SRU_t、SRD_t 分别为系统向上、向下旋转备用容量需求。

(4) 机组爬坡约束

$$-\mathrm{RD}_i^{\mathrm{trans}} \Delta t \leqslant \mathrm{pg}_{i,t+1}^{\mathrm{trans}} - \mathrm{pg}_{i,t}^{\mathrm{trans}} \leqslant \mathrm{RU}_i^{\mathrm{trans}} \Delta t, \forall i \in G^{\mathrm{trans}}, \forall t \in T \tag{7-8}$$

(5) 机组出力约束

$$\underline{\mathrm{PG}}_i^{\mathrm{trans}} \leqslant \mathrm{pg}_{i,t}^{\mathrm{trans}} \leqslant \overline{\mathrm{PG}}_i^{\mathrm{trans}}, \forall i \in G^{\mathrm{trans}}, \forall t \in T \tag{7-9}$$

3. 配电网建模

配电网的建模与输电网类似，如下所示。

(1) 功率平衡约束

$$\mathrm{pb}_t^{\mathrm{dist},k} + \sum_{i \in G^{\mathrm{dist},k}} \mathrm{pg}_{i,t}^{\mathrm{dist},k} = \sum_{i \in D^{\mathrm{dist},k}} \mathrm{PD}_{i,t}^{\mathrm{dist},k}, \forall t \in T \tag{7-10}$$

式中，$\mathrm{pb}_t^{\mathrm{dist},k}$ 为从输电网传到编号 k 的配电网的功率。

(2) 线路传输容量约束

$$\begin{aligned} -\mathrm{PL}_j^{\mathrm{dist},k} \leqslant & \sum_{i \in G^{\mathrm{dist},k}} \mathrm{SF}_{j-i}^{\mathrm{dist},k} \mathrm{pg}_{i,t}^{\mathrm{dist},k} + \sum_{i \in B^{\mathrm{dist},k}} \mathrm{SF}_{j-i}^{\mathrm{dist},k} \mathrm{pb}_{i,t}^{\mathrm{dist},k} \\ & - \sum_{i \in D^{\mathrm{dist},k}} \mathrm{SF}_{j-i}^{\mathrm{dist},k} \mathrm{PD}_{i,t}^{\mathrm{dist},k} \leqslant \mathrm{PL}_j^{\mathrm{dist},k}, \forall j \in L^{\mathrm{dist},k}, \forall t \in T \end{aligned} \tag{7-11}$$

(3) 旋转备用约束

$$0 \leqslant \mathrm{ru}_{i,t}^{\mathrm{dist},k} \leqslant \mathrm{RU}_i^{\mathrm{dist},k} \Delta t, \mathrm{ru}_{i,t}^{\mathrm{dist},k} \leqslant \overline{\mathrm{PG}}_i^{\mathrm{dist},k} - \mathrm{pg}_{i,t}^{\mathrm{dist},k}, \forall i \in G^{\mathrm{dist},k}, \forall t \in T \tag{7-12}$$

$$0 \leqslant \mathrm{rd}_{i,t}^{\mathrm{dist},k} \leqslant \mathrm{RD}_i^{\mathrm{dist},k} \Delta t, \mathrm{rd}_{i,t}^{\mathrm{dist},k} \leqslant \mathrm{pg}_{i,t}^{\mathrm{dist},k} - \underline{\mathrm{PG}}_i^{\mathrm{dist},k}, \forall i \in G^{\mathrm{dist},k}, \forall t \in T \tag{7-13}$$

$$\sum_{i\in G^{\text{dist},k}} \text{ru}_{i,t}^{\text{dist},k} \geqslant \text{SRU}_t^{\text{dist},k}, \sum_{i\in G^{\text{dist},k}} \text{rd}_{i,t}^{\text{dist},k} \geqslant \text{SRD}_t^{\text{dist},k}, \forall t\in T \tag{7-14}$$

(4) 机组爬坡约束

$$-\text{RD}_i^{\text{dist},k}\Delta t \leqslant \text{pg}_{i,t+1}^{\text{dist},k} - \text{pg}_{i,t}^{\text{dist},k} \leqslant \text{RU}_i^{\text{dist},k}\Delta t, \forall i\in G^{\text{dist},k}, \forall t\in T \tag{7-15}$$

(5) 机组出力约束

$$\underline{\text{PG}}_i^{\text{dist},k} \leqslant \text{pg}_{i,t}^{\text{dist},k} \leqslant \overline{\text{PG}}_i^{\text{dist},k}, \forall i\in G^{\text{dist},k}, \forall t\in T \tag{7-16}$$

4. 边界条件

输电网与配电网之间的传输功率应该平衡，记编号 k 的配电网在输电网中连接的节点为 $I(k)$，则有

$$\text{pb}_{I(k),t}^{\text{trans}} = \text{pb}_t^{\text{dist},k} \tag{7-17}$$

7.2.2 分解协调求解算法

1. 模型分析

本节所提出的模型中，目标函数为二次函数，约束均为线性约束，因此模型为一个二次规划问题。考虑到模型特点，可以将模型中的变量分为输电网变量和配电网变量，分别记为 x^t 和 x^d。在模型的所有约束中，包含输电网变量自身可行域、配电网变量自身可行域和输配电网耦合约束。因此，模型可以表示成下面的形式

$$\begin{cases}\min C^{\text{trans}}(x^{\text{trans}}) + \sum\limits_{k\in\text{DIST}} C^{\text{dist},k}(x^{\text{dist},k})\\ \text{s.t.}\ \ A^k x^{\text{trans}} + B^k x^{\text{dist},k} \leqslant c^k\\ \qquad x^{\text{trans}} \in X^{\text{trans}}\\ \qquad x^{\text{dist},k} \in X^{\text{dist},k}, \forall k\in\text{DIST}\end{cases} \tag{7-18}$$

式中，函数 $C^{\text{trans}}(\cdot)$ 和 $C^{\text{dist},k}(\cdot)$ 分别代表输电网和配电网的目标函数。约束条件中第一个约束代表输配网之间的边界约束(7-17)；X^{trans} 代表输电网变量的可行域(约束(7-3)～约束(7-9))；$X^{\text{dist},k}$ 代表第 k 个配电网变量的可行域(约束(7-10)～约束(7-16))。

2. 算法流程

根据本节所提出模型的特性，采用分解协调算法进行求解。算法的数学基础是多参数规划[6,7]。具体算法步骤如下所示。

第一步：优化输电网经济调度主问题，初始化迭代次数 m=0，可行割约束集 FC 为全集。在主问题中，边界变量未被考虑，其形式如式(7-19)所示。记主问题的最优解为 $x_{(m)}^{\text{trans}}$。

$$\begin{cases}\min C^{\text{trans}}(x^{\text{trans}})\\ \text{s.t. } x^{\text{trans}}\in X^{\text{trans}}\\ \qquad x^{\text{trans}}\in \text{FC}\end{cases}\tag{7-19}$$

第二步：根据主问题最优解 $x_{(m)}^{\text{trans}}$ 求解含边界条件的各个配电网经济调度子问题，第 k 个配电网的子问题形式如下：

$$\begin{cases}\min C^{\text{dist},k}(x^{\text{dist},k})\\ \text{s.t. } A^k x_{(m)}^{\text{trans}}+B^k x^{\text{dist},k}\leqslant c^k\\ \qquad x^{\text{dist},k}\in X^{\text{dist},k}\end{cases}\tag{7-20}$$

第三步：若子问题可行，则可生成输电网变量的临界域 $\text{CR}_{(m)}^k$ 与临界域内的子问题最优目标函数 $C_{(m)}^k(x^{\text{trans}})$；若子问题不可行，则对可行割集 FC 进行更新。

第四步：求解如下形式的主问题

$$\begin{cases}\min C^{\text{trans}}(x^{\text{trans}})+\sum\limits_{k\in \text{DIST}_{(m)}} C_{(m)}^k(x^{\text{trans}})\\ \text{s.t. } x^{\text{trans}}\in X^{\text{trans}}\\ \qquad x^{\text{trans}}\in \text{FC}\\ \qquad x^{\text{trans}}\in \text{CR}_{(m)}^k,\forall k\in \text{DIST}_{(m)}\end{cases}\tag{7-21}$$

式中，$\text{DIST}_{(m)}$ 代表第 m 次迭代中配电网子问题可行的配电网编号。增加迭代次数 $m=m+1$，并将主问题最优解记为 $x_{(m)}^{\text{trans}}$。

第五步：若主问题最优解在迭代过程中改变量小于阈值，则迭代收敛，终止迭代。否则返回第二步求解子问题。

3. 临界域确定

当子问题可行时，可生成边界条件的临界域与临界域内子问题最优目标函数的表达式。

子问题可统一扩展成下面形式

$$\begin{cases}\min \dfrac{1}{2}(x^{\mathrm{dist},k})^{\mathrm{T}} Q(x^{\mathrm{dist},k}) + f^{\mathrm{T}} x^{\mathrm{dist},k} + r \\ \text{s.t.}\ \ \hat{A}x_{(m)}^{\mathrm{trans}} + \hat{B}x^{\mathrm{dist},k} \leqslant \hat{c}\end{cases} \tag{7-22}$$

在最优解处，将问题(7-22)的所有约束分为起作用约束与不起作用约束，记下标$(\cdot)_A$代表起作用约束，问题(7-22)与下面问题等价

$$\begin{cases}\min \dfrac{1}{2}(x^{\mathrm{dist},k})^{\mathrm{T}} Q(x^{\mathrm{dist},k}) + f^{\mathrm{T}} x^{\mathrm{dist},k} + r \\ \text{s.t.}\ \hat{A}_A x_{(m)}^{\mathrm{trans}} + \hat{B}_A x^{\mathrm{dist},k} = \hat{c}_A\end{cases} \tag{7-23}$$

问题(7-23)的 Lagrange 函数为

$$\begin{aligned}L(x^{\mathrm{dist},k},\lambda) = &\left[\frac{1}{2}(x^{\mathrm{dist},k})^{\mathrm{T}} Q(x^{\mathrm{dist},k}) + f^{\mathrm{T}} x^{\mathrm{dist},k} + r\right] \\ &+\lambda^{\mathrm{T}}(\hat{A}_A x_{(m)}^{\mathrm{trans}} + \hat{B}_A x^{\mathrm{dist},k} - \hat{c}_A)\end{aligned} \tag{7-24}$$

根据 KKT 条件，有

$$\frac{\partial L(x^{\mathrm{dist},k},\lambda)}{\partial x^{\mathrm{dist},k}} = Qx^{\mathrm{dist},k} + f + \hat{B}_A^{\mathrm{T}}\lambda = 0 \tag{7-25}$$

由式(7-25)，可以解得

$$x^{\mathrm{dist},k} = -Q^{-1}(f + \hat{B}_A^{\mathrm{T}}\lambda) \tag{7-26}$$

为了表达简便，式(7-26)可记为

$$x^{\mathrm{dist},k} = -Q^{-1}(f + \hat{B}_A^{\mathrm{T}}\lambda) \tag{7-27}$$

联合式(7-27)与式(7-23)的约束条件，有

$$\lambda = -(\hat{B}_A M_1)^{-1}(\hat{A}_A x_{(m)}^{\mathrm{trans}} + \hat{B}_A M_2 - \hat{c}_A) \tag{7-28}$$

式(7-28)又可简化表示成

$$\begin{cases}\lambda = K_1 x_{(m)}^{\text{trans}} + K_2 \\ K_1 = -(\hat{B}_A M_1)^{-1}\hat{A}_A \\ K_2 = -(\hat{B}_A M_1)^{-1}(\hat{B}_A M_2 - \hat{c}_A)\end{cases} \tag{7-29}$$

根据互补松弛特性，Lagrange 乘子要满足

$$\lambda \geqslant 0 \tag{7-30}$$

另外对于不起作用的约束，有

$$\hat{A}_I x_{(k)}^t + \hat{B}_I x^d \leqslant \hat{c}_I \tag{7-31}$$

式中，下标 $(\bullet)_I$ 代表不起作用约束。

结合式(7-29)～式(7-31)，即可确定输电网变量的临界域，如下：

$$\begin{aligned}\mathrm{CR}_{(m)} = \{&x^{\text{trans}} \mid K_1 x^{\text{trans}} \geqslant K_2, \\ &(\hat{A}_I + \hat{B}_I M_1 K_1) x^{\text{trans}} \leqslant \hat{c}_I - \hat{B}_I\left(M_1 K_2 + M_2\right)\}\end{aligned} \tag{7-32}$$

结合式(7-22)、式(7-27)与式(7-29)，可得到子问题局部最优目标函数，如下：

$$\begin{aligned}C_{(m)}^k(x^{\text{trans}}) = &\frac{1}{2}(x^{\text{trans}})^{\mathrm{T}}(K_1^{\mathrm{T}} M_1^{\mathrm{T}} Q M_1 K_1)(x^{\text{trans}}) \\ &+ (f^{\mathrm{T}} M_1 K_1 + \left(M_1 K_2 + M_2\right)^{\mathrm{T}} Q M_1 K_1) x^{\text{trans}} \\ &+ \left[r + f^{\mathrm{T}}(M_1 K_2 + M_2) + \frac{1}{2}(M_1 K_2 + M_2)^{\mathrm{T}} Q (M_1 K_2 + M_2)\right]\end{aligned} \tag{7-33}$$

4. 可行割生成

当子问题不可行时，需要确定关于边界变量的可行割。

子问题的可行性问题可以扩展成下面的统一形式。

$$\begin{cases}\max 0^{\mathrm{T}} x^{\text{dist},k} \\ \text{s.t. } \hat{A} x_{(m)}^{\text{trans}} + \hat{B} x^{\text{dist},k} \leqslant \hat{c}\end{cases} \tag{7-34}$$

式(7-34)的对偶问题为

$$\begin{cases}\min \omega^{\mathrm{T}}(\hat{c}-\hat{A}x_{(m)}^{\text{trans}}) \\ \text{s.t. } \omega^{\mathrm{T}}\hat{B}=0 \\ \quad \omega \geqslant 0\end{cases} \tag{7-35}$$

若问题(7-34)无可行解，对应的对偶问题(7-35)无下界。通过加入对偶乘子边界可以对修改后的对偶问题进行求解，如下：

$$\begin{cases}\min \omega^{\mathrm{T}}(\hat{c}-\hat{A}x_{(m)}^{\text{trans}}) \\ \text{s.t. } \omega^{\mathrm{T}}\hat{B}=0 \\ \quad 0 \leqslant \omega \leqslant 1\end{cases} \tag{7-36}$$

记问题(7-36)的最优解为 ω_0，其最优目标函数值小于 0，即

$$\omega_0^{\mathrm{T}}(\hat{c}-\hat{A}x_{(k)}^{\text{trans}})<0,\ \ \omega_0 \geqslant 0 \tag{7-37}$$

又由于 $\omega_0^{\mathrm{T}}\hat{B}=0$，有

$$\omega_0^{\mathrm{T}}(\hat{A}x_{(m)}^{\text{trans}}+\hat{B}x^{\text{dist},k}-\hat{c})>0,\ \ \omega_0 \geqslant 0 \tag{7-38}$$

不等式(7-38)显然违背子问题(7-34)，因此可以作为可行割。因此可按如下方式扩充可行割集

$$\text{FC}=\text{FC}\bigcap\left\{x^{\text{trans}} \mid \omega_0^{\mathrm{T}}\hat{A}x^{\text{trans}} \leqslant \omega_0^{\mathrm{T}}\hat{c}\right\} \tag{7-39}$$

5. 算法改进

考虑到输电网和配电网之间的传输变量为所有时段的传输功率，可行割集内会存在大量约束。而在前面的算法中，每次迭代仅有一个可行割约束生成，因此完整地对问题进行求解需要大量的迭代，导致求解效率低下。为此，我们可以将原有基于多参数规划的算法进行改进。

将约束(7-17)代入约束(7-10)中，有

$$\text{pb}_{I(k),t}^{\text{trans}}+\sum_{i\in G^{\text{dist},k}}\text{pg}_{i,t}^{\text{dist},k}=\sum_{i\in D^{\text{dist},k}}\text{PD}_{i,t}^{\text{dist},k},\forall t\in T \tag{7-40}$$

由于每个调度时段配电网的负荷预测是给定的，且分布式可再生能源的出力预测也可获得，因此输配网边界的传输功率需要被保证在如下的区间里：

$$
\begin{cases}
\sum\limits_{i \in D^{\text{dist},k}} \text{PD}_{i,t}^{\text{dist},k} - \sum\limits_{i \in G^{\text{dist},k}} \overline{\text{PG}}_i^{\text{dist},k} \leqslant \text{pb}_{I(k),t}^{\text{trans}} \\
\text{pb}_{I(k),t}^{\text{trans}} \leqslant \sum\limits_{i \in D^{\text{dist},k}} \text{PD}_{i,t}^{\text{dist},k} - \sum\limits_{i \in G^{\text{dist},k}} \underline{\text{PG}}_i^{\text{dist},k}, \forall t \in T
\end{cases}
\tag{7-41}
$$

可以通过式(7-41)来预先定义可行割集，进而减少算法的迭代次数。

7.2.3 算例分析

本节采用算例对所提出的基于多参数规划的输配分解协调经济调度求解算法进行测试。在本节的算例中，我们采用以下四种算法进行对比。

(1)本节所提出的基于改进多参数规划的算法(revised multi-parametric quadratic problem，R-MPQP)。

(2)未经改进的传统多参数规划算法(conventional multi-parametric quadratic problem，C-PQP)。

(3)文献[8]中的修正广义Benders分解算法(modified general bender decomposition，M-GBD)。

(4)集中式算法(centralized method，CEN)。

所有算例通过 MATLAB 完成，并采用 Gurobi 求解器[9]进行求解。采用两个不同规模的算例系统[10]进行测试。其中，小规模的算例系统(T24D33)如图 7-1 所示，其包含一个 24 节点的输电网系统和三个 33 节点的配电网系统。三个配电网连接在输电网的 3、9、19 号节点上；所有配电网的 1 号节点均设置为与输电网相连接的边界节点。而在大规模的算例系统(T118D33)中，输电网采用了 118 节点的算例系统，其余配置与小规模算例系统相同。

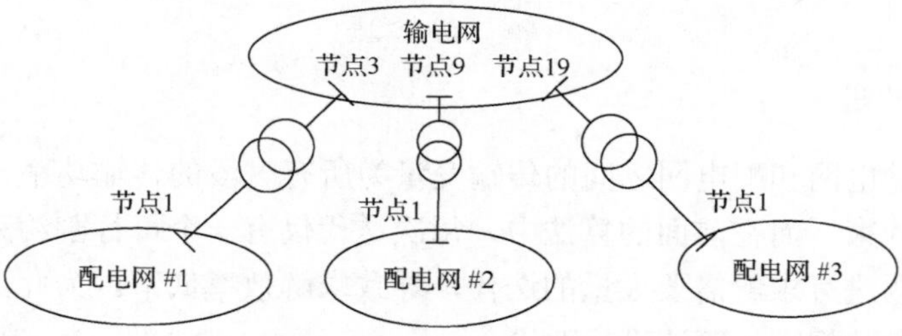

图 7-1　测试系统结构

1. 计算结果对比

为了说明输配联合经济调度的必要性，首先我们对输配联合调度和输配独立调度两种方法进行了测试。在输配独立调度方法中，输配网之间边界传输的功率被预先设定为配电网的负荷减去可用可再生能源出力。表 7-1 给出了输电网与各个配电网的发电成本。

从表 7-1 可以看出，输配联合调度相比与输配独立调度，在算例 T24D33 中减少了 18.34%的发电成本，在算例 T118D33 中减少了 16.78%的发电成本。输配联合调度方法能够合理地分配输电网和配电网中的发电资源使得总发电成本最小化。

表 7-1　输配联合调度与输配独立调度对比

项目		发电成本/美元	
		独立调度	联合调度
算例 T24D33	输电网	1143556	1214970
	配电网 1	125713	8952
	配电网 2	125713	8952
	配电网 3	125713	8952
	总成本	1520695	1241826
算例 T118D33	输电网	1294249	1376202
	配电网 1	125713	5052
	配电网 2	125713	5366
	配电网 3	125713	4233
	总成本	1671388	1390853

2. 计算性能测试

在算法的计算性能方面，我们考虑三个典型的计算性能指标，分别为计算误差、迭代次数和计算时间。其中，集中式算法的计算结果作为正确解的参考，M-GBD 算法、C-MPQP 算法与本节所提出的 R-MPQP 算法分别进行对比。

从表 7-2 可以看出，本节所提出的 R-MPQP 算法能够得到与集中式算法完全相同的最优解，而 M-GBD 算法与最优解之间存在误差。另外 R-MPQP 算法比传统的 C-MPQP 算法迭代次数更少，收敛速度更快，并且所需要的计算时间更少。另外在 T118D33 算例中，M-GBD 算法存在迭代不收敛的情况。

表 7-2　算法计算性能对比

	指标	R-MPQP	C-MPQP	M-GBD	CEN
T24 D33	目标	1241826	1241826	1241880	1241826
	目标偏差	0%	0%	0.004%	n/a
	迭代次数	4	87	4	n/a
	计算时间	0.0855s	6.1664s	0.4840s	0.0423s
T118 D33	指标	R-MPQP	C-MPQP	M-GBD	CEN
	目标	1390853	1390853	—	1390853
	目标偏差	0%	0%	—	n/a
	迭代次数	4	89	diverge	n/a
	计算时间	2.3913s	125.0275s	—	0.8865s

其实，在 R-MPQP 算法基础上，通过将配网子问题的投影到边界变量的分段二次函数，然后在输网主问题求解时引入线性化和下降搜索法可以实现输配网协调经济调度，只需上下迭代一次即可得到最优解。

7.3 输配网协同的无功电压控制

7.3.1 输配协同无功电压控制建模

1. 目标函数

输配协同无功电压控制模型以输电网和配电网的总网络损耗最小为目标，目标函数如式(7-42)所示：

$$\min\left(\left(\sum_{i\in I^t}(P_{Gi}^t - P_{Di}^t)\right) + \sum_{k\in \mathrm{DIST}}\left[\sum_{i\in I^{d,k}}(P_{Gi}^{d,k} - P_{Di}^{d,k})\right]\right) \tag{7-42}$$

式中，上标 $(\cdot)^t$ 代表输电网的变量；上标 $(\cdot)^{d,k}$ 代表第 k 个配电网的变量；P_{Gi} 代表节点 i 处的发电机有功注入；P_{Di} 代表节点 i 处的有功负荷；集合 I 代表节点索引集合；集合 DIST 代表配电网索引集合。

2. 输电网建模

输电网采用极坐标形式表示潮流方程，包含潮流约束和安全约束。

(1)潮流约束。

$$P_{ij}^t = V_i^t V_j^t (G_{ij}^t \cos\theta_{ij}^t + B_{ij}^t \sin\theta_{ij}^t) \tag{7-43}$$

$$Q_{ij}^t = V_i^t V_j^t (G_{ij}^t \sin\theta_{ij}^t - B_{ij}^t \cos\theta_{ij}^t) \tag{7-44}$$

$$\sum_{j\in\pi(i)} P_{ij}^t = P_{Gi}^t - P_{Di}^t \tag{7-45}$$

$$\sum_{j\in\pi(i)} Q_{ij}^t = Q_{Gi}^t - Q_{Di}^t \tag{7-46}$$

式中，P_{ij}、Q_{ij} 分别表示支路 ij 的有功和无功潮流；V_i 代表节点 i 的电压幅值；G_{ij}、B_{ij} 分别代表支路 ij 的等效电导和电纳；θ_{ij} 代表支路 ij 的首末端相角差；集合 $\pi(i)$ 代表与节点 i 直接相连的节点集合；Q_{Gi} 代表节点 i 处的发电机无功注入；Q_{Di} 代表节点 i 处的无功负荷。

式(7-43)、式(7-44)分别为极坐标下的有功、无功潮流方程，式(7-45)、式(7-46)分别为每个节点的有功、无功功率平衡。

(2)安全约束。

$$P_{Gi,\min}^{t} \leqslant P_{Gi}^{t} \leqslant P_{Gi,\max}^{t} \tag{7-47}$$

$$Q_{Gi,\min}^{t} \leqslant Q_{Gi}^{t} \leqslant Q_{Gi,\max}^{t} \tag{7-48}$$

$$V_{i,\min}^{t} \leqslant V_{i}^{t} \leqslant V_{i,\max}^{t} \tag{7-49}$$

$$(P_{ij}^{t})^2 + (Q_{ij}^{t})^2 \leqslant (S_{ij,\max}^{t})^2 \tag{7-50}$$

式中，$P_{Gi,\min}$、$P_{Gi,\max}$ 分别代表节点 i 的发电机有功出力最小值与最大值；$Q_{Gi,\min}$、$Q_{Gi,\max}$ 分别代表节点 i 的发电机无功出力最小值与最大值；$V_{i,\min}$、$V_{i,\max}$ 分别代表节点 i 的电压幅值最小值与最大值；$S_{ij,\max}$ 代表支路 ij 的传输容量。

式(7-47)、式(7-48)分别为发电机的有功、无功出力限制，式(7-49)为网络节点电压幅值限制，式(7-50)为每条线路的传输容量限制。

3. 配电网建模

配电网采用 Distflow 方程[11,12]来描述，包含潮流约束和安全约束。

(1)潮流约束。

$$(P_{ij}^{d})^2 + (Q_{ij}^{d})^2 = (I_{ij}^{d})^2 (V_{i}^{d})^2 \tag{7-51}$$

$$\sum_{i \in u(j)} \left[P_{ij}^{d} - (I_{ij}^{d})^2 r_{ij}^{d} \right] + P_{Gj}^{d} = \sum_{k \in v(j)} (P_{jk}^{d}) + P_{Dj}^{d} \tag{7-52}$$

$$\sum_{i \in u(j)} \left[Q_{ij}^{d} - (I_{ij}^{d})^2 x_{ij}^{d} \right] + Q_{Gj}^{d} = \sum_{k \in v(j)} (Q_{jk}^{d}) + Q_{Dj}^{d} \tag{7-53}$$

$$(V_{j}^{d})^2 = (V_{i}^{d})^2 - 2(r_{ij}^{d} P_{ij}^{d} + x_{ij}^{d} Q_{ij}^{d}) + \left[(r_{ij}^{d})^2 + (x_{ij}^{d})^2 \right] (I_{ij}^{d})^2 \tag{7-54}$$

式中，I_{ij} 代表支路 ij 的电流幅值；r_{ij}、x_{ij} 分别代表支路 ij 的电阻与电抗；集合 $u(i)$ 代表辐射状配电网中节点 i 的父节点；集合 $v(i)$ 代表辐射状配电网中节点 i 的子节点。

(2) 安全约束。

$$P_{Gi,\min}^d \leqslant P_{Gi}^d \leqslant P_{Gi,\max}^d \tag{7-55}$$

$$Q_{Gi,\min}^d \leqslant Q_{Gi}^d \leqslant Q_{Gi,\max}^d \tag{7-56}$$

$$V_{i,\min}^d \leqslant V_i^d \leqslant V_{i,\max}^d \tag{7-57}$$

$$I_{ij}^d \leqslant I_{ij,\max}^d \tag{7-58}$$

式中，$I_{ij,\max}$ 代表支路 ij 的电流幅值上限。

式(7-55)、式(7-56)分别为发电机的有功、无功出力限制，式(7-57)为网络节点电压幅值限制，式(7-58)为每条线路的传输容量限制。

4. 边界条件

输电网与配电网之间保证有功和无功的平衡，同时保证电压幅值相等：

$$V_{\tau(k)}^t = V_{\text{root}}^{d,k} \tag{7-59}$$

$$P_{\tau(k)}^t = P_{\text{root}}^{d,k} \tag{7-60}$$

$$Q_{\tau(k)}^t = Q_{\text{root}}^{d,k} \tag{7-61}$$

式中，$P_{\tau(k)}^t$、$Q_{\tau(k)}^t$ 分别代表第 k 个配电网在输电网中的等效有功、无功负荷；$P_{\text{root}}^{d,k}$、$Q_{\text{root}}^{d,k}$ 分别代表输电网到第 k 个配电网根节点的有功、无功功率注入；$V_{\tau(k)}^t$ 表示输电网中连接第 k 个配电网的节点电压幅值；$V_{\text{root}}^{d,k}$ 表示第 k 个配电网根节点的电压幅值。

7.3.2　分解协调求解算法

1. 二阶锥松弛

在 7.3.1 节中的配电网无功电压优化模型中，其约束为非凸约束。为了保证后面所采用的广义 Benders 分解[13]求解算法的收敛性，对配电网模型中的非凸约束进行二阶锥凸松弛[14,15]。

引入变量 L_{ij} 与 U_i，分别代表电流与电压幅值的平方，即

$$L_{ij}^d = (I_{ij}^d)^2 \tag{7-62}$$

$$U_i^d = (V_i^d)^2 \tag{7-63}$$

配电网潮流约束式(7-51)～式(7-54)分别表示成如式(7-64)～式(7-67)所示的形式：

$$(P_{ij}^d)^2 + (Q_{ij}^d)^2 = L_{ij}^d U_i^d \tag{7-64}$$

$$\sum_{i \in u(j)} (P_{ij}^d - L_{ij}^d r_{ij}^d) + P_{Gj}^d = \sum_{k \in v(j)} (P_{jk}^d) + P_{Dj}^d \tag{7-65}$$

$$\sum_{i \in u(j)} (Q_{ij}^d - L_{ij}^d x_{ij}^d) + Q_{Gj}^d = \sum_{k \in v(j)} (Q_{jk}^d) + Q_{Dj}^d \tag{7-66}$$

$$U_j^d = U_i^d - 2(r_{ij}^d P_{ij}^d + x_{ij}^d Q_{ij}^d) + ((r_{ij}^d)^2 + (x_{ij}^d)^2) L_{ij}^d \tag{7-67}$$

配电网安全约束式(7-67)变换为

$$(V_{i,\min}^d)^2 \leqslant U_i^d \leqslant (V_{i,\max}^d)^2 \tag{7-68}$$

对式(7-64)中的等式进行松弛，得到

$$(P_{ij}^d)^2 + (Q_{ij}^d)^2 \leqslant L_{ij}^d U_i^d \tag{7-69}$$

式(7-69)表示成标准的二阶锥约束形式，如式(7-70)所示：

$$\left\| \begin{matrix} 2P_{ij}^d \\ 2Q_{ij}^d \\ L_{ij}^d - U_i^d \end{matrix} \right\|_2 \leqslant L_{ij}^d + U_i^d \tag{7-70}$$

2. 应用广义 Benders 分解求解

对本节所提出的模型采用广义 Benders 分解方法进行求解，详细步骤如下所示。

1) 初始化

初始化输电网变量(包含边界变量)，并将初始化值记作 $\hat{\boldsymbol{y}}$；分别定义 UBD 与 LBD 为目标函数的上界与下界，p 与 q 为生成的最优割/可行割的数目。初始化 UBD 为正无穷，LBD 为负无穷，p 与 q 为 0。

2) 求解子问题

子问题是对配电网的优化问题，具体形式为

$$\begin{cases} \min\limits_{x} f(\boldsymbol{x},\hat{\boldsymbol{y}}) \\ \text{s.t.}\ \boldsymbol{H}(\boldsymbol{x},\hat{\boldsymbol{y}})=0 \\ \qquad \boldsymbol{x}\in X \end{cases} \tag{7-71}$$

函数 f 为目标函数(7-42)，$\boldsymbol{H}$ 为边界约束，包含式(7-59)、式(7-60)与平方形式的式(7-61)。X 代表配电网的可行域，是松弛后的凸可行域。

(1) 子问题可行。如果子问题的目标函数大于等于 UBD，则终止迭代；否则，更新 UBD 为子问题的目标函数。

将子问题的拉格朗日乘子记为 $\hat{\boldsymbol{u}}$，生成最优割如下：

$$L^*(\boldsymbol{y},\hat{\boldsymbol{u}})=\inf_{\boldsymbol{x}\in X}\left\{f(\boldsymbol{x},\boldsymbol{y})+\hat{\boldsymbol{u}}^{\mathrm{T}}\boldsymbol{H}(\boldsymbol{x},\boldsymbol{y})\right\},\boldsymbol{y}\in Y \tag{7-72}$$

将可行割数目 p 增加 1，记 $\boldsymbol{u}^p=\hat{\boldsymbol{u}}$。

(2) 子问题不可行。如果子问题不可行，可生成如下形式的可行割：

$$L_*(\boldsymbol{y},\hat{\boldsymbol{\lambda}})=\inf_{\boldsymbol{x}\in X}\left\{\hat{\boldsymbol{\lambda}}^{\mathrm{T}}\boldsymbol{H}(\boldsymbol{x},\boldsymbol{y})\right\},\boldsymbol{y}\in Y \tag{7-73}$$

另外，生成的可行割需满足：

$$L_*(\hat{\boldsymbol{y}},\hat{\boldsymbol{\lambda}})=\inf_{\boldsymbol{x}\in X}\left\{\hat{\boldsymbol{\lambda}}^{\mathrm{T}}\boldsymbol{H}(\boldsymbol{x},\hat{\boldsymbol{y}})\right\}>0 \tag{7-74}$$

将可行割数目 q 增加 1，记 $\boldsymbol{\lambda}^q=\hat{\boldsymbol{\lambda}}$。

3) 求解主问题

主问题是输电网的问题，形式如下：

$$\begin{cases} \min\limits_{y\in Y} \mathrm{LBD} \\ \text{s.t.}\ \mathrm{LBD}\geqslant L^*(\boldsymbol{y},\boldsymbol{u}^j), j=1,2,\cdots,p \\ \qquad L_*(\boldsymbol{y},\boldsymbol{\lambda}^j)\leqslant 0, j=1,2,\cdots,q \end{cases} \tag{7-75}$$

这里最优解 LBD 是目标函数的下界。如果 UBD 与 LBD 之差小于阈值，可终止迭代；否则更新 $\hat{\boldsymbol{y}}$ 为式(7-75)的最优解，回到步骤 2)。

说明：子问题(7-71)中，目标函数中关于输电网的变量已经被固定，因此可以在优化中不考虑目标中的输电网变量。目标函数可以简化成

$$\min\left(\sum_{k\in \text{DIST}}\left(\sum_{i\in I^{d,k}} P_{Gi}^{d,k}-\sum_{i\in I^{d,k}} P_{Di}^{d,k}\right)\right) \tag{7-76}$$

另外考虑到不同的配电网之间没有直接关系，因此对于所有配电网整体的优化可以分解到每一个配电网中，对于每个配电网，其子问题是

$$\begin{cases}\min\limits_{\boldsymbol{x}_k} f_k(\boldsymbol{x}_k,\hat{\boldsymbol{y}})\\ \text{s.t. } \boldsymbol{H}_k(\boldsymbol{x}_k,\hat{\boldsymbol{y}})=0\\ \qquad \boldsymbol{x}_k\in X_k\end{cases} \tag{7-77}$$

式中，$f_k=\sum_{i\in I^{d,k}} P_{Gi}^{d,k}-\sum_{i\in I^{d,k}} P_{Di}^{d,k}$；$\boldsymbol{H}_k$ 为第 k 个配电网与输电网之间的边界约束。

3. 最优割生成

在子问题(7-77)中，目标函数是配电网的网损，但被约束(7-60)直接确定。因此，步骤 2)中“子问题可行”中的拉格朗日乘子 $\hat{\boldsymbol{u}}$ 是固定的：对于约束(7-60)是 1，对于约束(7-59)和约束(7-61)是 0。因此，在广义 Benders 分解迭代中，只会产生一个最优割。考虑到输电网和配电网中只有输电网平衡节点的发电机平衡全网的网损，而输配之间交换的有功功率可以唯一地体现配电网的网损。最优割(7-72)可以被推导成仅与输电网平衡机的有功注入有关，详细推导如下：

$$f(\boldsymbol{x},\boldsymbol{y})=\left(\sum_{i\in I^t}(P_{Gi}^t-P_{Di}^t)\right)+\sum_{k\in \text{DIST}}\left(\sum_{i\in I^{d,k}}(P_{Gi}^{d,k}-P_{Di}^{d,k})\right) \tag{7-78}$$

$$\begin{aligned}\hat{\boldsymbol{u}}^{\mathrm{T}}\boldsymbol{H}(\boldsymbol{x},\boldsymbol{y})&=\sum_{k\in \text{DIST}}\begin{pmatrix}1*(P_{\tau(k)}^t-P_{\text{root}}^{d,k})\\ +0*(Q_{\tau(k)}^t-Q_{\text{root}}^{d,k})\\ +0*((V_{\tau(k)}^t)^2-U_{\text{root}}^{d,k})\end{pmatrix}\\ &=\sum_{k\in \text{DIST}}(P_{\tau(k)}^t-P_{\text{root}}^{d,k})\end{aligned} \tag{7-79}$$

$$
\begin{aligned}
L^*(\boldsymbol{y},\hat{\boldsymbol{u}}) &= \inf_{\boldsymbol{x}\in X}\left\{f(\boldsymbol{x},\boldsymbol{y})+\hat{\boldsymbol{u}}^{\mathrm{T}}\boldsymbol{H}(\mathbf{x},\boldsymbol{y})\right\},\boldsymbol{y}\in Y \\
&= \inf_{\boldsymbol{x}\in X}\left\{\begin{aligned}&\sum_{i\in I^t}(P_{Gi}^t-P_{Di}^t)+\sum_{k\in\mathrm{DIST}}P_{\tau(k)}^t\\&+\sum_{k\in\mathrm{DIST}}\left(\left(\sum_{i\in I^{d,k}}(P_{Gi}^{d,k}-P_{Di}^{d,k})\right)-P_{\mathrm{root}}^{d,k}\right)\end{aligned}\right\},\boldsymbol{y}\in Y
\end{aligned}
\tag{7-80}
$$

注意到式(7-80)中，除输电网平衡节点发电机，其余所有发电机的出力与负荷均不可调，将式(7-80)中的常量记为P_{CONST}，具体为

$$
\begin{aligned}
P_{\mathrm{CONST}} &= \sum_{i\in I^t}(P_{Gi}^t-P_{Di}^t)-P_{G,\mathrm{ref}}^t+\sum_{k\in\mathrm{DIST}}P_{\tau(k)}^t\\
&\quad+\sum_{k\in\mathrm{DIST}}\left(\left(\sum_{i\in I^{d,k}}(P_{Gi}^{d,k}-P_{Di}^{d,k})\right)-P_{\mathrm{root}}^{d,k}\right)
\end{aligned}
\tag{7-81}
$$

于是生成的最优割为

$$
L^*(\boldsymbol{y},\hat{\boldsymbol{u}}) = P_{G,\mathrm{ref}}^t + P_{\mathrm{CONST}} \tag{7-82}
$$

进而主问题(7-75)可以推导成

$$
\begin{cases}
\min\limits_{\boldsymbol{y}\in Y} P_{G,\mathrm{ref}}^t + P_{\mathrm{CONST}}\\
\text{s.t. } L_*(\boldsymbol{y},\boldsymbol{\lambda}^j)\leqslant 0, j=1,2,\cdots,q
\end{cases}
\tag{7-83}
$$

注意到如果迭代过程中所有子问题可行，问题(7-83)的目标函数值与问题(7-71)的目标函数值相等，因此LBD与UBD相等，迭代结束。

4. 可行割生成

当子问题不可行时，采用如下方法生成可行割。

通过求解如下松弛子问题确定越界约束：

$$
\begin{cases}
\min\limits_{\boldsymbol{x}_k\in X_k}\sum\limits_{i=1}^{6}\alpha_i\\
\text{s.t. } P_{\mathrm{root}}^{d,k}-\hat{P}_{\tau(k)}^t\leqslant\alpha_1, -P_{\mathrm{root}}^{d,k}+\hat{P}_{\tau(k)}^t\leqslant\alpha_2\\
\qquad Q_{\mathrm{root}}^{d,k}-\hat{Q}_{\tau(k)}^t\leqslant\alpha_3, -Q_{\mathrm{root}}^{d,k}+\hat{Q}_{\tau(k)}^t\leqslant\alpha_4\\
\qquad U_{\mathrm{root}}^{d,k}-(\hat{V}_{\tau(k)}^t)^2\leqslant\alpha_5, -U_{\mathrm{root}}^{d,k}+(\hat{V}_{\tau(k)}^t)^2\leqslant\alpha_6\\
\qquad \alpha_i\geqslant 0, i=1,2,\cdots,6
\end{cases}
\tag{7-84}
$$

式中，$\hat{P}_{\tau(k)}^{t}$、$\hat{Q}_{\tau(k)}^{t}$ 与 $\hat{V}_{\tau(k)}^{t}$ 代表从主问题得到的解。记 $\lambda_1 \sim \lambda_6$ 为问题(7-84)的拉格朗日乘子，且 λ_i 与右手项为 α_i 的不等式约束对应。

引入变量 λ_P、λ_Q 与 λ_V，定义如下：

$$\begin{cases} \lambda_P = \lambda_1 - \lambda_2 \\ \lambda_Q = \lambda_3 - \lambda_4 \\ \lambda_V = \lambda_5 - \lambda_6 \end{cases} \tag{7-85}$$

于是，生成的可行割为

$$\begin{aligned} & L_*(\boldsymbol{y}, \hat{\boldsymbol{\lambda}}) \\ & = \inf_{\boldsymbol{x} \in X} \left\{ \hat{\boldsymbol{\lambda}}^{\mathrm{T}} \boldsymbol{H}(\boldsymbol{x}, \boldsymbol{y}) \right\}, \boldsymbol{y} \in Y \\ & = \inf_{\boldsymbol{x} \in X} \left\{ \begin{aligned} & \lambda_P (P_{\text{root}}^{d,k} - P_{\tau(k)}^{t}) + \lambda_Q (Q_{\text{root}}^{d,k} - Q_{\tau(k)}^{t}) \\ & + \lambda_V (U_{\text{root}}^{d,k} - (V_{\tau(k)}^{t})^2) \end{aligned} \right\}, \boldsymbol{y} \in Y \\ & = \inf_{\boldsymbol{x} \in X} \left\{ \lambda_P P_{\text{root}}^{d,k} + \lambda_Q Q_{\text{root}}^{d,k} + \lambda_V U_{\text{root}}^{d,k} \right\} \\ & \quad - (\lambda_P P_{\tau(k)}^{t} + \lambda_Q Q_{\tau(k)}^{t} + \lambda_V (V_{\tau(k)}^{t})^2), \boldsymbol{y} \in Y \end{aligned} \tag{7-86}$$

可行割的简化表达式为

$$\lambda_P P_{\tau(k)}^{t} + \lambda_Q Q_{\tau(k)}^{t} + \lambda_V (V_{\tau(k)}^{t})^2 \geqslant \lambda_{\text{val}} \tag{7-87}$$

式中，$\lambda_{\text{val}} = \inf_{\boldsymbol{x} \in X} \left\{ \lambda_P P_{\text{root}}^{d,k} + \lambda_Q Q_{\text{root}}^{d,k} + \lambda_V U_{\text{root}}^{d,k} \right\}$ 实际上是一个对配电网的优化问题。

5. 改进的迭代步骤

基于以上关于最优割与可行割生成的推导，改进的迭代步骤如下所示。

1) 初始化

初始化 q 为 0。

2) 求解主问题

主问题的具体形式为

$$\begin{cases} \min\limits_{\boldsymbol{y} \in Y} P_{G,\text{ref}}^{t} \\ \text{s.t. } L_*(\boldsymbol{y}, \boldsymbol{\lambda}^j) \leqslant 0, \quad j = 1, 2, \cdots, q \end{cases} \tag{7-88}$$

记 $\boldsymbol{y}_0$ 为主问题的最优解。

3) 并行求解子问题

基于主问题的解，并行求解各区域配电网子问题。对于第 k 个配电网，子问题的形式为式(7-77)。

(1) 所有子问题均可行。得到最优解，终止迭代。

(2) 存在某个子问题不可行。

对于每个不可行的子问题，生成如下形式的可行割：

$$L_*(\boldsymbol{y},\hat{\boldsymbol{\lambda}})=\inf_{\boldsymbol{x}_k\in X_k}\left\{\hat{\boldsymbol{\lambda}}^{\mathrm{T}}\boldsymbol{H}(\boldsymbol{x}_k,\boldsymbol{y})\right\},\boldsymbol{y}\in Y \tag{7-89}$$

另外，所生成的可行割需要满足：

$$L_*(\hat{\boldsymbol{y}},\hat{\boldsymbol{\lambda}})=\inf_{\boldsymbol{x}_k\in X_k}\left\{\hat{\boldsymbol{\lambda}}^{\mathrm{T}}\boldsymbol{H}(\boldsymbol{x}_k,\hat{\boldsymbol{y}})\right\}>0 \tag{7-90}$$

将 q 增加 1，记 $\boldsymbol{\lambda}^q=\hat{\boldsymbol{\lambda}}$。返回步骤 2)。

7.3.3　算例分析

对本节所提出的输配网协同无功优化算法进行算例测试。所有算例通过 C++ 编写，并调用 CPLEX[16]与 IPOPT[17]求解器来完成。

对本节所提出的基于广义 Benders 分解的输配无功电压优化(GBD)算法与集中式(CEN)算法和独立式(SEP)算法进行对比。

其中，集中式算法将输配网联合的无功电压优化问题作为一个整体来优化，不考虑调度的独立性，因此其本身是一个非线性规划问题，通过 IPOPT 来求解。集中式算法的求解结果为正确的结果，可以用来做参考，但在实际中难以被应用。

独立式算法是当前的调度模式，即输配网络之间预先设定好边界节点的电压与传输功率，然后对各区域网络分别进行优化。该方法不会得到全局最优解，并且有时也会有过电压的问题出现。

1. 算例—T9D33

采用一个小规模测试系统进行算例测试。该系统由一个 9 节点的输电网和 3 个 33 节点的配电网组成。三个配电网分别连接在输电网的 5、6 和 8 号节点；所有配电网的边界节点均为 1 号节点。T9D33 系统结构图如图 7-2 所示。

配电网的分布式发电资源接在每个配电网的 2、3 和 6 号节点上，每个节点的分布式发电资源的可调范围均为[−100, 100]Mvar。

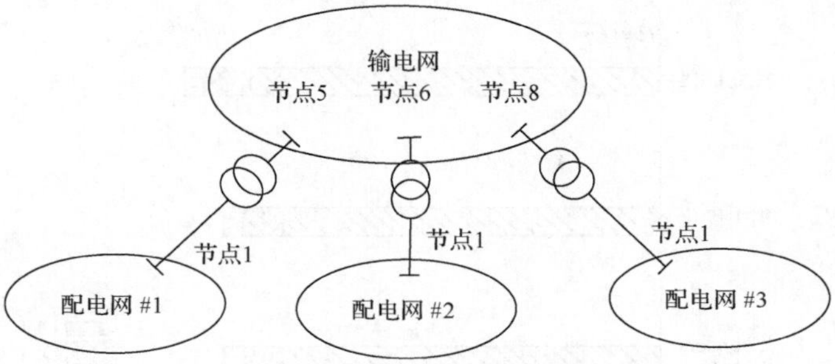

图 7-2　T9D33 系统结构图

表 7-3 给出了不同算法的计算结果。可以看出，基于广义 Benders 分解的输配协同调度算法与集中式调度算法取得了几乎相同的优化结果，并且优化结果会远好于独立式调度算法。另外可以看出本节所提出的分解协调算法与集中式算法相比还是存在误差的，该误差由配网的凸松弛引入[18-21]。

表 7-3　不同算法的网络损耗对比

方法	广义 Benders 分解法	集中优化	独立优化
$P_{\text{loss},t}$	3.9963	3.9971	4.2021
$P_{\text{loss},d1}$	5.2791	5.2789	5.6594
$P_{\text{loss},d2}$	5.2795	5.2791	5.6726
$P_{\text{loss},d3}$	5.2804	5.2801	5.5283
总计	19.8353	19.8352	21.0624

2. 算例——T118D69

在本算例中，输电网采用 IEEE 标准 118 节点测试算例，配电网采用了 3 个 PG&E69 节点测试算例并分别连接在输电网的 54、62 和 80 号节点上。所有配电网的边界节点均为 1 号节点。分布式发电资源分布在每个配电网的 3、4、8、9、11、12、27、35、39、41、54、56、58 和 69 号节点，且每个节点的分布式发电资源无功可调范围均为[−50, 50]Mvar。

图 7-3 给出了不同算法的计算结果。其中，广义 Benders 分解方法通过 6 次迭代即可收敛，计算时间为 10.1s。从图 7-3 可以看出通过协调输电网和配电网可以显著地减少全网的总网损。

3. 算例——电压越限

输配式独立调度方法在可再生能源注入量的情况下容易产生配电网根节点电压幅值越限的情况。本节采用前面的算例 T118D69，因为分布式发电资源的无功调节能力有限，为[0, 50]Mvar。

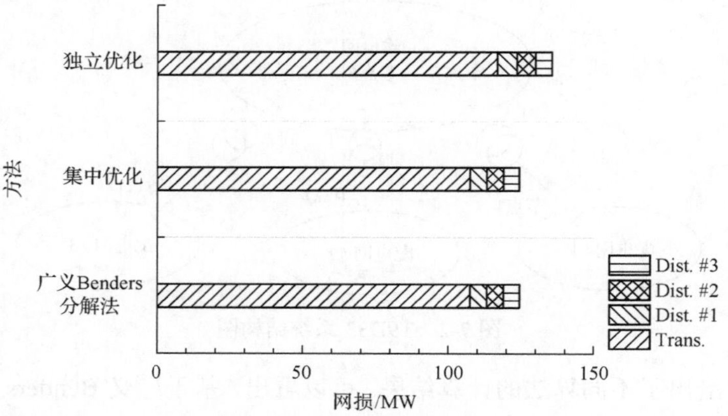

图 7-3　算例 T118D69 计算结果

图 7-4 给出了伴随着分布式可再生资源的出力增加，第三个配电网的电压越限节点数目情况。可以看出，本节所提出的输配分解协调算法能够通过可行割的迭代生成方法有效地消除电压越限问题，而传统的输配独立调度方法此类问题比较严重。

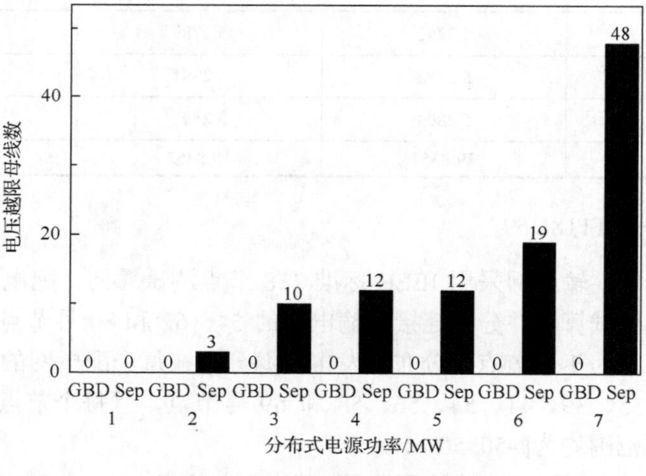

图 7-4　电压越限算例测试结果

GBD-广义 Benders 分解法；Sep-独立优化

参 考 文 献

[1] Martins V F, Borges C L T. Active distribution network integrated planning incorporating distributed generation and load response uncertainties[J]. IEEE Transactions on Power Systems, 2011, 26(4): 2164-2172.

[2] Mcdonald J. Adaptive intelligent power systems: Active distribution networks[J]. Energy Policy, 2008, 36(12): 4346-4351.

[3] Chowdhury S, Chowdhury S P, Crossley P. Microgrids and Active Distribution Networks[M]. Raleigh: Institution of Engineering and Technology, 2009.

[4] Tonkoski R, Turcotte D, El-Fouly T H M. Impact of high PV penetration on voltage profiles in residential neighborhoods[J]. IEEE Transactions on Sustainable Energy, 2012, 3(3): 518-527.

[5] Chen P, Salcedo R, Zhu Q, et al. Analysis of voltage profile problems due to the penetration of distributed generation in low-voltage secondary distribution networks[J]. IEEE Transactions on Power Delivery, 2012, 27(4): 2020-2028.

[6] Pistikopoulos E N, Galindo A, Dua V, et al. Multi-Parametric Programming: Theory, Algorithms and Applications[M]. Weinheim: Wiley, 2007.

[7] Motee N, Jadbabaie A. Distributed multi-parametric quadratic programming[J]. IEEE Transactions on Automatic Control, 2009, 54: 2279-2289.

[8] Li Z, Wu W, Zhang B, et al. Decentralized multi-area dynamic economic dispatch using modified generalized benders decomposition[J]. IEEE Transactions on Power Systems, 2016, 31: 526-538.

[9] Gurobi Optimization. Gurobi optimizer reference manual[EB/OL]. [2015-01-01]. Available: http://www.gurobi.com.

[10] Test data for modified systems[EB/OL]. [2015-01-01]. Available: https://drive.google.com/file/d/0Bzm08EmxUvkwRXY5U2U3MUVOMFk/view?usp=sharing.

[11] Baran M E, Wu F F. Optimal capacitor placement on radial distribution systems[J]. IEEE Transactions on Power Delivery, 1989, 4(1): 725-734.

[12] Baran M E, Wu F F. Network reconfiguration in distribution systems for loss reduction and load balancing[J]. IEEE Transactions on Power Delivery, 1989, 4(2): 1401-1407.

[13] Geoffrion A M. Generalized benders decomposition[J]. Journal of Optimization Theory and Applications, 1972, 10(4): 237-260.

[14] Farivar M, Low S H. Branch flow model: Relaxations and convexification—Part I[J]. IEEE Transactions on Power Systems, 2013, 28(3): 2554-2564.

[15] Farivar M, Low S H. Branch flow model: relaxations and convexification—Part II[J]. IEEE Transactions on Power Systems, 2013, 28(3): 2565-2572.

[16] IBM. IBM CPLEX Optimizer[EB/OL]. [2015-01-10]. Available: http://www.cplex.com.

[17] Wächter A, Biegler L T. On the implementation of an interior-point filter line-search algorithm for large-scale nonlinear programming[J]. Mathematical Programming, 2006, 106(1): 25-57.

[18] Li N, Chen L, Low S H. Exact convex relaxation of OPF for radial networks using branch flow model[C]. 2012 IEEE 3rd International Conference on Smart Grid Communications (SmartGridComm), Taipei, 2012: 7-12.

[19] Lin C, Wu W, Chen W, et al. Decentralized dynamic economic dispatch for integrated transmission and active distribution networks using multi-parametric programming[J]. IEEE Transactions on Smart Grid, 2018, 9(5): 4983-4993.

[20] Lin C, Wu W, Shahidehpour M, et al. A Non-iterative decoupled solution of the coordinated robust OPF in transmission and distribution networks with variable generating units[J]. IEEE Transactions on Sustainable Energy, 2020, 11(3): 1579-1588.

[21] Lin C, Wu W, Zhang B, et al. Decentralized reactive power optimization method for transmission and distribution networks accommodating large-scale DG integration[J]. IEEE Transactions on Sustainable Energy, 2017, 8(1): 363-373.

第 8 章　区域供热系统-电网联合优化调度

8.1 概　述

我国的千万千瓦级风电基地主要位于北方寒冷地区。我国北方地区冬季供暖的主要方式为大型热电联产集中供热。目前，我国北方的供热机组主要采用以热定电的模型运行，即供热机组的发电出力取决于供热负荷。在冬季供热期，为了保证满足供热需求，大量的供热机组运行于最小技术出力状态。受以热定电模式的限制，供热机组的调峰能力十分有限，导致系统向下旋转备用容量不足，难以为消纳风电提供向下调节空间。以吉林电网为例，该系统 2013 年全年弃风电量为 13.4 亿千瓦时，其中 89%的弃风电量发生在冬季供热期。

可见，当前的供热需求与风电消纳之间的矛盾十分突出。为了解决该问题，需要松弛以热定电模式下的热-电强制约关系，通过改进供热机组的热-电运行模式提升系统消纳大规模风电的灵活性。作为众多北方城市的基础公共设施，区域集中供热网络能够为供热机组的运行提供额外的灵活性。实际规模的区域集中供热网由成千上万绝热管道组成，具有巨大的储热能力。区域集中供热网络的储热特性能够在供热机组的供热出力和热用户的热负荷需求之间提供缓冲环节，以松弛集中供热系统中供热和用热之间传统的强耦合关系，从而提高供热机组运行的灵活性，增强电力系统消纳大规模风电的能力。为了达到该目的，需要在热-电联合调度中考虑集中供热管网的储热特性。

8.2 区域供热系统模型

8.2.1 区域供热系统组成

本节首先介绍区域供热系统的组成。典型的区域供热系统由热源、热网络和热负荷组成。与电力系统类似，区域供热系统可以被划分为输热系统和配热系统[1]，如图 8-1 所示。

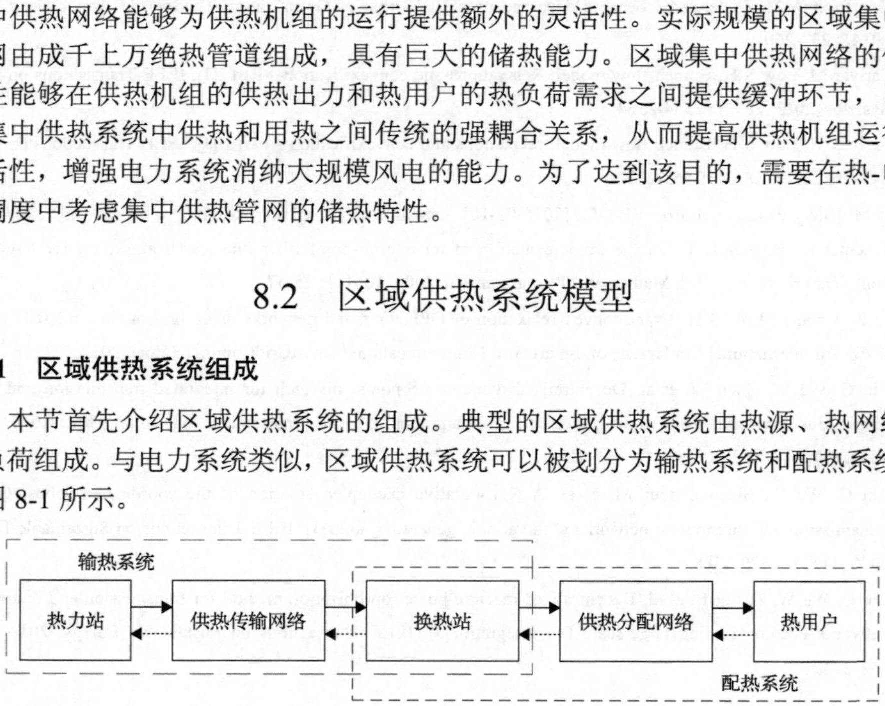

图 8-1　区域供热系统简单结构示意图

在输热系统中，供热热量由热力站中的热源(如供热机组、电锅炉、储热式电采暖等)产生，并通过供热传输网络中的循环水来传输。在循环水泵的驱动下，被热源加热的循环水通过传输网络将热量从热力站输送至换热站。在配热系统中，换热站中的换热器二次侧从一次侧获取热量，以此加热二次侧的循环水。被换热器二次侧加热的循环水通过供热分配网络将热量从换热站输送至热用户。作为连接输热系统和配热系统的枢纽，换热站在输热系统中充当了热用户的角色，而在配热系统中充当热源的角色。本章主要研究区域供热系统中的输热系统，下面将建立输热系统主要元件的数学模型。

8.2.2　热力站模型

一般来说，热力站的基本设备包括用于加热循环水的热源以及为循环水提供动能的循环水泵。典型的热源包括热电联产机组、电锅炉以及储热罐等。为简单起见，本章仅考虑以供热机组为热源的情况，热力站对应热电厂。图 8-2 所示的是热电厂结构示意图。本章所提出供热系统模型的热源部分虽然以供热机组为例，但是并不局限于供热机组。实际上，该模型可以方便地扩展至考虑电锅炉、储热式电采暖、储热罐等其他热源的情况。

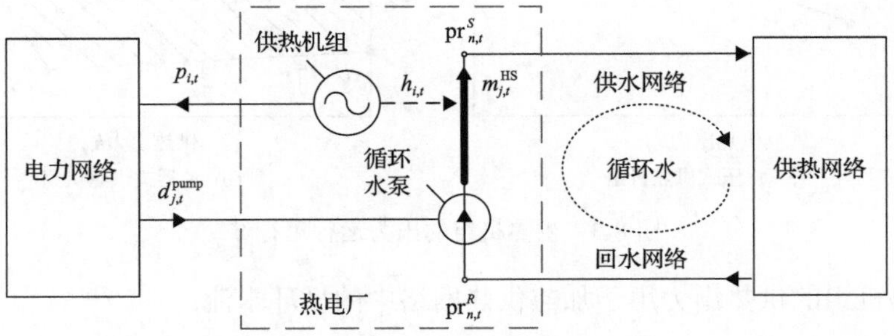

图 8-2　作为热源的热电厂结构示意图

在我国的区域供热系统中，热电厂属于输热系统的一部分，因此本章内容仅考虑输热系统。对于热电厂，本章主要考虑直接与输电网络连接的集中式大型热电联产热电厂。因此，本章的研究对象为输电系统与输热系统的协调运行。

1. 供热机组模型

热电联产机组可分为背压式和抽凝式两种类型。对于这两种类型的供热机组，其发电出力和供热出力的运行可行域均可以近似地描述为多边形区域，如图 8-3 所示，其中图 8-3(a)为背压式供热机组，图 8-3(b)为抽凝式供热机组。因此，可以采用多边形区域极点的凸组合来描述供热机组的发电出力和供热出力：

$$p_{i,t}=\sum_{k=1}^{\mathrm{NK}_i}\alpha_{i,t}^k P_i^k\ ,\quad h_{i,t}=\sum_{k=1}^{\mathrm{NK}_i}\alpha_{i,t}^k H_i^k\ ,\quad \forall i\in\mathcal{I}^{\mathrm{CHP}},t\in\mathcal{T} \tag{8-1}$$

式中，

$$\sum_{k=1}^{\mathrm{NK}_i}\alpha_{i,t}^k=1\ ,\quad 0\leqslant\alpha_{i,t}^k\leqslant 1\ ,\ \forall i\in\mathcal{I}^{\mathrm{CHP}},k\in\{1,2,\cdots,\mathrm{NK}_i\},t\in\mathcal{T} \tag{8-2}$$

式(8-1)中，$p_{i,t}$为第i台机组在第t个调度时段的发电出力；$h_{i,t}$为第i台供热机组在第t个调度时段的供热出力；(H_i^k,P_i^k)为第i台供热机组运行可行域近似多边形的第k个极点；$\alpha_{i,t}^k$为第i台供热机组在第t个调度时段的运行点对应第k个极点的凸组合系数；NK_i为第i台供热机组的运行可行域近似多边形的极点个数；$\mathcal{I}^{\mathrm{CHP}}$为供热机组下标集合；$\mathcal{T}$为调度时段下标集合。

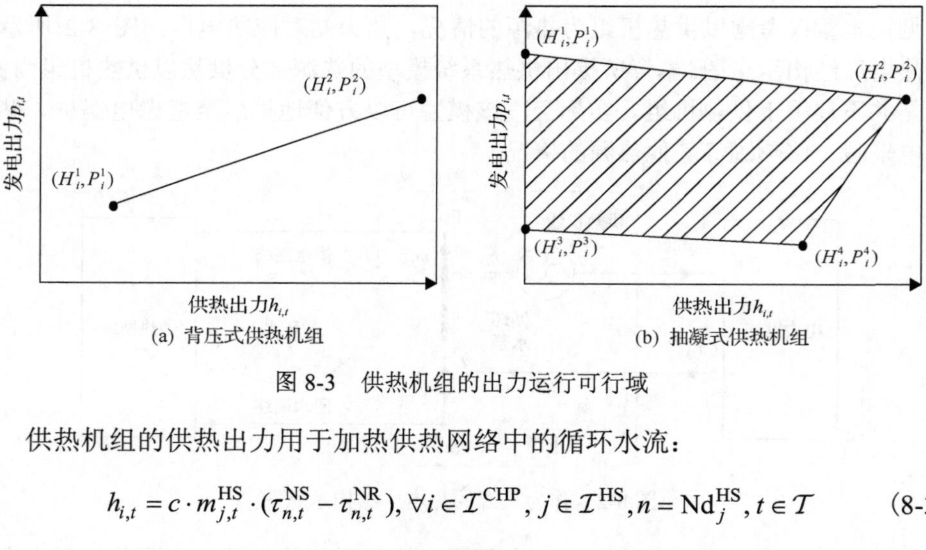

(a) 背压式供热机组　　(b) 抽凝式供热机组

图 8-3　供热机组的出力运行可行域

供热机组的供热出力用于加热供热网络中的循环水流：

$$h_{i,t}=c\cdot m_{j,t}^{\mathrm{HS}}\cdot(\tau_{n,t}^{\mathrm{NS}}-\tau_{n,t}^{\mathrm{NR}}),\forall i\in\mathcal{I}^{\mathrm{CHP}},j\in\mathcal{I}^{\mathrm{HS}},n=\mathrm{Nd}_j^{\mathrm{HS}},t\in\mathcal{T} \tag{8-3}$$

式中，c为水的比热容；$m_{j,t}^{\mathrm{HS}}$为在第t个调度时段内流经第j个热力站的循环水质量(为方便起见，下面称为循环水流量)；$\tau_{n,t}^{\mathrm{NS}}$、$\tau_{n,t}^{\mathrm{NR}}$分别为供热网络中第n个节点在第t个调度时段的供水、回水温度；$\mathcal{I}^{\mathrm{HS}}$为热力站下标集合；$\mathrm{Nd}_j^{\mathrm{HS}}$为供热网络中与第$j$个热力站连接的节点下标。

为了保证供热质量，热源所连接的供热网络节点温度应不低于其下限。同时为了防止循环水汽化，热源所连接的供热网络节点温度应不高于其上限。对应约束如下：

$$\underline{\tau}_n^{\mathrm{NS}}\leqslant\tau_{n,t}^{\mathrm{NS}}\leqslant\overline{\tau}_n^{\mathrm{NS}},\forall j\in\mathcal{I}^{\mathrm{HS}},n=\mathrm{Nd}_j^{\mathrm{HS}},t\in\mathcal{T} \tag{8-4}$$

式中，$\underline{\tau}_n^{\mathrm{NS}}$ 和 $\overline{\tau}_n^{\mathrm{NS}}$ 分别为供热网络第 n 个节点的温度下限和上限。

供热机组热电联产成本可以表示为发电出力和供热出力的二次函数：

$$C_i^{\mathrm{CHP}}(p_{i,t},h_{i,t}) = a_{0,i} + a_{1,i}p_{i,t} + a_{2,i}h_{i,t} + a_{3,i}p_{i,t}^2 + a_{4,i}h_{i,t}^2 + a_{5,i}p_{i,t}h_{i,t},$$
$$\forall i \in \mathcal{I}^{\mathrm{CHP}}, t \in \mathcal{T} \tag{8-5}$$

式中，$a_{0,i}$、$a_{1,i}$、$a_{2,i}$、$a_{3,i}$、$a_{4,i}$、$a_{5,i}$ 为第 i 台供热机组热电联产成本函数的常系数。

2. 循环水泵模型

循环水泵需要从电网侧获取电能以驱动供热管网中的持续循环水流。循环水泵消耗的电功率正比于供热网络节点的供回水压强差以及循环水流量：

$$d_{j,t}^{\mathrm{pump}} = \frac{m_{j,t}^{\mathrm{HS}} \cdot (\mathrm{pr}_{n,t}^S - \mathrm{pr}_{n,t}^R)}{\eta_j^{\mathrm{pump}} \cdot \rho}, \forall j \in \mathcal{I}^{\mathrm{HS}}, n = \mathrm{Nd}_j^{\mathrm{HS}}, t \in \mathcal{T} \tag{8-6}$$

式中，$d_{j,t}^{\mathrm{pump}}$ 为循环水泵消耗的电功率；$\mathrm{pr}_{n,t}^S$、$\mathrm{pr}_{n,t}^R$ 分别表示供热网络第 n 个节点在第 t 个调度时段的供水、回水压强；η_j^{pump} 为循环水泵的工作效率；ρ 为水密度。循环水电功率存在上下限约束：

$$\underline{d}_j^{\mathrm{pump}} \leqslant d_{j,t}^{\mathrm{pump}} \leqslant \overline{d}_j^{\mathrm{pump}}, \forall j \in \mathcal{I}^{\mathrm{HS}}, n = \mathrm{Nd}_j^{\mathrm{HS}}, t \in \mathcal{T} \tag{8-7}$$

8.2.3　换热站模型

在输热系统中，换热站可以被视为一个用热负荷：

$$c \cdot m_{l,t}^{\mathrm{HES}} \cdot (\tau_{n,t}^{\mathrm{NS}} - \tau_{n,t}^{\mathrm{NR}}) = H_{l,t}^{\mathrm{HES}}, \forall l \in \mathcal{I}^{\mathrm{HES}}, n = \mathrm{Nd}_l^{\mathrm{HES}}, t \in \mathcal{T} \tag{8-8}$$

式中，$m_{l,t}^{\mathrm{HES}}$ 为第 l 个换热站在第 t 个调度时段的循环水流量；$H_{l,t}^{\mathrm{HES}}$ 为第 l 个换热站在第 t 个调度时段的用热负荷功率；$\mathcal{I}^{\mathrm{HES}}$ 为换热站下标集合；$\mathrm{Nd}_l^{\mathrm{HES}}$ 为供热网络中与第 l 个换热站连接的节点下标。

为了维持持续的循环水流，换热站处的节点供回水压强差应高于一定水平：

$$\mathrm{pr}_{n,t}^S - \mathrm{pr}_{n,t}^R \geqslant \underline{\mathrm{pr}}_l^{\mathrm{HES}}, \forall l \in \mathcal{I}^{\mathrm{HES}}, n = \mathrm{Nd}_l^{\mathrm{HES}}, t \in \mathcal{T} \tag{8-9}$$

式中，$\underline{\mathrm{pr}}_l^{\mathrm{HES}}$ 为第 l 个换热站的最小供回水压强差。

换热站的回水温度应该保持在一定的范围之内：

$$\underline{\tau}_n^{\mathrm{NR}} \leqslant \tau_{n,t}^{\mathrm{NR}} \leqslant \overline{\tau}_n^{\mathrm{NR}}, \forall l \in \mathcal{I}^{\mathrm{HES}}, n = \mathrm{Nd}_l^{\mathrm{HES}}, t \in \mathcal{T} \tag{8-10}$$

8.2.4　城市区域供热管网模型

1. 供热网络模型

图 8-4 所示的是双管供热网络中的节点典型结构。图 8-4 中的上半部分表示供水网络部分，下半部分表示回水网络部分。其中，$\mathcal{S}_i^{\mathrm{pipe-}}$ 表示以第 i 个供热网络节点为终点的供热管道下标集合，$\mathcal{S}_i^{\mathrm{pipe+}}$ 表示以第 i 个供热网络节点为起点的供热管道下标集合，$\tau_{b,t}^{\mathrm{PS,in}}$ 、$\tau_{b,t}^{\mathrm{PS,out}}$ 分别表示第 b 条供水管道在第 t 个调度时段的首端、末端温度，$\tau_{b,t}^{\mathrm{PR,in}}$ 、$\tau_{b,t}^{\mathrm{PR,out}}$ 分别表示第 b 条回水管道在第 t 个调度时段的首端、末端温度，$\mathrm{ms}_{b,t}^{\mathrm{pipe}}$ 、$\mathrm{mr}_{b,t}^{\mathrm{pipe}}$ 分别表示第 b 条供水、回水管道在第 t 个调度时段的水流量。值得注意的是，供热网络节点温度 $\tau_{i,t}^{\mathrm{NS}}$ 、$\tau_{i,t}^{\mathrm{NR}}$ 指的是流进该节点的水流相互混合后的稳态温度，管道首末端温度 $\tau_{b,t}^{\mathrm{PS,in}}$ 、$\tau_{b,t}^{\mathrm{PS,out}}$ 、$\tau_{b,t}^{\mathrm{PR,in}}$ 、$\tau_{b,t}^{\mathrm{PR,out}}$ 指的是在管道内的相应位置上混合前的水流温度。

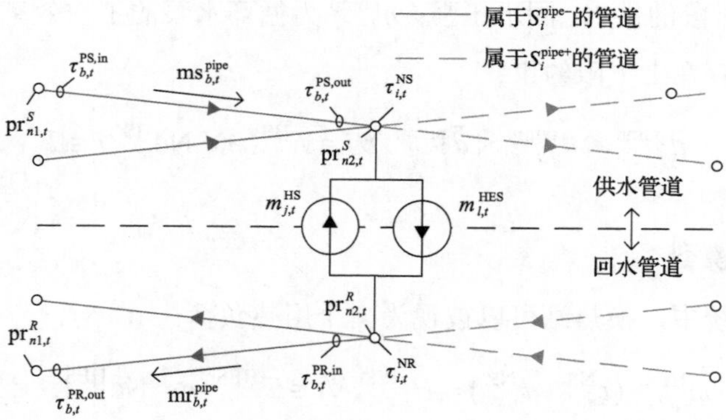

图 8-4　双管供热网络中的节点典型结构

1) 流量连续性方程

根据质量守恒定律，由于水是不可压缩流体，进入同一节点的水流量之和为零：

$$\sum_{b\in\mathcal{S}_i^{\mathrm{pipe+}}} \mathrm{ms}_{b,t}^{\mathrm{pipe}} - \sum_{b\in\mathcal{S}_i^{\mathrm{pipe-}}} \mathrm{ms}_{b,t}^{\mathrm{pipe}} = \sum_{j\in\mathcal{S}_i^{\mathrm{HES}}} m_{j,t}^{\mathrm{HS}} - \sum_{l\in\mathcal{S}_i^{\mathrm{HS}}} m_{l,t}^{\mathrm{HES}}, \forall i \in \mathcal{I}^{\mathrm{nd}}, t \in \mathcal{T} \tag{8-11}$$

$$\sum_{b\in\mathcal{S}_i^{\mathrm{pipe+}}} \mathrm{mr}_{b,t}^{\mathrm{pipe}} - \sum_{b\in\mathcal{S}_i^{\mathrm{pipe-}}} \mathrm{mr}_{b,t}^{\mathrm{pipe}} = \sum_{l\in\mathcal{S}_i^{\mathrm{HS}}} m_{l,t}^{\mathrm{HES}} - \sum_{j\in\mathcal{S}_i^{\mathrm{HES}}} m_{j,t}^{\mathrm{HS}}, \forall i \in \mathcal{I}^{\mathrm{nd}}, t \in \mathcal{T} \tag{8-12}$$

式中，$\mathcal{I}^{\mathrm{nd}}$ 为供热网络节点下标集合。

2) 温度混合方程

根据能量守恒定律，来自不同管道的水流在同一网络节点混合后的温度满足以下方程：

$$\sum_{b\in\mathcal{S}_i^{\text{pipe}-}}(\tau_{b,t}^{\text{PS,out}}\cdot \text{ms}_{b,t}^{\text{pipe}})=\tau_{i,t}^{\text{NS}}\cdot\sum_{b\in\mathcal{S}_i^{\text{pipe}-}}\text{ms}_{b,t}^{\text{pipe}},\forall i\in\mathcal{I}^{\text{nd}},t\in\mathcal{T} \tag{8-13}$$

$$\sum_{b\in\mathcal{S}_i^{\text{pipe}+}}(\tau_{b,t}^{\text{PR,out}}\cdot \text{mr}_{b,t}^{\text{pipe}})=\tau_{i,t}^{\text{NR}}\cdot\sum_{b\in\mathcal{S}_i^{\text{pipe}+}}\text{mr}_{b,t}^{\text{pipe}},\forall i\in\mathcal{I}^{\text{nd}},t\in\mathcal{T} \tag{8-14}$$

另外，从网络节点流出的水流温度等于该网络节点的温度：

$$\tau_{b,t}^{\text{PS,in}}=\tau_{i,t}^{\text{NS}},\forall i\in\mathcal{I}^{\text{nd}},b\in\mathcal{S}_i^{\text{pipe}+},t\in\mathcal{T} \tag{8-15}$$

$$\tau_{b,t}^{\text{PR,in}}=\tau_{i,t}^{\text{NR}},\forall i\in\mathcal{I}^{\text{nd}},b\in\mathcal{S}_i^{\text{pipe}-},t\in\mathcal{T} \tag{8-16}$$

3) 流量限制方程

当流体流速增大时，管道的自然频率降低。因此，当水流流速过大以至于管道的自然频率下降到临界值时，可能会引起管道的机械振动或者疲劳损耗[2]。为了防止管道振动，循环水流量应限制在一定的范围以内：

$$0\leqslant \text{ms}_{b,t}^{\text{pipe}}\leqslant \overline{m}_b^{\text{pipe}},\forall b\in\mathcal{I}^{\text{pipe}},t\in\mathcal{T} \tag{8-17}$$

$$0\leqslant \text{mr}_{b,t}^{\text{pipe}}\leqslant \overline{m}_b^{\text{pipe}},\forall b\in\mathcal{I}^{\text{pipe}},t\in\mathcal{T} \tag{8-18}$$

式中，$\overline{m}_b^{\text{pipe}}$ 为第 b 条供热管道的水流流速上限；$\mathcal{I}^{\text{pipe}}$ 为供热管道下标集合。

4) 压强损失方程

根据 Darcy-Weisbach 方程，由于水流与管道内壁摩擦引起的沿管压强损失与流速的平方成正比：

$$\begin{aligned}\text{pr}_{n1,t}^{S}-\text{pr}_{n2,t}^{S}=\mu_b\cdot(\text{ms}_{b,t}^{\text{pipe}})^2,\text{pr}_{n2,t}^{R}-\text{pr}_{n1,t}^{R}=\mu_b\cdot(\text{mr}_{b,t}^{\text{pipe}})^2\\ \forall b\in\mathcal{I}^{\text{pipe}},n1=\text{Nd}_b^{\text{PF}},n2=\text{Nd}_b^{\text{PT}},t\in\mathcal{T}\end{aligned} \tag{8-19}$$

式中，μ_b 为第 b 条供热管道的压强损失系数；Nd_b^{PF} 、Nd_b^{PT} 分别为第 b 条供热管道的首端、末端节点下标。

5) 水温变化延时效应与沿管热损耗效应

对于一段热水管道，管道入口的水温变化传播至管道出口的过程较慢，所需要的时间约等于循环水从管道入口流动至管道出口的运动时间[3]，此为水温变化的延时效应。另外，水流与周围环境(包括管道内壁和外界)之间存在温度差，因此循环水在流动过程中会发生热损耗，表现为沿管水温的下降，此为沿管热损耗效应。水温变化延时效应和沿管热损耗效应合称供热网络温度半动态特性。本章采用节点方法(node method)来描述水温变化延时效应和沿管热损耗效应。该方法由丹麦技术大学的研究团队[3-5]提出。该方法在描述供热网络温度半动态特性方面的计算精度已得到数值仿真的验证。

节点方法的基本思想可以概括为两个步骤。首先，在忽略沿管热损耗的条件下，将当前时段的管道出口温度表示为过去时段的管道入口温度的加权线性组合。然后，对当前时段的管道出口温度进行损耗修正，以反映沿管热损耗效应。本章将简要地给出节点方法的计算步骤，该方法的详细描述请参考文献[6]。

在第一个步骤中，利用过去时段的管道入口温度估计忽略沿管热损耗的管道出口温度，如下所示：

$$\tau_{b,t}^{\prime\mathrm{PS,out}} = \sum_{k=t-\phi_{b,t}}^{t-\gamma_{b,t}} K_{b,t,k}\tau_{b,k}^{\mathrm{PS,in}}, \forall b \in \mathcal{I}^{\mathrm{pipe}}, t \in \mathcal{T} \tag{8-20}$$

$$\tau_{b,t}^{\prime\mathrm{PR,out}} = \sum_{k=t-\phi_{b,t}}^{t-\gamma_{b,t}} K_{b,t,k}\tau_{b,k}^{\mathrm{PR,in}}, \forall b \in \mathcal{I}^{\mathrm{pipe}}, t \in \mathcal{T} \tag{8-21}$$

式中，$\tau_{b,t}^{\prime\mathrm{PS,out}}$ 和 $\tau_{b,t}^{\prime\mathrm{PR,out}}$ 分别为第 b 条供热管道在第 t 个调度时段忽略沿管热损耗的管道出口温度。变量 $K_{b,t,k}$ 的取值由循环水流速决定：

$$K_{b,t,k} = \begin{cases} (\mathrm{ms}_{b,t}^{\mathrm{pipe}} \cdot \Delta t - S_{b,t} + \rho A_b L_b) \big/ (\mathrm{ms}_{b,t}^{\mathrm{pipe}} \cdot \Delta t), & k = t - \phi_{b,t} \\ (\mathrm{ms}_{b,k}^{\mathrm{pipe}} \cdot \Delta t) \big/ (\mathrm{ms}_{b,t}^{\mathrm{pipe}} \cdot \Delta t), & k = t - \phi_{b,t} + 1, \cdots, t - \gamma_{b,t} - 1 \\ (R_{b,t} - \rho A_b L_b) \big/ (\mathrm{ms}_{b,t}^{\mathrm{pipe}} \cdot \Delta t), & k = t - \gamma_{b,t} \\ 0, & \text{其他} \end{cases} \tag{8-22}$$

式中，Δt 为相邻调度时段的时间间隔；A_b 为第 b 条供热管道的截面积；L_b 为第 b 条供热管道的长度。式(8-20)～式(8-22)中，整数变量 $\phi_{b,t}$ 和 $\gamma_{b,t}$ 表示与水温变化延时相关的调度时段数，如下所示：

$$\gamma_{b,t} = \min_n \left\{ n : \text{s.t.} \sum_{k=0}^{n} (\mathrm{ms}_{b,t-k}^{\mathrm{pipe}} \cdot \Delta t) \geqslant \rho A_b L_b, n \geqslant 0, n \in \mathbb{Z} \right\} \tag{8-23}$$

$$\phi_{b,t} = \min_m \left\{ m : \text{s.t.} \sum_{k=1}^{m} (\mathrm{ms}_{b,t-k}^{\mathrm{pipe}} \cdot \Delta t) \geqslant \rho A_b L_b, m \geqslant 0, m \in \mathbb{Z} \right\} \tag{8-24}$$

式(8-22)中的 $R_{b,t}$ 和 $S_{b,t}$ 表达式为

$$R_{b,t} = \sum_{k=0}^{\gamma_{b,t}} (\text{ms}_{b,t-k}^{\text{pipe}} \cdot \Delta t) \tag{8-25}$$

$$S_{b,t} = \begin{cases} \sum_{k=0}^{\phi_{b,t}-1} (\text{ms}_{b,t-k}^{\text{pipe}} \cdot \Delta t), & \phi_{b,t} \geqslant \gamma_{b,t}+1 \\ R_{b,t}, & \text{其他} \end{cases} \tag{8-26}$$

针对节点方法的第一个步骤以及式(8-20)～式(8-26)的直观解释已在 8.2.2 节中给出。

在第二个步骤中，对管道出口温度进行热损耗修正：

$$\tau_{b,t}^{\text{PS,out}} = \tau_t^{\text{am}} + (\tau_{b,t}^{\prime\text{PS,out}} - \tau_t^{\text{am}}) \exp\left[-\frac{\lambda_b \Delta t}{A_b \rho c}\left(\gamma_{b,t} + \frac{1}{2} + \frac{S_{b,t} - R_{b,t}}{\text{ms}_{b,t-\gamma_{b,t}}^{\text{pipe}} \Delta t}\right)\right] \tag{8-27}$$

$$\tau_{b,t}^{\text{PR,out}} = \tau_t^{\text{am}} + (\tau_{b,t}^{\prime\text{PR,out}} - \tau_t^{\text{am}}) \exp\left[-\frac{\lambda_b \Delta t}{A_b \rho c}\left(\gamma_{b,t} + \frac{1}{2} + \frac{S_{b,t} - R_{b,t}}{\text{ms}_{b,t-\gamma_{b,t}}^{\text{pipe}} \Delta t}\right)\right] \tag{8-28}$$

式中，τ_t^{am} 为第 t 个调度时段的外界温度；λ_b 为第 b 条供热管道的沿管热损耗系数。

式(8-20)和式(8-21)是供热网络模型中的时间耦合约束，反映了水温变化延时效应。从另一个角度看，这两个式子可以看作供热网络的状态转移方程。这两个方程是反映供热管网储热特性、描述供热网络储热放热过程的关键。

2. 节点方法的直观解释

本节给出用节点方法描述供热管网温度半动态特性的直观解释。图 8-5 所示的是在第 t 个调度时段的一段供热管道的沿管方向剖面图，其中边上的阴影部分表示管道壁。为了方便表示，在本节中，相关变量中的上标 pipe 以及下标 b 均被省略。

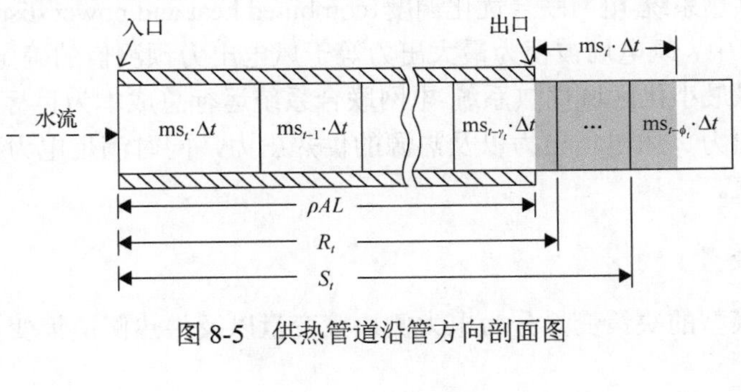

图 8-5　供热管道沿管方向剖面图

L 表示管道的总长度，管道中的水质量为 ρAL。管道中间的方块表示的是在连续调度时段内流入管道的水质块序列，其中 $\text{ms}_t \cdot \Delta t$ 表示在第 t 个调度时段流进管道的水质块。值得注意的是，在管道出口右边的方块表示的是到第 t 个调度时段末已经流出管道的水质块，这些水质块画出是为了反映水质块的序列关系。

节点方法第一个步骤的基本思想为，用在第 t 个调度时段内流经管道出口的水质块的平均温度来近似地计算在无热损耗情况下的管道出口温度 $\tau_t'^{\text{out}}$，如灰色部分表示。为了方便地表示近似计算的结果，定义以下相关变量。

$t-\gamma_t$ 表示的是到第 t 个调度时段末流出管道的最后一段水质块所对应的调度时段下标。相应的延时时段数 γ_t 如式(8-23)所示。

$t-\phi_t$ 表示的是到第 $t-1$ 个调度时段末流出管道的最后一段水质块所对应的调度时段下标。相应的延时时段数 ϕ_t 如式(8-24)所示。

变量 R_t 表示的是从第 $t-\gamma_t$ 个调度时段至第 t 个调度时段流入管道的水质量。该变量的数学定义如式(8-25)所示。

忽略沿管热损耗的管道出口温度 $\tau_t'^{\text{out}}$ 可以表示为灰色部分的质量加权平均温度，如下所示：

$$\tau_t'^{\text{out}} = \frac{(R_t - \rho AL)\cdot \tau_{t-\gamma_t}^{\text{in}} + \sum\limits_{k=t-\phi_t+1}^{t-\gamma_t-1} (\text{ms}_k \cdot \Delta t \cdot \tau_k^{\text{in}}) + (\text{ms}_t \cdot \Delta t + \rho AL - S_t)\cdot \tau_{t-\phi_t}^{\text{in}}}{\text{ms}_t \cdot \Delta t} \tag{8-29}$$

将式(8-29)中 τ_k^{in} 的系数替换为式(8-22)中定义的 $K_{b,t,k}$，可以将式(8-29)化简得到式(8-20)。

8.3 区域供热系统-电网联合滚动调度

8.3.1 区域供热系统-电网联合优化调度数学模型

基于 8.2 节所建立的区域供热系统模型，本节将建立计及集中供热管网储热特性的区域供热系统-电网联合优化调度(combined heat and power dispatch，CHPD)模型。在本章中，风电场被视为最大出力等于风电出力预测值的确定性可调机组。CHPD 模型以最小化区域供热系统-电网联合系统运行总成本为目标，优化已启动机组的发电出力、风电场出力以及热源的供热出力，同时满足电力系统和供热系统的运行约束。

1. 决策变量

CHPD 模型的决策变量分为电力侧决策变量以及供热侧决策变量。电力侧决策变量包括火电机组的发电出力 $p_{i,t}$ 和旋转备用容量 $\mathrm{ru}_{i,t}$、$\mathrm{rd}_{i,t}$，风电场出力 $p_{i,t}^{w}$ 以及循环水泵消耗的电功率 $d_{j,t}^{\mathrm{pump}}$。供热侧决策变量包括供热机组的供热出力 $h_{i,t}$，热力站的循环水流量 $m_{j,t}^{\mathrm{HS}}$，换热站的循环水流量 $m_{l,t}^{\mathrm{HES}}$，管道水流流速 $\mathrm{ms}_{b,t}^{\mathrm{pipe}}$、$\mathrm{mr}_{b,t}^{\mathrm{pipe}}$，供热网络压强水头分布 $\mathrm{pr}_{n,t}^{S}$、$\mathrm{pr}_{n,t}^{R}$，以及供热网络的温度分布 $\tau_{i,t}^{\mathrm{NS}}$、$\tau_{i,t}^{\mathrm{NR}}$、$\tau_{b,t}^{\mathrm{PS,in}}$、$\tau_{b,t}^{\mathrm{PS,out}}$、$\tau_{b,t}^{\mathrm{PR,in}}$、$\tau_{b,t}^{\mathrm{PR,out}}$。

2. 目标函数

CHPD 模型的目标函数为最小化区域供热系统-电网联合系统运行总成本：

$$\sum_{t\in\mathcal{T}}\left[\sum_{i\in\mathcal{I}^{\mathrm{TU}}}C_i^{\mathrm{TU}}(p_{i,t})+\sum_{i\in\mathcal{I}^{\mathrm{wind}}}C_i^{\mathrm{wind}}(p_{i,t}^{w})+\sum_{i\in\mathcal{I}^{\mathrm{CHP}}}C_i^{\mathrm{CHP}}(p_{i,t},h_{i,t})\right] \tag{8-30}$$

式中，$p_{i,t}$ 为第 i 台机组在第 t 个调度时段的发电出力；$p_{i,t}^{w}$ 为第 i 个风电场在第 t 个调度时段的发电出力；$\mathcal{I}^{\mathrm{TU}}$ 为火电机组下标集合；$\mathcal{I}^{\mathrm{wind}}$ 为风电场下标集合；$C_i^{\mathrm{TU}}(\cdot)$ 为第 i 台火电机组的运行成本；$C_i^{\mathrm{wind}}(\cdot)$ 为第 i 个风电场的弃风成本；$C_i^{\mathrm{CHP}}(\cdot)$ 为第 i 台供热机组的热电联产成本。常规火电机组的运行成本可以表示为发电出力的二次函数：

$$C_i^{\mathrm{TU}}(p_{i,t})=b_{0,i}+b_{1,i}\cdot p_{i,t}+b_{2,i}\cdot p_{i,t}^2,\forall i\in\mathcal{I}^{\mathrm{TU}},t\in\mathcal{T} \tag{8-31}$$

式中，$b_{0,i}$、$b_{1,i}$、$b_{2,i}$ 分别为第 i 台火电机组运行成本的常数项、一次系数和二次系数。

风电场的弃风成本与弃风量的平方成正比：

$$C_i^{\mathrm{wind}}(p_{i,t}^{w})=\sigma_i\cdot(\overline{P}_{i,t}^{w}-p_{i,t}^{w})^2,\forall i\in\mathcal{I}^{\mathrm{wind}},t\in\mathcal{T} \tag{8-32}$$

式中，$\overline{P}_{i,t}^{w}$ 为第 i 个风电场在第 t 个调度时段的出力预测值；σ_i 为第 i 个风电场的弃风惩罚因子。

供热机组的热电联产成本函数如式(8-5)所示。

3. 约束条件

CHPD 模型同时考虑电力系统和供热系统的运行和安全约束。在我国东北地区，主要的大型热电联产机组与 220kV 输电网络相连。本章所讨论的区域供热系统-电网联合优化调度模型主要考虑供热机组接入高压输电网的情况，因此电力系统侧的建模可以采用直流潮流模型。电力系统运行的约束条件包括式(8-33)～式(8-40)。

(1) 功率平衡约束。在忽略网损的情况下，每个调度时段的发电功率与负荷功率相等，即

$$\sum_{i\in\mathcal{I}^{\mathrm{TU}}\cup\mathcal{I}^{\mathrm{CHP}}} p_{i,t} + \sum_{i\in\mathcal{I}^{\mathrm{wind}}} p_{i,t}^{w} - \sum_{j\in\mathcal{I}^{\mathrm{HS}}} d_{j,t}^{\mathrm{pump}} = \sum_{n\in\mathcal{I}^{\mathrm{bus}}} D_{n,t}, \forall t\in\mathcal{T} \tag{8-33}$$

式中，$D_{n,t}$ 为电力网络第 n 个母线在第 t 个调度时段的母线负荷；$\mathcal{I}^{\mathrm{bus}}$ 为母线下标集合。

(2) 旋转备用约束。火电机组需预留一定的旋转备用容量以应对电力系统可能发生的故障：

$$0\leqslant \mathrm{ru}_{i,t}\leqslant \mathrm{RAMP}_i^{\mathrm{up}}\cdot\Delta t,\ \ \mathrm{ru}_{i,t}\leqslant \overline{P}_i - p_{i,t}, \forall i\in\mathcal{I}^{\mathrm{TU}}, t\in\mathcal{T} \tag{8-34}$$

$$0\leqslant \mathrm{rd}_{i,t}\leqslant \mathrm{RAMP}_i^{\mathrm{down}}\cdot\Delta t,\ \ \mathrm{rd}_{i,t}\leqslant p_{i,t} - \underline{P}_i, \forall i\in\mathcal{I}^{\mathrm{TU}}, t\in\mathcal{T} \tag{8-35}$$

$$\sum_{i\in\mathcal{I}^{\mathrm{TU}}} \mathrm{ru}_{i,t}\geqslant \mathrm{SR}^{\mathrm{up}},\ \sum_{i\in\mathcal{I}^{\mathrm{TU}}} \mathrm{rd}_{i,t}\geqslant \mathrm{SR}^{\mathrm{down}},\ \forall t\in\mathcal{T} \tag{8-36}$$

式中，$\mathrm{RAMP}_i^{\mathrm{up}}$ 和 $\mathrm{RAMP}_i^{\mathrm{down}}$ 分别为第 i 台火电机组的向上、向下爬坡速率；$\mathrm{ru}_{i,t}$ 和 $\mathrm{rd}_{i,t}$ 分别为第 i 台火电机组在第 t 个调度时段的向上、向下旋转备用容量；$\overline{P}_i$ 和 $\underline{P}_i$ 分别为第 i 台火电机组的最大、最小技术出力；$\mathrm{SR}^{\mathrm{up}}$ 和 $\mathrm{SR}^{\mathrm{down}}$ 分别为电力系统向上、向下旋转备用容量要求。

(3) 网络约束。电力网络线路的潮流应在线路传输容量以内：

$$\left|\sum_{n\in\mathcal{I}^{\mathrm{bus}}} \mathrm{SF}_{l,n}\cdot\left(\sum_{i\in\mathcal{S}_n^{\mathrm{TU}}\cup\mathcal{S}_n^{\mathrm{CHP}}} p_{i,t} + \sum_{i\in\mathcal{S}_n^{\mathrm{wind}}} p_{i,t}^{w} - D_{n,t}\right)\right|\leqslant F_l, \forall l\in\mathcal{I}^{\mathrm{line}}, t\in\mathcal{T} \tag{8-37}$$

式中，$\mathrm{SF}_{l,n}$ 为电力网络第 l 条线路潮流对第 n 个母线注入功率的转移分布因子；F_l 为电力网络第 l 条线路的传输容量；$\mathcal{I}^{\mathrm{line}}$ 为电力网络线路下标集合。

(4) 爬坡速率约束。火电机组在相邻调度时段内的发电出力增量受到爬坡速率的限制：

$$-\mathrm{RAMP}_i^{\mathrm{down}}\cdot\Delta t\leqslant p_{i,t} - p_{i,t-1}\leqslant \mathrm{RAMP}_i^{\mathrm{up}}\cdot\Delta t,,\ \ \forall i\in\mathcal{I}^{\mathrm{TU}}\cup\mathcal{I}^{\mathrm{CHP}}, t\in\mathcal{T} \tag{8-38}$$

(5) 火电机组出力限制约束。火电机组的发电出力受到其技术出力范围的限制：

$$\underline{P}_i\leqslant p_{i,t}\leqslant \overline{P}_i, \forall i\in\mathcal{I}^{\mathrm{TU}}\cup\mathcal{I}^{\mathrm{CHP}}, t\in\mathcal{T} \tag{8-39}$$

(6) 风电场出力限制约束。风电场的发电出力受到可调度风电容量的限制：

$$0 \leqslant p_{i,t}^{w} \leqslant \overline{P}_{i,t}^{w}, \forall i \in \mathcal{I}^{\text{wind}}, t \in \mathcal{T} \tag{8-40}$$

供热系统运行的约束条件如下所示。

(1) 供热机组运行约束：如式(8-1)～式(8-4)定义。

(2) 循环水泵运行约束：如式(8-6)和式(8-7)定义。

(3) 换热站运行约束：如式(8-8)～式(8-10)定义。

(4) 节点连续性约束：如式(8-11)和式(8-12)定义。

(5) 温度混合约束：如式(8-13)～式(8-16)定义。

(6) 流速限制约束：如式(8-17)和式(8-18)定义。

(7) 压强损失约束：如式(8-19)定义。

(8) 水温变化延时约束：如式(8-20)和式(8-21)定义，其中系数定义见式(8-22)～式(8-26)。

(9) 沿管热损耗方程约束：如式(8-27)和式(8-28)定义。

4. 模型讨论

上面所建立的是一般化的区域供热系统-电网联合调度模型，在该模型中供热管网的流量和水温都是可调节的控制手段。该模型是一个大规模非线性混合整数规划模型。由于供热网络的热力工况和水力工况之间存在复杂耦合关系，实际的供热系统运行并不采用同时调节流量和水温的控制方式，以避免过高的运行控制复杂度。我国主要采用量调节和质调节的方式来调节和控制区域供热系统的运行状态[7]。本节将对这两种调节方式下 CHPD 模型的特点进行讨论。

1) 量调节的模型特点

量调节方式保持供热网络的供热水温不变，通过改变网络中的循环水流量来满足用热负荷需求[8]。在量调节方式下，热力站的供水温度为给定的参数，即式(8-4)中的变量 $\tau_{n,t}^{\text{NS}}$ 为常数，供热网络的循环水量仍为待定的决策变量。除了式(8-4)所描述的约束，量调节方式下 CHPD 模型需要考虑一般化的 CHPD 模型中的其他约束条件，而目标函数不变。因此，量调节方式下的 CHPD 模型仍是一个大规模非线性混合整数规划模型，其求解难度与一般化的 CHPD 模型相当。8.4.2 节将讨论一般化 CHPD 模型的求解方法。

2) 质调节的模型特点

质调节方式保持供热网络的循环水流量不变，通过改变供热网络的供水温度来满足用热负荷需求[9,10]。在质调节方式下，供热网络的水力工况是给定的，即循环水流量 $m_{j,t}^{\text{HS}}$、$m_{l,t}^{\text{HES}}$、$\text{ms}_{b,t}^{\text{pipe}}$、$\text{mr}_{b,t}^{\text{pipe}}$ 和压强水头分布 $\text{pr}_{n,t}^{S}$、$\text{pr}_{n,t}^{R}$ 均为给定的参数。在质调节方式下，CHPD 模型无须考虑循环水泵运行约束(式(8-6)和式(8-7))、换热站的压强差限制约束(式(8-9))、节点连续性约束(式(8-11)和式(8-12))、流速限制约束(式(8-17)和式(8-18))以及压强损失约束(式(8-19))。另外，在给定水力工况的条件下，供热机组的供热出力约束(式(8-3))、换热站的用热负荷约束(式(8-8))、温度混合约束(式(8-13)～式(8-16))退化为线性约束。特别地，在供热网络循环水流量给定的条件下，变量$\gamma_{b,t}$、$\phi_{b,t}$、$K_{b,t,k}$、$R_{b,t}$、$S_{b,t}$均为常数，因此水温变化延时约束(式(8-20)和式(8-21))以及沿管热损耗方程约束(式(8-27)和式(8-28))均为线性约束。综合上述分析可知，质调节方式下CHPD模型需要考虑的约束条件均为线性约束，该模型为一个凸二次规划模型。该模型可以通过成熟的凸二次规划技术求解，从而得到全局最优解。

8.3.2 迭代求解算法

本节讨论一般化CHPD模型的求解方法，该方法也可以用于求解量调节方式下的CHPD模型。求解CHPD模型的主要困难在于，表征水温变化延时的整数变量($\phi_{b,t}$和$\gamma_{b,t}$)是水流流速($\mathrm{ms}_{b,t}^{\mathrm{pipe}}$)的函数，如式(8-23)、式(8-24)所示。同时，整数变量$\phi_{b,t}$和$\gamma_{b,t}$以下标符号的形式出现在式(8-20)、式(8-21)及式(8-25)～式(8-28)之中。如此形式的复杂约束使CHPD模型难以通过常规的线性/非线性规划技术直接求解。为此，本节提出一种针对CHPD模型的迭代求解算法。

为方便描述，定义变量$\gamma_{b,t}$、$\phi_{b,t}$、$K_{b,t,k}$、$R_{b,t}$、$S_{b,t}$为复杂变量，用向量$\boldsymbol{\xi}$表示。定义其余变量为非复杂变量$\boldsymbol{x}$。那么，CHPD模型可以表示为以下抽象形式：

$$\min_{\boldsymbol{x},\boldsymbol{\xi}}\left\{f(\boldsymbol{x}):\text{s.t. } g(\boldsymbol{x},\boldsymbol{\xi})\leqslant 0, \boldsymbol{\xi}=\boldsymbol{\Phi}(\boldsymbol{x})\right\} \tag{8-41}$$

式中，$f(\boldsymbol{x})$代表式(8-30)中的目标函数；$\boldsymbol{\xi}=\boldsymbol{\Phi}(\boldsymbol{x})$表示由式(8-22)～式(8-26)描述的$\boldsymbol{\xi}$关于$\boldsymbol{x}$的函数关系；$g(\boldsymbol{x},\boldsymbol{\xi})\leqslant 0$表示8.4.1节中的其余约束条件。

迭代求解算法流程如图8-6所示，包括以下步骤。

步骤1：初始化。初始化复杂变量$\boldsymbol{\xi}^{(0)}$。设置收敛误差$\varepsilon>0$以及最大迭代次数$M^{\max}>0$。设置$m=0$。

步骤2：求解固定ξ的CHPD模型。固定复杂变量的取值$\xi=\xi^{(m)}$，求解以下CHPD模型：

$$\boldsymbol{x}^{(m)}=\boldsymbol{\Psi}(\boldsymbol{\xi}^{(m)})=\arg\min_{\boldsymbol{x}}\left\{f(\boldsymbol{x}):\text{s.t. } g(\boldsymbol{x},\boldsymbol{\xi}^{(m)})\leqslant 0\right\} \tag{8-42}$$

步骤3：更新复杂变量。更新复杂变量$\boldsymbol{\xi}^{(m+1)}=\boldsymbol{\Phi}(\boldsymbol{x}^{(m)})$。

步骤4：收敛判定。如果$\left|\xi^{(m+1)}-\xi^{(m)}\right|<\varepsilon$或者$m>M^{\max}$，那么取$(\boldsymbol{x}^{(m)},\boldsymbol{\xi}^{(m)})$为最终结果并终止算法；否则，设$m\leftarrow m+1$，执行步骤2。

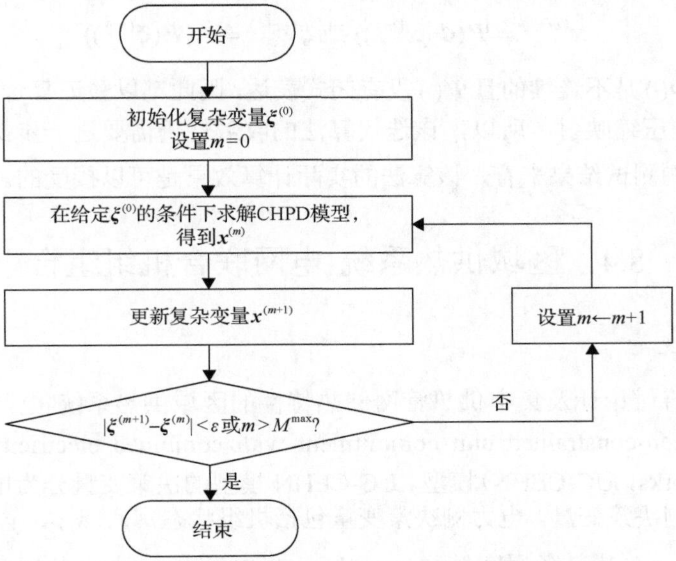

图 8-6　针对 CHPD 模型的迭代求解算法流程

针对该算法的讨论如下所示。

讨论 1：在步骤 1 中，可以通过两种方法对复杂变量进行初始化。第一种方法为热启动方式，即将复杂变量的初值设为最近一次求解 CHPD 成功所获得的最优解。第二种方法为平启动方式，即通过以下方式设置复杂变量的初值：

$$K_{b,t,k}^{(0)} = \begin{cases} 1, k = t \\ 0, \text{其他} \end{cases}, \forall b \in \mathcal{I}^{\text{pipe}}, t \in \mathcal{T} \tag{8-43}$$

$$\gamma_{b,t}^{(0)} = 0, \phi_{b,t}^{(0)} = 0, R_{b,t}^{(0)} = 0, S_{b,t}^{(0)} = 0, \forall b \in \mathcal{I}^{\text{pipe}}, t \in \mathcal{T} \tag{8-44}$$

在平启动方式下，复杂变量的初值$\boldsymbol{\xi}^{(0)}$使得式(8-20)、式(8-21)、式(8-27)和式(8-28)在时间上相互解耦，这相当于在首次迭代中忽略了供热管网温度半动态特性。在步骤 2 中对固定$\boldsymbol{\xi}$的 CHPD 模型求解完毕后，我们得到忽略供热管网温度半动态特性的静态最优解$\boldsymbol{x}^{(1)}$。在步骤 3 中，我们可以根据静态最优解$\boldsymbol{x}^{(1)}$估计复杂变量的取值$\boldsymbol{\xi}^{(1)}$。那么，接下来的迭代过程将会计及供热管网温度半动态特性。

讨论 2：在步骤 2 中，固定$\boldsymbol{\xi}$的 CHPD 模型是一个只含连续变量的非线性规划问题。因此，该模型可以通过序贯线性规划、逐次二次规划、内点法以及其他非线性规划算法直接求解。然而，由于 CHPD 模型本身是非凸非连续的，迭代算法得到的解是一个局部最优解。

讨论 3：本节提出的迭代算法实际上是按照以下迭代格式进行的不动点迭代法

$$x^{(m+1)} = \Psi(\Phi(x^{(m)})) \text{ 或 } \xi^{(m+1)} = \Phi(\Psi(\xi^{(m)})) \tag{8-45}$$

式中，映射$\Phi(\cdot)$是不连续的且$\Psi(\cdot)$没有闭式表达，因此难以验证复合映射$\Psi(\Phi(\cdot))$或$\Phi(\Psi(\cdot))$是压缩映射。所以，该迭代算法的收敛性仍需要进一步探讨。然而，从下面的算例测试结果来看，该算法的实际计算效果是可以接受的。

8.4　区域供热系统-电网联合机组组合

1. 决策变量

在本节将讨论计及集中供热管网储热特性的区域供热系统-电网联合机组组合(transmission-constrained unit commitment with combined electricity and district heating networks，UC-CEHN)模型。UC-CEHN 模型的决策变量分为电力侧决策变量以及供热侧决策变量。电力侧决策变量包括机组状态$u_{i,t}$、$x_{i,t}$、$y_{i,t}$，火电机组的发电出力$p_{i,t}$，旋转备用容量$\mathrm{ru}_{i,t}$、$\mathrm{rd}_{i,t}$，风电场出力$p_{i,t}^{w}$。热网侧决策变量包括 CHP 的供热出力$h_{i,t}$和集中供热网络供水管与回水管的温度。

需要注意的是，这里的火电机组发电出力$p_{i,t}$和上面的定义不同，本节$p_{i,t}$指的是第i台发电机组超出该机组最小技术出力$\underline{P}_i$的发电出力值；CHP 的供热出力$h_{i,t}$也和上面的定义不同，本节$h_{i,t}$指的是第i台 CHP 机组超出该机组最小供热出力$\underline{H}_i$的供热出力值。其余的变量与上面定义相同。

2. 目标函数

UC-CEHN 模型的目标函数为最小化运行总成本：

$$\begin{aligned}&\sum_{t\in\mathcal{T}}\sum_{i\in\mathcal{I}^{\mathrm{TU}}} C_i^{\mathrm{TU}}(p_{i,t},u_{i,t},x_{i,t},y_{i,t}) + \sum_{t\in\mathcal{T}}\sum_{i\in\mathcal{I}^{\mathrm{wind}}} C_i^{\mathrm{wind}}(p_{i,t}^{w}) \\ &+\sum_{t\in\mathcal{T}}\sum_{i\in\mathcal{I}^{\mathrm{CHP}}} C_i^{\mathrm{CHP}}(p_{i,t},h_{i,t},u_{i,t},x_{i,t},y_{i,t})\end{aligned} \tag{8-46}$$

式中，式(8-46)三个部分分别代表常规火电机组的运行成本、弃风的惩罚成本、CHP 机组的运行成本。$u_{i,t}$、$x_{i,t}$、$y_{i,t}$是 0-1 型整数变量，当发电机组在t时运行则$u_{i,t}=1$，否则$u_{i,t}=0$；当发电机组在t时启动则$x_{i,t}=1$，否则$x_{i,t}=0$；当发电机组在t时停运则$y_{i,t}=1$，否则$y_{i,t}=0$。

常规火电机组的运行成本可以表示如下：

$$C_i^{\mathrm{TU}}(p_{i,t},u_{i,t},x_{i,t},y_{i,t}) = f_i^{\mathrm{TU}}(p_{i,t}) + c_i^{\mathrm{SU}}x_{i,t} + c_i^{\mathrm{SD}}y_{i,t} + c_i^{\mathrm{NL}}u_{i,t} \tag{8-47}$$

式中，式(8-47)四个部分分别表示分段线性调度成本、启动成本、停机成本和空载成本。弃风的惩罚成本如式(8-32)所示。

CHP 机组的运行成本和常规火电机组的运行成本类似，表示如下：

$$C_i^{\text{CHP}}(p_{i,t},u_{i,t},x_{i,t},y_{i,t})=f_i^{\text{CHP}}(p_{i,t})+c_i^{\text{SU}}x_{i,t}+c_i^{\text{SD}}y_{i,t}+c_i^{\text{NL}}u_{i,t} \tag{8-48}$$

式中，分段线性调度成本 $f_i^{\text{CHP}}(\cdot)$ 由式(8-49)表示：

$$f_i^{\text{CHP}}(p_{i,t})=\sum_{k=1}^{\text{NK}_i}\alpha_{i,t}^k C_i^k\text{，}\ \forall i\in\mathcal{I}^{\text{CHP}},t\in\mathcal{T} \tag{8-49}$$

3. 约束条件

本节提出的模型包含电网和热网的运行约束，利用文献[11]中的公式化技术可以使本模型变得更加紧凑。DHN 的约束条件包括式(8-4)、式(8-8)～式(8-10)、式(8-13)～式(8-16)、式(8-20)～式(8-28)和式(8-50)～式(8-52)。式(8-50)～式(8-52)类似于式(8-1)～式(8-3)，可表示如下：

$$p_{i,t}=\sum_{k=1}^{\text{NK}_i}\alpha_{i,t}^k(P_i^k-\underline{P}_i)\text{，}\ h_{i,t}=\sum_{k=1}^{\text{NK}_i}\alpha_{i,t}^k(H_i^k-\underline{H}_i) \tag{8-50}$$

式中

$$\sum_{k=1}^{\text{NK}_i}\alpha_{i,t}^k=u_{i,t}\text{，}\ 0\leqslant\alpha_{i,t}^k\leqslant 1\text{，}\ \forall i\in\mathcal{I}^{\text{CHP}},k\in\{1,2,\cdots,\text{NK}_i\},t\in\mathcal{T} \tag{8-51}$$

$$\sum_{i\in\mathcal{S}_j^{\text{HS-CHP}}}(h_{i,t}+u_{i,t}\cdot\underline{H}_i)=c\cdot m_{j,t}^{\text{HS}}\cdot(\tau_{n,t}^{\text{NS}}-\tau_{n,t}^{\text{NR}})\text{，}\ \forall j\in\mathcal{I}^{\text{HS}},n=\text{Nd}_j^{\text{HS}},t\in\mathcal{T} \tag{8-52}$$

式中，$\mathcal{S}_j^{\text{HS-CHP}}$ 为第 j 个热电站的 CHP 机组集合。

本节电网约束也和 8.3.1 节中的电网约束类似，如下所示。

(1) 功率平衡约束。

$$\sum_{i\in\mathcal{I}^{\text{TU}}\cup\mathcal{I}^{\text{CHP}}}(p_{i,t}+u_{i,t}\underline{P}_i)+\sum_{i\in\mathcal{I}^{\text{wind}}}p_{i,t}^w=\sum_{i\in\mathcal{I}^{\text{bus}}}D_{i,t},\forall t\in\mathcal{T} \tag{8-53}$$

(2) 旋转备用约束。

$$p_{i,t}+\text{ru}_{i,t}\leqslant(\overline{P}_i-\underline{P}_i)u_{i,t}-(\overline{P}_i-\text{SU}_i)x_{i,t},\forall t\in\mathcal{T},i\in\mathcal{I}^{\text{TU}},\text{MU}_i=1 \tag{8-54}$$

$$p_{i,t}+\text{ru}_{i,t}\leqslant(\overline{P}_i-\underline{P}_i)u_{i,t}-(\overline{P}_i-\text{SD}_i)y_{i,t+1},\forall t\in\mathcal{T},i\in\mathcal{I}^{\text{TU}},\text{MU}_i=1 \tag{8-55}$$

$$p_{i,t}+\mathrm{ru}_{i,t}\leqslant(\bar{P}_i-\underline{P}_i)u_{i,t}-(\bar{P}_i-\mathrm{SU}_i)x_{i,t}-(\bar{P}_i-\mathrm{SD}_i)y_{i,t+1},\forall t\in\mathcal{T},i\in\mathcal{I}^{\mathrm{TU}},\mathrm{MU}_i\geqslant 2 \tag{8-56}$$

$$\mathrm{rd}_{i,t}-p_{i,t}\leqslant 0,\forall i\in\mathcal{I}^{\mathrm{TU}},t\in\mathcal{T} \tag{8-57}$$

$$\sum_{i\in\mathcal{I}^{\mathrm{TU}}}\mathrm{ru}_{i,t}\geqslant\mathrm{SR}^{\mathrm{up}},\sum_{i\in\mathcal{I}^{\mathrm{TU}}}\mathrm{rd}_{i,t}\geqslant\mathrm{SR}^{\mathrm{down}},\forall t\in\mathcal{T} \tag{8-58}$$

式中，SD_i 和 SU_i 分别为第 i 台发电机组在一个调度时段内的停运爬坡能力和启动爬坡能力；MU_i 为第 i 台发电机组最小运行时间。

(3)爬坡速率约束。

$$-\mathrm{RD}_i\leqslant p_{i,t}-p_{i,t-1}\leqslant\mathrm{RU}_i,\forall i\in\mathcal{I}^{\mathrm{TU}}\cup\mathcal{I}^{\mathrm{CHP}},t\in\mathcal{T} \tag{8-59}$$

式中，RD_i 和 RU_i 分别为第 i 台发电机组在一个调度时段的向下、向上爬坡能力。

(4)风电场出力限制约束：式(8-40)。

(5)发电机组状态的逻辑约束。

$$u_{i,t}-u_{i,t-1}=x_{i,t}-y_{i,t},\forall i\in\mathcal{I}^{\mathrm{CHP}}\cup\mathcal{I}^{\mathrm{TU}},t\in\mathcal{T} \tag{8-60}$$

(6)发电机组最小停机、运行时间约束。

$$\sum_{\tau=\max\{1,t-\mathrm{MU}_i+1\}}^{t}x_{i,\tau}\leqslant u_{i,t},\forall i\in\mathcal{I}^{\mathrm{CHP}}\cup\mathcal{I}^{\mathrm{TU}},t\in\mathcal{T} \tag{8-61}$$

$$\sum_{\tau=\max\{1,t-\mathrm{MD}_i+1\}}^{t}y_{i,\tau}\leqslant 1-u_{i,t},\forall i\in\mathcal{I}^{\mathrm{CHP}}\cup\mathcal{I}^{\mathrm{TU}},t\in\mathcal{T} \tag{8-62}$$

式中，MD_i 为第 i 台发电机组最小停运时间。

(7)变量上下界约束。

$$u_{i,t}\in\{0,1\},0\leqslant x_{i,t}\leqslant 1,0\leqslant y_{i,t}\leqslant 1,\forall i\in\mathcal{I}^{\mathrm{CHP}}\cup\mathcal{I}^{\mathrm{TU}},t\in\mathcal{T} \tag{8-63}$$

$$0\leqslant\mathrm{ru}_{i,t}\leqslant\mathrm{RU}_i,0\leqslant\mathrm{rd}_{i,t}\leqslant\mathrm{RD}_i,\forall i\in\mathcal{I}^{\mathrm{TU}},t\in\mathcal{T} \tag{8-64}$$

(8)网络约束。

$$\sum_{j\in\mathcal{S}_n^{\mathrm{bus}}}\frac{\theta_{n,t}-\theta_{j,t}}{X_{n,j}}=\sum_{i\in\mathcal{S}_n^{\mathrm{TU}}\cup\mathcal{S}_n^{\mathrm{CHP}}}(p_{i,t}+u_{i,t}\underline{P}_i)+\sum_{i\in\mathcal{S}_n^{\mathrm{wind}}}p_{i,t}^{w}-D_{n,t},\forall n\in\mathcal{I}^{\mathrm{bus}},t\in\mathcal{T} \tag{8-65}$$

$$-F_{(n,j)}\leqslant(\theta_{n,t}-\theta_{j,t})/X_{n,j}\leqslant F_{(n,j)},\forall(n,j)\in\mathcal{I}^{\mathrm{line}},t\in\mathcal{T} \tag{8-66}$$

$$\theta_{\mathrm{ref},t}=0, \forall t \in \mathcal{T} \tag{8-67}$$

式中，式(8-65)是节点流量方程。式(8-66)是支路流量方程。式(8-67)定义了参考节点的相角。

4. 优化模型

1) 确定性优化模型

当不考虑不确定性时，UC-CEHN 模型可以用确定优化模型(DUC-CEHN)表示：

$$(\text{DUC-CEHN})\qquad \min_{\boldsymbol{u},\boldsymbol{x},\boldsymbol{y},\boldsymbol{p},\boldsymbol{h}}\ (8\text{-}46)$$

s.t.

$$\tilde{P}^{w}_{g,t}=P^{w}_{g,t}, \forall g \in \mathcal{I}^{\mathrm{wind}}, t \in \mathcal{T}$$

式(8-4)，式(8-8)～式(8-10)，式(8-13)～式(8-16)，式(8-20)和式(8-21)，
式(8-27)和式(8-28)，式(8-50)～式(8-67)，式(8-40)

上面 DUC-CEHN 模型是一个混合整数线性规划问题，可以直接运用现代的优化求解器进行求解，也可以利用 Benders 分解的方法进行求解。通过 Benders 分解方法将原始问题分解为电网运行子问题和热网运行子问题。求解流程图如图 8-7 所示，电网运行子问题主要用于求解 UC 模型的主问题和检查电网约束

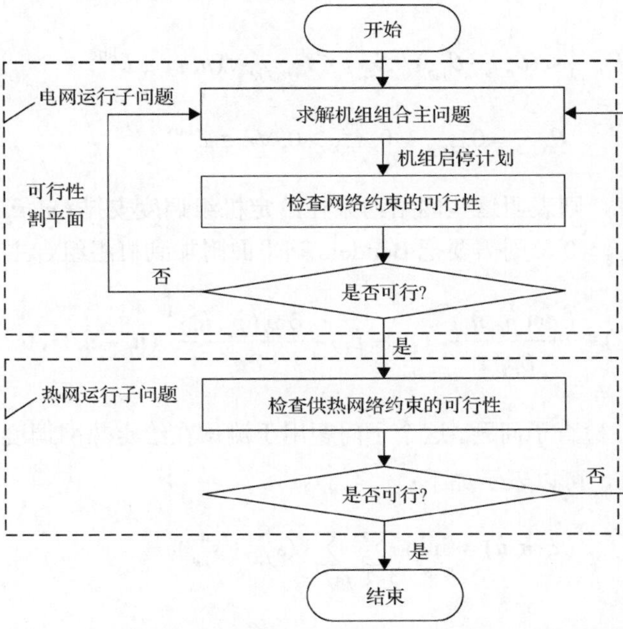

图 8-7　基于 Benders 分解算法的 DUC-CEHN 求解流程图

条件的可行性，热网运行子问题用于检查集中供热网络约束条件的可行性。热网运行子问题只需要提供供热网络约束条件形成的可行割平面，不需要提供供热网络具体的信息。因此，这个决策框架在寻找全部优化调度安排点时保留了两个网络的信息隐私性。

(1) UC 模型主问题。这个主问题提供了发电机的机组组合和调度安排来使得总运行成本(8-46)最小，同时满足式(8-50)、式(8-51)、式(8-53)、式(8-64)和可行性检查子问题提供的可行割平面。作为一个 MILP 模型，这个 UC 模型主问题可以用拉格朗日松弛方法[12]或 MILP 求解器来求解。

(2) 网络安全检查子问题。这个子问题是用于检查给定机组调度安排 $(\hat{\boldsymbol{p}},\hat{\boldsymbol{u}})$ 时的网络约束可行性。因为网络约束在不同时期是独立的，所以代表每个网络约束的子问题是可以进行平行求解的，这些子问题可以表示如下：

$$\omega_t(\hat{\boldsymbol{p}}_t,\hat{\boldsymbol{u}}_t)=\min_{\boldsymbol{s}_t^1,\boldsymbol{s}_t^2,\boldsymbol{\theta}_t}\sum_{n\in\mathcal{I}^{\text{bus}}}(s_{n,t}^1+s_{n,t}^2)$$

s.t.

$$\sum_{j\in\mathcal{S}_n^{\text{bus}}}\frac{\theta_{n,t}-\theta_{j,t}}{X_{n,j}}=\sum_{i\in\mathcal{S}_n^{\text{TU}}\cup\mathcal{S}_n^{\text{CHP}}}(\hat{p}_{i,t}+\hat{u}_{i,t}\underline{P}_i)+\sum_{i\in\mathcal{S}_n^{\text{wind}}}\hat{p}_{i,t}^w-D_{n,t}+s_{n,t}^1-s_{n,t}^2,\forall n\in\mathcal{I}^{\text{bus}} \tag{8-68}$$

$$-F_{(n,j)}\leqslant(\theta_{n,t}-\theta_{j,t})/X_{n,j}\leqslant F_{(n,j)},\forall(n,j)\in\mathcal{I}^{\text{line}} \tag{8-69}$$

$$\theta_{\text{ref},t}=0,s_{n,t}^1\geqslant 0,s_{n,t}^2\geqslant 0,\forall n\in\mathcal{I}^{\text{bus}} \tag{8-70}$$

若 $\omega_t(\hat{\boldsymbol{p}}_t,\hat{\boldsymbol{u}}_t)=0$，则表明这些网络约束在给定机组调度安排 $(\hat{\boldsymbol{p}}_t,\hat{\boldsymbol{u}}_t)$ 情况下是可行的。若 $\omega_t(\hat{\boldsymbol{p}}_t,\hat{\boldsymbol{u}}_t)>0$，则需要把 Benders 割平面附加到机组组合主问题中：

$$\omega_t(\hat{\boldsymbol{p}}_t,\hat{\boldsymbol{u}}_t)+\frac{\partial\omega_t(\hat{\boldsymbol{p}}_t,\hat{\boldsymbol{u}}_t)}{\partial\boldsymbol{p}_t}^{\text{T}}(\boldsymbol{p}_t-\hat{\boldsymbol{p}}_t)+\frac{\partial\omega_t(\hat{\boldsymbol{p}}_t,\hat{\boldsymbol{u}}_t)}{\partial\boldsymbol{u}_t}^{\text{T}}(\boldsymbol{u}_t-\hat{\boldsymbol{u}}_t)\leqslant 0 \tag{8-71}$$

(3) DHN 可靠性检查子问题。这个子问题用于测试在给定热网调度安排 $(\hat{\boldsymbol{h}},\hat{\boldsymbol{u}})$ 时的 DHN 运行约束，可以表示如下：

$$\xi(\hat{\boldsymbol{h}},\hat{\boldsymbol{u}})=\min_{\boldsymbol{s}^3,\boldsymbol{s}^4,\boldsymbol{\tau}}\sum_{t\in\mathcal{T}}\sum_{j\in\mathcal{I}^{\text{HS}}}(s_{j,t}^3+s_{j,t}^4)$$

s.t.

$$\sum_{i\in\mathcal{S}_j^{\text{HS-CHP}}}(\hat{h}_{i,t}+\hat{u}_{i,t}\underline{H}_i)+s_{j,t}^3-s_{j,t}^4=c\cdot m_{j,t}^{\text{HS}}\cdot(\tau_{n,t}^{\text{NS}}-\tau_{n,t}^{\text{NR}}),\forall j\in\mathcal{I}^{\text{HS}},n=\text{Nd}_j^{\text{HS}},t\in\mathcal{T} \tag{8-72}$$

$$s_{j,t}^3\geqslant 0,\ s_{j,t}^4\geqslant 0,\ \forall j\in\mathcal{I}^{\text{HS}},t\in\mathcal{T} \tag{8-73}$$

约束条件为式(8-8)～式(8-10)、式(8-13)～式(8-16)、式(8-20)～式(8-28)。

若 $\xi(\hat{\boldsymbol{h}},\hat{\boldsymbol{u}})=0$，则表明这些 DHN 约束在给定机组调度安排 $(\hat{\boldsymbol{h}},\hat{\boldsymbol{u}})$ 情况下是可行的。若 $\xi(\hat{\boldsymbol{h}},\hat{\boldsymbol{u}})>0$，则需要把以下这个 Benders 割平面反馈到机组组合主问题中。

$$\xi(\hat{\boldsymbol{h}},\hat{\boldsymbol{u}})+\frac{\partial\xi(\hat{\boldsymbol{h}},\hat{\boldsymbol{u}})}{\partial\boldsymbol{h}}^{\text{T}}(\boldsymbol{h}-\hat{\boldsymbol{h}})+\frac{\partial\xi(\hat{\boldsymbol{h}},\hat{\boldsymbol{u}})}{\partial\boldsymbol{u}}^{\text{T}}(\boldsymbol{u}-\hat{\boldsymbol{u}})\leqslant 0 \tag{8-74}$$

2) 鲁棒优化模型

当需要考虑不确定性时，UC-CEHN 模型可以用随机优化(stochastic optimization，SO)[11]、区间优化(interval optimization，IO)[12]或者鲁棒优化(robust optimization，RO)[13]来表示。此处采用两阶段鲁棒优化，建立考虑不确定性的 UC-CEHN 模型。该模型是以最恶劣情况下总成本最小为目标函数的。这个模型的抽象形式可以通过下面形式来表示：

(RUC-CEHN)　　$\min\limits_{\boldsymbol{u},\boldsymbol{x},\boldsymbol{y}}\max\limits_{\tilde{\boldsymbol{P}}^w}\min\limits_{\boldsymbol{p},\boldsymbol{h}}$ (8-46)

s.t.

$$\tilde{P}_{i,t}^w=P_{i,t}^w,\forall i\in\mathcal{I}^{\text{wind}},t\in\mathcal{T}$$

式中，(u,x,y) 为第一阶段变量(first-stage variable)，代表着普通机组的机组状态；$\widetilde{P}^w$ 是一个不确定的参数变量，代表着可用的风电功率；$(p(u,x,y),h(u,x,y))$ 是第二阶段的补偿变量(recourse variable)，代表着已知可用风电后的机组供电出力和供热出力。第一阶段决策的可行域表示如下：

$$\Omega^f=\{(\boldsymbol{u},\boldsymbol{x},\boldsymbol{y})：\text{式(8-60)～式(8-63)}\}$$

可用风电的不确定性集合可以用预算集[14]表示如下：

$$\begin{aligned}\mathcal{U}^w=\Big\{\tilde{P}_{i,t}^w,\forall i\in\mathcal{I}^{\text{wind}},t\in\mathcal{T}\,\Big|\,&\exists z_{g,t}^+\in[0,1],z_{i,t}^-\in[0,1],\tilde{P}_{i,t}^w=P_{i,t}^w+(\overline{P}_{i,t}^w-P_{i,t}^w)\cdot z_{i,t}^+\\&+(P_{i,t}^w-\underline{P}_{i,t}^w)\cdot z_{i,t}^-,\sum_{t\in\mathcal{T}}(z_{i,t}^++z_{i,t}^-)\leqslant\varGamma_i,\sum_{i\in\mathcal{I}^{\text{wind}}}(z_{i,t}^++z_{i,t}^-)\leqslant\varPi_t,\forall i\in\mathcal{I}^{\text{wind}},t\in\mathcal{T}\Big\}\end{aligned} \tag{8-75}$$

式中，(8-75)中的两个等式分别代表时间和空间的预算约束。

第二层决策的可行域可以表示如下：

$$\Omega^s(\boldsymbol{u},\boldsymbol{x},\boldsymbol{y},\tilde{\boldsymbol{P}}^w)=\{(\boldsymbol{p},\boldsymbol{h})\text{: 式(8-4)，式(8-8)～式(8-10)，式(8-13)～式(8-16)，}\\ \text{式(8-20)和式(8-21)，式(8-27)和式(8-28)，式(8-50)～式(8-59)，}\\ \text{式(8-64)～式(8-67)}\}$$

RUC-CEHN 模型是一个典型的两阶段 RO 模型，可以运用列-约束列生成(column-and-constraint generation，C&CG)算法方法[15]求得全局最优解。该方法采用主问题-子问题的迭代求解框架。该方法通过求解子问题逐次搜索出不确定集合中的关键场景，并根据每次搜索的关键场景将相应的约束和补偿变量添加到主问题中。该算法的详细介绍可以参照文献[15]。

8.5　热电联合的分解协调调度

针对热电联合的经济调度问题，考虑到电网调度中心与供热网络调度的独立性，本节提出了一种分解协调的热电联合调度方法。本节所提方法基于定流量调节的城区供热网络。在定流量调节的城区供热网络中，忽略热电厂中的循环水泵的电负荷需求。因此，式(8-6)和式(8-7)、式(8-9)、式(8-11)和式(8-12)与式(8-17)～式(8-19)无须考虑。

8.5.1　定流量调节热电联合调度模型

区别于 8.3.1 节建立的变流量调节热电联合调度模型，本节建立一个定流量调节模式下的热电联合调度模型。在本节的模型中，热网部分的约束被线性化表示。

1. 决策变量

区域供热系统-电网联合优化调度模型的决策变量分为电力侧决策变量以及供热侧决策变量。电力侧决策变量包括机组的发电出力 $p_{g,t}$ 和旋转备用容量 $ru_{g,t}$、$rd_{g,t}$，以及风电场出力 $p_{g,t}^w$。供热侧决策变量包括供热机组的供热出力 $h_{g,t}$，以及供热网络的温度分布（$\tau_{i,t}^{\mathrm{NS}}$、$\tau_{i,t}^{\mathrm{NR}}$、$\tau_{b,t}^{\mathrm{PS,in}}$、$\tau_{b,t}^{\mathrm{PS,out}}$、$\tau_{b,t}^{\mathrm{PR,in}}$、$\tau_{b,t}^{\mathrm{PR,out}}$）。

2. 目标函数

定流量调节热电联合调度模型的目标函数与 8.3.1 节中的目标函数相同，如式(8-30)所示，为二次函数形式。

3. 约束条件

模型的约束条件包括以下几方面。

1) 电网侧

(1) 功率平衡约束：如式(8-33)定义。

(2) 旋转备用约束：如式(8-34)～式(8-36)定义。

(3) 网络约束：如式(8-37)定义。

(4) 爬坡速率约束：如式(8-38)定义。

(5) 机组出力约束：如式(8-39)～式(8-40)定义。

2) 热网侧

(1) 供热机组运行约束：如式(8-1)～式(8-4)定义。

(2) 换热站运行约束：如式(8-8)、式(8-10)定义。

(3) 温度混合约束：如式(8-13)～式(8-16)定义。

(4) 水温变化延时约束：如式(8-20)和式(8-21)定义，其中系数定义见式(8-22)～式(8-26)。

(5) 沿管热损耗方程约束：如式(8-27)和式(8-28)定义。

8.5.2 分解协调求解算法

上面总结的定流量热电联合优化调度问题可以总结成如下的形式：

$$\begin{cases} \min C(x_{\mathrm{E}}, x_{\mathrm{CHP}}) \\ \text{s.t.} \\ \qquad A_1 x_{\mathrm{E}} + B_1 x_{\mathrm{CHP}} \leqslant c_1 \\ \qquad A_2 x_{\mathrm{H}} + B_2 x_{\mathrm{CHP}} \leqslant c_2 \end{cases} \tag{8-76}$$

式中，函数 C 为成本函数；变量 x_{E} 代表电网侧的变量；变量 x_{H} 代表热网侧的变量；变量 x_{CHP} 代表热电联产机组的变量，为电网与热网的边界变量。其中第一个约束条件为电网侧的约束条件，第二个约束条件为热网侧的约束条件。

注意到，式(8-76)中，目标函数是电网侧变量和热电联产机组的函数，与热网侧变量无关。因此上面模型若将第二个热网约束条件撕裂开，则变成一个仅与电网有关的优化问题。基于以上思想，本节提出一种主从分解协调的迭代求解方法，具体迭代步骤如下所示。

第一步：定义可行割集 $\mathrm{FC}_{\mathrm{CHP}}$，并将其初始化为空集。

第二步：求解如下主问题并得到最优解 x_{CHP}^{0}，其中主问题仅与电网和热电联产机组相关，是电网侧问题，由电网调度机构求解；

$$\begin{cases}\min C(x_{\mathrm{E}}, x_{\mathrm{CHP}}) \\ \text{s.t.} \\ \quad A_1 x_{\mathrm{E}} + B_1 x_{\mathrm{CHP}} \leqslant c_1 \\ \quad x_{\mathrm{CHP}} \in \mathrm{FC}_{\mathrm{CHP}}\end{cases} \tag{8-77}$$

第三步：由热网调度机构检查边界变量 x_{CHP}^0 对热网约束的可行性，其中可行性问题可以参考式(8-78)：

$$\begin{cases}\max 0^{\mathrm{T}} x_{\mathrm{H}} \\ \text{s.t.} \\ \quad A_2 x_{\mathrm{H}} + B_2 x_{\mathrm{CHP}} \leqslant c_2\end{cases} \tag{8-78}$$

第四步：若热网约束条件可行，则迭代终止；否则，生成针对 x_{CHP}^0 的可行割，按照式(8-79)扩充可行割集，返回第二步迭代求解。

$$\mathrm{FC}_{\mathrm{CHP}} = \mathrm{FC}_{\mathrm{CHP}} \cup \{D x_{\mathrm{CHP}} \leqslant e\} \tag{8-79}$$

下面就以上迭代步骤中的可行割生成进行讨论。

若热网问题(8-78)不可行，则需要产生关于边界变量的线性违背约束。根据对偶原理，问题(8-78)不可行等价于其对偶问题无下界，对偶问题的具体形式如下所示。

$$\begin{cases}\min \omega^{\mathrm{T}} (c_2 - B_2 x_{\mathrm{CHP}}) \\ \text{s.t.} \\ \quad \omega^{\mathrm{T}} A_2 = 0 \\ \quad \omega \geqslant 0\end{cases} \tag{8-80}$$

由于式(8-80)中的目标函数无下界，因此存在 ω 使得其目标函数小于 0。通过对(8-80)中的对偶乘子加以上界限制，可得到改进的对偶问题，其存在最优解。改进的对偶问题如下：

$$\begin{cases}\min \omega^{\mathrm{T}} (c_2 - B_2 x_{\mathrm{CHP}}) \\ \text{s.t.} \\ \quad \omega^{\mathrm{T}} A_2 = 0 \\ \quad 0 \leqslant \omega \leqslant 1\end{cases} \tag{8-81}$$

记优化问题(8-81)的最优解为 ω_0，则有如下关系：

$$\omega_0^{\mathrm{T}}(c_2 - B_2 x_{\mathrm{CHP}}) < 0, \omega_0^{\mathrm{T}} A_2 = 0, \omega_0 \geqslant 0 \tag{8-82}$$

式(8-82)可整理成如下形式:

$$\omega_0^{\mathrm{T}}(A_2 x_{\mathrm{H}} + B_2 x_{\mathrm{CHP}} - c_2) > 0, \omega_0 \geqslant 0 \tag{8-83}$$

而原问题(8-78)可行的必要条件为

$$\omega^{\mathrm{T}}(A_2 x_{\mathrm{H}} + B_2 x_{\mathrm{CHP}} - c_2) \leqslant 0, \forall \omega \geqslant 0 \tag{8-84}$$

因此式(8-83)是原问题的线性违背约束，可行割即生成。整理成式(8-79)中的形式，有

$$D = \omega_0^{\mathrm{T}} B_2, e = \omega_0^{\mathrm{T}} c_2 \tag{8-85}$$

将式(8-85)代入式(8-79)，即可生成可行割并扩充可行割集。

8.6　算 例 分 析

8.6.1　区域供热系统-电网联合滚动调度

本节将通过两个算例测试分析区域供热系统-电网联合优化调度方法的性能。第一个算例采用的是由一个 6 母线电力系统和一个 6 节点供热系统组成的简单区域供热系统-电网联合系统，其中电力系统含风电接入。在三个不同的情景下，将本章所提出的 CHPD 模型与传统调度模型进行对比，据此分析考虑集中供热管网储热特性的影响以及潜在效益。第二个算例采用实际的吉林电网系统，通过仿真计算说明 CHPD 的经济性。

本节的所有算例测试在 MATLAB R2013a 上编程实现。测试的硬件平台配置为 3.40GHz 的中央处理器以及 8GB 内存。连续的非线性规划模型通过基于原始-对偶内点法的开源优化软件包 IPOPT[8,9]求解。

1. 简单区域供热系统-电网联合系统算例

本算例采用如图 8-8 所示的简单区域供热系统-电网联合系统的单线连接图。该系统由一个 6 母线电力系统和一个 6 节点区域供热系统组成。其中，供热机组 CHP1 为背压式热电联产机组，其供热出力与发电出力存在线性关系。风电场 W1 和供热机组 CHP1 挂接在电力系统的母线 6 上。供热机组 CHP1 是区域供热系统的唯一热源。在常规火电机组中，G1 的发电边际成本最低，G2 的发电边际成本最高。表 8-1 所示的是测试系统的规模信息，测试系统的详细数据在文献[10]中提供。

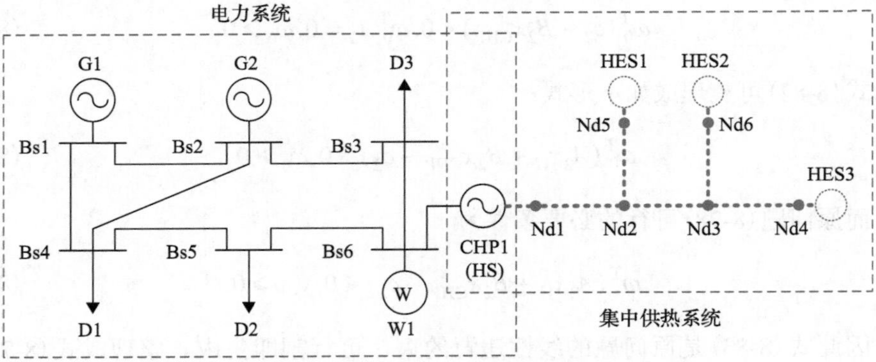

图 8-8　简单区域供热系统-电网联合系统单线连接图

表 8-1　测试系统的规模信息

测试系统	电力系统				区域供热系统			
	母线	线路	火电	风电场	节点	管道	换热站	热力站
简单	6	7	2	1	6	5	3	1
吉林	318	431	60	34	40	35	20	5

用电负荷需求、用热负荷需求与风电预测曲线如图 8-9(a)中，用热负荷需求和用电负荷需求的峰谷分布是逆向的。由于白天的环境温度较高而夜间的环境温度较低，因此白天的用热负荷需求较低而夜间的用热负荷需求较高。另外，风电预测出力和用电负荷之间的峰谷分布也是逆向的。这样的条件设定与实际电力系统的特征是相符合的。

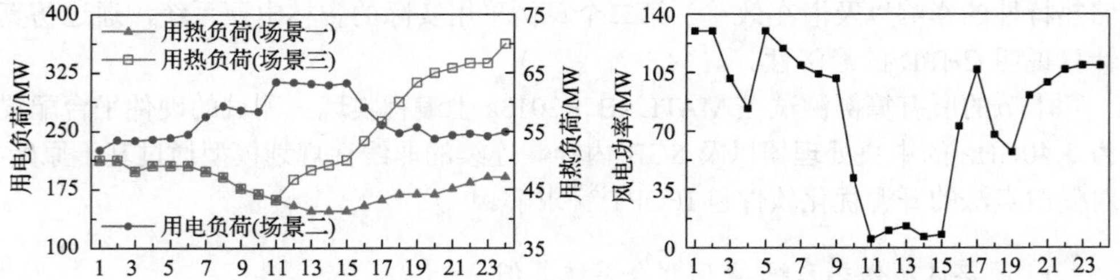

(a) 负荷需求　　(b) 风电预测信息

图 8-9　用电负荷需求、用热负荷需求与风电预测曲线

在本算例中，分别用 CHPD 模型和传统调度模型(下面简称传统模型)求解调度时间窗为 24h、计划颗粒度为 1h 的调度计划。传统调度模型代表了当前的以热定电模式，即要求供热机组在各个调度时段内的供热出力与用热负荷严格平衡。在传统模式下，供热机组的供热出力需要满足以下约束条件，而不是由式(8-6)～

式(8-28)描述的供热系统运行约束条件:

$$\sum_{i\in\mathcal{I}^{\text{CHP}}} h_{i,t} = \sum_{l\in I^{\text{HES}}} H_{l,t}^{\text{HES}}, \forall t\in\mathcal{T} \tag{8-86}$$

因此，传统模型是一个凸二次规划模型，可以通过 IPOPT 求得全局最优解。CHPD 模型通过本章提出的迭代算法求解。迭代算法采用平启动的初始化策略，计算终止条件为$\left|\gamma_{b,t}^{(m+1)}-\gamma_{b,t}^{(m)}\right|\leqslant 1$，$\max\limits_{b,t}\left|\phi_{b,t}^{(m+1)}-\phi_{b,t}^{(m)}\right|\leqslant 1$，$\max\limits_{b,t,k}\left|K_{b,t,k}^{(m+1)}-K_{b,t,k}^{(m)}\right|\leqslant 0.1$。

1) 场景一：基态场景

在本场景中，不考虑向上和向下旋转备用要求约束，即向上和向下旋转备用要求均为零。线路潮流限制以及火电机组(G1 和 G2)的爬坡速率见文献[10]。在本场景中，风电被充分地消纳，几乎没有发生弃风。用本章提出的迭代算法求解 CHPD 模型，经 6 次迭代后算法收敛。CHPD 模型和传统模型的运行总成本分别为 26172 美元和 30259 美元。在 CHPD 模型下供热机组的运行方式更为灵活，因此 CHPD 模型的运行成本低于传统模型。

传统模型要求各个调度时段的供热出力与用热负荷相等。在图 8-10(a)中，传统模型下的 CHP1 的供热出力在各个时段的供热出力均等于用热负荷。由于 CHP1 是背压式机组，其发电出力与供热出力之间存在线性关系，因此 CHP1 的发电出力间接地由用热负荷决定，如图 8-11(a)所示。因此，传统模型只在 CHP1 以外的三台机组中进行用电负荷的经济分配，系统整体的运行经济性并非最优。在 CHPD 模型中，供热机组的供热出力受到供热系统运行约束条件(式(8-6)～式(8-28))的限制，而不受用热负荷平衡方程(8-86)的约束。如图 8-10(a)和图 8-11(a)所示，CHP1 的供热出力和发电出力趋势均与用热负荷不同。实际上，这个结果并不违反能量守恒定律。在区域供热系统中，供热机组的供热出力直接加热供热管网中的循环水，热用户则直接从供热管网循环水中汲取热量。因此，供热出力和用热负荷之差等于供热管网中循环水的内能增量。

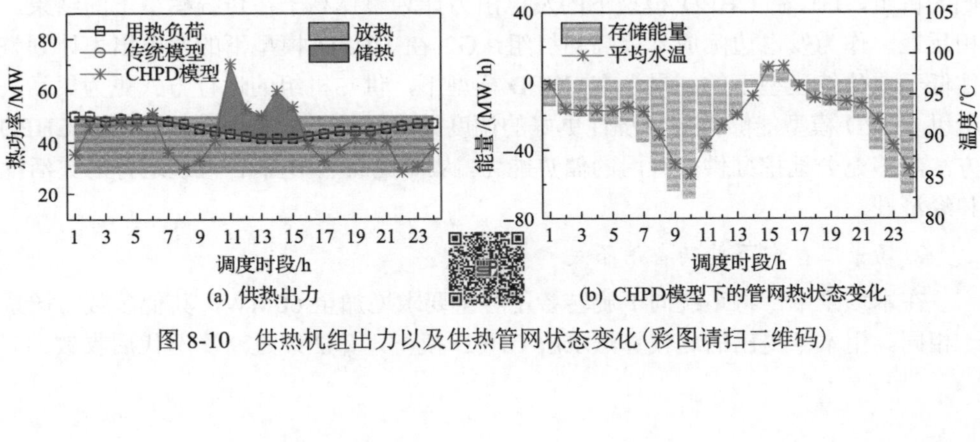

(a) 供热出力　　(b) CHPD模型下的管网热状态变化

图 8-10　供热机组出力以及供热管网状态变化(彩图请扫二维码)

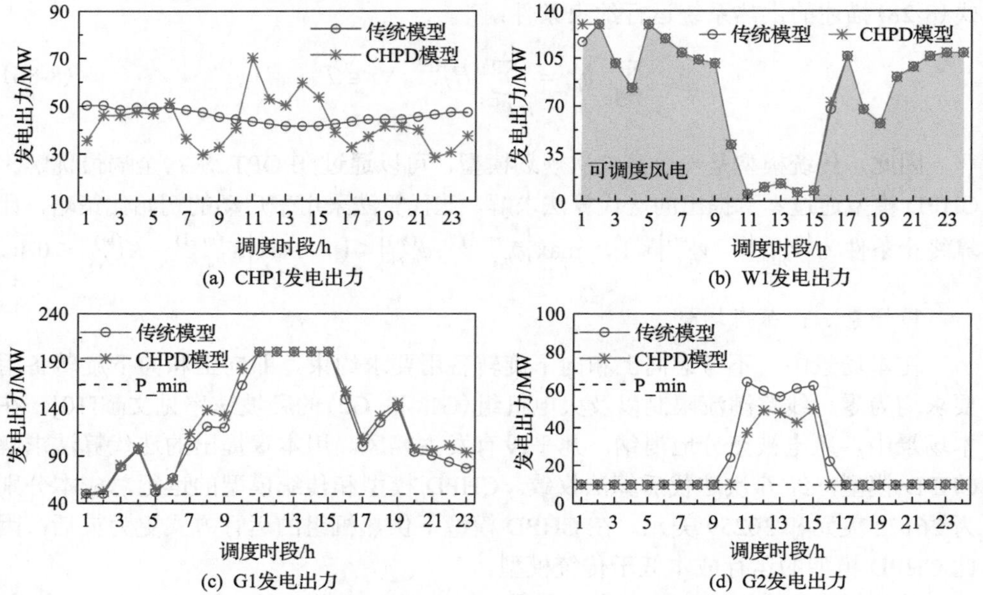

图 8-11　机组 CHP1、W1、G1 和 G2 的发电计划结果(场景一)

若将供热管网看作一个储热装置，则图 8-10(a)中的阴影部分描述了供热管网的储热和放热过程。供热管网的内能变化情况如图 8-10(b)所示。图 8-10(b)中的曲线表示供热管网内循环水的平均温度。从图 8-10(b)可以看出，由于供热管网容积巨大，其供热管网内部循环水具有很大的热容量，因而供热管网能够作为巨大的能量存储装置，充当供热出力和用热负荷之间的缓冲环节。所以，利用供热管网的储热特性能够解耦单时段的供热出力和用热负荷需求，从而在不影响供热服务质量的前提下提高区域供热系统-电网联合系统运行的灵活性。

通过对比图 8-11 中两种不同方法的机组发电出力，我们可以看到虽然风电场的发电出力基本相同，但是其他机组的调度计划却有差异。作为发电边际成本最低的机组，G1 在 CHPD 模型下的发电出力计划整体高于在传统模型下的结果。相反地，作为发电边际成本最高的机组，G2 在 CHPD 模型下的发电出力计划整体低于在传统模型下的结果。在 CHPD 模型下，供热机组的运行方式更为灵活，所以 CHPD 模型能够得到经济性更好的调度策略。综上，采用本章提出的 CHPD 方法能够充分地挖掘供热管网的储热能力，从而提高热-电耦合系统运行的灵活性和经济性。

2) 场景二：向下旋转备用不足

在本场景中，将系统向下旋转备用容量要求增加至 60MW，其他参数与场景一相同。用本章提出的迭代算法求解 CHPD 模型，算法经过 9 次迭代后收敛。

从图 8-12(b)可以看出，与基态场景(场景一)结果相比，本场景中产生了明显的弃风。本场景中产生弃风的原因是系统向下旋转备用容量不足。如图 8-12(c)和(d)所示，尤其在用电负荷低谷期，火电机组 G1 和 G2 的发电出力均在最小技术出力以上，以满足系统向下旋转备用要求。为了保证电力功率平衡，这要求供热机组 CHP1 或者风电场下调发电出力。在传统模式下，供热机组的发电出力取决于用热负荷，因此供热机组没有下调能力。在此情况下，只能限制风电场的发电出力，导致了大量弃风。值得注意的是，本算例的场景设定代表了我国东北地区区域供热系统-电网联合系统的运行特点，仿真结果解释了当前我国东北地区弃风严重的原因。

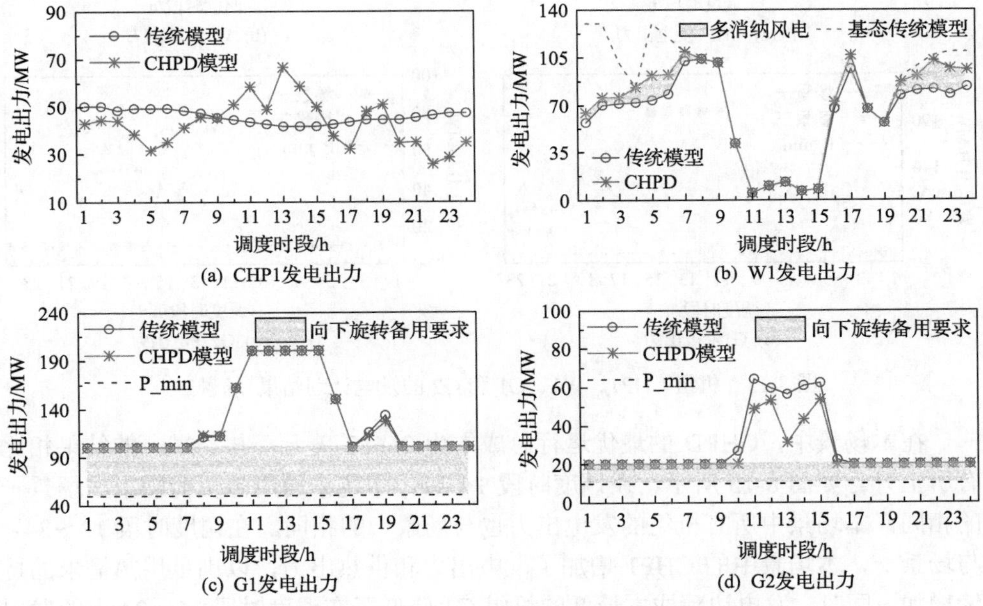

图 8-12　机组 CHP1、W1、G1 和 G2 的发电计划结果(场景二)

在 CHPD 模型中，由于热-电强制约关系被松弛，供热机组能够更为灵活地运行。在图 8-12(a)中，CHP1 的发电出力无须跟随用热负荷变化趋势，因此 CHP1 能够在系统向下旋转备用紧张的时段内减少发电出力。因此，CHPD 方法能够在用电负荷低谷时段内消纳更多的风电。本算例的计算结果说明，CHPD 方法能够促进在系统向下旋转备用不足情况下的风电消纳。

3)场景三：极端天气条件下的热-电系统相互影响

本算例将通过一个极端天气例子讨论区域供热系统-电网联合系统运行的相互影响。如图 8-13 所示，在调度时段 1～11 内本场景的用热负荷需求与基态场景相同，在调度时段 12～24 内本场景的用热负荷需求明显上升。这个设定模拟的是寒流侵袭导致外界气温骤降的情景。除用热负荷需求外，本算例其他参数与场景一相同。用本章提出的迭代算法求解 CHPD 模型，计算经过 10 次迭代后收敛。图 8-13 所示的是场景三中各台机组的发电计划结果。

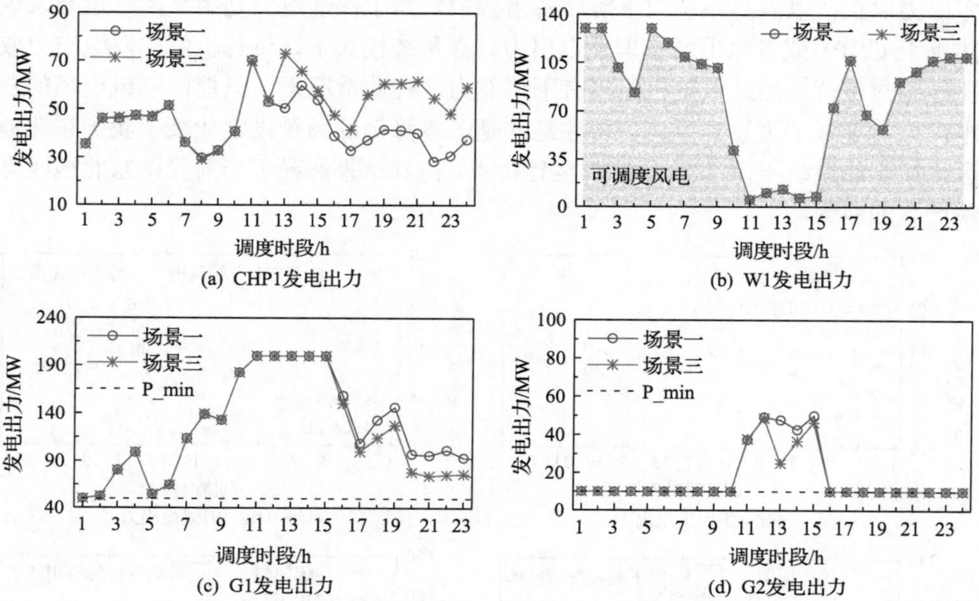

图 8-13　机组 CHP1、W1、G1 和 G2 的发电计划结果(场景三)

在本场景中，CHPD 的最优运行总成本为 26682 美元，与场景一的结果相比有所上升。如图 8-13 所示，在调度时段 1～11，本场景的用热负荷需求与场景一的相同，本场景中所有机组的发电出力也与场景一的相同。在调度时段 12～24，与场景一，本场景中的 CHP1 增加了发电出力和供热出力，以满足用热需求的持续增加。同时，发电边际成本最低的机组 G1 降低了在调度时段 16～24 内的发电出力，导致了系统运行总成本的增加。本算例的结果说明，CHPD 方法虽然松弛了供热机组的热-电强制约关系，电力系统发电调度和供热系统供热运行之间仍存在相互影响的关系。

2. 实际系统算例

本节将在实际的吉林电网系统上进行算例分析。该系统的装机容量为 18GW，其中供热机组装机容量为 6.6GW，风电装机容量为 3.7GW。本算例所采用的负荷和风电预测数据均为实际数据。分别用传统方法和 CHPD 方法计算时间窗为 24h 的小时级调度计划，求解方法与前一个算例相同。用本章所提出的迭代算法求解 CHPD 模型，计算经过 3 次迭代后收敛。

图 8-14 所示的是本算例测试得到的系统风电出力情况和系统供热出力情况。传统方法和 CHPD 方法的运行总成本分别为 4490616 美元和 4453185 美元。从图 8-14(a)所示结果来看，相比于传统模型，CHPD 模型能够使系统多消纳风电 756MW·h，相当于当天风电发电量的 11.6%，折合标准煤 265 吨。系统消纳风电能力的提升归因于在 CHPD 方法下供热机组能够灵活地运行。如图 8-14(b)所示，相比于传统模型，CHPD 模型的系统供热出力在用电负荷低谷期有所下调，从而为系统消纳额外风电留出调节空间。在该时段内，CHPD 模型下的供热出力低于用热负荷，供热管网处于放热状态。CHPD 模型通过合理地安排供热机组出力，使得供热管网在其他时段处于储热或放热状态，以保证供热质量。本算例的测试结果说明，CHPD 方法能够明显地改善系统消纳风电的能力，给实际系统运行带来显著的经济效益。

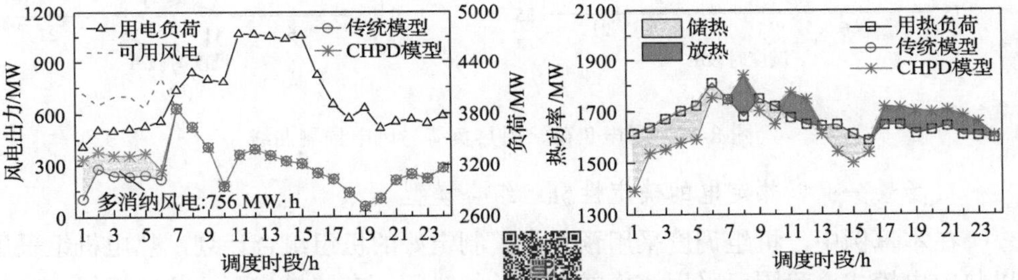

(a) 系统风电总加　　　　(b) 系统供热出力总加

图 8-14　吉林电网系统算例的系统风电出力情况和系统供热出力情况(彩图请扫二维码)

8.6.2　区域供热系统-电网联合机组组合

本节将通过两个算例测试分析所提出的算法的性能。第一个算例采用的是由一个 6 节点电力系统和一个 6 节点供热系统组成的简单区域供热系统-电网联合系统，其中电力系统含有风电场。然后，对本章所提出的热电联合机组组合方法与传统以热定电模式下的机组组合方法进行比较。第二个算例采用实际的吉林电网系统，以此分析热电联合机组组合方法在实际应用中的经济效益。

本节的所有算例测试在 MATLAB R2013a 上编程实现。测试的硬件平台配置为 3.40GHz 的中央处理器以及 8GB 内存。全部的混合整数线性规划问题及线性规划问题均通过 Gurobi 6.0[16-21]求解。MILP 求解器的相对间隙为 0.1%。

1. 简单区域供热系统-电网联合系统算例

本算例采用如图 8-8 所示的简单区域供热系统-电网联合系统的单线连接图。供热网络的热负荷由含有两个抽凝式热电联产机组的热站供应。风电场 W1 和供热机组 CHP1 挂接在电力系统的母线 6 上。系统的配置如表 8-1 所示，详细信息参考文献[20]。系统向上、向下旋转备用需求均为 50MW。弃风的惩罚价格设置为传统发电机组的最大增量成本。

用电负荷需求、用热负荷需求，以及风电出力预测区间如图 8-15 所示。用热负荷需求和用电符合需求的峰谷分布相反，这是因为热负荷与外界环境呈负相关关系，而用电符合需求与消费者活动有关。下面调度时间窗为 24h、计划颗粒度为 1h 的调度计划将通过三个场景进行模拟。

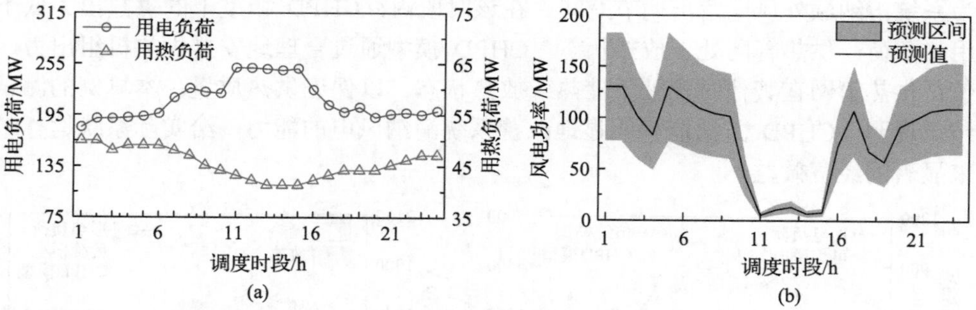

图 8-15　用电负荷、用热负荷与风电预测曲线

1) 场景一：以热定电的确定性机组组合模型

在本算例中，机组调度采用预先人工制定好的机组组合计划，热电机组采用以热定电模式。我国已采用该模式有较长的时间，在该模式下，热电机组的产热用于满足地区用热负荷，即热电机组的运行由供热量、热负荷决定。热电机组的产热量直接由以下的热量平衡方程决定，而不用通过式(8-52)，式(8-4)，式(8-8)～式(8-10)，式(8-13)～式(8-16)，式(8-20)和式(8-21)，式(8-27)和式(8-28)得到。

$$\sum_{j\in\mathcal{I}^{\mathrm{HS}}}\sum_{i\in S_j^{\mathrm{HS}}}(h_{i,t}+u_{i,t}\underline{H}_i)=\sum_{l\in\mathcal{I}^{\mathrm{HES}}}H_{l,t}^{\mathrm{HES}},\ \forall t\in\mathcal{T} \tag{8-87}$$

系统总运行成本为 75362 美元。场景一发电机组的最优调度方案如表 8-2 所示。发电机组 G1 作为运行成本最低的机组一直保持运行，成本最高的发电机组 G2 则仅在用电高峰期工作。两个热电机组均全天候保持运行，以保证每个小时的热负荷需求得到满足。

表 8-2　以热定电 CHP 运行模式下的确定性机组组合

时段	1	2	3	4	5	6	7	8	9	10	11	12	13	14	15	16	17	18	19	20	21	22	23	24
G1	1	1	1	1	1	1	1	1	1	1	1	1	1	1	1	1	1	1	1	1	1	1	1	1
G2	0	0	0	0	0	0	0	0	0	0	1	1	1	1	1	0	0	0	0	0	0	0	0	0
CHP1	1	1	1	1	1	1	1	1	1	1	1	1	1	1	1	1	1	1	1	1	1	1	1	1
CHP2	1	1	1	1	1	1	1	1	1	1	1	1	1	1	1	1	1	1	1	1	1	1	1	1

如图 8-16 所示，热电机组的总供热出力量时刻等于系统的热负荷需求量。用电低谷期时，G1 的出力保持在 60MW 以上，以保持充足的旋转备用容量。而两个热电机组维持最低的发电出力，如图 8-17 所示。由于用电低谷期的向下旋转备用容量不足，产生的弃风量达 485MW·h。

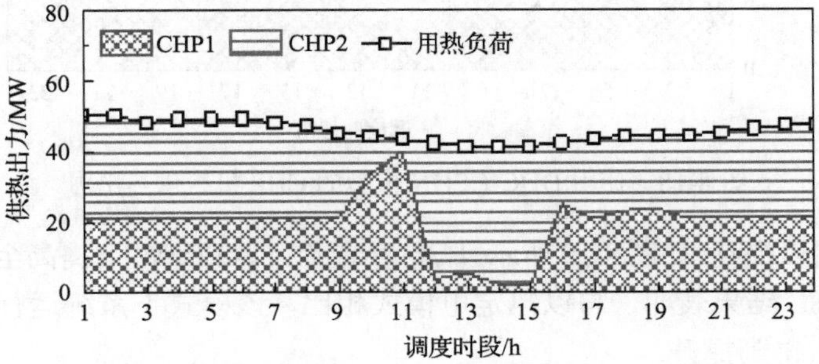

图 8-16　以热定电运行模式下 CHP 机组的供热出力

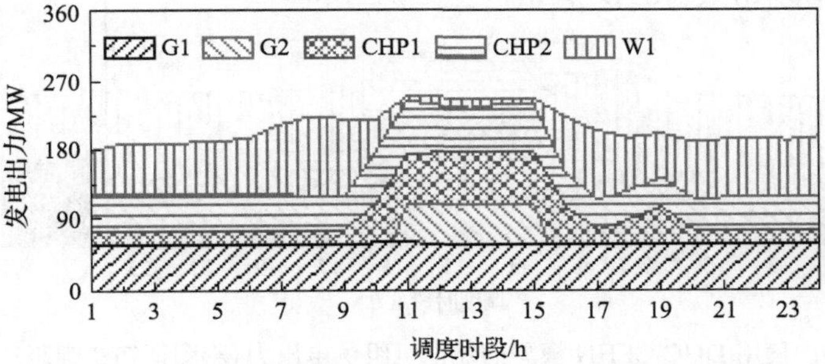

图 8-17　以热定电运行模式下发电机组的供电出力(彩图请扫二维码)

2) 场景二：确定性的区域供热系统-电网联合机组组合模型

在该算例中，热电联合网络运行采用 DUC-CEHN 模型，总运行成本为 60041 美元，具体的机组组合计划如表 8-3 所示。如图 8-18 所示，总供热出力量无须与热负荷需求量时刻相等，这使得热电机组运行灵活性得以提高。和场景一不同的是，其中一个热电机组(CHP2)在用电低谷期时并未运行，这使得该时段风

表 8-3　使用 DUC-CEHN 模型的机组组合计划

时段	1	2	3	4	5	6	7	8	9	10	11	12	13	14	15	16	17	18	19	20	21	22	23	24
G1	1	1	1	1	1	1	1	1	1	1	1	1	1	1	1	1	1	1	1	1	1	1	1	1
G2	0	0	0	0	0	0	0	0	0	0	1	1	1	1	1	0	0	0	0	0	0	0	0	0
CHP1	1	1	1	1	1	1	1	1	1	1	1	1	1	1	1	1	1	1	1	1	1	1	1	1
CHP2	0	0	0	0	0	0	0	1	1	1	1	1	1	1	1	1	1	1	1	0	0	0	0	0

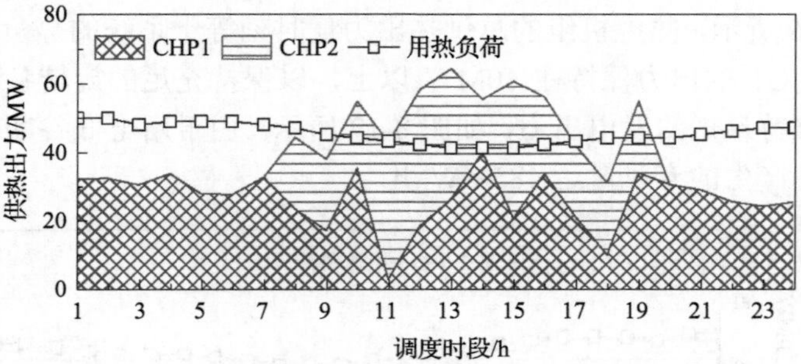

图 8-18　使用 DUC-CEHN 模型的 CHP 机组供热出力

电消纳程度得以提高，如图 8-19 所示。风电消纳量从 1427MW·h 提高至 1737MW·h，增加了 21.6%。结果表明，与以热定电模式相比，该模式下系统运行灵活性更高，风电消纳能力得到提升。

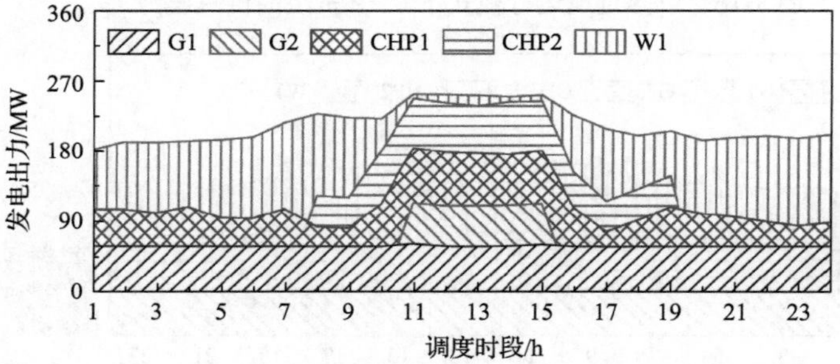

图 8-19　使用 DUC-CEHN 模型的发电机组供电出力(彩图请扫二维码)

值得一提的是，风电消纳能力的提升离不开供热管网的储热功能。在供热管网中，热电机组产热量直接用于加热供热管网中的循环水，再由循环水将热量传递至热负荷处。供热量与热负荷之差引起循环水流内能的变化。如图 8-20 所示，柱状图为热电机组总产热量与热负荷需求量之差，曲线则为按照管道容量为权重计算得到的水流平均温度。当热量差为负数时，即热电机组供热出力低于热负荷，

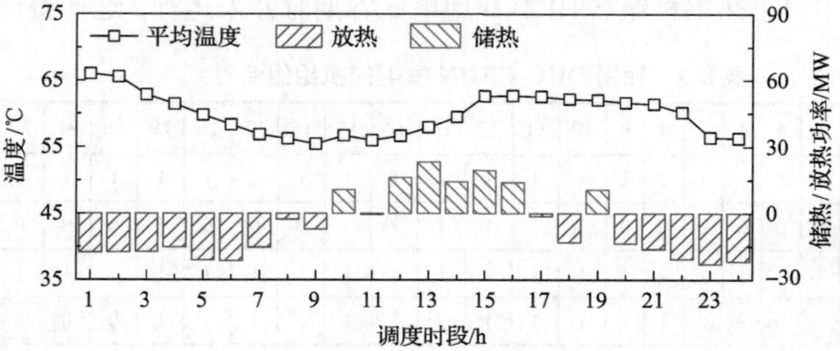

图 8-20　使用 DUC-CEHN 模型的供热网络状态(彩图请扫二维码)

供热管网处于放热状态，循环水的温度降低。当热量差为正数时，供热管网处于储热状态，循环用水所含热量增加。供热管网作为一个储热装置，缓冲了供热、热负荷的变化，在不降低供热质量的前提下，使系统的运行的灵活性得到加强。

3)场景三：以热定电的鲁棒机组组合模型

在本算例中，风电出力的不确定性将纳入计算，采用 CHP 以热定电的鲁棒 UC 模型。优化模型的第二层中，式(8-3)，式(8-4)、式(8-8)～式(8-10)、式(8-13)～式(8-16)、式(8-20)和式(8-21)、式(8-27)和式(8-28)由热量平衡方程式(8-87)代替，其余均与场景二一致。不确定性预算为 $\Gamma=24$ 和 $\Pi=1$。在最恶劣的运行情况下，总运行成本为 118228 美元。具体的机组运行情况如表 8-4 所示。与场景一中的确定性调度所得到的结果相比，传统的发电机组 G2 在时段 10 附加地运行了，主要是为了应对给定不确定集合的最恶劣风电场景。

表 8-4　以热定电 CHP 运行模式下的鲁棒性机组组合(场景三)

时段	1	2	3	4	5	6	7	8	9	10	11	12	13	14	15	16	17	18	19	20	21	22	23	24
G1	1	1	1	1	1	1	1	1	1	1	1	1	1	1	1	1	1	1	1	1	1	1	1	1
G2	0	0	0	0	0	0	0	0	0	1	1	1	1	1	1	0	0	0	0	0	0	0	0	0
CHP1	1	1	1	1	1	1	1	1	1	1	1	1	1	1	1	1	1	1	1	1	1	1	1	1
CHP2	1	1	1	1	1	1	1	1	1	1	1	1	1	1	1	1	1	1	1	1	1	1	1	1

4)场景四：区域供热系统-电网联合鲁棒机组组合模型

在本算例中，风电出力的不确定性也会被纳入计算，发电机组与热电机组的调度也将通过已给出的 RUC-CEHN 模型计算得到。不确定性预算为 $\Gamma=24$ 和 $\Pi=1$。在最恶劣的运行情况下，总运行成本为 111791 美元。具体的机组运行情况如表 8-5 所示。

表 8-5　以热定电 CHP 运行模式下的鲁棒性机组组合(场景四)

时段	1	2	3	4	5	6	7	8	9	10	11	12	13	14	15	16	17	18	19	20	21	22	23	24
G1	1	1	1	1	1	1	1	1	1	1	1	1	1	1	1	1	1	1	1	1	1	1	1	1
G2	0	0	0	0	0	0	0	0	0	0	1	1	1	1	1	0	0	0	0	0	0	0	0	0
CHP1	1	1	1	1	1	1	1	1	1	1	1	1	1	1	1	1	1	1	1	1	1	1	1	1
CHP2	0	0	0	1	1	1	1	1	1	1	1	1	1	1	1	1	1	1	1	0	0	0	0	0

与场景三中 DUC-CEHN 模型得到的结果相比，该场景中 CHP2 在时段 4～6 保持运行，这也证明了系统受风电出力的不确定性影响较小。

然而，该方案得到的调度计划与场景三相比，保守性有所降低：10 时 G2 不在运行中，时段 1～3 CHP2 也不运行。保守性的降低是由于 RUC-CEHN 模型利用了供热管网的储热特性，使得系统运行灵活性增加，从而不再需要额外地开启其他机组。这也证明了该模型通过供热管网的灵活性，能够较好地适应风电出力的不确定性。

2. 实际系统算例

本节的算例分析为在我国东北地区某省的电网系统，其规模为实际的两倍。该系统的装机容量为 36GW，其中供热机组装机容量为 13.2GW，风电装机容量为 14.8GW。测试系统的规模信息如表 8-1 所示，具体数据见文献[21]。本算例所采用的负荷和风电预测数据均为实际数据。本章分别采用传统确定性以热定电模式和上面提出的确定性协同优化模式，计算时间窗为 24h 的调度计划。

在不同运行模式下的各机组出力情况如图 8-21 所示。可以看出，与以热定电模式相比，该模式能够减少运行的热电机组组数及其出力。如图 8-22 所示，热电机组的产热计划在该模式下较为灵活，即电网运行的灵活性得到提高。因此，在用电低谷期(时段 1～7)，风电消纳量得以增加(约占 5.1%)，节省 542 吨标准煤。以上数据显示，DUC-CEHN 方法能有效地加强系统的风电消纳能力，提高系统运行效率。

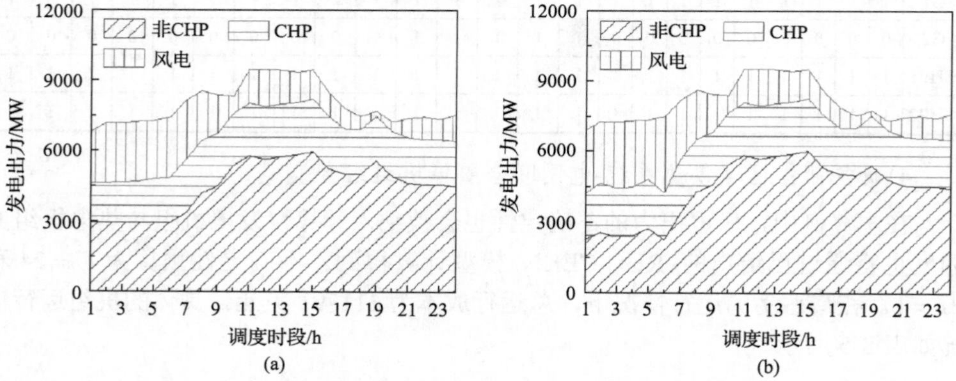

图 8-21 以热定电模式下及 DUC-CEHN 模型下的发电机组供电出力

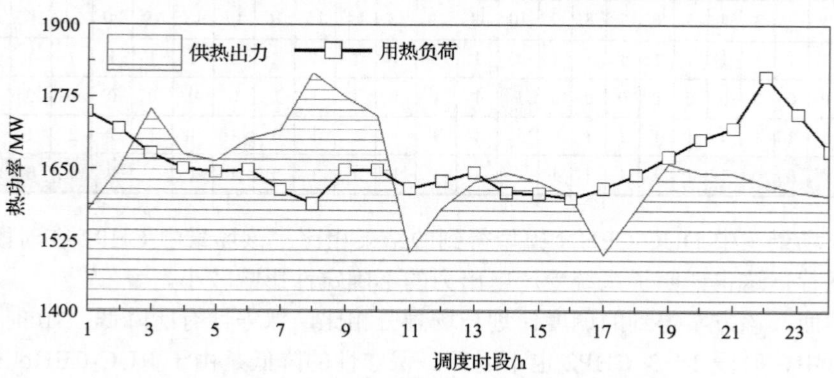

图 8-22 DUC-CEHN 模型下的 CHP 机组供热出力

8.6.3 区域供热系统-电网联合的分解协调调度

本节通过两个算例测试分析热电联合调度的分解协调算法的性能[19]。第一个算例采用的是由一个 6 母线电力系统和一个 6 节点供热系统组成的简单区域供热系统-电网联合系统，其中电力系统含风电接入。第二个算例采用实际的吉林电网系统，通过仿真计算说明分解协调算法的有效性。

本节的所有算例测试在 MATLAB 上编程求解测试的硬件平台配置为 i7-4510U 的中央处理器以及 8GB 内存。线性规划与二次规划模型通过 Gurobi 求解器[16]进行求解。

1. 简单区域供热系统-电网联合系统算例

本算例采用与 8.3.3 节相同的测试系统进行测试，其结构图如图 8-8 所示，用电负荷需求、用热负荷需求与风电预测曲线如图 8-9 所示。算例系统包含一个 6 节点的电力系统和一个 6 节点的供热系统。电力系统中共有两个非供热机组、一个供热机组和一个风电机组。

在本算例中，共有三种方法参与对比测试。第一种是本节提出的分散式分解协调算法；第二种是集中式算法，不考虑电网与热网的调度独立性，即直接求解式(8-76)的模型；第三种是热网与电网独立的算法，采取以热定电的调度模式，热电厂通过对热网侧供电来维持热电厂出口侧水温恒定不变。

本算例的调度模型求解调度时间窗为 24h，计划颗粒度为 1h 的调度计划。

考虑到不同的调度模式会影响热网中的总热损耗，而热网的热损耗又会直接影响供热公司的经济效益。因此供热公司承担热损耗的成本也被考虑在本算例中，并列在了表 8-6 中最后一行。供热公司的成本并没有考虑在本节优化模型的目标函数中，因为其只属于运行成本而并非生产成本。

表 8-6 简单区域供热系统-电网联合系统算例结果

指标	分散式分解协调算法	集中式算法	独立式调度算法
非供热机组成本	58880	58880	58433
供热机组成本	48194	48194	49842
弃风成本	3137	3137	5009
总运行成本	110211	110211	113284
供热公司成本	6.65	6.65	6.26

表 8-6 为不同调度模式的发电机组生产成本。其中求解电网侧主问题和求解热网侧子问题的时间分别为 0.0145s 和 0.1806s。计算结果显示，本节所提出的分散式分解协调迭代算法能够取得与集中式算法相同的最优解。另外与当前的独立

式调度算法相比，分散式分解协调算法可以通过风电的更充分利用来减小总发电成本。关于供热公司的热损失成本，在分解协调算法中，其成本相比于独立式调度方法略有提高，但增量很小，可以忽略。

图 8-23 对比了分散式分解协调算法与独立式算法的风电出力和供热出力结果。在图 8-23(a)中风电出力曲线中，分散式分解协调算法可以较为显著地在夜间风电高发时期减少弃风；图 8-23(b)中的供热曲线也显示出在白天供热机组会大量产热来将热量储存在供热管网中，进而减少夜间供热机组的发电出力来消纳风电。

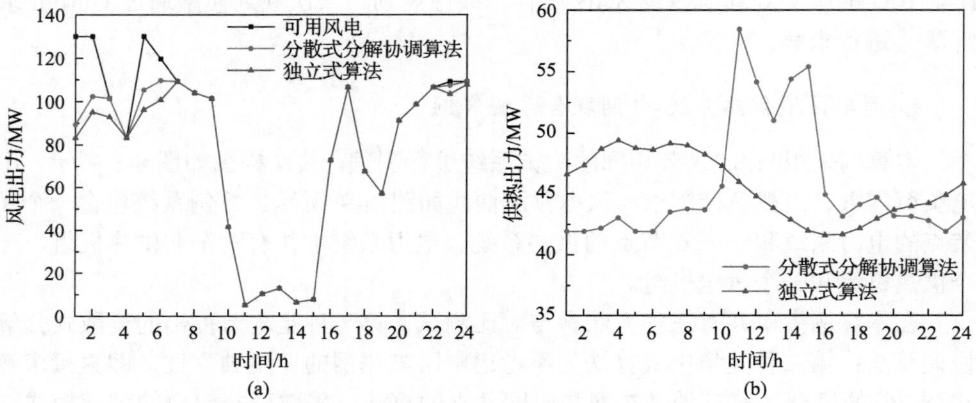

图 8-23　分散式分解协调算法与独立式算法的风电出力与供热出力结果

2. 实际规模区域供热系统-电网联合系统算例

采用大规模实际系统对本节所提出的分解协调求解算法进行算例测试。该系统由一个 319 节点的电力系统和一个 40 节点的供热系统组成。其中，电力系统是吉林省实际电力系统，包含 60 个非供热机组、5 个供热机组和 34 个风电场。与前一算例相似，本算例同样采用分散式分解协调、集中式和独立式调度策略进行测试。

表 8-7 列出了本算例中采用不同调度策略的分项运行成本。在本算例中，求解分散式分解协调算法共需要 24.8197s 来求解。从表 8-7 中可以看出，分散式分

表 8-7　实际规模区域供热系统-电网联合系统算例结果

指标	分散式分解协调算法	集中式算法	独立式调度算法
非供热机组成本	46632	46632	46641
供热机组成本	57536	57536	57513
弃风成本	11534	11534	13709
总运行成本	115702	115702	117863
供热公司成本	17.76	17.76	17.09

解协调算法得到了和集中式算法相同的最优解，并且与独立式算法相比，通过减少弃风节约了大约 1.8%的成本。另外，在分解协调算法中，供热公司运行成本略有增加，其增量可以通过风电场的额外经济收益来补贴。

图 8-24 给出了分散式分解协调算法和独立式算法的风电出力与供热出力结果。可以看出，在分散式算法中，供热出力能够有效地在风电低发时多产出、在风电高发时少产出，为风电消纳提供了空间。

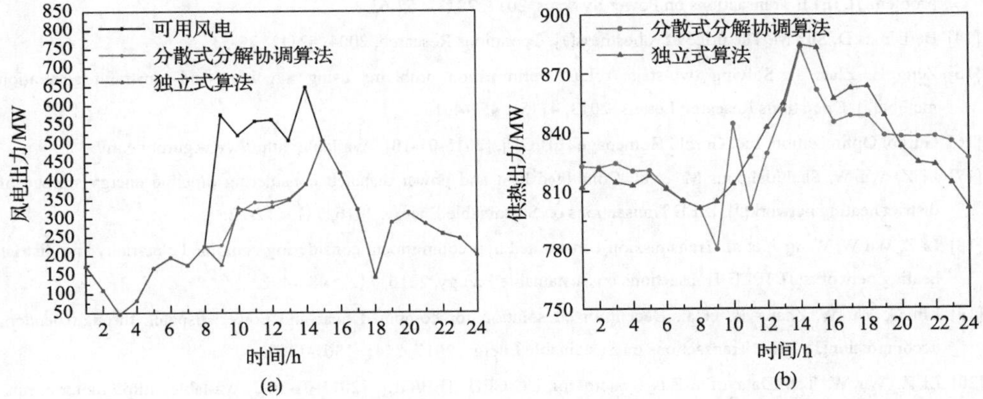

图 8-24　分散式分解协调算法与独立式算法的风电出力与供热出力结果

参 考 文 献

[1] Skagestad B, Mildenstein P. District Heating and Cooling Connection Handbook: Report of IEA District Heating and Cooling[R]. Paris: International Energy Agency, 2002.

[2] Ibrahim R A. Overview of mechanics of pipes conveying fluids—part I: Fundamental studies[J]. Journal of Pressure Vessel Technology, 2010, 132(3): 1-32.

[3] Benonysson A. Dynamic modelling and operational optimization of district heating systems[D]. Denmark: Technical University of Denmark, 1991.

[4] Benonysson A, Bøhm B, Ravn H F. Operational optimization in a district heating system[J]. Energy Conversion and Management, 1995, 36(5): 297-314.

[5] Palsson H, Larsen H V, Bøhm B, et al. Equivalent models of district heating systems[D]. Lyngby: Technical University of Denmark, 1999.

[6] Zhao H. Analysis, modelling and operational optimization of district heating systems[D]. Denmark: Technical University of Denmark, 1995.

[7] 贺平, 孙刚, 王飞, 等. 供热工程[M]. 4 版. 北京: 中国建筑工业出版社, 2009.

[8] Wächter A, Biegler L T. On the implementation of an interior-point filter line-search algorithm for large-scale nonlinear programming[J]. Mathematical Programming, 2006, 106(1): 25-57.

[9] Wächter A. An interior point algorithm for large-scale nonlinear optimization with applications in process engineering[D]. Pittsburgh: Carnegie Mellon University, 2002.

[10] Li Z. Test data for combined heat and power dispatch[EB/OL]. [2015-08-16]. http://motor.ece.iit.edu/data/testdata_CHPD.xls.

[11] Wang J, Shahidehpour M, Li Z. Security-constrained unit commitment with volatile wind power generation[J]. IEEE Transactions on Power Systems, 2008, 23(3): 1319-1327.

[12] Wang Y, Xia Q, Kang C. Unit commitment with volatile node injections by using interval optimization[J]. IEEE Transactions on Power Systems, 2011, 26(3): 1705-1713.

[13] Bertsimas D, Litvinov E, Sun X A, et al. Adaptive robust optimization for the security constrained unit commitment problem[J]. IEEE Transactions on Power Systems, 2013, 28(1): 52-63.

[14] Bertsimas D, Sim M. The price of robustness[J]. Operations Research, 2004, 52(1): 35-53.

[15] Zeng B, Zhao L. Solving two-stage robust optimization problems using a column-and-constraint generation method[J]. Operations Research Letters, 2013, 41(5): 457-461.

[16] Gurobi Optimization, Inc. Gurobi Homepage [EB/OL]. [2015-01-10]. Available: http://www.gurobi.com/.

[17] Li Z, Wu W, Shahidehpour M, et al. Combined heat and power dispatch considering pipeline energy storage of district heating network[J]. IEEE Transactions on Sustainable Energy, 2016, 7(1): 12-22.

[18] Li Z, Wu W, Wang J, et al. Transmission-constrained unit commitment considering combined electricity and district heating networks[J]. IEEE Transactions on Sustainable Energy, 2016, 7(2): 480-492.

[19] Lin C, Wu W, Zhang B, et al. Decentralized solution for combined heat and power dispatch through benders decompostion[J]. IEEE Transactions on Sustainable Energy, 2017, 8(4): 1361-1372.

[20] Li Z, Wu W. Test Data of 6-Bus System for UC-CEHN[EB/OL]. [2015-01-10]. Available: http://motor.ece.iit.edu/data/UCCEHN_6bus.xls.

[21] Li Z, Wu W. Test Data of a Real Power System for UC-CEHN[EB/OL]. [2015-01-10]. Available: http://motor.ece.iit.edu/data/UCCEHN_REAL.xls.